工業配電

羅欽煌　編著

全華圖書股份有限公司

序言

2021 年 3 月 17 日，經濟部訂頒「用戶用電設備裝置規則」；新訂頒的規則，取代台灣電力公司制訂的「屋內線路裝置規則」。初版於 1989 年出版，撰寫當時引用「屋內線路裝置規則」有十多處，為因應新規則，有必要全面檢視本書內容，因而修訂第七版。第三章，因應導線阻抗表格更新，「電壓降」相關範例也同步修訂，「電動機啓動方式」一節，則全部改寫。

本書第零章，討論能源變遷與電力發展，因「核能」與「再生能源」發電，成爲全球發展新趨勢，本書相關內容也一併修訂。

2011 年，日本福島核災，全球反核意識高漲；德國預定 2022 年全面廢核。然而 2022 年初俄烏戰爭，美西方制裁俄羅斯，造成全球能源極度短缺，德國電價年漲高達 10 倍，只好將現有核電廠延役；受災的日本及其他先進國家，也相繼重啓或新建核能電廠。

2021 年，聯合國氣候變遷大會(COP26)，爲達成全球溫升不超過 2°C，訂定 2050 年「碳中和」的目標，各國競相大力發展太陽能、風能，歐盟甚至通過將天燃氣、核能列爲綠能。

1990 年代，因白光 LED 的發明，LED 照明迅速發展，近年因技術成熟、成本下降，使得 LED 照明展現出取代其他傳統照明的霸氣。第八章有關「LED 照明」一節，也全部改寫。

第十章「電機機械的等效電路」，討論工業配電相關的電機機械原理，並演繹成等效電路，是爲協助讀者打通電機機械的任督二脈。此版於第十章新增習題 12 題，爲讀者提示各類考試可能的出題方式，其解答在第十章皆可尋獲。

羅欽煌 2023 於台北市

編輯部序

「系統編輯」是我們的編輯方針，我們所提供給您的，絕不只是一本書，而是關於這門學問的所有知識，它們由淺入深，循序漸進。

本書突破以往教科書理論方式的內容，改比較淺顯易懂的引言作爲每一章節的開端，並以畫龍點睛的方式將該章的重點勾劃出來，激發讀者的學習興趣，爲求理論與實際能互相配合，本書特別對有關家庭用電常識及工廠、商業大樓配電系統之相關問題一一詳細介紹、使理論與應用互相配合。本書適合科大電機系「工業配電」課程使用。

同時，爲了使您能有系統且循序漸進研習相關方面的叢書，我們以流程圖方式，列出各有關圖書的閱讀順序，以減少您研習此門學問的摸索時間，並能對這門學問有完整的知識。若您在這方面有任何問題，歡迎來函連繫，我們將竭誠爲您服務。

相關叢書介紹

書號：05966
書名：電力電子學綜論
編著：EPARC

書號：06179
書名：乙級變壓器裝修技能檢定學術科解析
編著：陳資文.林明山.謝宗良

書號：05715
書名：高壓工業配線實習
編著：黃盛豐

書號：03797
書名：電工法規(附參考資料光碟)
編著：黃文良.楊源誠.蕭盈璋

書號：05423
書名：低壓工業配線實習
編著：黃盛豐.楊慶祥

流程圖

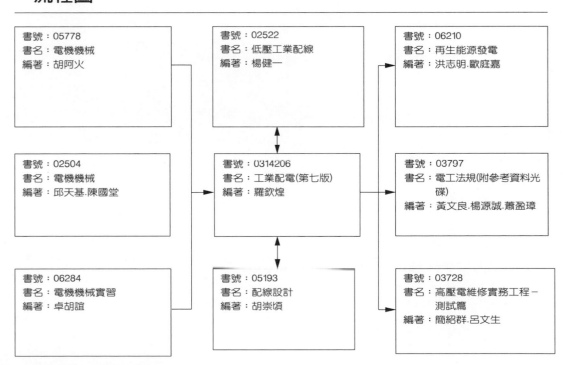

書號：05778
書名：電機機械
編著：胡阿火

書號：02504
書名：電機機械
編著：邱天基.陳國堂

書號：06284
書名：電機機械實習
編著：卓胡誼

書號：02522
書名：低壓工業配線
編著：楊健一

書號：0314206
書名：工業配電(第七版)
編著：羅欽煌

書號：05193
書名：配線設計
編著：胡崇頃

書號：06210
書名：再生能源發電
編著：洪志明.歐庭嘉

書號：03797
書名：電工法規(附參考資料光碟)
編著：黃文良.楊源誠.蕭盈璋

書號：03728
書名：高壓電維修實務工程－測試篇
編著：簡紹群.呂文生

目錄

第三章　電壓與電壓降計算

第四章　短路電流計算

第五章　過電流保護協調

第六章　過電壓保護與系統接地

第七章　功率因數改善

第八章　照明設計

第九章　分路設計

第十章　電機機械的等效電路

附錄

Chapter 0

電力事業概論

0-1　過去篇
0-2　現在篇
0-3　未來篇

電力事業的過去、現在和未來

ⓘDC(直流電) ⇨ AC(交流電)

電力事業，源自 1882 年愛迪生首創的照明公司，使用「直流」發電機，供應電燈用電；但今天的電力系統，都已改用「交流」電源，供應家庭及工廠用電。是什麼原因，促使電力系統由直流電轉變成交流電的世界呢？

ⓘ全黑三分鐘，然後呢？

1931 年，愛迪生逝世時，一向崇拜英雄的美國人，發起全國全黑三分鐘，以紀念這位發明電燈帶來光明的偉人，但最後因全黑停電後，電力系統將停擺，復電曠日持久影響太大而作罷。這段軼事，表示 30 年代美國已經不能三分鐘沒有電力。在 21 世紀的今天，人類社會已經不能一分鐘沒有電力了。

ⓘ電力事業的現在課題

電力事業在二次大戰後，持續成長至今，有過輝煌的發展，今天面臨多方面的問題，諸如核能發電、能源危機、環境保護及負載管理等問題，電力事業將如何面對呢？

ⓘ電力事業的未來發展

展望未來，在能源的應用上，電力事業還是主角，依舊沒有強勁對手。但是，電業自由化的趨勢，將打破電力事業垂直整合的獨佔局面，後續如何發展與衝擊，亟待關注。技術上，超導體及直流電的發展，對於電力事業的影響又如何呢？

本章對於上述問題做概略的說明，希望對讀者有所裨益。

雖然本課程主要在討論工業配電有關的問題，但如能夠瞭解電力系統成長的過程，現今所面臨的問題，以及未來發展的遠景，對於學習工業配電仍然極有助益。

0-1 過去篇

0-1-1 照明公司→電力暨照明公司

人類對於安全、有效及經濟的照明需求，促成了現代電力系統的發展。在十九世紀中葉，瓦斯燈是照明的主要器具，但是既不安全也不實用。

1879 年，愛迪生發明實用的碳絲白熾燈，同時又首創效率最高的直流三線制輸電系統；1882 年，第一家銷售電能的「愛迪生照明公司」(Edison Lighting Company)，在美國紐約市珍珠街開始營運。這套系統是「直流、三線、200/100 V、

30 kW」，供應照明用電。除了愛迪生照明公司出售電能外，愛迪生另創一家電器製造公司(Edison Electric Company)，初期製售白熾燈，後來被合併成爲世界最大的電機製造商—通用電氣(奇異)公司(General Electric Company, GE)。

早期，電能公司稱爲照明公司，因爲照明是其唯一的業務。照明公司的負載，自天黑後(下午 6 時)開始急速增加，然後保持穩定直到午夜(下午 11 時)，其後，降爲一半或更低，次晨(6 時)天亮後，負載降至零，如圖 0-1 所示。照明公司爲了應付晚間尖峰負載，必須裝設最大負載所需的發電機，然而大多時間發電機均在低載下運轉，白天則無載停用，效率甚低極不經濟。

有沒有白天可用電的機器，使發電機在白天也有用武之地呢？有的！答案是電動機。工廠使用電動機，白天運轉、夜間停用，使得照明公司的發電機在日間也能發電販售。後來，電動機白天用電甚至超過照明夜間用電，照明公司的負載曲線變成日夜都有，如圖 0-2 所示。所以，照明公司更名爲「愛迪生電力暨照明公司」(Edison Power & Lighting Company)。

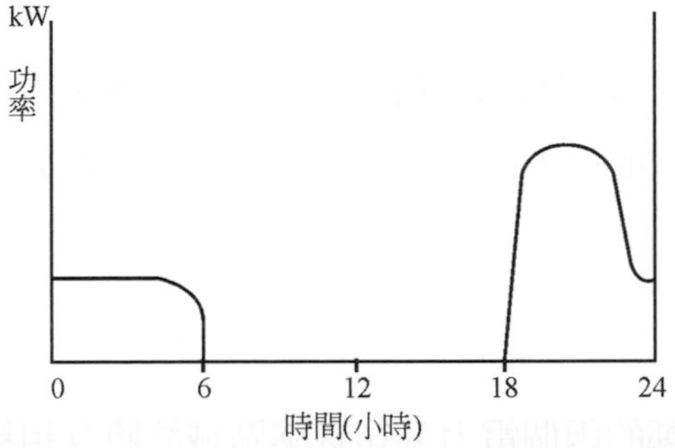

圖 0-1　照明公司的負載曲線

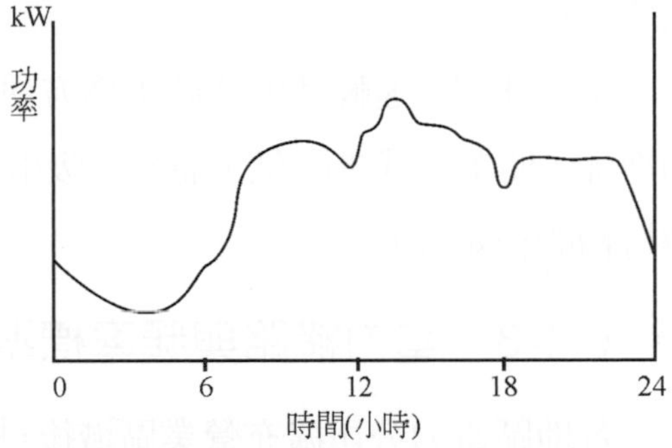

圖 0-2　電力暨照明公司的負載曲線

0-1-2　直流電 vs.交流電

負載增加，必需新建發電廠增加供電，然而要在負載密集的市區新建發電廠並不受歡迎；所以，發電廠被迫建在偏遠郊區，而與負載中心分隔相當距離，必須架設輸電線路來輸送電力。電力是電壓與電流的乘積，要降低線路電流，則須提高電壓，但是直接使用高電壓，不只在技術上不實用，對用戶也不安全。

在 1890 年代，愛迪生(通用電氣公司)是直流電的倡導者，而西屋新成立的西屋電氣公司(Westinghouse Electric Company)，因為取得「變壓器」的專利，則是交流電的倡導者。電力系統究竟應該採用直流電或是交流電，也一直爭論不休，最後交流電贏得勝利，成為電力系統的標準。因為交流電有下列優點：

1. 輸配電：交流變壓器，可以在極高效率下(接近 100%)，任意升降電壓。而直流電幾乎無法升降電壓。
2. 用電端：交流感應電動機，價格便宜，構造簡單、耐用(幾乎不需維護)。直流電動機構造複雜、價格昂貴。
3. 發電端：交流三相同步發電機，構造較直流發電機簡單，且發電容量極大。直流發電機容量小、價格高。

因為變壓器的發明，中心發電廠可以使用高壓發電，然後升為超高壓輸電至遠端的負載中心，再降為適當低壓供應用戶使用。此外，交流感應電動機，堅固耐用、價格便宜，工廠、大樓或及家庭等場所，無論馬力大小，感應電動機幾乎無所不在。

電力運用，遠較其他能源更為方便、安全又便宜，所以用戶逐漸增加，用戶的增加，使單位成本降低，而後又吸引更多的用戶，這種良性循環，使得電力事業持續的穩定成長。

0-1-3 電力網路與頻率標準

各地區電力公司擴充營業區域後，相鄰的兩個電力公司營業區域終將互相接壤，如果將兩個系統互聯，其優點如下：

1. 夏季尖峰(南部)系統與冬季尖峰(北部)系統的尖峰需求，可以互相支援，從而降低總發電裝置容量。
2. 東部時區與西部時區的兩電力系統，其尖峰需求時間不同，兩者可以互相支援。
3. 任一系統故障時，鄰近系統的電力可以支援。
4. 互聯後，電力系統更為穩定。
5. 互聯後，總備轉容量可以降低。

然而，當時的電力系統除了直流之外，還有交流的 25、50、60、125 及 133 Hz。直流系統，因爲無法升降壓而被淘汰出局。而交流系統則必須是相同頻率才可以互聯，否則必須投資相當昂貴的頻率轉換設備，因而標準頻率的選定變得相當重要。

當時，尼加拉瓜瀑布以及其他水力發電系統，因水輪機運轉速率及技術等的因素，以 25 Hz 爲基準；但 25 Hz 用在白熾燈，會引起令人不適的閃爍現象；最後，60 Hz 獲選爲美國國家標準。因爲多數火力發電機組在 60 Hz 的運轉性能相當良好。60 Hz 頻率標準確立之後，美國各地區電力系統都可互聯運轉，甚至加拿大及墨西哥的電力系統，也和美國電力系統互聯，構建成爲一個龐大的北美電力網路(Power pool)。

0-1-4　停電三分鐘

1919 年，第一次世界大戰結束後，美國的軍火工業面臨減產、倒閉的威脅，所以這些工廠轉而大量生產家電用品，同時推出「先享受、後付款」的美國式分期付款來刺激消費，創造了空前的經濟繁榮，也使電力系統蓬勃發展。

雖然有 1929 年的經濟大恐慌，但是到 1931 年時，在美國無論工業或家庭用電已經相當普遍。電力及發明界的偉人愛迪生於 10 月逝世時，美國總統胡佛提議全國「全黑」(black out)三分鐘，以紀念愛迪生發明電燈帶來光明。但是如果全美國在同一時間停電，將造成用電負載瞬間遽減，輸入無法遽減將迫使發電機狂轉，而導致全國發電機相繼跳脫，電力復原將耗時多日，這個建議雖立意頗佳，也只好作罷。不過這一個事件，卻給我們一個啓示，30 年代的美國，已經不能三分鐘沒有電力；在 21 世紀的今天，人類更不能一分鐘沒有電力。

0-2　現在篇

第二次世界大戰之後，電力事業在世界各地都蓬勃發展，電力系統也從都市普及到鄉村，自二戰後，電力系統發展至今，有下列重要的課題值得注意。

0-2-1 高壓輸電

電力負載的持續增加，使得輸電電壓也要逐步提高，美國的最高輸電電壓，從 3.3 kV 提高至 765 kV，如表 0-1 所示。台電的電壓大致追隨美國提升，目前最高爲 345 kV。同時，爲了避免運轉電壓的分歧，美國電力事業也選定各級標稱電壓(nominal voltage)，如表 0-2 所示。高壓輸電的優點如下：

1. 線路的輸電容量，與電壓平方成正比；電壓加倍，輸電容量增爲原來容量的四倍。
2. 對相同輸電容量而言，較高電壓只需較小電流，可以使用較細導線，節省銅鋁用量。
3. 使用較高電壓則電流較少，銅損(I^2R)也減少。
4. 使用較高電壓，電流減少，線路電壓降也較低。

雖然高壓輸電的絕緣費用較高，電量損失較大，但是兩相比較，利仍多於弊，因此只要技術上可行，輸電電壓仍將持續提高。2009 年起，中國大陸開始採用直流±800 kV 、交流1000 kV 特高壓，長距離、大容量、低損耗輸送電力。

表 0-1 美國歷年最高輸電電壓

年代	電壓(kV)
1890	3.3
1900	40
1910	120
1920	150
1930	244
1940	287
1950	287
1960	345
1970	765
1980	765

表 0-2 美國標準的標稱電壓

電壓等級	標稱電壓(三相)
低壓	120/240V(單相) 208 V、480 V、600 V
中壓	2.4 kV、4.2 kV 4.8 kV、6.9 kV、12.5 kV 13.2 kV、13.8 kV、23 kV 34.5 kV、46 kV、69 kV
高壓	115 kV、138 kV 161 kV、230 kV
超高壓	345 kV、500 kV、765 kV

0-2-2 核能發電

第二次世界大戰後，核能開始發展其和平用途—發電。核能發電的燃料—鈾，有令人難以置信的能量密度(energy density)。例如，一個一百萬瓩的燃煤發電廠，必需用燃煤車隊不停的運送燃煤以供給其發電；但是，相同發電容量的核能發電廠，運轉一年所需的核燃料，只要幾卡車一次運送即可。

1973 年，石油危機之後，核能發電似乎遠景光明。因爲，石油價格高漲，且全世界的石油儲存量只夠數十年的使用；然而，核燃料的儲存量，卻足夠使用數個世紀之久。

但 1978 年，美國三哩島核能電廠事件，敲醒了這個美夢。因爲輻射線可能外洩，電廠周邊居民被迫疏散更造成民眾的恐慌，核能管制委員會重新修訂更嚴格的法規，造成新建核能電廠費時更長、費用遽增，對核能工業打擊甚大。1986 年，烏克蘭的車諾比爾核能電廠災變，更是雪上加霜，因輻射線已經外洩，所造成的人員傷亡，以及對附近環境生態的污染，到目前仍在評估。2011 年，日本東北 311 大地震，引發福島核電廠爐心熔解及輻射外洩，最是震撼人心，造成全球及台灣的反核意識高漲。

核能發電的優點是，發電成本低，不排放二氧化碳(無溫室效應)。但其缺點是，輻射線外洩顧慮，核廢料的處理困難。現今反核意識高漲，核能發電在 21 世紀的發展仍不太光明。

但世事難料，2022 年俄烏戰爭，美國和西方盟國禁用俄羅斯石油、天燃氣，使得全球能源極度短缺，石油、天燃氣和煤炭的價格高漲，德國只好放棄 2022 廢核目標，將現役核能電廠延役。爲兼顧氣候變遷和能源穩定供應，歐盟甚至將「核能、天燃氣」列爲綠能；核能發電絕地重生，受災的日本和其他先進國家相繼重啓核能發電，或新建核能發電廠。

0-2-3　能源有限

1974 及 1979 年的兩次石油危機，終於敲醒人類對「廉價資源」及「資源無限」的美夢。能源價格高漲，使人類必需認眞考慮替代能源，並且更爲重視能源使用效率。

核能，一度是相當受重視的發電能源，但 1978 年美國三哩島事件、1986 年烏克蘭車諾比爾災變，以及 2011 年日本福島核災，使人們對核能發電抱持著更爲反對的態度。

油價高漲後，煤又再度被重用，爲數眾多的燃油發電廠，被改爲煤/油兩用發電廠，因爲產生相同熱量所耗費的燃煤遠較石油便宜；但是燃煤發電除煤灰污染外，還會排放大量二氧化碳，加劇溫室效應，對環境的衝擊極爲嚴重；此外，環保法令更趨嚴格，且電廠附近民眾抗爭，更造成建廠不易的困擾。

0-2-4 再生能源

太陽、風力、潮汐等再生能源，因爲其「週期性(時大時小)」或「隨機性(時有時無)」，是不穩定的能源，在電力調度上根本「靠不住」。但 2021 年聯合國氣候變遷大會(COP26)，訂定 2050 年全球「碳中和」的目標，各國競相大力發展太陽能、風能甚至核能等綠能。氣候變遷已不只是人類生存保衛戰，更是企業永續經營的關鍵。未來數十年，再生能源將是全球各國電力發展的重點。但太陽能和風能具有天然不穩定的特性，必須搭配儲能裝置來調節電力供應，以降低其對電力系統調度不穩定的影響。

0-2-5 環境保護

歐美先進國家，自 1970 年代(台灣自 1980 年代)起開始，注意電力系統對環境的影響，例如：

1. 電廠冷卻水的熱污染，影響海洋生態。
2. 電廠排煙的空氣污染，影響鄰近民眾健康。
3. 電廠排放二氧化碳，造成地球溫室效應。
4. 核電廠的輻射線污染，造成生態與健康的長期危害。
5. 抽蓄電廠週期性抽排池水，對湖泊生態的傷害。
6. 超高壓架空線的電磁場干擾，令鄰近民眾不安。

這些問題的解決並不容易，是當今最爲熱門的問題，也是電力研究的主題。

0-2-6 負載管理

負載管理的目的，在於如何降低尖峰的用電負載，以提高發電機組的利用率，間接也可延緩新設發電機組的需求。在寧比 NIMBY 效應 (Never In My BackYard)，也就是「大家要用電，電廠不要設在我家附近」的心態下，電力公司新建電廠的阻力愈大，負載管理的重要性也愈高，目前施行方案如下：

1. 抽蓄電廠：在深夜電力過剩時，抽水機用電將水自下池抽到上池；白天尖峰用電時，用上池的水排放到下池發電。
2. 電價費率結構：電價分為尖峰與非尖峰用電，尖峰用電的電價較高，非尖峰時間較便宜，以鼓勵並吸引尖峰用電轉移到非尖峰時間。
3. 儲冰式冷氣系統：在夜間電價較廉時製造冰球，而於日間送出冰球以供應冷氣。
4. 無線電控制冷暖氣負載：由電力公司與用戶簽約，用戶將冷暖氣 ON/OFF 的操作權利交給電力公司，以「停五分鐘/用十分鐘」的操作，仍然可以維持相當舒適，但電力公司可以技巧地降低尖峰負載。
5. 汽電共生：鼓勵用戶將鍋爐蒸汽先發電，發電後的低壓蒸汽再送做加熱等原訂用途，以提高能源使用的效率。

0-3 未來篇

在可預見的將來，下列幾個課題，將是電力工程師面臨的主要問題，而「核融合」、「超導體」及「直流電」則將扮演主要角色。

0-3-1 核融合

現有核能發電，是用核分裂(Nuclear fission)產生熱量來發電，核分裂會產生輻射線。核電廠發生事故時，核分裂無法停止，累積熱量將造成爐心溶解，輻射線外洩，而釀成大禍。

未來核能發電，將改用核融合(Nuclear fusion)產生熱量來發電。核融合是複製太陽發熱程序，利用高熱將氫轉化為電漿，融合反應後釋出熱能，不會產生輻射線，也不會製造空氣污染。

核融合發電有兩大優勢。第一，核融合電廠發生事故時，融合機制無法持續不再發熱，能自動消災，不會造成現有核能電廠爐心溶解、輻射外洩的災難。第二，核融合，以海水中的氫當作燃料，來源無虞匱乏，是人類需求能源的終極希望。預計在 2050 年才可商業化運轉。

0-3-2 發電機組

現代的電能，都是使用同步發電機組所產生，在可見的將來仍無更好的方式；今日最大的發電機組大約是 200 萬瓩，其大小受限於轉部及定部損失所產生的熱溫升。

超導體的發展，如能創造「常溫」超導現象，就大有可為。因為當超導現象發生時，電阻為零，雖然電流極大，將無銅損，熱溫升將大幅減少，所以發電機組不必加大尺寸，就能提升發電容量至 1000 萬瓩，這將使發電更為經濟且有效。

0-3-3 輸電方式

1882 年，愛迪生首創直流三線輸電系統，雖然後來被交流系統所取代；但自 1950 年代起，很多高壓直流(HVDC)輸電系統，如今，再度在世界各處架設啓用，直流輸電系統有下列特點：

1. 直流三線制輸電效率，比交流三相者為高 1.4 倍。
2. 直流輸電無電感，輸電容量可增加數倍之多。
3. 直流輸電無充電電流，高壓電纜輸電距離不受限制。
4. 直流輸電線路走廊，所需土地遠較交流輸電者為少。
5. 直流輸電沒有相角差，不須同步運轉，操作容易。
6. 直流輸電單極故障，仍可用另一極與大地供電 50%。

雖然，高壓直流輸電有上述諸多優點，但其致命傷仍是：直流電無法任意升降電壓。高壓直流輸電系統，如圖 0-3 所示，發電機以交流發電，經變壓器升壓，及交流/直流轉換後，以高壓直流輸電，然後，要再經直流/交流轉換，以交流電經變壓器降壓後，才可送給用戶使用。

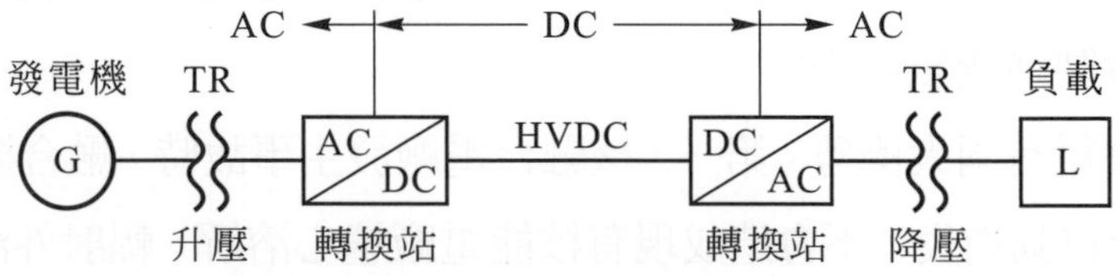

圖 0-3　高壓直流輸電系統

因爲，直流/交流轉換站的價格仍高，直流斷路器製造也困難。因此，必需線路超過經濟長度(架空 600 公里/電纜 50 公里)，直流高壓輸電的優點才會超過缺點。

近年，商業運轉的高壓直流輸電系統有：中國向家壩水電站至上海的±800 kV、6400 MW，長 2,071 公里；雲南至廣東的±800kV 直流輸電線路。還有，連接巴西西北部水電站至聖保羅，也建設超過 2500 公里直流輸電線路。

0-3-4　電能儲存

電力系統營運的特質，是「負載爲王」，也就是「負載任意變化，發電量必須隨時滿足它，不能多也不能少，不能快也不能慢。」如公式 0-1 所示。

$$\boxed{\text{負載用電變化}} \cong \boxed{\text{發電量}} - \boxed{\text{輸電損失}} \qquad (0\text{-}1)$$

負載需求，不僅要發電等量供應，還必須要即時。所以發電機的容量，必須能夠隨時應付尖峰負載的需求，而尖峰負載經常是平均負載的兩倍，因此平均而言，發電機組只是半載運轉極不經濟。

如果電能可以有效儲存，發電機就可連續運轉，於離峰時多餘電力加以儲存，再於尖峰時，將儲存電力放電使用。

現行電能儲存的方式有多種。抽蓄水力電廠，是最實用的機械/電氣儲能裝置；而壓縮空氣儲能系統，仍在實驗階段；這兩種方式都因可用廠址有限，發展受到限制。蓄電池儲能，不受廠址限制，近年再度受到重視，但除非蓄電池的能量密度能夠大幅提高，否則其發展仍然有限。

超導電磁線圈，是未來的電氣儲能的希望。線圈儲能及放電，是「電學反應」快如閃電，不若蓄電池的「化學反應」耗時甚長。因爲，超導體電流可高達 1,000,000 A，所以，線圈儲存能量可高達 3,000,000 kWh，也就是每小時能儲存/釋放 300 萬瓩的電能。

超導儲存能量，如 0-2 公式：

$$W_{mf}=\frac{1}{2}LI^2 \qquad (0\text{-}2)$$

但是，超導電磁線圈儲能裝置，必須以「直流電」操作；如果使用交流系統，在正半週儲存能量，負半週釋放能量，平均值爲零，白作虛功。

0-3-5 電業自由化

電力、瓦斯、自來水及電信等公用事業，對客戶提供服務時，必須經由專用的管線才得以完成，而此專用管線也限制了用戶自由選擇服務的權利，所以公用事業百年來都屬獨佔事業。在大部份國家(無論自由或共產)，均由國家經營，即使是由私人經營者(如美國)亦具獨佔的特質。然而所有國營企業因爲獨佔、官僚等因素，其經營效率總是不如私營企業來得高。

電信事業因爲科技的突飛猛進，創造出許多嶄新的服務項目，如行動電話、呼叫業務、電腦網路等，原有獨佔的服務無法滿足客戶的需求，因此獨佔的局面首先被打破。專用線路雖屬原來獨佔的企業所有，但觀念上可視爲公共財產，得由公眾付費使用。其費率須經由委員會審核，任何人使用都支付相同費用給線路所有者。目前，歐美各先進國家的電信事業都已開放自由競爭，用戶可以自由選擇電信業爲其服務。

台灣地區自 1996 年起，電信局轉型成爲中華電信公司，民營的台灣大哥大、遠傳、和信等電信公司互相競爭，電信價格逐步降低，電信服務逐年提昇，電信自由化可說是相當成功。

自 1970 年代起，電力事業自由化由南美洲各國開始。因爲南美各國國營電力公司經營不善，竊電頻傳，合法用戶必需支付不合理的高昂電費，首先開放私人經營電廠，因其績效良好，最後全面開放競爭，又因自由競爭，效率提高，電價繼續下降，造成更多國際資金投入的良性循環。

1980 年代起，英國、北歐等國營電力事業亦相繼開放自由競爭，美國於 1990 年代開始熱烈討論，加州因爲電費是全國最昂貴者，在 1998 年起，首先解除電力事業垂直整合的獨佔，開放自由競爭，稱爲解構(Deregulation)。

電力事業的自由化，理論上與電信自由化相似，但其困難度更高。因爲，電力系統具有「負載爲王，必須即時滿足」的特質，不若電信線路忙線時，可以要求用戶等候；此外，電力事業還必須提供額外的「備轉容量」，以應付故障或負載瞬間增加的狀況，才得以維持系統頻率、穩定度等特殊需求。所以，其調度與計價遠較電信自由化更爲複雜。

民國 85 年起，台灣先開放「發電業」自由競爭，已有台塑麥寮、台泥和平等多家民營發電廠，但仍屬聯合壟斷(類似台塑與中油的油價亦步亦趨)，並未發展成眞正自由競爭的局面。電力事業全面自由化(垂直解體、及配電自由化)，可能是無法避免的趨勢，未來用戶可以自由選擇電力公司可能不是夢，值得所有電業及用戶重視。

Chapter 1

配電系統設計

設計問題一籮筐

需量因數、參差因數及負載因數等，是工廠與家庭用電的實際數據，加以統計整理而獲得的；沒有這些統計數據，所有設計工作都要從零開始。

多數學生只會背誦名詞定義以應付考試，卻不知配電設計，真要用到這些名詞的統計數據。以台北科大電機系畢業的阿雄為例，說明如下：

阿雄的大伯想要投資蓋電子工廠，專程前往阿雄家，請教工廠的用電量。阿雄請大伯拿出工廠建築圖，花五分鐘，算出廠房面積約為 1 000 m^2；再花幾分鐘，查看工業配電課本，得知電子廠的能量密度約為 100 VA/m^2，負載因數約為 60 %。稍加計算如下：

用電需求容量 ＝ 100 VA/m^2 × 1 000 m^2 ＝ 100 kVA ≅ 100 kW

平均用電容量 ＝ 用電容量×負載因數 ＝ 100 kW × 60 % ＝ 60 kW

月用電度數 ＝ 平均用電容量×用電時間 ＝ 60 kW × 24 h/日 × 30 日＝ 43200 度

雖然工廠尚未開工，利用統計數據(需量、負載因數等)，就可以算出工廠容量約為 100 kW，每月用電 43,200 度，就是這麼簡單！

工廠用電的電費，除了用電度數(kWh)的流動電費外，還要照契約容量(kW)繳付基本電費，不足用電仍要依約繳交基本電費，超約用電更會遭受二至三倍的罰款，合理嗎？

供電電壓有 161 kV、69 kV、11.4/22.8 kV、380 V，配電電壓有 13.8 kV、4.16 kV、3.45 kV、120/208 V、277/480 V、220/380 V、220 V 等，在這麼多種的電壓當中，應該如何選擇適當的電壓呢？

這些都是規畫、設計工業配電系統時，必將遭遇的問題，本章將工業配電「從無到有」完成送電，必經的步驟，做簡要的說明。

工業配電系統的規畫與設計，目的是提供工廠或大樓之負載用電，然而，負載用電是隨時都在變化的。在討論配電系統設計之前，先將負載相關的名詞做一番解釋，將有助於往後的研讀。

1-1 負載有關名詞

一、負載曲線(load curve)

負載曲線，紀錄用戶在某一段期間的瞬時用電需量(kW)。通常，選定的期間最好是一個完整的用電週期，如日、週、月、年等。如圖 1-1 是典型的日負載曲線，圖 1-2 是週負載曲線。

週期性的負載曲線，可以顯示兩個重要數據：

1. 最高需量(maximum demand)：即負載曲線中的最大值。工廠變壓器的供電容量，必須大於負載最高需量才不致超載。最高需量，也是訂定契約容量與計算電費的重要依據。

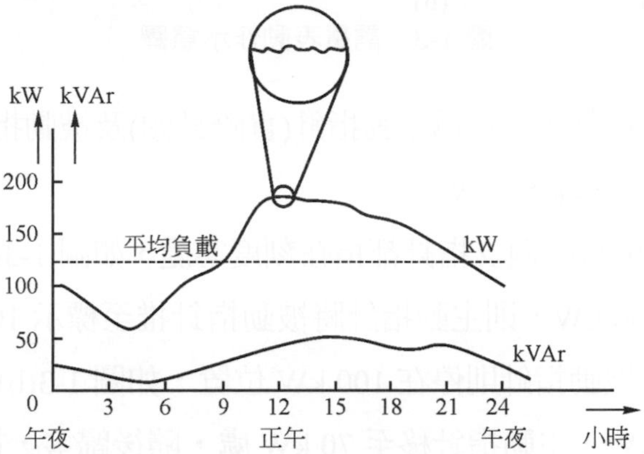

圖 1-1　日負載曲線

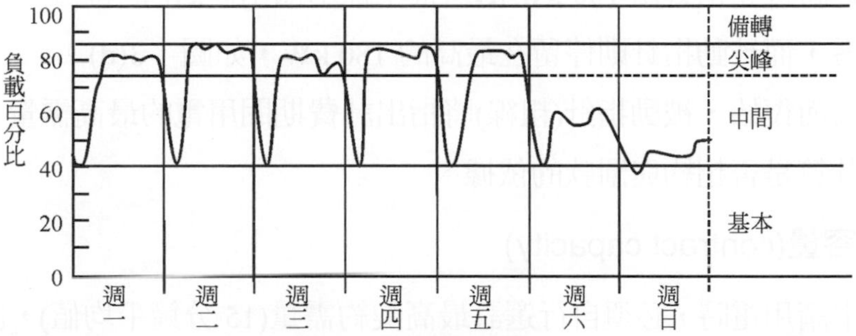

圖 1-2　週負載曲線

2. 用電度數(kWh)：負載曲線下所涵蓋的面積，就是其消耗的電能(kWh)，也是流動電費收費的依據。

二、用電需量(demand)

某一系統的用電需量(簡稱需量或負載)，是指在一段期間的用電(kW)平均值。台電公司是採用 15 分鐘的平均用電(kW)，稱為用電需量。需量表的原理及示意如圖 1-3。

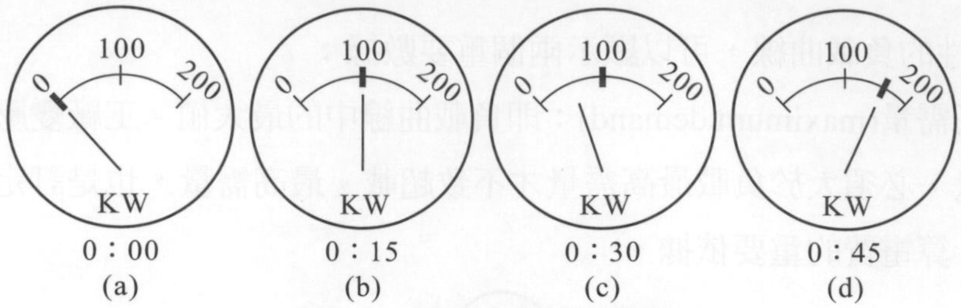

圖 1-3　需量表動作示意圖

需量表有兩支指針，分別爲主動指針(實際針頭)及被動指針(粗線)，主動指針每 15 分鐘將會自動歸零一次。

開始送電時(00:00)，兩支指針都指在刻度零處，如圖 1-3(a)。如果第一個 15 分鐘平均用電爲 100 kW，則主動指針將被動指針推至標示 100 kW 的位置，而後主動指針歸零，被動指針則停在 100 kW 位置，如圖 1-3(b)；假設第二個 15 分鐘平均用電 70 kW，主動指針移至 70 kW 處，隨後歸零，被動指針因爲未被觸及，仍然停在 100 kW 處，如圖 1-3(c)；若第三個 15 分鐘平均用電 180 kW，則主動指針將被動指針由 100 kW 處再推至標示爲 180 kW 的位置，之後主動指針再次歸零，而被動指針則停留在最高的 180 kW，如圖 1-3(d)。

如此周而復始，被動指針(粗線)將指出計費期間用電的最高需量。最高需量，就是計算是否超約與罰款的依據。

三、契約容量(contract capacity)

用戶申請用電時，必須自行選訂最高契約需量(15 分鐘平均値)，也就是契約容量。低壓(綜合)電力用戶，契約容量不得少於 10 kW，高壓(綜合)電力用戶不得少於 100 kW。

契約容量，是計算基本電費及罰款的依據。用戶的每月用電最高需量，未達到契約容量時，以契約容量計收基本電費；超過契約容量時，超過部份以 2~3 倍計收罰款。電力公司這招非常厲害，迫使用戶不得不謹愼訂定契約容量，或自行控制用電量。

1-2 電費之計收

台灣電力公司的電價，隨物價及其他因素作不定期調整，各類用電及其電價的計收方式略述如下，並以例題說明之。

1. 家庭用電：家庭用電(表燈)的電費只計算用電度數(kWh)。爲了節約能源，台電對表燈用戶，以累進方式計收電費，用電愈多，每度單價愈高；同時，爲了保障基本投資，實用度數不及底度(kWh)者，按底度計收電費，底度依電表的大小訂定。
2. 綜合及電力用電：電力用電的電費，除了用電度數(kWh)外，還計算用電需量(kW)，其電費主要包含三項目：
   (1) 基本電費：按契約容量計收，如高壓電力用電經常契約每瓩每月 223.6 元(夏月)。此項目是以電力公司的固定投資成本計算而得。
   (2) 流動電費：按每月實用電度，依尖峰與離峰時間、夏月及非夏月之不同，分別計收，如高壓用電二段式時間電價(尖峰時間)夏月每度約 3.53 元。此項目是實際作功的能量，反應電力公司的燃料成本。
   (3) 超約罰款：當月用電最高需量超過其契約容量時，其超過百分之十以內的部份，按兩倍計收基本電費，而超過百分之十以上者，按三倍計收基本電費。

附錄 B 爲台電公司 2013 年公告的高壓電力電價，電價不定期調整，讀者可自行參閱台電最新電價表之相關規定。

例題 1-1

某用戶契約容量 200 kW，(a) 六月份用電 100,000 度，最高需量 180 kW；(b) 七月份用電 100,000 度，最高需量 230 kW。試計算六、七月份電費分別爲多少元？(以本節所列的電價爲準)

解 (a)六月份最高需量 180 kW，未超過契約容量(200 kW)，按契約容量計收基本電費

基本電費	223.6 元/kW × 200 kW	=	44,720 元
流動電費	3.53 元/度 × 100,000 度	=	353,000 元
	合　計		397,720 元

(b)七月份最高需量 230 kW 超過契約容量(200 kW)；超約 10%以內者(20 kW)，以兩倍計收款，超過 10%的部份(10 kW)以三倍計收罰款

基本電費	223.6 元/kW × 200 kW	=	44,720 元
流動電費	3.53 元/度 × 100,000 度	=	353,000 元
罰　款	223.6 元/kW ×20 kW × 2	=	8,944 元
	223.6 元/kW ×10 kW × 3	=	6,708 元
	合　計		413,372 元

例題 1-1 中，兩個月用電度數相同，電費卻相差 15,652 元；讀者會問，爲何電力用電要計算 kW 的用量，像家庭用電只計算用電度數(kWh)不是很好嗎？茲以特殊案例說明如例題 1-2。

例題 1-2

甲、乙兩用戶，每日用電均爲 960 度，但其負載曲線如圖 1-4 所示；若不計罰款，全月電費各爲多少？(假設甲、乙兩戶的契約容量，均正好等於其個別最高需量。)

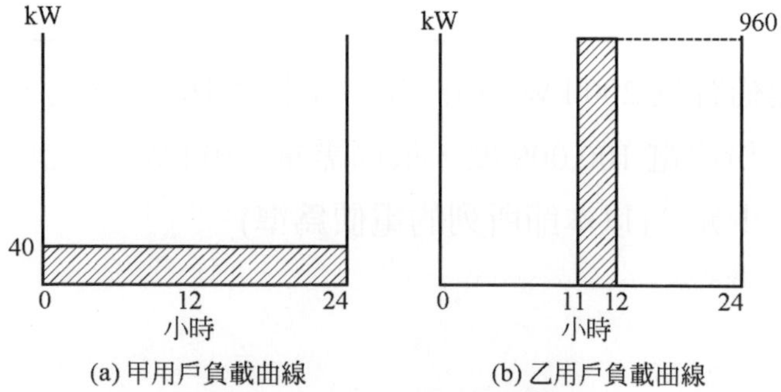

圖 1-4　特殊案例用電範例

解 (a)甲用戶，最高需量及契約容量都是 40 kW

基本電費	223.6 元/kW	×	40 kW		=	8,944 元
流動電費	3.53 元/度	×	960 度	× 30	=	101,664 元
			合	計		110,608 元

(b)乙用戶，最高需量及契約容量都是 960 kW

基本電費	223.6 元/kW	×	960 kW		=	214,656 元
流動電費	3.53 元/度	×	960 度	× 30	=	101,664 元
			合	計		316,320 元

雖然甲、乙兩用戶每日都只用電 960 度，但是電力公司計收電費卻相差甚多，看似不公平。

然而，因爲甲用戶用電很平均，所以電力公司供電給甲用戶，其發電及輸配電線路的容量只要 40 kW 即可。而乙用戶用電極不平均，只在 11～12 時用電 1 小時，但用電需量高達 960 kW，雖然用電度數與甲用戶相同，但是電力公司供電給乙用戶，而需投資的發電及輸配電線路容量需高達 960 kW。

所以電費計收，不僅要計算用電度數(kWh)，也要計算用電需量(kW)，並不是不公平。

1-3　最高需量的估算

每一用戶的供電系統，都接有爲數眾多、各式各樣的用電設備(即負載)，但是這些設備並非 24 小時都同時在使用。在計算變壓器及饋電線容量時，可以用需量因數和參差因數，來決定最高需量；用負載因數，來估算用電度數。

一、需量因數(demand factor)

按照負載的種類及使用頻度，各用戶的最高需量與裝置容量的比率，稱爲需量因數，以 1-1 公式表示：

$$需量因數=\frac{用戶最高需量}{用戶裝置容量}\times 100\% \tag{1-1}$$

裝置容量，就是供電系統所連接用電設備容量的總和，表 1-1 是已運轉系統的需量因數統計資料，這些數據可以用來估算新設供電系統的最高需量(或主變壓器容量)。

表 1-1(a)是各種工廠的總需量因數，可用來概估變壓器容量。例如，造船廠需量因數低 30%，表示全廠機器時開時停；化工廠高達 80%，顯示機器連續生產，幾乎沒有休息。例題 1-3，以總需量因數，概算變壓器容量。

表 1-1(b)是各種負載的單機需量因數。同樣，一般電動機，需量因數低(20%~60%)，連續生產電動機高(80%~100%)。例題 1-4，利用單機需量因數，可精算變壓器容量。

表 1-1

(a)各種工廠的總需量因數

業　　種	需量因數(%)
造船業	30～45
機械製造業	35～50
金屬工業	35～50
鐵鋼業	40～60
食品工業	50～65
石油精煉	50～70
鋁製造業	50～60
纖維工業	55～75
紙漿工業	60～75
化學工業	60～80
陶瓷業	65～75

(b)各種負載的單機需量因數

負　　載	需量因數(%)
電動機(一般)—工作機械、起動機、壓軋機、泵等	20～60
電動機(半連續使用) —製紙工廠、精煉工廠、橡膠工廠等	50～80
電動機(連續使用)—織物工廠、化學工廠等	70～100
電爐加熱器	80～100
感　應　爐	80～100
電　弧　爐	80～100
電　　　燈	80～100
電　銲　機	30～60
電阻電銲器	10～40

例題 1-3

某新設機械工廠，已知其設備裝置容量總和爲 1250 kVA，請參考表 1-1(a)，試求此工廠變壓器容量爲多少 kVA？

解 由表 1-1(a)得知，機械製造業的總需量因數是 35～50%，而變壓器容量必需能供應用戶的最高用電需量

∴變壓器容量＝裝置容量 × 需量因數

＝1250 kVA × (35～50)%

＝437.5～625 kVA

例題 1-4

某工廠動力用變壓器供電情形，及各負載需量因數，如圖 1-5 所示，試求此變壓器容量最少需多少 kVA？

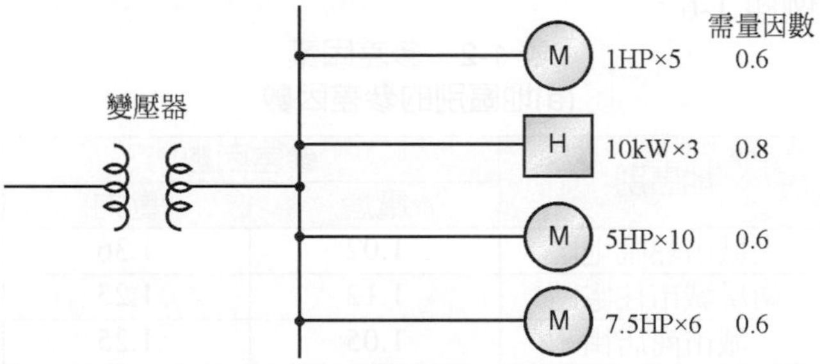

圖 1-5

解

負　載	裝置 kVA	需量因數	需量 kVA
1 HP ×5	5	0.6	3
10 kW ×3	30	0.8	24
5 HP ×10	50	0.6	30
7.5 HP ×6	45	0.6	27
	130*		84*

則變壓器容量不得小於 84 kVA。

註：$\sum$kVA 的正確計算，應將 kW 及 kVAR 分別加總之後，

$$\sum \text{kVA} = \sqrt{\left(\sum \text{kW}\right)^2 + \left(\sum \text{kVAR}\right)^2}$$

但在估算階段，因數據並非十分精確，$\sum$kVA 以直接加總，可節省大量的計算時間，其誤差仍在可接受範圍內。

二、參差因數(diversity factor)

中大型電力系統，由主變壓器受電後，再送電到各處的分變壓器。分變壓器的最高需量，發生的時刻並不一致，故其主變壓器的最高需量(分變壓器綜合同時最高需量)，比分變壓器個別最高需量的算術和爲小。參差因數定義如公式 1-2：

$$\text{參差因數}=\frac{\text{分變壓器個別最高需量的算術和}}{\text{主變壓器綜合同時最高需量}} \tag{1-2}$$

參差因數的值，一定大於 1，如表 1-2 所示。表 1-2(a)，大城市鬧區電燈參差因數爲 1.02，表示鬧區開燈時間相當一致；農村爲 1.27，表示鄉下開燈時間差異較大。表 1-2(b)，同時開電燈機率大，所以電燈相互間參差因數小(1.135)；同時啓動電動機機率小，故參差因數大(1.580)。

欲瞭解參差因數的定義，可以參考例題 1-5；要利用參差因數計算主變壓器容量，則請參考例題 1-6。

表 1-2　參差因素

(a)地區別的參差因數

地區別	參差因數	
	電燈	動力
大城市熱鬧地區	1.02	1.36
衛星城市住宅區	1.12	1.25
城市商店街	1.05	1.25
城市近郊工區	1.16	1.18
農村	1.27	1.14

(b)各種負載的參差因數

種　　別	百貨公司、商店、辦公室
電燈相互間	1.135
電動機相互間	1.580
電燈與電動機相互間	1.100

三、負載因數(load factor)

用戶的負載因數，是某一期間的平均用電需量，與此一期間最高需量的比值，以百分率表示，如公式 1-3。

$$\text{負載因數}=\frac{\text{某一期間的平均需量}}{\text{某一期間的最高需量}}\times 100\% \tag{1-3}$$

若此期間爲一日、一月或一年，分別稱爲日負載因數、月負載因數或年負載因數。

按產業類別統計所得的月負載因數，如表 1-3 所示。例如，鋼鐵業煉鋼時負載變化極大，最高負載高、平均負載低，其負載因數低(40%~65%)；化學工業爲連續生產，平均負載與最高負載差距不大，其負載因數高(70%~90%)。

表 1-3　不同產的月負載因數

產　業	負載因數(%)	產　業	負載因數(%)
礦砂精煉	60～75	鋼　鐵	40～65
煤	60～70	鋁	90～95
食　品	50～65	金屬工業	55～75
纖　維	55～85	機　械	30～50
紙漿工業	70～90	船　舶	35～45
化學工業	70～90	鐵　路	50～65
製　鹽	70～90	陶 瓷 業	60～85
石油精煉	75～80	水　道	70～80
橡　膠	40～60	棉　布	55～85

由需量因數及參差因數所求得的最高需量，輔以表 1-3 的負載因數，可以計算用戶的用電度數，如例題 1-6。

例題 1-5

某配電變壓器供應 A、B、C 三用戶，其負載曲線如圖 1-6 所示，試求(a)此變壓器容量應爲多少 kVA？(設 pf＝1.0)(b)此系統的參差因數爲多少？(c)日負載因數爲多少%？

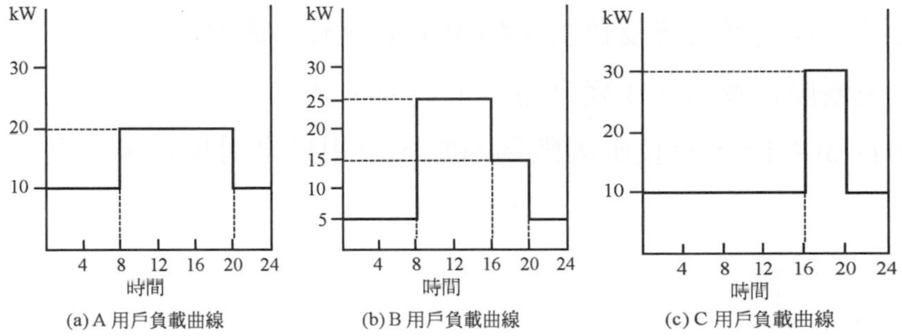

圖 1-6　用戶個別負載曲線

解 (a) 先將 A、B、C 三用戶的負載曲線加總如圖 1-7。由加總圖 1-7 得知，三用戶綜合同時最大需量為 65 kW，故配電變壓器容量應不小於 65 kW，因為 pf＝1.0，其容量不小於 65 kVA 即可。

(b) 從圖 1-6 得知 A、B 及 C 三用戶，其個別最高需量分別為 20 kW、25 kW 及 30 kW。

$$參差因數＝\frac{20+25+30}{65}＝1.15$$

(c) 參考圖 1-7 的綜合負載曲線

平均負載：$(25\times8+55\times8+65\times4+25\times4)/24＝41.67$ kW

$$日負載因數＝\frac{41.67}{65}\times100＝64.1\%$$

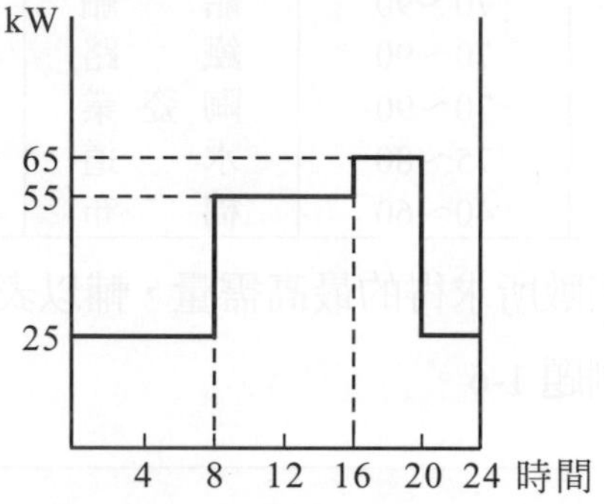

圖 1-7　綜合負載曲線

例題 1-6

某用戶其配電系統及負載，如圖 1-8 所示，試求：

(a)主變壓器及 A、B 變壓器容量為多少？

(b)若 pf＝1.0，月負載因數為 60%，該用戶全月用電多少？

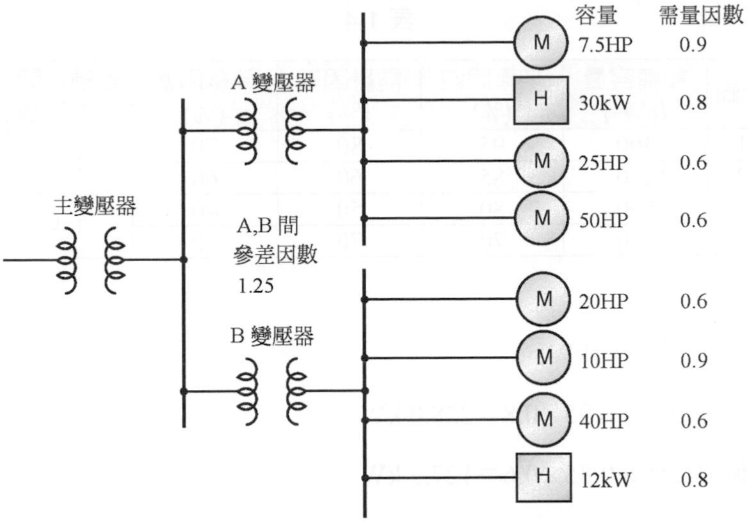

圖 1-8

解 (a)A 變壓器容量應不小於

$7.5\times0.9+30\times0.8+25\times0.6+50\times0.6=75.75$ kVA

B 變壓器容量應不小於

$20\times0.6+10\times0.9+40\times0.6+12\times0.8=54.6$ kVA

主變壓器容量(綜合最大需量)應不小於

$(75.75+54.6)\ /\ 1.25=104.3$ kVA

(b)月平均負載＝$104.3\times60\%=62.57$ kVA＝62.57 kW

全月用電度數＝$62.57\text{ kW}\times24\times30=45{,}049$ 度

例題 1-7

某工廠配電系統，以方塊圖表示如圖 1-9；各負載的特性如表 1-4 所示，試計算(1)各變壓器所需最小容量(kW)；(2)全月用電度數。

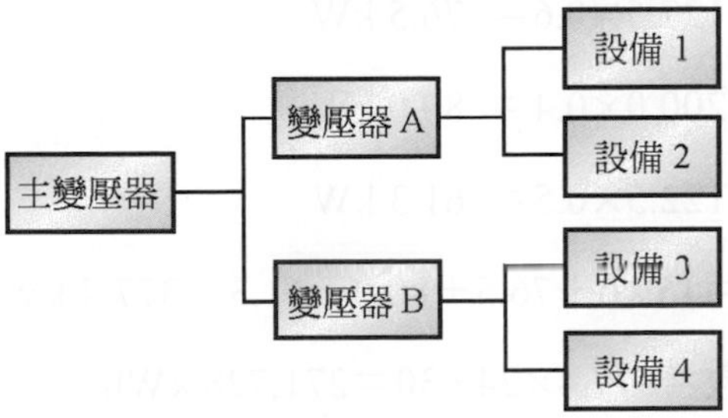

圖 1-9

表 1-4

變壓器	設備	設備容量 (kVA)	功率因數 (%)	需量因數 (%)	負載因數 (%)	設備之間參差因數	變壓器間參差因數
A	1	300	95	80	70	1.2	1.15
	2	250	85	60	60		
B	3	500	80	50	40	1.4	
	4	250	70	70	50		

解 (1)設備需量功率(kW)

設備 1 300×0.95×0.8＝228.0 kW

設備 2 250×0.85×0.6＝127.5 kW

設備 3 500×0.80×0.5＝200.0 kW

設備 4 250× 0.7×0.7＝122.5 kW

變壓器 A 最小容量

(228.0＋127.5)/1.2＝296.3 kW

變壓器 B 最小容量

(200.0＋122.5)/1.4＝230.4 kW

主變壓器最小容量

(296.3＋230.4)/1.15＝458.0 kW

(2)用電度數的計算

各設備平均功率＝(需量功率) × (負載因數)

設備 1 228.0×0.7＝159.6 kW

設備 2 127.5×0.6＝ 76.5 kW

設備 3 200.0×0.4＝ 80.0 kW

設備 4 122.5×0.5＝ 61.3 kW

總平均功率＝159.6＋76.5＋80.0＋61.3＝377.4 kW

全月用電度數＝377.4×24×30＝271,728 kWh

> 注意(1)在計算變壓器容量時，通常以 kVA 表示，而
>
> $$\text{kVA容量}=\frac{\text{kW容量}}{\text{綜合功因}}$$
>
> 綜合功因的計算在第七章詳加說明。
>
> (2)計算平均功率時，不必考慮設備相互間的參差因數。

1-4 規畫的基本原則

一個工廠的生產是否順利，受其配電系統的影響甚大，因此在設廠前，必需有良好的配電系統規畫。自民國五十年代開始，台灣地區工商業起飛，新工廠陸續設立，但設廠後因爲配電系統不理想而導致頻繁停電，影響工廠的生產，或是負載增加後擴充發生困難，甚至發生危及公共安全或個人生命的情形時有所聞。所以，工業配電是每一位從事建廠及運轉人員，必須認識的一個重要課題。

每一個工廠均有其特殊的負載情況及運轉條件，所以沒有一套標準配電系統可以適用於所有工廠。爲了配合各工廠的生產現況和未來發展，必需審愼規畫配電系統。規畫時應該考慮的幾個項目及基本原則如下：

一、安　全

保護人身及設備的安全，是工業配電系統設計時最重要的課題。人命關天，應該不計成本採用最安全的設計，以維護人身安全。至於設備安全，則可以視情況分爲若干等級加以考慮。爲保護人身及設備安全，應該考慮的重要事項如下：

1. 斷路器應有足夠的啓斷容量，以便能安全啓斷可能發生的最大故障電流。
2. 露出的帶電導體應藉裝置高度、圍籬或密封體加以隔離，以免人員感電。
3. 分段開關與斷路器之間加裝互鎖裝置，防止分段開關在有負載時誤操作開啓而造成損壞。
4. 爲維修某段電路或某項設備時，應能使此段電路或設備停電。
5. 電力公司停電時，重要設備及照明應可由緊急電源負責供應。

二、經　濟

經濟，是配電設計工程師的重要責任之一，在選定適當配電系統前，應就各種客觀條件加以分析，必要時應做經濟比較。在比較成本時，應自電源以下將整個系統作比較，包括各項設備的價款及其安裝費用。若業主不願意負擔配電系統的初次鉅額投資，則在不影響安全及使用的前提下儘量降低投資金額。

三、操作簡便

系統要簡單不要過於複雜。依過去的經驗，因爲系統過於複雜，電氣操作員未經常演練緊急用電的操作，以致操作錯誤而引起全廠停電的情形甚多。簡單系統可使操作者於平常或緊急時，都能做正確的操作，這是確保用電安全的重要因素之一。

四、彈　性

由於工商業不斷進步，工廠生產已進入「少量多樣」的時代。產品製造程序隨時都有簡化或改進的可能，同時，一個工廠的產品種類爲配合市場需要，也可能隨時有所改變。因此，工廠配電系統設計，必需具有充分彈性，以適應生產程序可能發生的變動。此外，對於未來工廠的擴充也應多加考慮，務使配電系統留有相當伸縮性，以免擴充時影響現有生產設備的正常供電。

五、系統可靠性

工廠對連續供電的要求，視其產品而定。有的工廠偶爾暫時停電也無太大影響，但有的工廠對連續供電的要求甚嚴，不論在那一種工廠，均應把握「少停電，小停電」的原則。據此原則，設計時應注意系統中如有故障發生，應能將故障部位隔離，而不致干擾整個系統。

六、系統擴充與改善

一個工廠開工後，可能因業績成長需要不斷地擴充，設計配電系統時，除現有負載外，還必須考慮將來新增的負載，其所選用電壓、設備容量以及廠房面積等是否能應付日後的需要。

當工廠的配電系統必需擴充或更新時，依據原有系統單線圖及擴充設備，逐步修訂系統單線圖。現有設備不可能立刻淘汰，但需作若干補充及替換。在作補充及替換時，應以理想中的新系統爲準，不宜遷就老系統，作頭痛醫頭腳痛醫腳的打算。

七、器材設備的選擇

工業配電所用的設備器材，除了需要考慮經濟因素外，更應顧到品質。選用品質優良的設備，不但可以確保用電安全，增加供電的可靠性，而且還可減少許多不必要的維護費用，故對用戶整體利益而言，有時在購買設備時多花點錢是值得的。

八、維　護

維護雖然是屬於運轉人員的事，但系統的設計如果完善，則有助於未來的維護。

系統設計，應顧及電路的主要設備需要取出維護時，其負載得改由別的電路供電，而不致於使主要負載停電。例如，斷路器採用引出型者，遇該斷路器需維護時，可以很便利地取出檢查，或送工廠代爲修理。容易耗損的零件，應訂定規範預爲採購備用。各主要設備的裝置處，不但要有充裕工作空間以利維護，亦應注意預留通道，使設備需移出更換時，方便進出。

1-5 設計步驟

建設一個工廠由無到有，其間要經過很多步驟，這些步驟包含下列五個主要內容及相關步驟，略述如下：

一、用電計畫書

工廠用電因用電容量大，必須事先提出用電計畫書，送請台電公司檢討，以便台電配合規畫供電事宜。否則埋頭於建廠工程，建廠完成申請用電時，台電表示無足夠容量供電，必需延後供電，則後悔莫及。新增設用電及躉售電力計畫書(範例)如表 1-5 所示，塡寫的內容主要有用電容量、契約容量及特殊負載。

在規畫階段，契約容量尙難計算，可用負載密度略爲估算，如例題 1-8 所示。表 1-6 爲各類工廠負載密度概值。

表 1-5　新增設用電及躉售電力計畫書

範例

表號：業營26　　新增設用電及躉售電力計畫書　　編號：002

基隆　區營業處

用戶名稱	XX建設股份有限公司	負責人	王XX	電話	
用電地址	基隆市仁一酪	通訊處	基隆市中山路200號	連絡電話	(02)24230000
用電連絡人或電機技師	黃XX	通訊處	同上	連絡電話	同上

☑ 新設 □ 增設	既容設量	經常 KW 離峰 KW 非夏月/半尖峰 KW 躉售電力 KW ____備用電力 KW	新合增計設容後量	經常 1300 KW 離峰 KW 非夏月/半尖峰 KW 躉售電力 KW ____備用電力 KW	1.既設供電(或躉售)方式： 相線　仟伏 2.自第 1 期起擬(或改)以 3 相 4 線 220/380 仟伏供電 1　3　110/220

各期新增設用電	第一期 88 年 9 月 30日	經常 1300 KW，非夏月/半尖峰 KW 離峰 KW，躉售電力 KW 備用電力 (經常、自用發電、汽電共生) KW
	第一期 年 月 日	經常 KW，非夏月/半尖峰 KW 離峰 KW，躉售電力 KW 備用電力 (經常、自用發電、汽電共生) KW
	第一期 年 月 日	經常 KW，非夏月/半尖峰 KW 離峰 KW，躉售電力 KW 備用電力 (經常、自用發電、汽電共生) KW

核准文件字號	88改建字第XXX號建造執照	核准容熱	電力 HP 電熱 KW KW	用途	住宅300戶 公設10戶	產品	

各期裝置特殊器具	器具名稱	相	AC/DC	電壓(KVA)	容量(KVA)	具	合計容量	期別	器具名稱	相	AC/DC	電壓(KVA)	容量(KVA)	具	合計容量	期別
	特殊主變壓器								500HP以上馬達(不含軋鋼用)							
	電弧爐								不與台電併聯之發電機							
	軋鋼熱軋 馬達								與台電併聯之發電設備(另詳填自用發電設備計畫基本資料表)							
	諧波源設備															

用電可靠度要求	□1.不能容許瞬間停電________CYCLE以上。 □2.容許短時間電________小時以內。 □3.一般性用電。	希望受電方式	□ 1.單路放射型。　2.□環路供電。 □ 3.一路經常，一路備用。 □ 4.二回路併聯(適用特高壓供電)。 □ 5.重點網路。
自備緊急電源裝設計畫	1.無裝設計劃。 2.擬自第____期裝設下列緊急電源設備。 □2-1蓄電池。 □2-2不停電電源裝置(UPS)。 □2-3其他	建廠進度	□ 1.建廠用地洽購中。 □ 2.建廠用地已取得，惟尙未建廠。 □ 3.建（擴）廠中。 □ 4.已建（擴)廠完成。
申請人認章	大章　私章	區處供電檢討	本計畫新增設用電(或躉售電力)擬由： ______變電所__________饋線供電 技術上：□無困難。□如后附檢討表。

區處核章欄	經副理			規劃部門			營業部門		

註：1.申請新增用電，其合計契約容量達1,000瓩或建築總樓地板面積達10,000平方公尺,及設置自用發電設備且需與本公司系統併聯或躉售電(不論契約多寡)者，應先填具本計畫書(各欄請確實填寫俾便檢討)。
2.尙未取得政府主管機關核准文件者，核准文件字號欄得免填寫。
3.設置自用發電設備且需與本公司系統併聯者，應再加填「自用發電設備計劃基本資料表」

表 1-6　各類工廠負載密度概值(照明與動力)

工　廠　類　別	負載密度(VA/m^2)
飛機製造廠	200
甜菜製糖及精製糖廠	190
紙　廠	140
紡織廠、引擎製造廠	120
菸　廠	110
一般製造廠、化工廠、電子廠	100
小型儀器製造廠、修理廠	75
燈泡製造廠	50
小型設備製造廠	35

例題 1-8

某新設電子工廠，廠房面積約 1,000 平方公尺，試估算其最高用電需量(契約容量)約為多少？

解 查表 1-5 電子廠的負載密度，該廠照明與動力合計約為

$100\ VA/m^2$，故其最高用電需量為

$100\ VA/m^2 \times 1000\ m^2 = 100\ kVA \fallingdotseq 100\ kW$

若欲採用較為精確的方法，則可改用負載調查法，如例題 1-6 所示，先調查該裝置的用電負載，再利用需量因數及參差因數，估算最高用電需量。

用電計畫書中，對於可能產生電燈閃爍、高次諧波以及感應干擾等特殊負載，也要求填寫，所以應先調查大型電動機、電弧爐、電銲機及整流器等負載，及其運轉條件等填入用電計畫書中。

二、單線圖

設計的第二步是要繪製單線圖，單線圖是將用戶的配電系統與負載等，用單線表示於設計圖上，如圖 1-10 所示。單線圖，對短時間內欲瞭解全系統的人幫助極大。要繪製單線圖，先要確定下列事宜：

1. **供(受)電電壓**

依據用電計畫書中，估算的契約容量及台電公司現行營業規則的規定，契約容量與供電電壓如表 1-7 所示。

此外在台北、高雄、台中等負載密集都會區，台電公司已逐步將 11.4 kV 提升至 22.8 kV，以減少線路損失並提高用電效率；同時對契約容量 500 kW 以下的電力用戶，直接以 220/380Y V 供電，用戶不需自設變壓器等設備，可以節省經費及空間。

用戶所提用電計畫書，經台電檢討其契約容量後，會核定用戶供(受)電電壓為多少，用戶就可依核定電壓及用電容量決定一次側設備的額定值，如例題 1-9 所示。

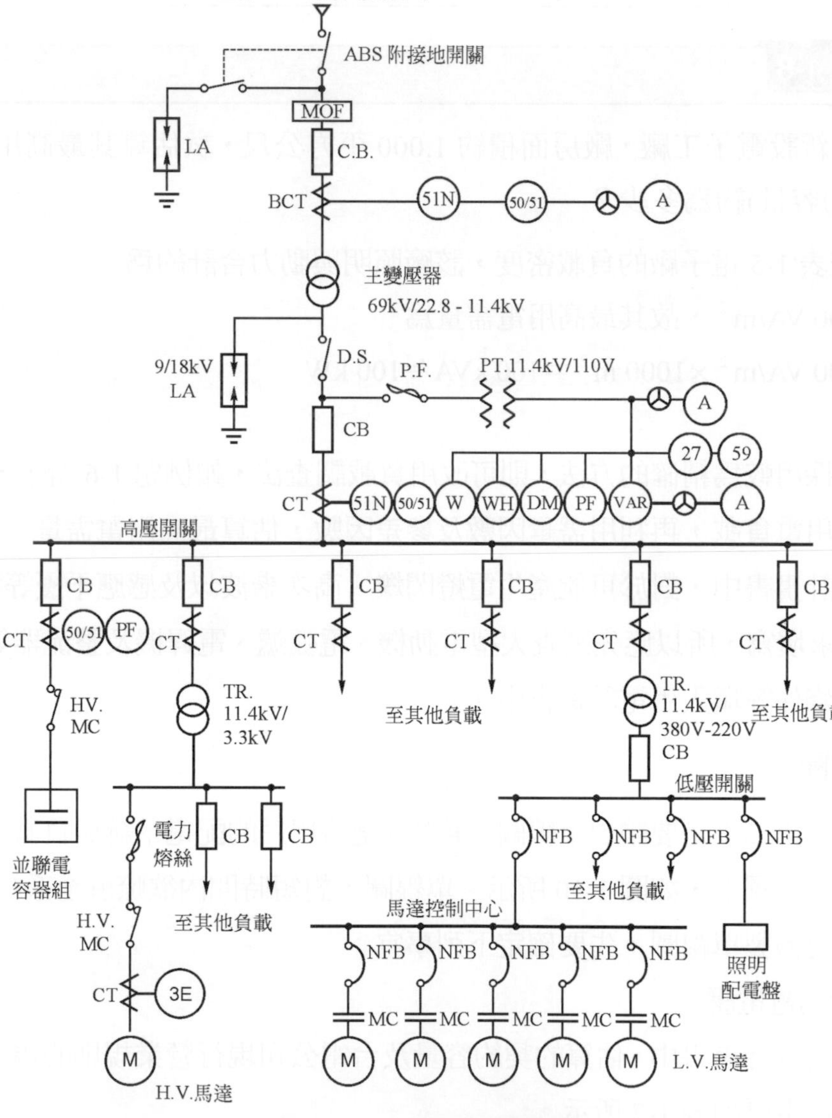

圖 1-10 工廠配電單線圖

表 1-7　契約容量與供電電壓關係

契約容量 (kW)	40,000 以上	30,000 | 39,999	4,500 | 29,999	1,000 | 4,499	100 | 999	99 以下
供電電壓 (kV)	161	161 或 69	69	11.4/22.8* 或 69	11.4/22.8*	0.22/0.11+

*負載密集區以 22.8 kV 供電。

+負載密集區用戶，其契約容量在 500 kW 以下者，以 220/380Y V 供電。

例題 1-9

某用戶預估最大負載為 2000 kVA，台電公司核定以 22.8 kV 供電，試決定該用戶一次側變壓器、斷路器及電纜的容量。

解 一次側滿載電流

$$I_{fl}=\frac{2000}{\sqrt{3}\times 22.8}=50.6\text{ A}$$

變壓器最小額定值

額定容量：2000 kVA

一次側額定電壓：22.8 kV

斷路器最小額定值

額定電壓：22.8 kV

額定電流：50.6 A

電纜最小額定值

額定電壓：22.8 kV

額定電流：50.6 A

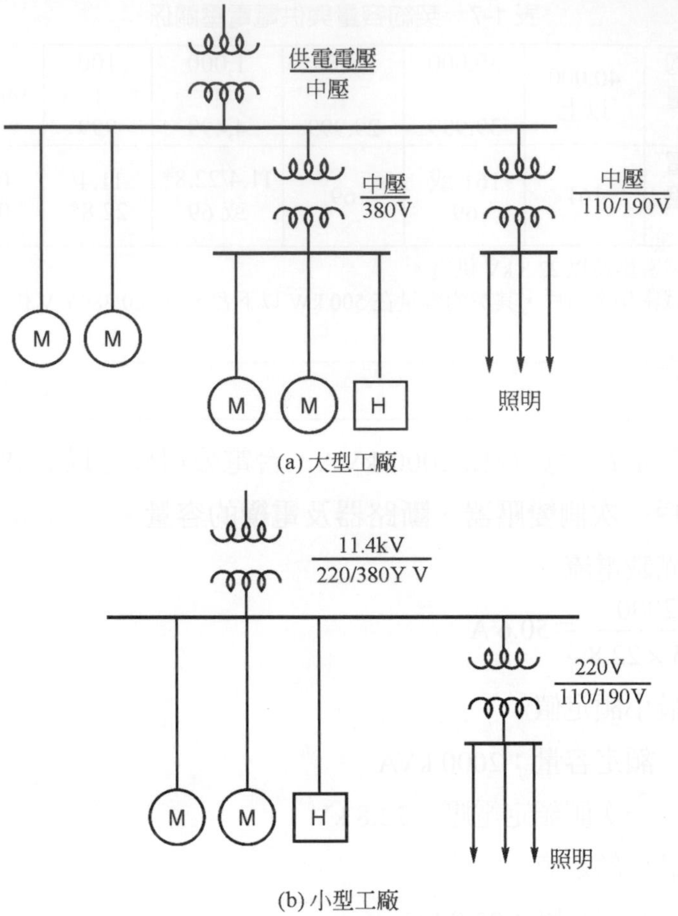

圖 1-11　各類工廠的配電電壓

2. **配電電壓**

選擇工廠配電系統的電壓，一方面是技術上的需要，一方面是經濟上的需要，同時要兼顧用電器材的標準與普及性。原則上，用電容量較大的系統，先將電力公司的供電電壓降爲中壓，供應大容量的電動機，再將中壓降爲低壓，以供應小容量的電動機及照明等負載，如圖 1-11(a)所示。

用電容量較小的系統，直接將電力公司供電電壓，降爲低壓(220/380Y V)以供應電動機使用，另需加裝照明變壓器降壓爲 110 V 供照明負載使用，如圖 1-11(b)所示。

高於 600 V 的電壓，台灣地區稱爲高壓，歐美稱爲中壓；常用者有 5 kV 級(3.45 kV，4.16 kV)，15 kV 級(11.4 kV，13.8 kV)及 25 kV 級(22.8 kV)等。中壓的選用，主要以主變壓器的容量爲考量因素，如表 1-8 所示。

表 1-8　配電電壓選用表

主變壓容量 kVA	配電電壓	說　　　　明
10,000 以下	5 kV 級	
10,000～20,000	5 kV 級或 15 kV 級	電動機在 5,000HP 以下用 5kV 級
20,000 以上	15 kV 級或 25 kV 級	

600 V 以下的低壓，種類及特點如表 1-9。台灣區常用者：照明及電器用 110/190Y V，動力用 220/380Y V 及 220 Δ V。

表 1-9　低壓電壓系統特點

三相電壓(V)	特　　　　點
120/208Y	美國家用系統，120V 供單相照明，208 V 供三相動力。 但台灣地區，一般電器額定電壓爲 110 V，電動機爲 220 V，此系統不合用。
277/480Y	美國工廠常用系統，227 V 供單相照明，480 V 供三相動力；如生產設備自美進口，可選用此種電壓。
220/380Y	歐洲、中國大陸都用此系統，220 V 供單相照明，380 V 供三相動力。如生產設備自歐進口，可選用此種電壓。 台電也推行此系統，220 V 供單相照明或電動機，380 V 供三相動力。
220△	日本系統，220 V 供三相動力，台灣地區使用相當普遍。
110/190Y	台灣地區使用，110 V 供單相照明及電器，三相 190 V 沒用。

3.　**配電方式**

工廠配電系統，普遍使用「負載中心配電系統」，就是將工廠用電，由若干小型負載中心變電站分別供應，負載中心可以使用標準型的「整套變電站」。常用的配電方式有①放射型(radial typc)，②二次選擇型(secondary selective)，③一次選擇型(primary selective)，④一次環路型(primary loop)，⑤二次網路型(secondary network)等五種。

工廠負載中心系統線路配置，以採用放射型居多，如圖 1-12(a)所示，其主要原因是裝置費用便宜，線路簡單、易於操作及維護，而且因爲製造技術的進步，開關設備(switchgear)品質提高，使得線路上產生故障的機率大減。

除了放射型外，在大型工廠使用次多的爲二次選擇型，如圖 1-12(b)所示，因爲其供電可靠性較放射型爲佳，而所增加的費用並不太多。供(受)電電壓、配電電壓及配電系統方式決定後，即可以著手繪製初步配電系統單線圖。

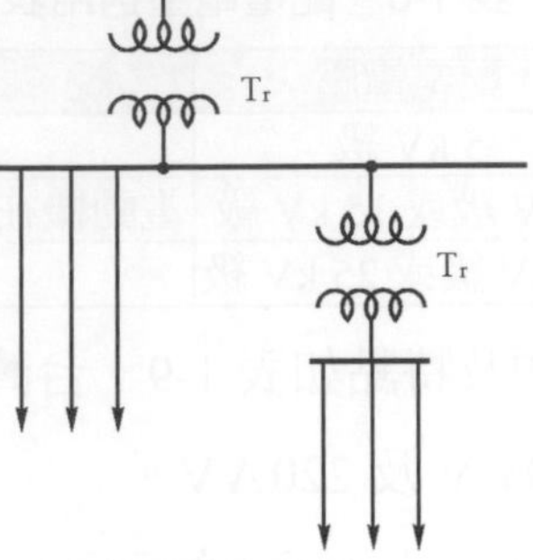

(a) 放射型

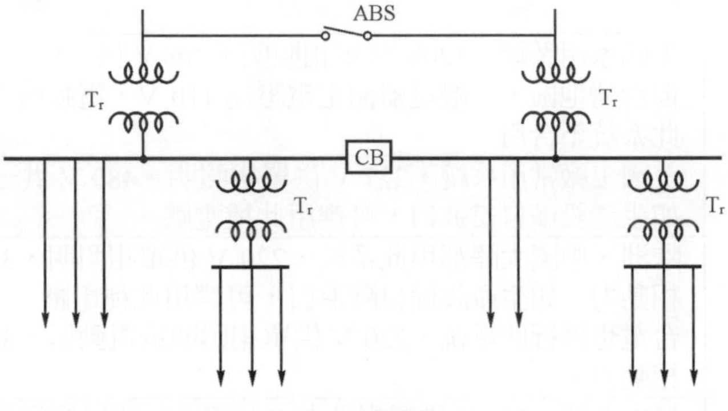

(b) 二次選擇型

圖 1-12　常用配電系統

三、台電相關資料

在台灣，電源的供應是由台灣電力公司所獨佔，所有用戶均須自台電接電使用，因此，無論在設計或運轉時，電機工程師都需瞭解台電相關的規定與資料，以免日後修改的麻煩。

1. 技術相關資料

(1) 供(受)電電壓標準：如前所述台電依契約容量決定供(受)電電壓，所以應該先向台電查詢確認，以利設計。

(2) 供電品質：查詢台電在當地供電的電壓展幅、頻率變動及電壓突降等相關資料，做爲系統設計的參考。

(3) 系統短路容量：做爲短路電流計算的依據。

(4) 中性點接地方式：做爲過電壓設計及電驛設定的依據。

(5) 用戶用電設備裝置規則。

2.　電費有關資料

電費依照其用途可分爲電燈、電力及綜合用電等三種。電燈用電，適用一般家庭或住宅用電；電力用電，適用工廠；綜合用電，適用大樓建築及機關學校。電燈及綜合用電，依用途不同，又分爲營業及非營業用電。此外，因供電電壓不同，可分爲低壓、高壓、特高壓用電。

電力用電必須和電力公司訂定「契約容量」，計算基本電費。契約容量有下兩種：①以「裝置設備容量」爲契約容量，基本電費單價較低，但用電設備不得任意增加，否則以違章用電處理；②以「用電需量」爲契約容量，基本電費單價較高，可任意增加設備，但用電超出契約容量時，超出部份以二至三倍計費。

茲將電費種類說明如下：

(1) 包燈：供給路燈及交通指揮燈爲主，不裝電表，按用電裝置數量計收電費。

(2) 表燈：供一般住宅及非生產性質(商店)用電，容量限在 100 kW 以下，裝置電表，以用電度數計算電費。電費分爲非營業用及營業用。

(3) 綜合用電：10 kW 以上，非生產性用電場所(辦公大樓或商場)的電燈及電力用電，稱綜合用電。依供電電壓，分爲高壓及低壓供電，100 kW 以上以高壓供電。依用途，分爲營業及非營業用電，營業用電的電價較高。

電費，分爲基本電費及流動電費兩部份。基本電費，由用戶與電力公司訂立用電容量契約，按契約容量的 kW 計費；流動電費，則按實際用電度數計收。

(4) 電力用電：爲生產性質的工廠用電，電費分爲基本電費及流動電費。容量在 10 kW 以下，按裝置設置容量爲契約容量；容量在 10 kW 以上，可按用電需量爲契約容量；100 kW 以上，適用高壓供電。

(5) 時間電價：台電爲有效利用發供電設備，提高電力系統的負載因數，將用電時間分爲尖峰及離峰(off-peak)，離峰電價較尖峰電價便宜甚多，稱爲時間電價。

500 kW 以上電力及綜合用戶，必須採用時間電價；其他用戶，得申請採用時間電價。離峰時間，為星期日及例假日全天，及星期一至星期六每日深夜 10 時 30 分起至翌晨 7 時 30 分止，其餘均為尖峰時間。此外，在夏月(6 月 1 日～9 月 30 日)，還實施三段式時間電價，離峰時間仍然相同，尖峰則定為夏月的週一至週六上午 10 時至 12 時止及下午 1 時至 5 時止，其他時間則為半尖峰。

以高壓用電為例；每度電價尖峰時間為 4.64 元，半尖峰為 3.05 元，離峰為 1.61 元，尖離峰價差將近 3 倍，如能將用電自尖峰移至離峰時間，可節省可觀的電費。

3. **線路補助費**

線路補助費按用電契約容量計收，包含擴建補助費 QB 及線路工程費 $P(L-F)$，如公式 1-4。擴建補助費，是由用戶出錢「補助台電」建設發電、輸電及變電設備的費用。線路工程費，是由用戶繳給台電架設線路的工程費。

$$S = QB + P(L-F) \tag{1-4}$$

上式 S ＝線路補助費

Q ＝用戶數或契約容量的 kW 數

B ＝擴建電力設備補助費單價

P ＝新建線路補助費

L ＝新建線路長度

F ＝寬免長度

上式中，擴建補助費，以經濟部 87 年修訂實施費用為例，其單價低壓用電為 2095 元/kW，高壓用電為 1676 元/kW，特高壓(69kV)為 1524 元/kW。例如，11.4 kV 用戶的契約容量為 2000 kW，則在申請用電時，應繳付擴建補助費 1,676×2,000＝3,352,000 元，金額相當龐大。而 $P(L-F)$則為線路工程費，則按台電實際施工費用計收。

線路補助費的內容，如圖 1-13 所示。總之，依據用戶申請的契約容量大小，用戶必需分擔台電擴建發電廠、變電所、輸配電線路的部份經費，並支付從台電變電所到用戶專用線路，工程所需之全部經費。

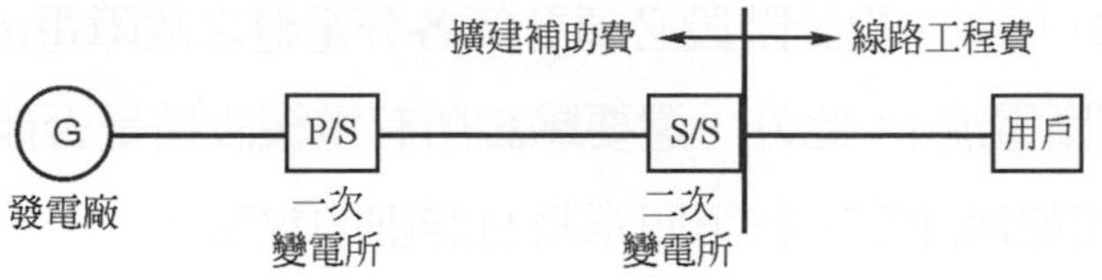

圖 1-13　線路補助費的內容

4. **緊急發電機**

用戶裝設緊急發電機，以備台電停電時可自行緊急發電，供給不容停電的極重要負載。緊急發電機的電源，不得與台電系統並聯運轉，必須裝置雙投開關，台電電源故障時，將重要負載改由自備緊急發電機供電，同時啓開台電的電源，如圖 1-14。

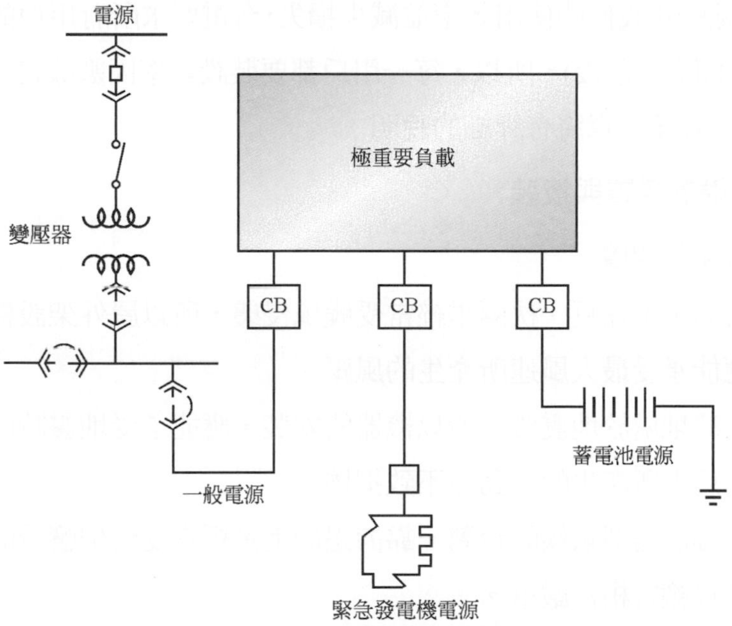

圖 1-14　不停電負載的供電系統

緊急發電機應採用自動啓動，在停電後十秒鐘內，可啓動發電機供電，避免因人工操作而延誤供電。緊急發電機的容量，必須超過電動機容量的五倍以上，並需滿足極重要負載容量。如果緊急負載有大型電動機帶動的設備，要考慮其啓動電流對緊急發電機運轉的穩定性，其電驛的設定應經台電公司檢討核准。

四、各種計算

1. 故障電流計算

電力系統無法保證永遠不故障，當故障發生時，所有電機設備都將遭受極大故障電流的衝擊。所以，設計階段必須計算各分電盤之故障電流，以選擇各斷路裝置的安全「啓斷電流」；此外，還要驗證所有電機設備是否能承受「瞬間故障電流」。故障電流如何計算，在第四章將有詳細的說明。

2. 電壓降計算

爲確保配電系統每一分路的電機設備，均能在合理的電壓下工作，以獲得滿意的運轉特性；配電系統的每一分路的電壓降均需計算。電壓降如何計算，在第三章將有詳細的說明。

3. 功率因數改善計算

一般用戶的負載大多爲電感性負載，其綜合功率因數約爲 80%(落後)，爲提高發電機及輸配電設備的使用效率並減少損失，台電要求所有用戶的功率因數都要提高至 95%以上(落後)，所以，每一用戶都要裝設功率因數改善設備。功率因數如何改善，在第七章將有詳細的說明。

五、機器設備的購置與按裝

1. 用電場所的環境

(1) 台灣地區在夏、秋兩季經常受颱風侵襲，所以屋外架設機構及設備，應能承受最大風速所產生的風壓。

(2) 台灣地處於地震帶，所以機器的安裝，應能承受地震時的橫向及縱向作用力所產生的移動而不致損壞。

(3) 地屬海島型氣候的台灣，靠海邊的地區經常受到帶鹽分的海風吹襲，所以鹽害相當嚴重。

(4) 空氣污染在台灣地區亦相當嚴重，設備的套管或礙子的洩漏距離應予加長，以免閃絡的發生。

(5) 台灣地處亞熱帶，夏季最高平均溫度達 35℃，所以訂購機器設備時，應註明台灣地區的夏季週溫，以免購得寒帶地區設備，在台灣使用時發生過載，而減低機器壽命。

2. **選購機器時參考的標準規格**

電機設備的選購，與購置一般家庭電器不同，爲確保設備的品質，其驗收及試驗程序亦極爲複雜，所以各國均研訂各種標準規格，以供製造及選購機器設備時有所遵循，茲將常見的各國標準或正式名稱列如表 1-10，供讀者參考。

表 1-10　各國標準及正式名稱

CNS	Chinese National Standards (ROC)
ANSI	American National Standards Institute (USA)
BS	British Standards (UK)
JIS	Japanese Industrial Standards (Japan)
AS	Australian Standards (Australia)
DIN	Deutsche Normen (Germany)
VDE	Verband Deutscher Elektrotechniker (Germany)
CSA	Canadian Standards Association (Canada)
IEC	International Electrotechnical Commission
UL	Underwriters Laboratories (USA)

3. **安裝檢驗，加入系統**

設備安裝完畢，用戶自行測試完成後，台電公司仍將對用電設備進行檢驗，其主要項目如下：

(1) 主要幹線絕緣電阻測定。

(2) 接地電阻的測定。

(3) 加壓試驗及用電設備出廠報告的查驗。

(4) 開關及保護設備等重要裝置標誌的核對。

(5) 配管種類的核對。

(6) 用電用途的核對。

(7) 安全距離檢查。

檢驗合格後，即可將此新設配電系統，接入台電公司系統正式供電。

1-6 配電自動化

近年來自動控制、電子、通訊、電腦、網路等科技日新月異，促成了配電系統自動化的蓬勃發展。廣義的說，運用上述科技開發電腦輔助設計、製造，如電力用智慧型數位式保護電驛及儀表系統等，致力於系統保護協調、事故自動隔離及電力復原之程序設計，電力監控系統之設計以達成電力品質提昇與監視之目的，均可稱為配電自動化。

狹義的說，電力遙控系統(PRC, Power Remote Control System)即配電自動化(SCADA, Supervisory Control And Data Acquisition)系統，主要是藉由中央電腦監控系統、通訊傳輸系統及現場工作站(RTU, Remote Terminal Unit)等相關之監控設施對遠端現場之電力設備進行即時(Real Time)之監視及控制，以使配電系統安全可靠。

配電自動化與網路技術結合，在未來可建立電力公司與用戶端通訊網路，並實施「自動讀表」、「時間電價」、「即時電價」與「用電負載控制」等服務，以達到有效節約電能和提供整體電能管理的解決方案。

Chapter 2

基本觀念

電機工程師的兩難

電機工程師在分析電路時，經常面臨兩難的困境：精確與效率。分析電力系統時，要用各元件的等效電路，組成一個系統模型(model)，然後輸入電壓、電流，以求得其輸出響應。為求精確，要用複雜的等效電路，但求解過程變得繁雜而費時；反之，為求效率，改用簡化的等效電路，則結果的誤差變大。精確與效率，就好像「魚」與「熊掌」難以得兼，究應如何取捨？「經驗」是最好的老師；實務經驗告訴我們，在何種狀況使用何種模式，可以兼顧精確與效率。本章以變壓器為例，說明為什麼要簡化、以及如何簡化，使讀者在不同狀況分析電路時，可以「安心地」使用不同的等效電路。

交流電力系統有，三相三線(Δ 接或 Y 接)、三相四線(Y 接)、單相兩線及單相三線等，各式各樣的配線方式。但是做電路分析時，都使用「單相模式」進行分析，為什麼呢？因為無論三相三線或四線系統，在正常平衡運轉時，其中性線總電流為零，A、B、C 相的電壓、電流、功率及阻抗都相等，只有相角差異；單相兩線或三線系統的情形也雷同；所以，電路分析只要計算 A 相電路就 OK 了。

交流電力系統，因發電、輸電及用電要使用不同電壓，以變壓器擔任升降壓的任務。而變壓器的介入，造成不同電壓階層，各階層之電流、電壓及阻抗值必須轉換，才可直接計算；此外，三相 Y-Δ 的接法使問題更形困難。標么值，可以將電力系統因「單相/三相、不同電壓、Y/Δ 接」所引起的困擾，完全打通。所以，標么值可稱為打通電力系統分析寶庫的鑰匙。

除了上述三大主要觀念之外，電源等效電路、感應電動機容量和變壓器阻抗壓降等，這些都是在工業配電設計時必備的觀念，所以在本章先行加以補充之。

2-1 單相模式─解開三相與單相的謎

在電機工程的許多課程(如電機機械、電力系統、工業配電等)，經常看到如圖 2-1(a)發電機、線路及負載的簡單電力系統，並以圖 2-1(b)的等效電路來代表之。

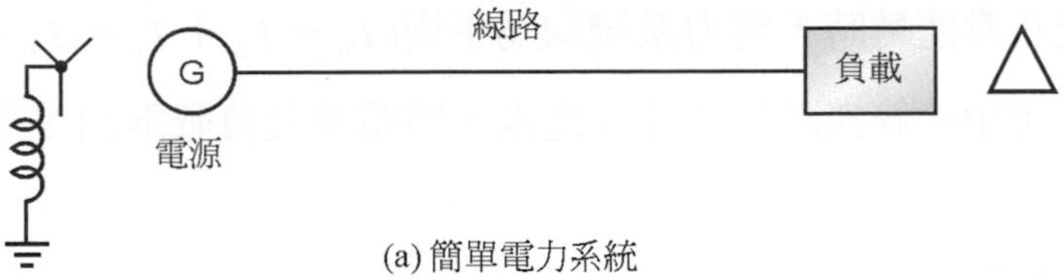

(a) 簡單電力系統

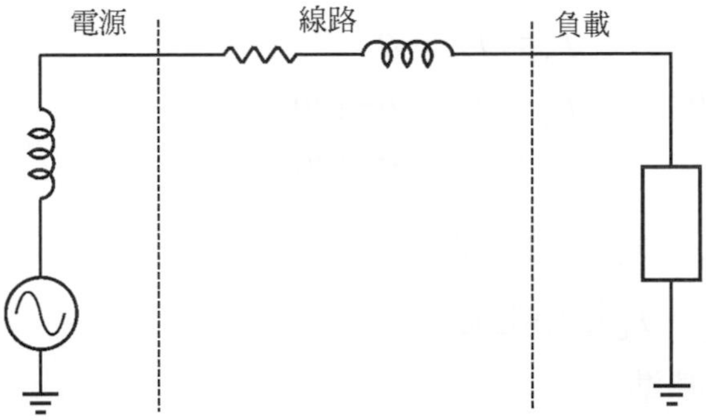

(b) 簡單電力系統的等效電路

圖 2-1

常用的交流電力系統有，三相三線(Δ接或 Y 接)、三相四線(Y 接)、單相兩線及單相三線等，各式各樣的配線方式。爲何做電路分析時，都能使用圖 2-1 爲代表而加以分析呢？

首先，三相三線(Δ-Δ,Δ-Y, Y-Δ,Y-Y)平衡電力系統中，Δ接可以轉換成等效 Y 接，因此，三相三線平衡系統可以看成如圖 2-2 的三相四線制系統。

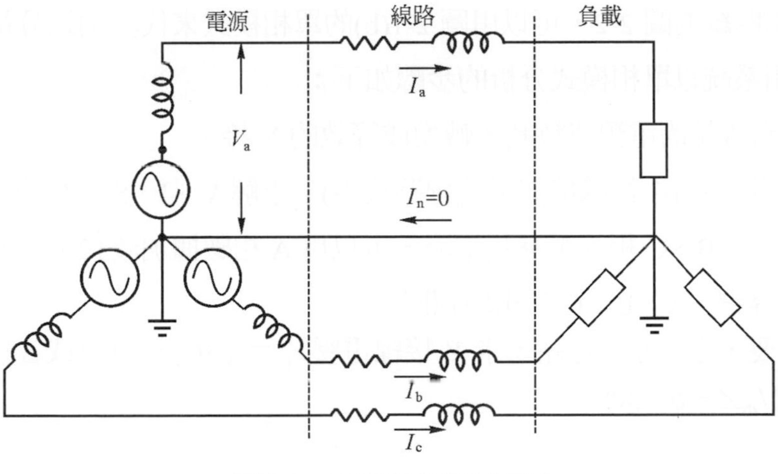

圖 2-2　三相四線制的電路

電力系統正常運轉時，電力系統均爲平衡($I_a+I_b+I_c=I_n=0$)，中性線無電流，所以可用一條無阻抗的等效電線，將電源及負載兩個Y接的中點連接起來。

當系統平衡時，

$$\begin{aligned} V_a &= V\angle 0^\circ & I_a &= I\angle -\theta \\ V_b &= V\angle -120^\circ & I_b &= I\angle -\theta-120^\circ \\ V_c &= V\angle 120^\circ & I_c &= I\angle -\theta+120^\circ \end{aligned} \tag{2-1}$$

其中 1. V_a，V_b，V_c 是相電壓

2. I_a，I_b，I_c 是相電流

3. 以 V_a 爲基準

4. θ 是電流落後電壓的角度

由(2-1)式可知

$$|V_a|=|V_b|=|V_c|$$
$$|I_a|=|I_b|=|I_c|$$

三相電壓及電流的絕對值都相等，只是相角相差120°而已，三相的各相阻抗值則完全相等。所以，分析三相的特性時，只要求得其中一相的電壓、電流、阻抗等值，另外兩相的相關數值的大小均相等，只要把相角差，加以考慮即可。所以，三相四線的圖 2-2，可以用圖 2-1(b)的單相模式來代表加以分析。

將三相系統以單相模式分析的步驟如下：

1. 將所有Δ接的電源或負載，轉換成等效的Y接。
2. 以A相電路(中性線用無阻抗線路代表)，求解V、I、S、Z等變數。
3. 如必要，B、C相的電壓及電流，可以用A相數據加減120°求得；至於阻抗與容量，A、B、C三相均相同。
4. 如必要，返回原始線路，求Y接線電壓 $V_L=\sqrt{3}V_\Phi\angle+30^\circ$ 或Δ接線電流 $I_L=\sqrt{3}I_\Phi\angle-\theta-30^\circ$。

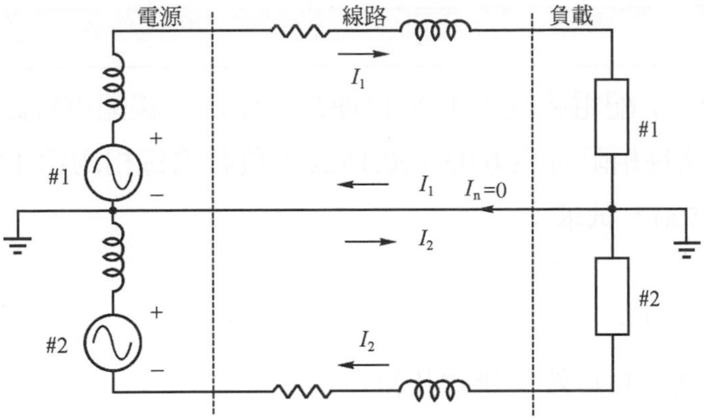

圖 2-3　單相三線制的電路

單相三線制，如圖 2-3 所示，在系統平衡時，中性線電流

$$I_n = I_1 + I_2 = 0$$
$$V_1 = V\angle 0^\circ \qquad I_1 = I\angle -\theta^\circ$$
$$V_2 = V\angle 180^\circ \qquad I_2 = I\angle -\theta + 180^\circ \tag{2-2}$$

其電壓與電流的絕對值相等，$|V_1| = |V_2|$，$|I_1| = |I_2|$，只是相角差180°而已。所以分析圖 2-3 單相三線制系統的特性時，也可用圖 2-1(b)的單相模式來代表。

單相二線制的情形，則稍有不同，如圖 2-4 所示，其回流爲 I 並非零。但如將回流導線的阻抗，與上端導線的阻抗加以結合，也就是將上端導線「阻抗加倍」，則單相兩線制也可用圖 2-1(b)的單相模式加以分析。[註：電源及負載不要加倍。]

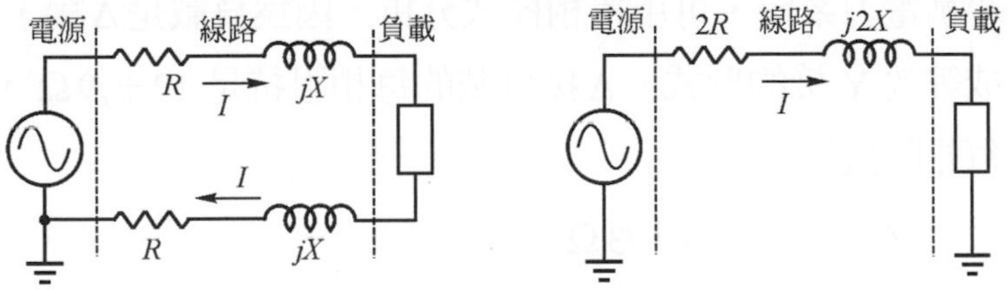

(a) 實際線路　　(b) 等效電路

圖 2-4　單相二線系統

用單相模式，分析交流的三相三線、三相四線、單相兩線及單相三線系統，是一項相當方便及有效的方法，只要觀念及原理清楚，解題將不再是件煩人的事，如例題 2-1 所示。

例題 2-1

三相 220 V 配電系統，由 Y 接理想電壓源，經配電線路接到Δ接負載，配電線路每相阻抗爲 $0.05+j0.15\,\Omega$，負載爲每相均爲 $12+j9\,\Omega$ 的阻抗，如圖 2-5(a)，試求：

(a)線電流 I_L，

(b)負載端線電壓，

(c)消耗在負載上的有效、無效及視在功率，

(d)消耗在配電線路的有效、無效及視在功率，

(e)發電機供應的有效、無效及視在功率。

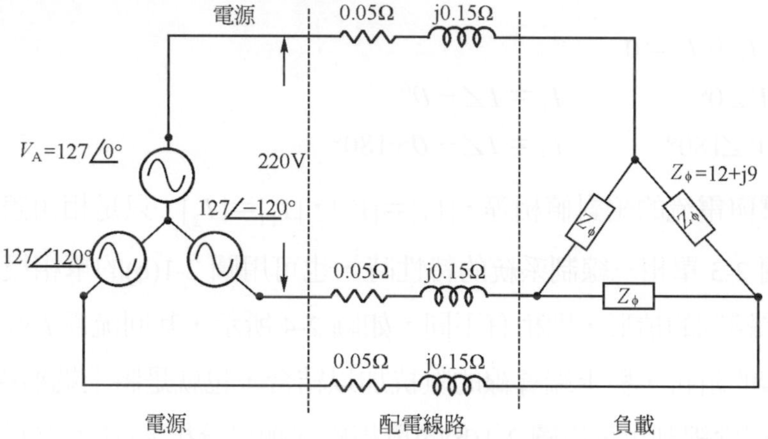

圖 2-5(a)　三相四線制的電路

解 三相平衡電力系統，可用單相模式分析。因爲負載是Δ接，首先必需轉換成等效 Y 接的形式。Δ接負載的每相阻抗是 $12+j9\,\Omega$，轉換成 Y 接的每相阻抗是

$$Z_Y = \frac{Z_\Delta}{3} = 4+j3\,\Omega$$

電源側相電壓，設定爲基準(相角爲∠0°)

$$V_\phi = \frac{220}{\sqrt{3}}\angle 0^\circ = 127.0\angle 0^\circ\ \text{V}$$

單相模式的等效電路，如圖 2-5(b)所示

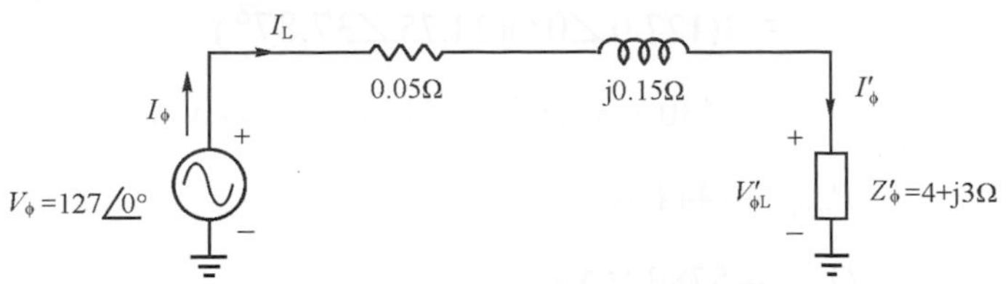

圖 2-5(b)　單相模式等效電路

(a)線電流 I_L 爲

$$I_L=\frac{127.0\angle 0°}{(0.05+j0.15)+(4+j3)}=24.75\angle -37.87°\ \text{A}$$

總(線)電流爲 24.75 A

(b)在等效 Y 負載上的相電壓，等於負載的相電流乘上負載的相阻抗

$$\begin{aligned}V'_{\phi L}&=I'_\phi Z'_\phi\\&=(24.75\angle -37.87°)(4+j3)\\&=123.76\angle -1.01°\ \text{V}\end{aligned}$$

負載端的線電壓

$$V_{LL}=\sqrt{3}\times 123.76=214.36\ \text{V}$$

(c)等效 Y 負載(與實際 Δ 負載相同)所消耗的複數功率是

$$\begin{aligned}S_{\text{load}}&=3V'_{\phi L}(I'_\phi)^*\\&=3(123.76\angle -1.01°)(24.75\angle 37.87°)\\&=7352+j5513\ \text{VA}=9189\angle 36.86°\ \text{VA}\end{aligned}$$

$$P_{\text{load}}=7352\ \text{W}$$

$$Q_{\text{load}}=5513\ \text{VAR}$$

[註：計算複數功率時，電流要用共軛複數$(I'_\phi)^*$。]

(d)配電線上的電流是 24.75∠−37.87° A，線路阻抗爲 0.05＋j0.15 Ω，故消耗在線路上的功率爲

$$P_{\text{line}}=3|I_L|^2R=3(24.75)^2(0.05)=92\ \text{W}$$

$$Q_{\text{line}}=3|I_L|^2X=3(24.75)^2(0.15)=276\ \text{VAR}$$

$$S_{\text{line}}=3|I_L|^2|Z|=3(24.75)^2(0.158)=290\ \text{VA}$$

(e)發電機供應的複數功率是

$$S_{\text{gen}}=3V_\phi I_\phi^*$$

$= 3(127.0\angle 0°)(24.75\angle 37.87°)$

$= 9430\angle 37.87° = 7444 + j5789$ VA

$P_{gen} = 7444$ W

$Q_{gen} = 5789$ VAR

核對

$P_{load} + P_{line} = 7352 + 92 = 7444\text{ W} = P_{gen}$

$Q_{load} + Q_{line} = 5513 + 276 = 5789\text{ VAR} = Q_{gen}$

2-2 精確 vs.效率—工程師的兩難

科學家(scientist)在研究問題時，只求能找出問題的解答就好，對經濟與效率等都不計較。然而工程師(engineer)要將科學家的發明或發現加以實用化時，就必須考慮到經濟與效率等因素，否則產品成本太高，將無法在市場上與他人競爭。

在電路分析時，精確是我們追求的，但是效率也應該加以兼顧。然而「精確與效率」，正如「魚與熊掌」，當兩者不可得兼時，應做如何的取捨呢？

原始等效電路。以電力變壓器爲例，在電機機械課本中，可以找到如圖 2-6 所示的等效電路，一次側電路在左，二次側電路在右，因爲一次及二次電壓不同，兩端的電流及阻抗也不相同，中間必須以理想變壓器將兩端電路加以連結。

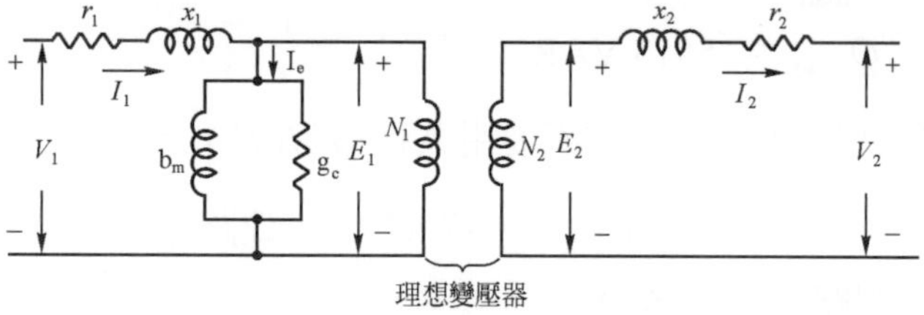

圖 2-6 變壓器的等效電路

第一級省略。如果將二次繞組的所有電壓、電流及阻抗(參考後敘公式 2-3，2-4，2-5)轉換到一次側，其中變壓比 $a = N_1/N_2$，則圖 2-6 變壓器的等效電路，可簡化爲圖 2-7，兩端電路可以合而爲一，成爲串並聯電路，計算將大爲簡化。

第二級省略。因交流電路必須使用複數計算，並聯的激磁分路使計算十分困難。圖 2-7 中，激磁分路之電流，只佔二次負載電流的 0.5～3%，故可將其省略，而變壓器將變成如圖 2-8 的簡單串聯電路。其中 $R_1 = r_1 + a^2 r_2$，$X_1 = x_1 + a^2 x_2$，此外，所有電壓、電流、阻抗都要改用 pu 值(參考本章 2-3 節)。在工業配電課程中，圖 2-8 用來計算變壓器的電壓降及電壓調整率。

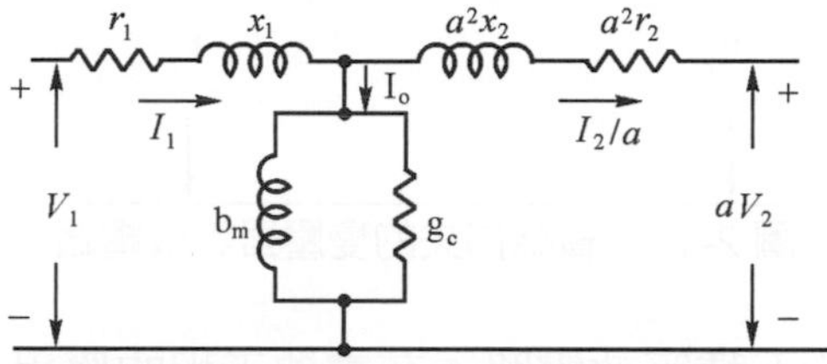

圖 2-7　附激磁電流分路的變壓器等效電路($a = N_1/N_2$)

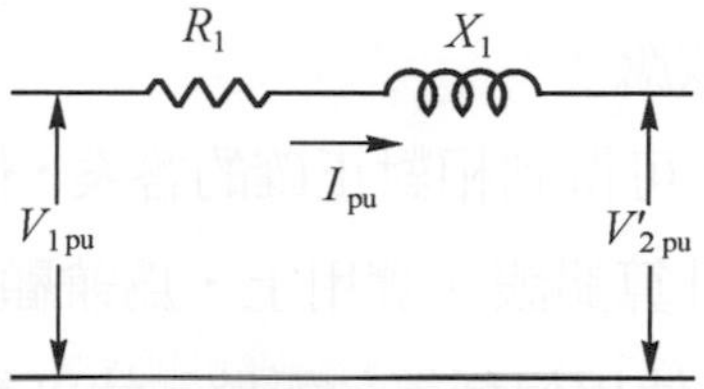

圖 2-8　省略激磁電流的變壓器等效電路

第三級省略。因電力變壓器的電抗 X 與電阻 R 的比值，經常大於 4，如果 $X/R = 4$，因阻抗 $Z = R + jX$，其大小爲

$$|Z| = \sqrt{R^2 + X^2} = \sqrt{1^2 + 4^2} = 4.123$$

阻抗誤差 $\sigma = (4.123 - 4)/4.123 \fallingdotseq 3\%$

總阻抗 Z 與 X 的誤差只有約 3%，故實用上 R 可以忽略，則變壓器的等效電路變成如圖 2-9，只是一個電抗而已。這個等效電路經常在計算短路電流時使用。

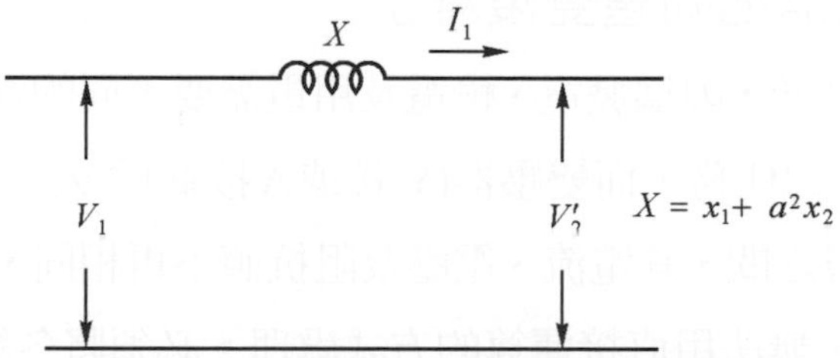

圖 2-9　忽略電阻 R 的變壓器等效電路

<u>第四級省略</u>。在電力潮流(power flow)計算時，因爲變壓器的效率接近100%，損失可予省略，所以一次側的 VA 數等於二次側的 VA 數，因此變壓器的等效電路可以畫成圖 2-10，變成一條無阻抗的電線。

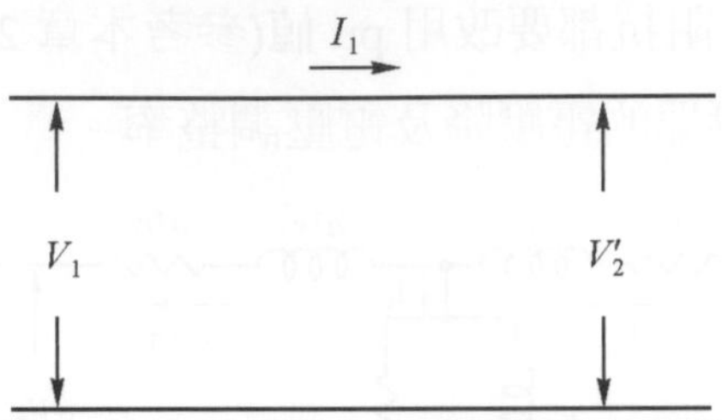

圖 2-10　省略損失的變壓器等效電路

從圖 2-6 到 2-10 的五種等效電路，在電機工程的應用上都會用到。圖 2-6 雖已經相當精確，但分析變壓器在超高壓及暫態響應時，仍嫌不足，因爲未考慮繞組對地及繞組間的電容效應。

使用精確的等效電路，可得到相對正確的答案，但因其電路複雜，計算也相對地費時較多，甚至經常計算錯誤。實用上，爲兼顧精確與效率，「經驗」是裁判，告訴我們在何種狀況，使用何種等效電路，就可兼顧我們對精確與效率的需求。

一般而言，電機機械課程中，求變壓器參數時常用圖 2-6 及圖 2-7，計算電壓調整率時用到圖 2-8；而工業配電課程，常用圖 2-8 及圖 2-9；電力系統分析課程，常用圖 2-9 及圖 2-10。

2-3　標么值—打開電力系統寶庫的鑰匙

2-3-1　變壓器把問題變複雜了

三相交流電力系統，因爲發電、輸電及用電需要不同的電壓，故使用相當多變壓器擔任升(降)壓的任務，而變壓器(Y 接或 Δ 接)的介入，使電力系統有多級電壓，各級電壓階層之間，其電流、電壓及阻抗值不再相同，欲分析其相互間輸入及輸出的關係時，無法用直接運算的方式處理。必須將各級電壓的 V、I、Z 等數值，都轉換到同一電壓階層才可以直接運算，其結果再轉換回原來的電壓階層，而得到實際答案。

變壓器一、二次側電壓、電流及阻抗的基本轉換公式，在電機機械課本都有詳細解說，現在僅摘錄如下：

電壓 $\dfrac{V_1}{V_2}=\dfrac{N_1}{N_2}$ (2-3)

電流 $\dfrac{I_1}{I_2}=\dfrac{N_2}{N_1}$ (2-4)

由一次側看二次側阻抗

$$Z_2'=Z_2\left(\frac{N_1}{N_2}\right)^2 \quad (2\text{-}5)$$

容量 $S_1=V_1 I_1=V_2\cdot\dfrac{N_1}{N_2}\cdot I_2\cdot\dfrac{N_2}{N_1}=V_2 I_2=S_2$ (2-6)

例題 2-2

某單相變壓器，一次繞組 2000 匝及二次繞組 500 匝，繞組電阻為 $r_1=2.0\,\Omega$ 及 $r_2=0.125\,\Omega$，漏抗為 $x_1=8.0\,\Omega$ 及 $x_2=0.5\,\Omega$，電阻負載 $Z_2=12\,\Omega$，忽略激磁電流分路。若一次繞組端點的外加電壓為 1200 V，試求二次側電壓 V_2 及變壓器的電壓調整率。

解

$$a=\frac{N_1}{N_2}=\frac{2000}{500}=4$$

$$R_1=2+0.125(4)^2=4.0\,\Omega$$

$$X_1=8+0.5(4)^2=16\,\Omega$$

$$Z_2'=12\times(4)^2=192\,\Omega$$

等效電路示於圖 2-11

$$I_1=\frac{1200\angle 0^\circ}{192+4+j16}=6.10\angle -4.67^\circ\text{ A}$$

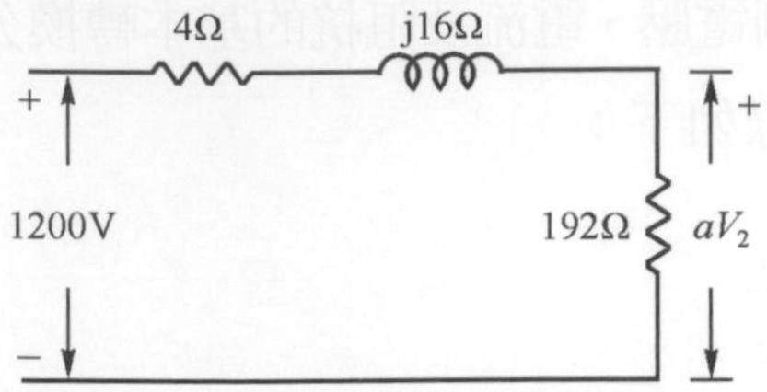

圖 2-11 例題 2-2 的等效電路

$$aV_2 = 6.10\angle -4.67° \times 192 = 1171.6\angle -4.67°\ \text{V}$$

$$V_2 = \frac{1171.6\angle -4.67°}{4} = 292.9\angle -4.67°\ \text{V}$$

$$\text{電壓調整率} = \frac{1200/4 - 292.9}{292.9} = 0.0242 \text{ 或 } 2.42\%$$

例題 2-2 正足以說明，使用變壓器時，因爲一次、二次側的電壓、電流及阻抗不相同，必須轉換後才成爲簡單的串聯電路，其結果又要轉換回原電壓階層，才是正確數值。

當電力系統使用多具變壓器，而變壓器又有 Y 或 Δ 接時，問題更形複雜，如果學生觀念不清楚，就不知所云了。以上變壓器運算，如果改用標么(per unit)值，就可以免除一次、二次側之間互相轉換的情形，極爲方便。

2.3-2 標么值是什麼？

Q1：標么值是什麼呢？

A1：標么值就是實際值與基準值的比值。

$$\text{標么值(pu)} = \frac{\text{實際值}}{\text{基準值}} \tag{2-7}$$

Q2：標么值有什麼用？

A2：標么值，可以判斷電機參數之優劣。以電動機啓動特性爲例，有兩具電動機的實際電壓值如下：

電　　壓	A 電動機	B 電動機
啓動電壓	2020 V	420 V
額定電壓	2300 V	460 V

從上述實際電壓值，不容易判斷那一具電動機的啓動特性較好。如果以額定電壓爲基準值，求出啓動電壓 pu 值如下，則 B 電動機在啓動時，仍然可以保持電壓在 0.91pu，其啓動特性比 A 電動機好。

電　　壓	A 電動機	B 電動機
啓動電壓(pu)	0.88	0.91

標么值，與百分率(%)十分相似，標么值乘以 100 就爲百分率。

$$百分率(\%)=\frac{實際值}{基準值}\times 100 \tag{2-8}$$

Q3：百分率已眾所周知，爲何捨百分率而就標么值呢？

A3：因爲標么值相乘或相除時，其結果仍是 pu 值；而百分率值相乘或相除時，其結果並非百分率，容易引起錯誤。

茲以變壓器的電壓、電流及容量爲例：

	電　壓	電　流	容量＝電壓×電流
標么值(pu)	0.95	0.60	0.57
百分率(%)	95	60	5700

如上表，變壓器實際電壓爲 0.95 pu，負載電流爲 0.60 pu，則其實際用電容量爲 0.95×0.60＝0.57 pu。但是以百分率表示時，電壓爲 95%，電流爲 60%，直接相乘爲 95×60＝5700，但是容量並不是 5700%，而是 57%。所以在電力系統分析時，以標么值計算比百分率運算更爲方便。

2-3-3　基準值的選定

在電力系統分析時，有四個基本量：容量 S、電壓 V、電流 I 及阻抗 Z。理論上，其基準值(base value)可以任意選定；實用上，先選定基準容量 S_b 及基準電壓 V_b，而後基準電流 I_b 及基準阻抗 Z_b，可以用公式計算求得如下：

單相系統：

S_b(單相容量)：任意選定一值，全系統共用。

V_b(相電壓)：任意選定(最好選電源電壓爲基準)。

$$I_b\,(\text{相電流})=\frac{S_b}{V_b}=\frac{\text{kVA}_b}{\text{kV}_b} \tag{2-9}$$

$$Z_b\,(\text{相阻抗})=\frac{V_b}{I_b}=\frac{V_b}{S_b/V_b}=\frac{V_b^2}{S_b}=\frac{(\text{kV}_b)^2}{\text{MVA}_b} \tag{2-10}$$

三相系統：

S_b(三相容量)：任意選定一值，全系統共用。

V_b(線電壓)：任意選定(最好選電源電壓爲基準)。

$$I_b\,(\text{線電流})=\frac{S_b}{\sqrt{3}V_b}=\frac{\text{kVA}_b}{\sqrt{3}\cdot\text{kV}_b} \tag{2-11}$$

$$Z_b\,(\text{相阻抗})=\frac{V_\varphi}{I_\varphi}=\frac{V_b/\sqrt{3}}{I_b}=\frac{V_b/\sqrt{3}}{S_b/\sqrt{3}V_b}=\frac{V_b^2}{S_b}=\frac{(\text{kV}_b)^2}{\text{MVA}_b} \tag{2-12}$$

<u>容量基準的選定</u>。容量基準，通常選定變壓器額定容量爲之。但多組變壓器時，通常選 100 MVA 或 1000 kVA 爲共同基準。請注意，容量基準只能選用一個，全系統適用。

<u>電壓基準的選定</u>。電壓基準，通常選定電源電壓爲之，然後依變壓器的電壓比逐級變換之。電力系統有 N 級電壓，就有 <u>***N* 個電壓基準**</u>。

<u>電流基準的計算</u>。電流基準，是用容量基準及電壓基準計算而得(如公式 2-9 和 2-11)。系統有 N 級電壓，電流基準就有 N 個。

<u>阻抗基準的計算</u>。阻抗基準，是用容量基準及電壓基準計算而得(如公式 2-10 和 2-12)。系統有 N 級電壓，阻抗基準就有 N 個。

解題時，只要選定「容量基準」及「單一電壓基準」即可，其餘電壓、電流和阻抗基準值不需刻意算出，必要時才用公式計算之。

值得注意的是，單相系統的 S_b、V_b、I_b 及 Z_b 基準值均爲相值。在三相系統中，基準容量 S_b 爲三相容量，電壓 V_b 爲線電壓，電流 I_b 爲線電流，但阻抗 Z_b 卻爲相阻抗，非常巧合的是其公式爲 V_b^2/S_b，正好與單相的相阻抗相同。然而在應用時，應注意在單相時，V_b 及 S_b 均爲相值。而三相時，V_b 爲線電壓，S_b 爲三相容量。

因爲三相系統常用單相模式求解，所以在阻抗圖中，所用的基準值爲每相容量 kVA 及線至中性點電壓的 kV 值。然而，三相系統所給的數據(若未特別註明)，則是三相容量 kVA 或 MVA 值，及線間電壓 kV 值，故在使用電壓標么值時常有「**電壓是以線間電壓爲基準值？或以相電壓爲基準值？**」的困擾。

然而以例題 2-3 爲範例，我們發現，相電壓的標么值與線電壓的標么值相等；同樣的，三相容量的標么值與單相容量的標么值相等。

例題 2-3

某三相發電機，額定容量爲 30,000 kVA，電壓 12 kV；實際發電量爲 18,000 kVA，電壓 10.8 kV。試求以三相及單相表示的標么容量及標么電壓各爲多少？

解　三相系統未特別說明時，其數據視爲三相容量及線電壓。

三相模式時：

三相基準容量爲 30,000 kVA，

三相實際容量爲 18,000 kVA，

$$S_{pu} = \frac{18{,}000}{30{,}000} = 0.6 \text{ pu}$$

基準線電壓＝12 kV，實際線電壓＝10.8 kV，

$$V_{pu} = \frac{10.8}{12} = 0.9 \text{ pu}$$

單相模式時：

單相基準容量＝30,000/3＝10,000 kVA

單相實際容量＝18,000/3＝6,000 kVA

$$S_{pu} = \frac{6{,}000}{10{,}000} = 0.6 \text{ pu}$$

基準相電壓＝$12/\sqrt{3}$ ＝6.92 kV

實際相電壓＝$10.8/\sqrt{3}$ ＝6.23 kV

$$V_{pu} = \frac{6.23}{6.92} = 0.9 \text{ pu}$$

例題 2-3 顯示，以三相模示及單相模式計算所得的 pu 值均相同。所以，三相 pu 值可以和單相 pu 值混合使用。例如，可以將三相數據用三相基準值，轉換成三相 pu 值；此三相 pu 值可以直接應用在單相模式的等效電路中，所得的單相 pu 答案，可以乘上三相基準，還原成三相系統的實際值答案。**單相 pu 與三相 pu 可以直接互通，是 pu 值計算的一大特點。**

再度提醒，除非特別聲明，三相系統的數據，容量爲三相總容量，電壓爲線電壓，電流爲線電流，阻抗爲相阻抗。

2-3-4 應用公式

標么值計算時，基準值的選定如 2-3-3 節所述，看似複雜。實際應用時，有 2-13～2-16 四個應用公式，已經夠用。

1. 已知某元件的實際阻抗Ω值，求其 pu 值

$$Z_{pu}=\frac{Z(\Omega)}{Z_b}=\frac{Z(\Omega)\cdot S_{\mathrm{b}}}{V_{\mathrm{b}}^2}=\frac{Z(\Omega)\cdot \mathrm{MVA_b}}{(\mathrm{kV_b})^2} \tag{2-13}$$

2. 已知某元件阻抗 pu 值，求其實際Ω值

$$Z(\Omega)=Z_{\mathrm{pu}}\cdot Z_{\mathrm{b}}=Z_{\mathrm{pu}}\frac{(\mathrm{kV_b})^2}{\mathrm{MVA_b}} \tag{2-14}$$

3. 已知某元件在原額定值爲基準時的阻抗 Z_{puO} 值，求轉換至共同新基準值時的 Z_{puN} 值

$$Z(\Omega)=Z_{\mathrm{puN}}\cdot Z_{\mathrm{bN}}=Z_{\mathrm{puO}}\cdot Z_{\mathrm{bO}}$$

$$\therefore Z_{\mathrm{puN}}=Z_{\mathrm{puO}}\cdot\frac{Z_{\mathrm{bO}}}{Z_{\mathrm{bN}}}=Z_{\mathrm{puO}}\cdot\frac{V_{\mathrm{bO}}^2}{S_{\mathrm{bO}}}\cdot\frac{S_{\mathrm{bN}}}{V_{\mathrm{bN}}^2}$$

$$Z_{\mathrm{puN}}=Z_{\mathrm{puO}}\cdot\frac{S_{\mathrm{bN}}}{S_{\mathrm{bO}}}\cdot\left(\frac{V_{\mathrm{bO}}}{V_{\mathrm{bN}}}\right)^2$$

$$=Z_{\mathrm{puO}}\cdot\frac{\mathrm{MVA_{bN}}}{\mathrm{MVA_{bO}}}\cdot\left(\frac{\mathrm{k}V_{\mathrm{bO}}}{\mathrm{k}V_{\mathrm{bN}}}\right)^2 \tag{2-15}$$

其中 MVA_{bO}、kV_{bO}，Z_{puO} 爲各元件額定「老」基準值及對應的阻抗 pu 值；MVA_{bN}、kV_{bN}、Z_{puN} 爲共同「新」基準值及對應的阻抗 pu 值。

4. 已知電力系統的短路容量，求此系統阻抗 pu 值，

$$Z_{pu}=\frac{Z(\Omega)^*}{Z_b}=\frac{(kV_b)^2/MVA_{sc}}{(kV_b)^2/MVA_b}=\frac{MVA_b}{MVA_{sc}} \tag{2-16}$$

*系統阻抗 $Z(\Omega)=\dfrac{(kV_b)^2}{MVA_{sc}}$，請參考(2-20)式。

例題 2-4

工廠配電系統如圖 2-12(a)所示，主變壓器容量爲 1000 kVA，11.4 kV/480 V，X＝10%，配電線阻抗爲 0.0004＋j0.00108 Ω，電動機額定 100 HP，460 V，X"＝25%，系統短路容量爲 250 MVA，試以主變壓器的額定值爲新基準，試求：

(a)配電線阻抗在新基準下的 pu 值。
(b)電動機阻抗在新基準下的 pu 值。
(c)電源系統阻抗在新基準下的 pu 值。

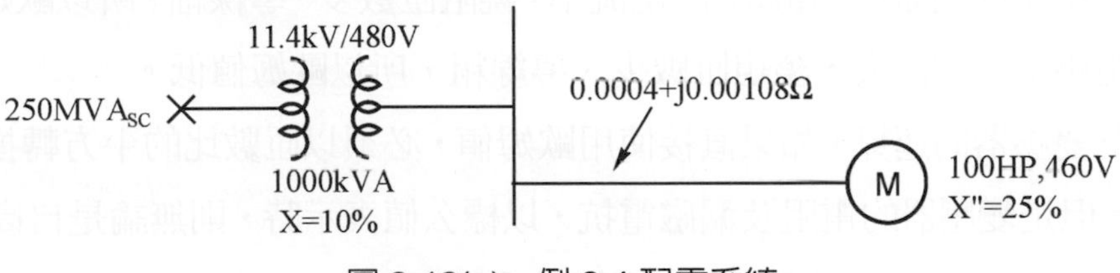

圖 2-12(a)　例 2.4 配電系統

解 新基準值 S_b＝1000 kVA＝1 MVA

V_{b1}＝11.4 kV，V_{b2}＝480 V

(a)配電線的阻抗

$$R_{pu}=\frac{0.0004\times 1}{(0.48)^2}=0.00174\text{ pu}$$

$$X_{pu}=\frac{0.00108\times 1}{(0.48)^2}=0.00469\text{ pu}$$

(b)電動機的電抗

$$Z_{puN}=0.25\left(\frac{0.46}{0.48}\right)^2\left(\frac{1}{0.1}\right)=2.296\text{ pu}$$

(c)電源系統的阻抗

$$Z_{Spu}=\frac{1}{250}=0.004\text{ pu}$$

經過 pu 值處理後，配電系統單相模式的阻抗 pu 值如圖 2-12(b)所示。

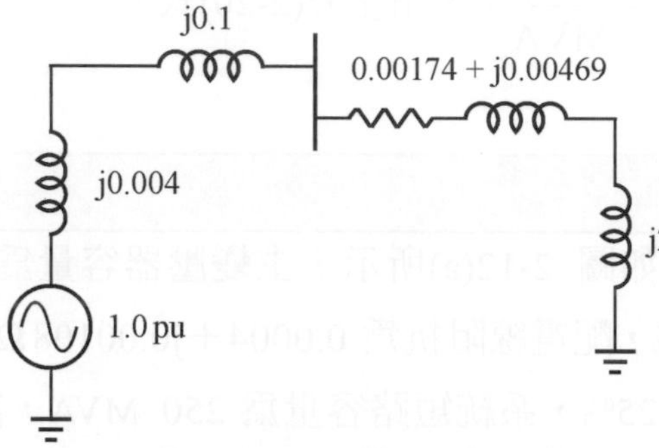

圖 2-12(b)　例 2-4 等效電路

2-3-5　單相變壓器的標么阻抗

雙繞變壓器其電阻及漏磁電抗的歐姆值，從高壓側與低壓側分別量測時，所得結果大不相同。高壓側電壓高、電流小，繞阻匝數多、導線細，所以歐姆值高；低壓側電壓低、電流大，繞組匝數少、導線粗，所以歐姆值低。

有關變壓器的運算，如果直接使用歐姆值，必須以匝數比的平方轉換，十分不方便。但是變壓器的電阻及漏磁電抗，以標么值表示時，則無論是自高壓側或是低壓側看入，其標么值都相同，運算十分方便。

以標么計算時，一定要先選定基準值；基準容量的選定十分容易，因為變壓器的容量 kVA，無論從高壓或低壓看都相同，以額定容量為基準理所當然。

但是雙繞變壓器的兩側電壓並不相同，如何選定基準電壓呢？答案是雙繞變壓器要有兩個基準電壓，高壓側以額定高壓值為基準，低壓側以額定低壓值為基準。按照此原則，**變壓器阻抗的標么值，無論自高壓側或低壓側看，都完全相同。**用例題 2-5 說明之。

例題 2-5

同例題 2-2 的變壓器，如圖 2-13，求其電阻及漏電抗的標么值。

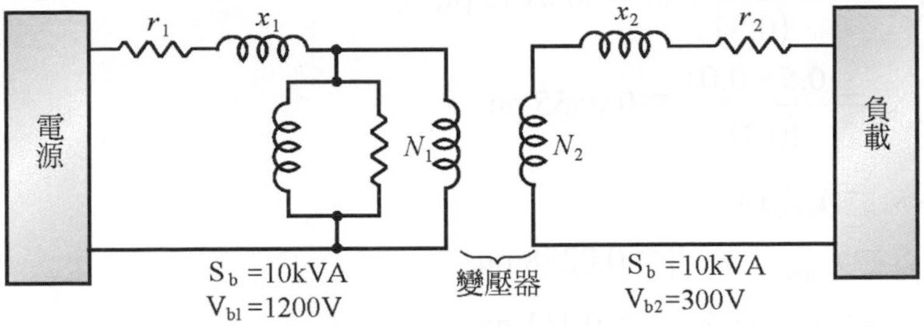

圖 2-13　例題 2-5 變壓器等效電路

解 (1)將一、二次阻抗換算至高壓側，

$S_b = 10\text{ kVA} = 0.01\text{ MVA}$，$V_{b1} = 1200\text{ V} = 1.2\text{ kV}$

$R_1 = 2 + 0.125(4)^2 = 4.0\ \Omega$

$X_1 = 8 + 0.5(4)^2 = 16\ \Omega$

$R_{1,pu}, = 4 \times 0.01 / 1.2^2 = 0.0278\text{ pu}$

$X_{1,pu} = 16 \times 0.01 / 1.2^2 = 0.111\text{ pu}$

(2)將一、二次阻抗換算至低壓側，

$S_b = 10\text{ kVA} = 0.01\text{ MVA}$，$V_{b2} = 300\text{ V} = 0.3\text{ kV}$，

$$R_2 = 2\left(\frac{1}{4}\right)^2 + 0.125 = 0.25\Omega$$

$$X_2 = 8\left(\frac{1}{4}\right)^2 + 0.5 = 1.0\Omega$$

$$R_{2,pu} = \frac{0.25 \times 0.01}{(0.3)^2} = 0.0278\text{ pu}$$

$$X_{2,pu} = \frac{1.0 \times 0.01}{(0.3)^2} = 0.111\text{ pu}$$

(3)此外若以一、二次阻抗分別計算，則

一次側阻抗

$$r_{1,pu} = \frac{2 \times 0.01}{(1.2)^2} = 0.0139\text{ pu}$$

$$x_{1,pu}=\frac{8\times0.01}{(1.2)^2}=0.0555\text{ pu}$$

二次側阻抗

$$r_{2,pu}=\frac{0.125\times0.01}{(0.3)^2}=\ 0.0139\text{ pu}$$

$$x_{2,pu}=\frac{0.5\times0.01}{(0.3)^2}=0.0555\text{ pu}$$

一、二次合併

$$R_{pu}=r_{1,pu}+r_{2,pu}=0.0278\text{ pu}$$

$$X_{pu}=x_{1,pu}+x_{2,pu}=0.111\text{ pu}$$

由例題 2-5 得知，單相變壓器，分別以其高壓側及低壓側的額定值為基準，其阻抗 pu 值，無論是在變壓器的高壓或低壓側計算，其數值均相同。同時，一、二次側阻抗個別計算其 pu 值，再相加也可得到相同的結果。

上述結論尤其重要，因為二次側的負載阻抗，以二次側基準換算所得的 pu 值，應該可以和一次側電源阻抗，以一次側基準換算所得的 pu 值，直接運算。**標么(pu)值運算，打通了不同電壓之間，複雜轉換的難關。**

例題 2-6

一單相電力系統的三部分別用 A、B 及 C 表示，此三部分用變壓器連接在一起，如圖 2-14，變壓器的額定值如下：

A-B：10,000 kVA，13.8/138 kV，漏電抗 10%
B-C：10,000 kVA，138/69 kV，漏電抗 8%

若選用此系統中的 B 部電路的 10,000 kVA，138 kV 為基準。

1. 試求 C 部電路的 300 Ω 負載，在 A、B、C 部的標么值。
2. 試繪全系統阻抗圖(省略變壓器的磁化電流、變壓器的電阻及線路阻抗)。
3. 若在負載端的電壓為 66 kV，並假設加於 A 部電路的電壓為定值，試計算其電壓調整率。

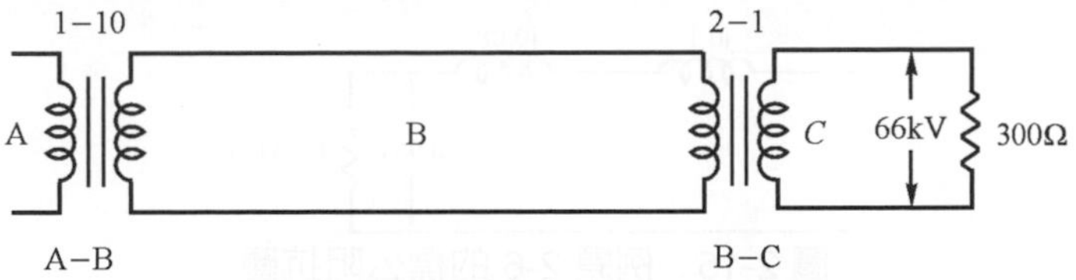

圖 2-14　例題 2-6 單相電力系統

解 1.依照題意，以 B 部的 10000 kVA 及 138 kV 爲基準。所以 S_b ＝10 MVA 適用於全系統的 A、B 及 C 部

(1)A、B 及 C 部的基準電壓爲

$V_{b,B}=138\text{ kV}$

$V_{b,A}=138\times0.1=13.8\text{ kV}$

$V_{b,C}=138\times0.5=69\text{ kV}$

(2)A、B 及 C 部的基準阻抗爲

$$Z_{b,A}=\frac{13.8^2}{10}=19\,\Omega$$

$$Z_{b,B}=\frac{138^2}{10}=1900\,\Omega$$

$$Z_{b,C}=\frac{69^2}{10}=476\,\Omega$$

(3)300Ω 電阻在 A、B 及 C 部的實際值爲

$Z_{\Omega,C}=300\,\Omega$

$Z_{\Omega,B}=300\times2^2=1200\,\Omega$

$Z_{\Omega,A}=300\times2^2\times0.1^2=12\,\Omega$

(4)300Ω 電阻在 A、B 及 C 部的 pu 值

$$Z_{pu,A}=\frac{12}{19}=0.63\text{ pu}$$

$$Z_{pu,B}=\frac{1200}{1900}=0.63\text{ pu}$$

$$Z_{pu,C}=\frac{300}{476}=0.63\text{ pu}$$

2.圖 2-15 爲所需的阻抗圖，圖上標示爲阻抗的標么值。

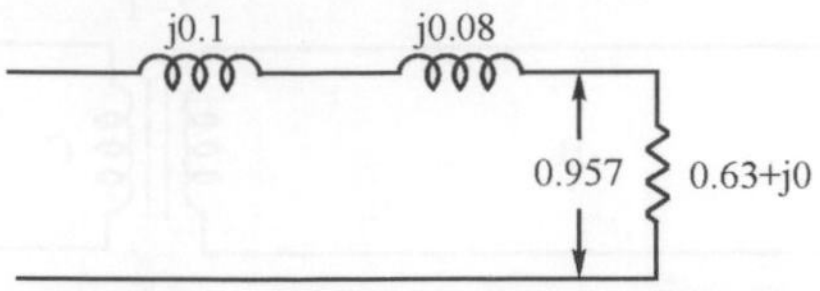

圖 2-15　例題 2-6 的標么阻抗圖

3.計算電壓調整率

負載端電壓$=\frac{66}{69}=0.957$ pu

負載電流$=\frac{0.957}{0.63}=1.52$ pu

送電端電壓$=1.52(j0.10+j0.08)+0.957$

$=0.957+j0.274$ pu

$=0.995\angle 16°$ pu

送電端電壓，也就是負載端的無載電壓。

電壓調整率$=\frac{0.995-0.957}{0.957}\times 100=3.97\%$

所以在選擇系統各部的基準值時，應該遵循上例各種原則。系統各部份所採用的 MVA 基準值應相同，選擇系統某一部份的電壓爲基準電壓，再根據變壓器的匝數比，決定系統其他部份的基準電壓。根據此種基準容量與基準電壓的原則，可以將系統各部份的標么阻抗，連接在一起而組成阻抗圖。

2-3-6　三相變壓器的標么阻抗

例題 2-7

有三台 20/3 MVA 單相變壓器，其一、二次額定電壓爲 79.7/13.8 kV，電抗爲 0.2 pu。(a)單相變壓器單獨使用，(b)將其接成三相 Y-Y 變壓器，(c)將其接成三相 Δ-Y 變壓器。試計算(a)、(b)、(c)三種狀況自一、二次視之，其電抗歐姆及 pu 值各爲多少？

解 (a)單相變壓器單獨使用時

①首先，決定基準容量及基準電壓

$MVA_b = \frac{20}{3}$ MVA

$kV_{b1} = 79.7$ kV

$kV_{b2} = 13.8$ kV

②計算基準阻抗值

$$Z_{b1} = \frac{79.7^2}{20/3} = 952.8\,\Omega$$

$$Z_{b2} = \frac{13.8^2}{20/3} = 28.57\,\Omega$$

③從一、二次側視之，阻抗(Ω)值為

$Z_{\Omega 1} = 0.2 \times 952.8 = 190.4\,\Omega$/相

$Z_{\Omega 2} = 0.2 \times 28.57 = 5.72\,\Omega$/相

(b)接成三相 Y-Y 變壓器時，

①選定基準容量與基準電壓

$$MVA_b = \left(\frac{20}{3}\right) \times 3 = 20\ \text{MVA}$$

$kV_{b1} = \sqrt{3} \times 79.7 = 138$ kV

$kV_{b2} = \sqrt{3} \times 13.8 = 23.9$ kV

②基準阻抗值

$$Z_{b1} = \frac{138^2}{20} = 952.2\,\Omega$$

$$Z_{b2} = \frac{23.9^2}{20} = 28.56\,\Omega$$

③由一、二次側視之，阻抗 pu 值。

一次側相阻抗，仍為 190.4Ω

$$Z_{pu1} = \frac{190.4}{952.2} = 0.2\ \text{pu}$$

二次側相阻抗，仍為 5.72Ω

$$Z_{pu2} = \frac{5.72}{28.56} = 0.2\ \text{pu}$$

(c)接成三相Δ-Y 變壓器，

①選定基準容量與基準電壓

$$MVA_b = \left(\frac{20}{3}\right) \times 3 = 20 \text{ MVA}$$

$$kV_{b1} = 79.7 \text{ kV}$$

$$kV_{b2} = \sqrt{3} \times 13.8 = 23.9 \text{ kV}$$

②基準阻抗值

$$Z_{b1} = \frac{79.7^2}{20} = 317.6\,\Omega$$

$$Z_{b2} = \frac{23.9^2}{20} = 28.56\,\Omega$$

③由一、二次側視之，阻抗 pu 值。

一次側Δ接，轉換成等效 Y 接時，相阻抗爲

$$Z_{\Omega,Y} = \frac{190.4}{3} = 63.47\,\Omega/\text{相}$$

$$Z_{pu1} = \frac{63.47}{317.6} = 0.2 \text{ pu}$$

二次側 Y 接，每相阻抗仍爲 5.72 Ω

$$Z_{pu2} = \frac{5.72}{28.56} = 0.2 \text{ pu}$$

由例題 2-7 得知，變壓器不論是單相或接成三相(Y 接或Δ接)，其阻抗 pu 值，由一次或二次側視之均相同不變。

總而言之，變壓器無論是單相或三相，不管 Y 或Δ接，若以其額定容量及額定電壓爲基準值，則自一、二次側所求得的標么阻抗均相同。

一個電力系統中，多組變壓器及各電壓階層的電機元件，若都以變壓器在該電壓階層的額定值爲基準值，所得該元件的標么阻抗，可以和另一電壓階層電機元件的標么阻抗直接運算。

標么值，將電力系統因「單相/三相、不同電壓、Y/Δ接」所引起的困擾，完全打通。也是爲何「標么值」可稱爲「打通電力系統分析寶庫的鑰匙」的原因。

2-4 變壓器的阻抗壓降

變壓器的電阻及漏磁電抗，在高壓側因為電壓高、電流小，其繞組匝數多、線細，故其歐姆值較高；反之在低壓側因為電壓低、電流大，其繞組匝數少、線粗，故其歐姆值較低。

要描述變壓器的阻抗歐姆值，要告知一、二次側的 R 與 X 值，同時要得知匝數比值，才可知道其阻抗的全貌，如例題 2-2 所示。這種表示方法非常不方便。實用上，我們常用百分率表示阻抗值，此值又稱為阻抗壓降，為什麼？

我們要先從變壓器的等效電路及短路試驗來研究。變壓器做短路試驗時，將變壓器的一側短路，在另一側加電壓試驗，外加電壓由零開始增加，直至短路電流等於滿載電流時，將此時外加電壓除以額定電壓的百分率，就是阻抗壓降百分率。

一般配電變壓器，在加上 3%～10%的額定電壓時，短路側的電流即達到滿載電流；因為激磁並聯分路消耗的功率，與電壓平方成比例，外加電壓為額定電壓的 3%～10%時，激磁分路消耗功率(鐵損)降為額定值的 0.09%～1%，故激磁分路可以省略。因此，短路試驗測得的損失，可視為銅損而已。

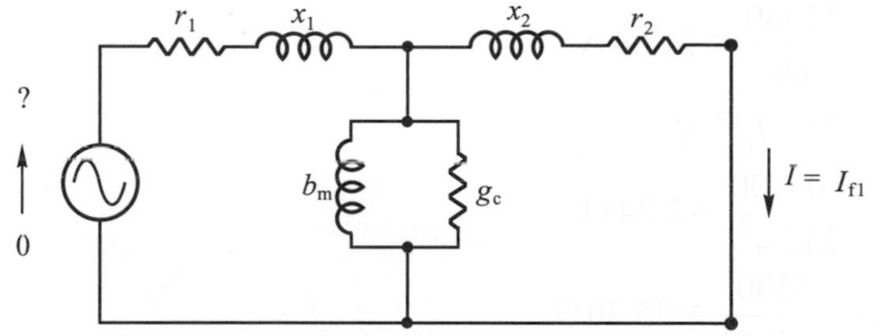

圖 2-16　變壓器短路試驗的等效電路

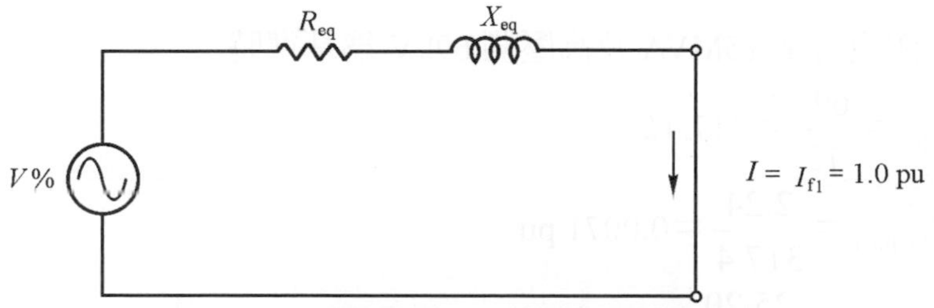

圖 2-17　省略激磁分路的變壓器等效電路

此時外加電壓 V(%)＝I_{pu} ×Z(%)，因 $I_{pu} = I_{f1} = 1.0$ pu，所以 V(%)＝Z(%)；此時的外加電壓，全部爲變壓器一、二次側合併的阻抗所消耗，所以阻抗百分率，即是電壓降百分率。

使用電壓降百分率，來表示阻抗相當方便。因爲理論上，在任一側短路，均可得到相同的壓降(阻抗)百分率；這也印證變壓器的阻抗由高壓側與低壓側視之，其阻抗百分率均相等，亦即其阻抗標么值相等。此點可在例題 2-5 獲得證明。若要得知其高低壓側歐姆值，可用標么值的應用公式求得。

例題 2-8

有一單相變壓器，其額定值爲 15 MVA，11.5/69 kV。如將 11.5 kV 側短路，當高壓側加 5.5 kV 時，短路電流即達額定值，此時輸入功率爲 105.8 kW，試求

(a)合併到高壓側的 R 及 X 的 Ω 值。

(b)若以額定值爲基準，求 R 及 X 的 pu 值。

解 (a)高壓側額定電流爲

$$|I_1| = \frac{15000}{69} = 217.4 \text{ A}$$

因 $P_1 = |I_1|^2 R_1$

$$R_1 = \frac{105800}{217.4^2} = 2.24\,\Omega$$

$$|Z_1| = \frac{5500}{217.42} = 25.30\,\Omega$$

$$X_1 = \sqrt{(25.30)^2 - (2.24)^2} = 25.20\,\Omega$$

(b)以額定容量 15MVA 及高壓側 69kV 爲基準時

$$Z_{b1} = \frac{69^2}{15} = 317.4\,\Omega$$

$$R_{1(pu)} = \frac{2.24}{317.4} = 0.0071 \text{ pu}$$

$$X_{1(pu)} = \frac{25.20}{317.4} = 0.079 \text{ pu}$$

2-5 電源的短路容量

在分析電力系統時，必須考慮到電源的影響。因此電源的等效電路是必要的資料，然而電力公司的系統相當複雜，如何得知如圖 2-18(a)電源的等效電路及相關數據呢？

解答在**戴維寧定律：任意兩端點間的線性網路，均可用一個電壓源(E_{th})串聯一個阻抗(Z_{th})的等效電路來代替。**如圖 2-18(b)所示。戴維寧定律把一個複雜的網路，化爲簡單的等效電路，是電力系統分析相當重要的工具。

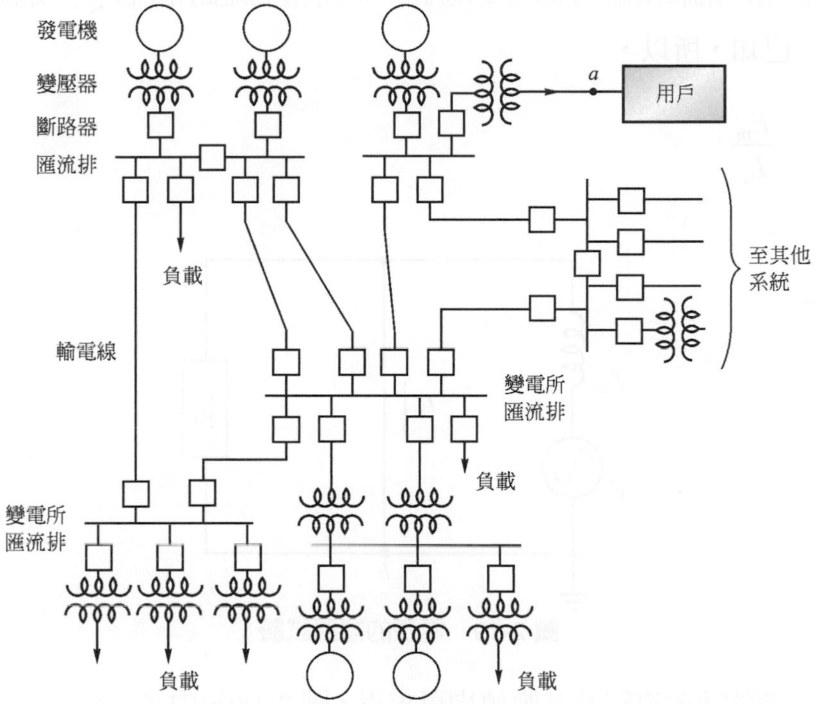

(a) 電源系統單線圖

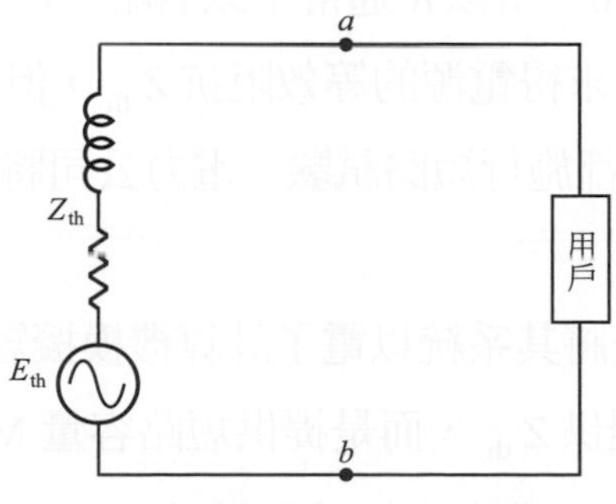

(b) 電源的戴維寧等效電路

圖 2-18　電源的等效電路

理論上，在戴維寧等效電路中，E_{th} 是 ab 兩端點間開路電壓，Z_{th} 是兩端點間將電壓源視爲短路，而電流源視爲斷路的等效阻抗。實用上，在用戶端欲瞭解電力公司的兩端點間開路電壓 E_{th} 並不困難，只要將負載全部切離，直接量測電力公司的供電電壓即可。

三相系統測得的線電壓代入單相模式的等效電路時，將線電壓除以 $\sqrt{3}$，變爲相電壓即可。然而 Z_{th} 的量測，如欲將電力公司的電壓源全部短路根本不可能。

有無其他可行的方法呢？答案是肯定的，那就是電源短路試驗，電源短路試驗，就是在用戶端將兩端點 ab 予以短路，同時量測短路電流 I_{sc}，如圖 2-19 所示。因 E_{th} 已知，所以，

$$Z_{th} = \frac{E_{th}}{I_{sc}} \tag{2-17}$$

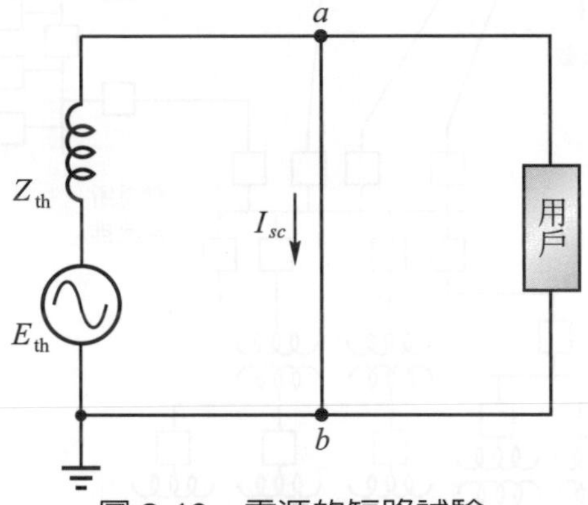

圖 2-19　電源的短路試驗

此時電源的等效電路及其數值均可求得，圖 2-18(b)中 $Z_{th} = R_{th} + jX_{th}$，因爲在電源系統中 $X/R > 10$，所以 R 通常予以省略，僅以 X 代表之。

雖然短路試驗，可以求得電源的等效阻抗 Z_{th}，但是如果每一用戶要了解當地電源的等效阻抗 Z_{th}，都施行短路試驗，電力公司將不堪其擾，鄰近用戶的用電也將受到影響。

實際上，電力公司是將其系統以電子計算機模擬短路，並求得 Z_{th}。電力公司提供給用戶時，不是提供 Z_{th}，而是提供短路容量 MVA_{sc}。

短路容量是什麼呢？如圖 2-19 短路試驗時，

$$I_{sc}(相)=\frac{E_{th}(相)}{Z_{th}(相)} \tag{2-18}$$

定義：

$$S_{sc}(三相)=3E_{th}(相)I_{sc}(相)=3\frac{E_{th}^2(相)}{Z_{th}(相)} \tag{2-19}$$

E_{th}：戴維寧等效相電壓(kV)

I_{sc}：短路試驗量得的相電流(kA)

S_{sc}：三相短路容量(MVA)

$$Z_{th}(相)=\frac{3E_{th}^2(相)}{S_{sc}(三相)}=\frac{V_b^2(線)}{S_{sc}(三相)}=\frac{(kV_b)^2(線)}{MVA_{sc}(三相)} \tag{2-20}$$

$$I_{sc}=\frac{S_{sc}(三相)}{3E_{th}(相)}=\frac{S_{sc}(三相)}{\sqrt{3}V_b(相)}=\frac{MVA_{sc}(三相)}{\sqrt{3}(kV_b)(線)} \tag{2-21}$$

所以，由電力公司提供的短路容量以及額定電壓，可以求得電源等效阻抗 Z_{th} 及短路電流 I_{sc}。

例題 2-9

電力公司供電給某用戶，電壓 69 kV，短路容量 2500 MVA，試求代表電力公司的戴維寧等效電路及相關數據？

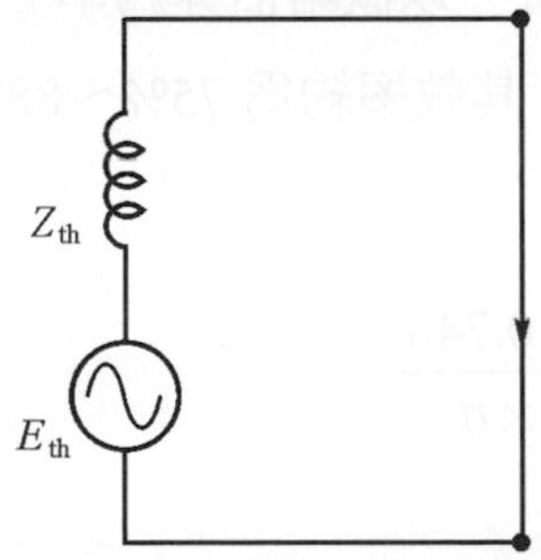

圖 2-20　例題 2-9 的等效電路

解 由題得知，供電電壓爲 69 kV，若以單相模式戴維寧等效電路表示

$$E_{th}=\frac{69}{\sqrt{3}}=39.8\text{ kV}$$

電源等效阻抗

$$Z_{th} = \frac{69^2}{2500} = 1.9\,\Omega$$

電源短路電流

$$I_{sc} = \frac{39.8}{1.9} = 20.9\text{ kA}$$

或

$$I_{sc} = \frac{2500}{\sqrt{3} \times 69} = 20.9\text{ kA}$$

2-6 感應電動機的電流

在配電系統分析時，經常要計算感應電動機的容量與滿載電流。但是感應電動機的構造不同，容量大小不一，其效率與功因等也不盡相同，如何利用感應電動機的馬力(HP)，求得其用電容量(kVA)及滿載電流(A)，經常困擾用電者。特別是在校學生尙無實際工作經驗，不知如何下手，以下說明幾種原則：

1. 現成的感應電動機，應該以「銘牌上」標示的容量及滿載電流爲準。
2. 在設計階段，或感應電動機尙未購置，欲求其容量及滿載電流時，以查閱國家標準的規定值爲準。表 2-1 爲中國國家標準的一例。
3. 在無任何資料可供查閱時，以概略估算爲準。

以 1HP 以上電動機爲例，其效率約爲 75%～88%，功因約爲 75%～87%，其容量約爲：

$$S(\text{kVA}) = \frac{P}{pf \times \eta} = \frac{\text{HP} \times 0.746}{pf \times \eta} \tag{2-22}$$

其中

S：容量 kVA　　　pf：功率因數

P：有效功率 kW　　η：效率

表 2-1　低壓三相 220 V 普通鼠籠型電動機(A 種絕緣)特性表

額定輸出		極數	同步速率(rpm)		滿載特性		開動電流 I_{st} (各相的平均值) (A)	參考值		
kW	HP		50 c/s	60 c/s	效率 η (%)	功率因數 Pf(%)		無負載電流 I (各相的平均值) (A)	滿載電流 I (各相的平均值) (A)	滿載轉差率 S (%)
5.5	7.5	2	3000	3600	83.0 以上	83.0 以上	140 以下	7.6	20	5.5
7.5	10				84.0 以上	84.0 以上	185 以下	10	26	5.5
11	15				85.0 以上	85.0 以上	270 以下	14	38	5.0
15	20				86.0 以上	85.5 以上	355 以下	18	51	5.0
(19)	(25)				86.5 以上	86.0 以上	435 以下	22	65	5.0
22	30				87.0 以上	86.5 以上	520 以下	26	73	4.5
30	40				87.5 以上	87.0 以上	690 以下	34	98	4.5
37	50				88.0 以上	87.5 以上	845 以下	41	120	4.5
5.5	7.5	4	1500	1800	84.0 以上	81.5 以上	120 以下	10	20	5.5
7.5	10				84.5 以上	82.5 以上	155 以下	13	27	5.5
11	15				85.5 以上	83.0 以上	225 以下	18	39	5.5
15	20				86.0 以上	83.5 以上	300 以下	23	52	5.0
(19)	(25)				86.5 以上	84.0 以上	370 以下	28	65	5.0
22	30				87.0 以上	84.5 以上	435 以下	32	75	5.0
30	40				87.5 以上	85.0 以上	580 以下	42	101	5.0
37	50				88.0 以上	85.5 以上	715 以下	49	123	5.0
5.5	7.5	6	1000	1200	83.0 以上	77.0 以上	120 以下	12	22	5.5
7.5	10				84.0 以上	78.0 以上	160 以下	15	28	5.5
11	15				85.0 以上	79.5 以上	230 以下	21	41	5.5
15	20				85.5 以上	80.5 以上	305 以下	26	55	5.5
(19)	(25)				86.0 以上	81.5 以上	375 以下	31	68	5.0
22	30				86.5 以上	82.0 以上	440 以下	36	77	5.0
30	40				87.0 以上	82.5 以上	590 以下	45	105	5.0
37	50				87.5 以上	83.0 以上	730 以下	55	125	5.0
5.5	7.5	8	750	900	82.5 以上	74.5 以上	125 以下	13	23	6.0
7.5	10				83.5 以上	75.5 以上	170 以下	16	30	5.5
11	15				84.5 以上	77.0 以上	240 以下	22	42	5.5
15	20				85.0 以上	78.0 以上	325 以下	23	56	5.5
(19)	(25)				85.5 以上	79.0 以上	395 以下	37	70	5.5
22	30				86.0 以上	79.5 以上	465 以下	37	80	5.0
30	40				87.0 以上	80.0 以上	620 以下	47	105	5.0
37	50				87.5 以上	80.5 以上	765 以下	58	130	5.0

假設功因與效率的乘積約爲 0.75，則 1 HP≒1 kVA，因爲

$$\frac{1\text{HP}\times 0.746}{0.75} \fallingdotseq 1\ \text{kVA}$$

估算電流時

$$I_{f1}=\frac{S}{\sqrt{3}\times V}=\frac{\text{kVA}}{\sqrt{3}\times \text{kV}} \qquad (2\text{-}23)$$

請讀者注意，以上公式僅適用於 1HP 以上的電動機。1HP 以下的電動機，因爲效率及功因都很低，其額定電流比公式 2-23 計算的結果要大很多。

例題 2-10

有一台三相 220V、10HP 感應電動機，試估算其滿載電流？

解 (1)查表 2-1 中國國家標準得知，2 極及 4 極感應電動機的滿載電流，各為 26A 及 27A。

(2)用公式(2-23)計算

$$I_{f1} = \frac{10}{\sqrt{3}\times 0.22} = 26.2\ \text{A}$$

Chapter 3 電壓與電壓降計算

令人迷惑的電壓

電機工程師經常會被問到下列的問題：

- 這是從日本帶回來的 100 V 電子鍋(或音響等)，但台灣地區電壓是 110 V，直接使用有沒有問題呢？
- 台電電壓號稱是 110 V，為什麼實際測量有時高達 130 V，有時卻低到 95 V，這時使用 110 V 電器是否安全呢？
- 美國製 120 V 的電視機，在台灣 110 V 的環境，可以用嗎？
- 市售燈具有 110 V、115 V、120 V 的不同規格？應該買那一種才對呢？

此外，如果 100 V，110 V 及 120 V 的電器，都可以在台灣插電使用，那麼電壓的標準有什麼用呢？反之，如果不可以使用，為什麼有人這樣用也沒有問題呢？

電壓是難以馴服的怪獸，沒有一個電力公司可以供應穩定不變的電壓。相同的配電系統接有各式各樣的電器，電壓變動影響的嚴重性，因機器的種類而異：電子設備受電壓變動影響最大，電燈次之，電動機又次之，電熱最不敏感。所以，電子設備必須自設電源穩壓電路才安全。

與電壓相關的問題林林總總。例如，電壓降是如何產生的，電壓降如何計算呢？電壓降超過規定時應如何改善呢？大型電動機啓動時會產生電壓突降，如何計算呢？如果鄰居是鐵窗製造業者，當他在銲接鐵窗時，家裡的燈光是否忽明忽暗呢？電機工程師應如何建議他做改善呢？對於上述問題，本章將提供答案，請細細品嚐。

3-1 緒言

配電系統負載的用電大小隨時都會改變，電壓也隨之變動而無法保持穩定。此外，同一配電系統，所引接分路長度不同，電器用電量大小不一，各分路產生的電壓降也不相等。所以，想要設計一個配電系統，使每一設備都能獲得穩定的額定電壓，既不經濟也不可能。

因爲配電系統的電壓變動無可避免，所以應先瞭解各項用電設備的容許電壓變動範圍，才能設計出一個經濟實用的配電系統。

負載用電改變，造成電壓變動的情形，以例題 3-1 示範之。

例題 3-1

有 100 V，內阻 1 Ω 的直流電源，其負載為(a)無載，(b) 99 Ω，(c) 9 Ω，(d) 1 Ω 時，試計算端電壓 V_{ab} 變化的情形。

解 (a)在無載時，$I = 0$ A。$\therefore V_{ab} = 100$ V

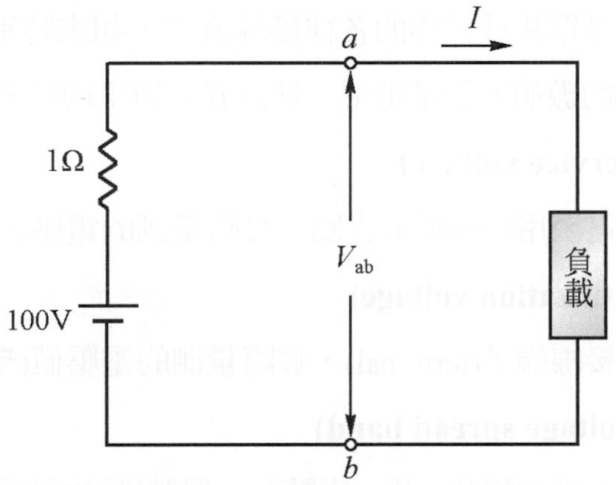

圖 3-1　例題 3-1 電路

(b)負載＝ 99 Ω，

$I = 1$ A，$V_{ab} = 1 \times 99 = 99$ V。

(c)負載＝ 9 Ω，

$I = 10$ A，$V_{ab} = 10 \times 9 = 90$ V。

(d)負載＝ 1 Ω，

$I = 50$ A，$V_{ab} = 50 \times 1 = 50$ V。

因負載變動電壓變動達 50%(從 100V 降到 50 V)。

實際上，因為電力公司的發電機或變壓器等設備，都設有自動調整電壓的裝置，電壓變動幅度將不會如例題 3-1 那麼誇張。但是，負載隨時變動且無法預知的特性，一定會使供電電壓無法保持穩定不變。

3-2 電壓有關的名詞

爲瞭解配電系統及電器受到電壓變動的影響，首先介紹電壓相關的術語。

1. **電壓(voltage)**

   在交流電力系統中，電壓是以均方根(root-mean-square，RMS)也就是有效值來表示；不論是單相或三相的各種接線方式，如未特別聲明，電壓都是線對線(line-to-line)的數值。測量電壓，是以五分鐘平均值表示，並非瞬時值。

2. **供電電壓(service voltage)**

   電力公司供電至用戶責任分界點，實際量測的電壓值(參考圖 3-2)。

3. **用電電壓(utilization voltage)**

   在用電設備接線端子(terminal)，實際量測的電壓值(參考圖 3-2)。

4. **電壓展幅(voltage spread band)**

   電力系統在正常運轉時，某一定點在一段時間內(通常爲七日)的最高電壓與最低電壓絕對值的差。測量電壓展幅以穩態電壓爲準，不考慮瞬間電壓變動。值得注意的兩點：

   (1) 用電設備端子的電壓展幅，可能影響用電設備的性能、壽命。

   (2) 責任分界點的電壓展幅，可顯示電力公司供電電壓的品質是否符合規定(參考圖 3-2)。

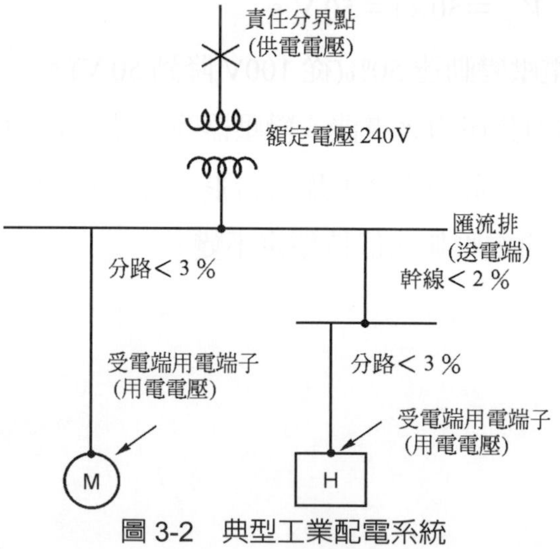

圖 3-2　典型工業配電系統

5. **電壓降(voltage drop)**

用電設備運轉時，負載電流(I)流過饋電線路的阻抗($R + jX$)，因而產生電壓降。電壓降，是送電端電壓絕對值與受電端電壓絕對值的差。在工廠配電系統中，以變壓器二次側匯流排爲送電端，用電端子爲受電端。

依據用戶用電設備裝置規則規定「供應電燈、電力、電熱或該等混合負載之低壓幹線及其分路，其電壓降均不得超過標稱電壓百分之三，兩者合計不超過百分之五」(參考圖 3-2)。

6. **額定電壓(rated voltage)**

額定電壓，是針對「用電設備」而言。用電設備銘牌(name plate)上標示的電壓，就是額定電壓，也是系統設計時的重要參考。如果用電電壓與額定電壓相等時，用電設備的性能最佳，安全又可靠。

7. **標稱電壓(nominal voltage)**

標稱電壓，是針對「系統」而言。在一個電力系統中，各種用電設備的額定電壓及用電電壓並不相同，爲了表示此一系統的電壓，通常以電源設備的額定電壓做爲標稱電壓；所以標稱電壓只是一種代號，也不是平均電壓。以美國爲例，工廠配電系統的電源(變壓器二次側)額定電壓爲 240 V，電動機額定電壓 230 V，其他設備(照明、電熱等)額定電壓 240 V；實際量測電源電壓可能爲 245 V，電動機用電電壓爲 225 V；這個系統的電壓從 225 V、230 V、240 V 到 245 V 都有，爲方便起見，以電源的額定電壓 240 V 做代表，稱爲標稱電壓。

表 3-1 是美國電力系統的標稱電壓，表 3-2 是台灣電力系統的標稱電壓。

表 3-1　美國標稱電壓

單　相(V)	
120 120/240	
三　相(V)	
120/208Y 277/480Y 4,160	13,800 34,500 69,000 115,000

表 3-2　台灣標稱電壓

單　相(V)	
110 110/220	
三　相(V)	
220 220/380Y 3,300	11,400 22,800 66,000 161,000

3-3 電壓變動對用電設備的影響

電壓變動，是因為負載變動而產生；電壓變動，會影響用電設備的運轉特性及壽命。電壓變動影響的嚴重性，因用電器具的種類而異：電子設備受電壓變動影響最大，電燈次之，電動機又次之，電熱最不敏感。

因為電業法規定：「供電電壓對於電力、電熱、電燈等混合電路，不得超過±10%。」所以，討論電壓變動的影響時，以電壓變動±10%為範疇，其所產生之影響分析如下：

3-3-1 電動機類

感應電動機，是使用最為廣泛的電器，其運轉特性與電壓的關係如表 3-3。特別值得注意的三項特性：轉矩、滿載電流及溫升。以 U-Frame 感應電動機為例，當電壓降低 10%時，電動機的轉矩減少 19%，滿載電流增加 11%，溫升增加 6～7℃，是相當不良的影響；反之，電壓增高 10%時，電動機的轉矩增加 21%，滿載電流減少 7%，溫升降低 1～2℃，其影響是好的。

同步電動機受電壓變動的影響，與感應機相似。

因此，如果用電電壓無法正好等於額定電壓，對電動機而言，寧可讓用電電壓比額定電壓偏高，其影響較電壓偏低時為佳。

電動機：用電電壓≧額定電壓

3-3-2 白熾燈

白熾燈，以電流通過燈絲發熱發光，其光度與壽命，受電壓高低影響甚大，如表 3-4 所示。如果，電壓較低 10%時，白熾燈的光度減少 30%，但壽命增長超過 200%，綜合效益(光度×壽命)為 210%；反之，電壓較高 10%時，白熾燈的光度增加 30%，但壽命減少 70%，綜合效益為 39%。所以，電壓無法維持不變，白熾燈寧可選用較低用電電壓運轉，其經濟效益較高。

電燈：用電電壓≦額定電壓

通常，白熾燈的額定電壓，宜選用與電源(變壓器二次側)額定電壓相同者。如此，線路末端產生電壓降時，用電端電壓將較額定電壓爲低，光度雖然略有下降，但是壽命卻顯著增長。

因爲，白熾燈壽命受電壓變動影響太大；所以，電業法規定：「單獨供電給電燈用電的分路，其容許電壓變動爲±5%。」遠較電力或電熱分路的±10%更爲嚴格。此外，同法規定「電燈、電力、電熱合一線路時，依電燈電壓之標準。」所以，只要有電燈用電分路，其容許電壓變動均爲±5%。

表 3-3　感應電動機的運轉性與電壓的關係

U-Frame Induction Motors

特性		與電壓的關係	用電電壓 / 額定電壓	
			90%	110%
啓動與最大運轉轉矩		(電壓)^2	－19%	＋21%
同步速率		常　數	不　變	不　變
轉差百分率		1/(電壓)^2	＋23%	－17%
滿載速率		同步轉差速率	－1.5%	＋1%
效率	1.滿載	－	－2%	＋1.5～1%
	2.3/4 負載	－	實用上不變	實用上不變
	3.1/2 負載	－	＋1～2%	－1～2%
功因	1.滿載	－	＋1%	－3%
	2.3/4 負載	－	＋2～3%	－4%
	3.1/2 負載	－	＋4～5%	－5～6%
滿載電流		－	＋11%	－7%
啓動電流		(電壓)	－10～12%	＋10～12%
滿載時的溫升		－	＋6～7℃	－1～2℃
最大過載容量		(電壓)^2	－19%	＋21%
磁噪音－(無載時)		－	稍爲下降	稍爲上升

表 3-4　電壓變動對白熾燈的影響(額定電壓 110V)

用電電壓(V)	光度(%)	壽命(%)	光度×壽命
121 (110%)	130	30	0.39
115.5(105%)	120	60	0.72
110 (100%)	100	100	1.00
104.5(95%)	82	170	1.40
99 (90%)	70	300	2.10

3-3-3 日光燈

日光燈以放電方式發光，與白熾燈不同，通常在±10%電壓變動時，運轉尚稱滿意。其輸出光度與電壓成正比，電壓較額定高(低)10%，其光度亦隨之增(減)10%。日光燈管的壽命受電壓的影響，不似白熾燈那麼嚴重。至於日光燈的安定器，則對電壓較敏感，電壓低時，啓動特性不佳，電壓較高時，則會過熱。但一般而言，在額定電壓±10%內運轉，不致有不良影響。

3-3-4 高壓放電燈

高壓放電燈包含水銀燈、鈉燈、複金屬燈等，其用電特性大致相同，以水銀燈爲代表。

水銀燈的點燈(啓動)時間，在正常電壓時，約需 4～8 分鐘，使水銀完全成爲蒸氣而發光。如果用電電壓較額定值低過 20%時，水銀電弧會消失，必須等待數分鐘，使水銀蒸汽冷卻凝結，才能再度點亮。水銀燈的壽命，與點燈次數有關，電壓太低而重複啓動，將大幅縮短其壽命。電壓降低 10%時，水銀燈可以正常點亮，但其光度降低約 30%。反之，電壓過高時，電弧的溫度升高，如溫度達到玻璃的軟化點，將損壞玻璃燈泡。

低壓鈉光燈及高壓複金屬燈的特性與水銀燈相似。一般而言，高壓放電燈類在額定電壓±10%運轉，應不致產生不良影響。

3-3-5 紅外線加熱設備

紅外線燈泡的燈絲爲電阻型，其輸出能量略小於電壓平方的比例，因爲電壓升高(降低)，其電阻因溫度特性亦略爲升高(降低)。但發熱量的改變，可能會產生不正常的現象，所以應有適當的調溫裝置。

通常，在額定電壓±10%內運轉，紅外線加熱設備，應可維持正常功能。

3-3-6 電阻式加熱設備

在正常運轉範圍內，電阻式加熱設備的電阻值大致維持一定，故其輸出能量與電壓平方成正比。在額定電壓±10%內運轉，應屬正常。

3-3-7　電子管

所有電子(陰極射線)管的發射特性，受電壓影響都很大。陰極的壽命在電壓升高 5%時，其壽命減少 50%，這是因為電壓增加時，陰極表面的有效物質蒸發率增加所致。一般電力系統無法維持如此高品質的電壓展幅，所以電子管陰極的電壓，必須由自設內部穩壓電路來供應穩定的電壓。

3-3-8　固態電子元件

固態電子元件如閘流體、電晶體、積體電路等，因無熱電子的發熱體，所以對電壓變動不致像陰極射線管那麼敏感。但因電子電路對電壓品質要求仍然甚高，電力系統供應的電壓品質，無法滿足其需求，其內部必須自設穩壓電路。通常，電子裝置內部自設穩壓電路，是以外加電力系統電壓變動±10%為基準而設計。

此外，電晶體遭受反向電壓的尖峰值(peak reverse voltage)，即使只有數微秒亦會損壞；因此對電力系統突波(surge)也要由其內部電路加以防止。

通常，在額定電壓±10%範圍內，固態電子元件組成的設備，因為有自設穩壓電路，可以正常運轉。

3-3-9 電容器

電力電容器的無效功率輸出，與電壓平方成正比。電壓增加 10%，其容量增加 21%；反之，電壓降低 10%，其容量減少 19%。通常，電容器最高容許電壓為 110%。因此，在正常±10%電壓變動範圍內，電容器應能正常運轉。

3-3-10　電磁線圈

保護電驛、斷路器及電磁接觸器等設備的交流電磁線圈，其吸引力約與電壓平方成正比。通常電磁線圈設計時，電壓在額定值＋10%及－15%的間，仍能正常運轉。

表 3-5　各類用電設備正常容許用電電壓

種　類	電器	最大電壓	最小電壓	備註
電動機	感應電動機	+10%	−10%	
	同步電動機	+10%	−10%	
照　明	白　熾　燈	+ 5%	− 5%	
	日　光　燈	+10%	−10%	
	水　銀　燈	+10%	−10%	
電　熱	紅外線燈	+10%	−10%	
	電　阻　類	+10%	——	最小電壓不限
電　子	工業電子	+10%	−10%	內部穩壓電路
	視聽電子	+10%	−10%	內部穩壓電路
其　他	電　容　器	+10%	——	最小電壓不限
	電磁線圈	+10%	−15%	

綜合以上分析得知(參考表 3-5)，除白熾燈外，所有的用電設備在 ± 10%的電壓變動範圍內，都能正常運轉(電子裝置必須內部自設穩壓電路)。所有用電設備運轉時的用電電壓最好等於其額定電壓；但電壓變動時，就用電安全及發熱等效應而言，多數用電設備寧可用電電壓略低於其額定電壓；唯一的例外是電動機，因爲轉矩，滿載電流及溫升等特性，寧可用電電壓略高於其額定電壓。所以，選用電動機的額定電壓時，最好比其他用電設備者爲低。

3-4　各種電壓名稱的關係

在電力系統中，各類用電設備的額定電壓，與配電系統的標稱電壓，關係至爲密切。美國國家標準協會(American National Standards Institute，簡稱 ANSI)，對於每一電壓階層的標稱電壓，變壓器、電動機及電燈等設備的額定電壓，都加以規定，如表 3-6 所示。值得注意的是，電動機及電動機帶動的電器(冷氣、洗衣機等)，其額定電壓低於其他設備的額定電壓。

表 3-6 ANSI 規定各種電壓

種類	電器名稱	系統標稱電壓 V	電器額定電壓 V
電燈	白熾燈	120	120
	日光燈	120	120
	日光燈	240	240
	日光燈	277	277
電動機帶動的電器	電扇	120	115
	冷箱、冷氣	120/240	115/230
	洗衣機	120	115
音響	收錄音機	120	120
	電視機	120	120
	錄影機	120	120
電熱	電熱水器	120/240	120/240
	電爐	120/240	120/240
電動機	電動機	120	115
	電動機	208	200
	電動機	240	230
	電動機	480	460
	電動機	600	575
	電動機	2400	2300
	電動機	4160	4000
	電動機	13800	13200

注意：電動機或電動機帶動的電器，其額定電壓比其他設備的額定電壓為低。

以美國 240 V 系統爲例，如圖 3-3 所示，電源變壓器二次側額定電壓選用 240 V，此系統就以變壓器二次額定電壓爲標稱電壓。電動機額定電壓爲 230 V，照明電燈額定爲 240 V，爲什麼呢？

主因是線路壓降。在長線路末端，如果以壓降 4%計算，用電端電壓降爲 230 V，與電動機額定電壓相等，電動機可獲得相當滿意的性能；對電燈的額定電壓 240 V 而言，用電電壓較低，則電燈光度稍減，但壽命增長甚多，如表 3-4 所示，仍令人滿意。

反之，靠近電源變壓器二次側，電壓降甚小可略而不計，維持在 240 V，對電動機而言用電電壓 240 V，較額定電壓 230 V 爲高，在性能上轉矩較大，滿載電流稍降等，如表 3-3 所示，效果令人滿意；而電燈額定爲 240 V，等於用電電壓，性能最佳。

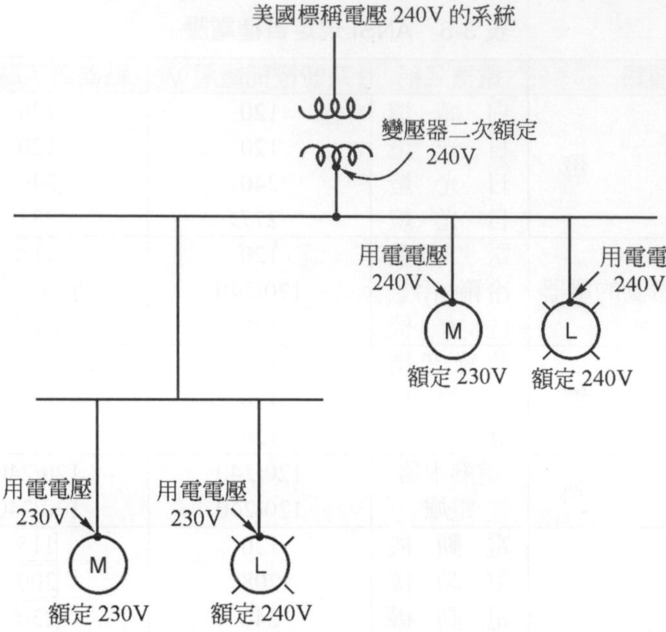

圖 3-3 各種電壓的關係(美國)

註：美國低壓配電電壓的演變：

(1) 1882 年，愛迪生首先產製白熾燈時，選定以 100 V 爲額定電壓。

(2) 爲補償線路壓降，電力公司供電電壓選定 110 V。

(3) 靠近電源的白熾燈，其用電電壓將近 110 V，超過額定電壓 100 V 達 10%，使電燈壽命減少甚多。

(4) 將設備額定電壓提高爲 110 V、220 V、440 V、550 V；配電電壓也採用 110 V 倍數的 2200 V、4400 V、6600 V、13200 V。

(5) 考慮電壓降，將供電電壓稍高於設備額定電壓，供電電壓提高爲 115 V。

(6) 同第(4)點的原因，設備額定電壓也升高至 115、230、460、575 V。配電電壓也調爲 115 的倍數 2300、4600、6900、13800 V。

(7) 爲供應住宅 $3\phi/1\phi$ 用電，推出 208 V/120 V 系統，單相供電電壓升爲 120 V。

(8) 因(3)的原因，一般設備的額定電壓調升爲 120、240、480 和 600 V，但是電動機類的額定電壓保持爲 115、230、460 和 575 V。配電電壓也調爲 120 的倍數 2400，4160/2400，4800，12000，12470/7200 V。從此相安無事，不再調升。

再就台灣地區的台電供電系統來討論，系統標稱電壓為 220 V，如圖 3-4 所示，電動機額定電壓亦為 220 V，為了補償線路壓降，台電公司以行政命令要求用戶選用二次側額定 230 V 的變壓器，與系統標稱電壓不同。則在長線路末端以 4%壓降計算，用電電壓降為 221 V，對額定 220 V 的電動機甚佳，如照明器具選用 230 V 額定者，則可獲壽命增長的效益；至於靠近變壓器二次側，若壓降不計，用電電壓 230 V，對電動機而言是在較額定為高的狀況運轉，功能仍屬滿意，照明如選用 230 V 為額定者，與用電電壓相同，性能最佳。

然而在台灣地區，一般用電器具及電動機的額定電壓同樣都是 110 V 或 220 V，如此不可能設計出一個配電系統既能滿足一般電器又能滿足電動機的需求。此外，台灣地區各照明製造廠的型錄，額定電壓有 110 V、115 V、120 V、220 V、230 V、240 V，令人無所適從。筆者爰依美國標準提出建議，照明類電器以選用額定電壓 115/230 V 為宜，如表 3-7 所示。

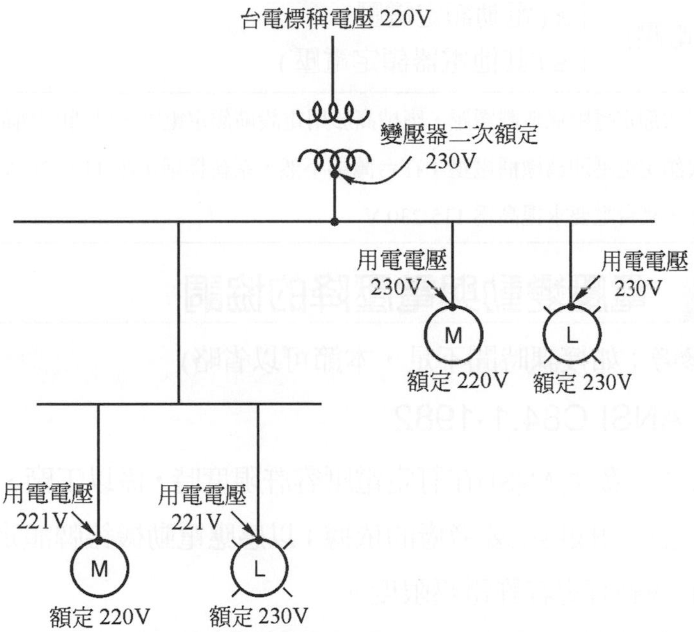

圖 3-4　各種電壓的關係(台電)

表 3-7　台灣地區電器設備額定電壓參考值
(假設變壓器二次額定電壓 115/230V)

種　類	電器名稱	系統標稱電壓(V)	電器額定電壓(V)
照　明	鹵素燈 日光燈 日光燈	110 110 220	115 115 230
電動電器	電扇 冰箱、冷氣 洗衣機	110 110/220 110/220	110 110/220 110/220
視聽電子	收錄音機 電視機 光碟機	110 110 110	110 110 110
電　熱	電熱水器 電爐	110/220 110/220	110/220 110/220
電動機	電動機 電動機	110 220	110 220

綜合以上說明，各種電壓間的關係可用下式說明：

(變壓器二次額定電壓)*－(線路壓降)

＝(用電電壓) $\begin{cases} \geq (\text{電動額定電壓}) \\ \leq (\text{其他電器額定電壓}) \end{cases}$

*注意：變壓器二次額定電壓係無載電壓，應稍高於用電設備額定電壓，以補償壓降損失。在美國變壓器二次額定電壓即為標稱電壓；在台灣則不然，系統標稱電壓 110/220 V，而變壓器二次額定電壓，應台電要求提高為 115/230 V。

3-5 電壓變動與電壓降的協調

(※研究參考：如授課時間不足，本節可以省略)

3-5-1 ANSI C84.1-1982

美國國家標準協會(ANSI)在訂定電壓容許限度時，係以工廠、大樓及家庭中廣為使用的感應電動機為主要考慮的依據；以感應電動機銘牌額定 230 V 及 460 V，在±10%的變動訂定容許電壓限度。

容許電壓限度標準，係以 120 V 標稱電壓為參考，其他不同標稱電壓，則以該電壓與 120 V 的倍數，做相同倍數的調整即可。例如 480 V 標稱電壓為 120 V 的四倍，故 460 V 額定的電動機換至 120 V 基準時變為 115 V，＋10%成為 126.5 V(取 127 V)，－10%成為 103.5 V(取 104 V)，即為最高與最低容許電壓。至於其間 23 V 如何在配電系統做電壓降分配，則列於表 3-8 中(參考圖 3-5)。

表 3-8　ANSI C84.1 1982 標準電壓輪廓(120V 基準)

	A 級(V)	B 級(V)
最大容許電壓	126(125*)	127
一次配電線容許壓降	9	13
最低一次供電電壓	117	114
配電變壓器容許壓降	3	4
最低二次供電電壓	114	110
工廠配線容許壓降	6(4+)	6(4+)
最低用電電壓	108(110+)	104(106+)

*用電電壓為 120～600V
+大樓照明配線時。

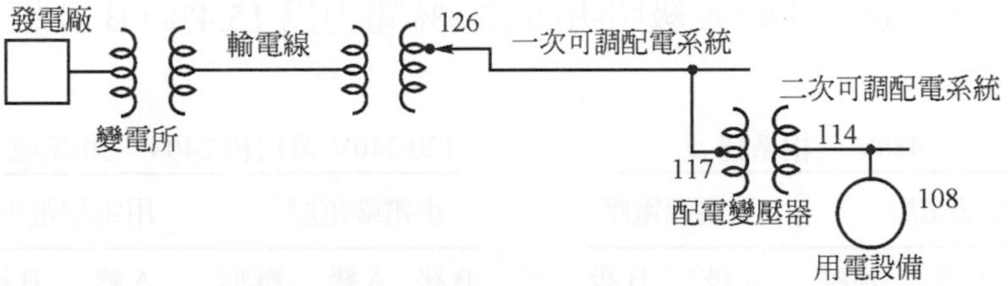

圖 3-5　典型電力系統的電壓降分配圖(以 A 級為例)

表 3-8 中 A 級為正常運轉時的電壓輪廓。最高為 126 V，最低 108 V，但如供照明用電時，因考慮白熾燈運轉於 125 V 時，壽命已減至 42%；而 110 V 時，光度減至 74%，故最高電壓為 125 V，最低 110 V。

對於一般電器，A 級規定最高 126 V，最低 108 V。一次配電線(自電力公司到用戶責任分界點)容許壓降 9 V，所以電力公司供電電壓容許變化為 126 V～117 V，這也是自備變壓器用戶，可以向電力公司要求的供電電壓展幅。配電變壓器容許壓降 3 V，所以由電力公司直接供應低壓的用戶，電壓展幅為 126 V～114 V；用戶配電線路容許壓降 6 V(5%)，故最低用電電壓為 108 V。

B 級(緊急狀態)的電壓輪廓是短時間容許限度，最高 127 V，最低 104 V。一次配電線，容許壓降 13 V，所以電力公司供電電壓容許變化為 127 V～114 V。配電變壓器容許壓降 4 V，所以由電力公司直接供應低壓的用戶，電壓展幅為 127 V～110 V；用戶配電線路容許壓降 6 V(5%)，故最低用電電壓為 104 V。

電力公司及用戶應經常維持在 A 級的電壓輪廓運轉，短時間若超出 A 級而未達 B 級時，電力公司或用戶均應在合理期限內，使電壓回復到 A 級。若電壓超出 B 級(緊急狀態)，則應立即採取行動，使電壓回復到 A 級。一般而言，用電設備在 A 級甚至 B 級仍應能滿意的運轉。

表 3-8 所規定的電壓輪廓對電力系統中的供電者、用電者及電機製造商都很有用。其中供電電壓的部份，可做爲電力公司設計及運轉其配電系統的基準。供電電壓及用電電壓，則可做爲工程師在設計及運轉的參考。對電機製造商而言，其設計的用電設備，應能在 A 級及 B 級電壓輪廓內提供滿意的性能，而不致造成不良性能甚至產生故障。

圖 3-6 是 ANSI C84.1-1982 低壓(單相 120/240 V、三相 240 V、480 V)電燈及電力用電之電壓輪廓。圖左側爲供電端電壓範圍，A 級爲 10%、B 級爲 14.1%；圖右側爲用電端電壓範圍，A 級照明爲 13.3%/電力爲 15.4%，B 級照明爲 17.5%/電力爲 19.1%。

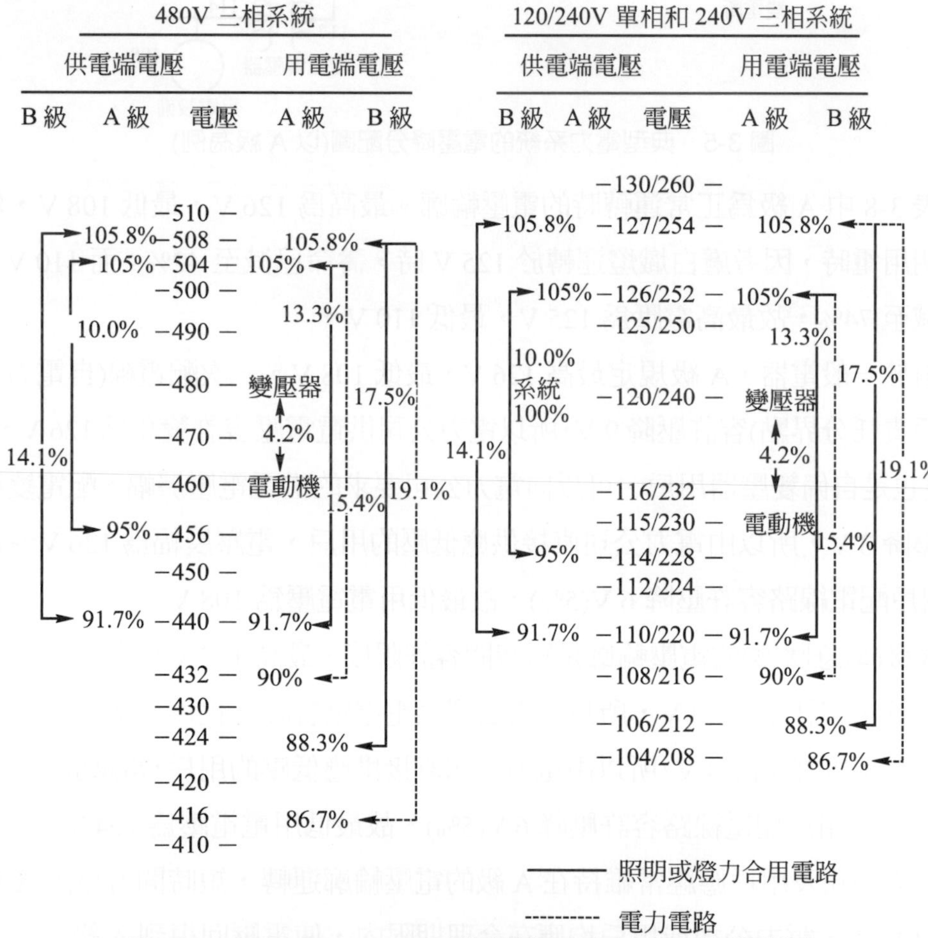

圖 3-6　ANSI C84.1-1982 低壓電燈及電力用電之電壓輪廓

3-5-2　台灣地區（※研究參考）

台灣地區對電壓變動的規定，可資遵循的法規有：

1. 電業法規定

供電電壓的變動率，以不超過下列百分數為準：

(1) 電燈分路的電壓，高低各百分之五。

(2) 電力及電熱分路的電壓，高低各百分之十。電燈、電力、電熱合一線路時，依電燈電壓之標準。

2. 用戶用電設備規定

「供應電燈、電力、電熱或該混合負載之低壓幹線及其分路，其電壓降均不得超過標稱電壓百分之三。兩者合計不超過百分之五。」

上述規定不夠明確，難以遵循。比照 ANSI 的規定，建議台灣地區 110/220 V 標稱電壓(但變壓器二次額定為 115/230 V 時)的輪廓，如圖 3-7。

依此規定，電力公司供電電壓展幅，正常時(A 級)應為 121～109 V，短時間不正常(B 級)時應為 122～105 V。

用戶的用電電壓，電燈正常時 121～105 V，短時間容許 122～102 V；一般電器正常時為 121～104 V，短時間容許 122～100 V。

電機製造廠所生產額定為 115 V 的電器，在上述用電電壓範圍內(A 級及 B 級)，均應能正常運轉不致損壞。希望國內有關機關，能及早訂定類似 ANSI C84.1 的電壓標準，使供電、用電及電器製造商能有所遵循，則對用電安全、設備性能及壽命大有裨益。

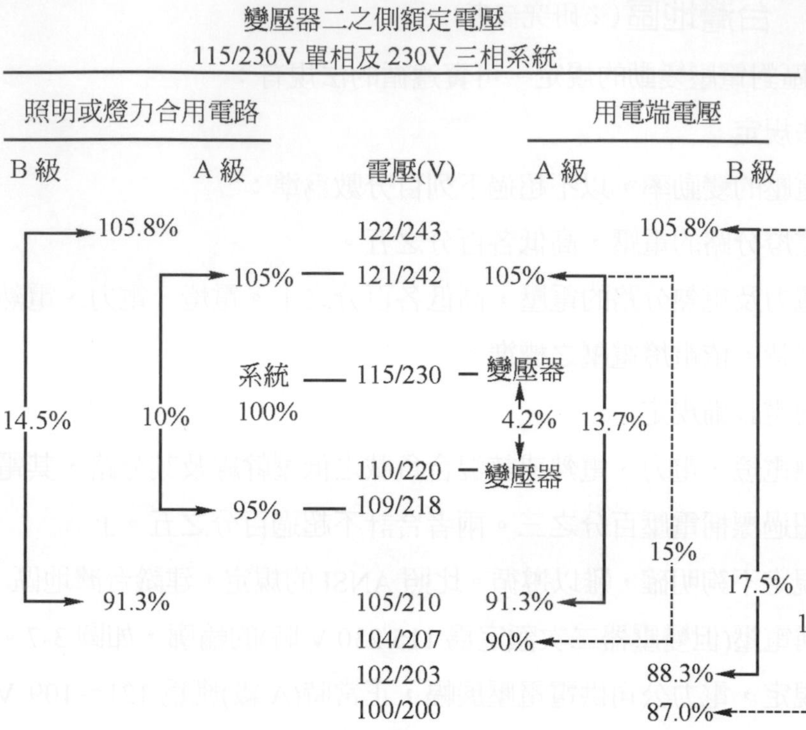

圖 3-7　建議台灣地區採行的 115/230V 電壓輪廓

3-6 不正常電壓的改善

設備性能不良、過熱、過電流保護器不正常的跳脫，以及經常燒損，這些都是電壓不正常的徵兆。電壓不正常的情形有：在線路末端，白天電壓過低；而在線路前端靠近電源側，特別是夜間及週末輕載時，電壓過高。

電壓過低時，首先應檢查電流是否過載。如果是因過載而引起電壓過低，則設法減輕負載需求。如果不是過載，但電壓不正常時，則可用記錄型電壓表量測電壓，在責任分界點及用電設備端子處，記錄一週(七天)中最高及最低電壓，以確定不正常電壓是因何而起，如果責任分界點電壓展幅超過 ANSI 或類似的規定，則可要求電力公司改善。如果電壓過低的原因，是因廠內配線壓降超過 5%，則應考慮是否換粗導線，或改善功因，以減低電壓降。如果多數分路的電壓降都超過規定，則應考慮是否更換更高電壓的變壓器。

電壓過高時，可能要檢討功因改善之電容器，是否在夜間或週末仍未切離系統，請參考 3-7-2 節的傅倫第效應。

在本章開始時，提出自美國、日本等地，帶回不同額定電壓的電器，是否可用在台灣地區，解答如下：

1. 用 7 日電壓記錄表，記錄用電端子在一週內最高及最低電壓*。

   *如果沒有電壓記錄表，可在負載最多時(下午 2:00)，用電壓表量得最低電壓；而在負載最少時(半夜 3:00)，可量得最高電壓。

2. 檢查電器的額定電壓及其容許最高與最低電壓，是否在電壓記錄表的最高及最低電壓的範圍內(參考表 3-5)。
3. 答案如果「是」，則安心使用；否則，最好加裝電壓調整裝置，以確保電器的性能與壽命。

3-7 穩態下電壓降計算

用電設備在穩態運轉時，因電流通過線路阻抗而產生電壓降。電壓降的定義，如公式 3-1 所示，爲送電端電壓絕對值與受電端電壓絕對值的差。

$$e \equiv |V_S| - |V_R| \qquad (3\text{-}1)$$

通常，以分電盤的匯流排爲送電端，而負載(如電動機)的接線端子爲受電端，如圖 3-8(a)所示。因爲電力系統大多爲平衡三相，假設電力系統爲平衡三相四線，其等效電路如圖 3-8(b)所示，經中性線回流的 $I_n = 0$，我們可用單相模式來解此問題。其單相模式的等效電路如圖 3-8(c)所示。

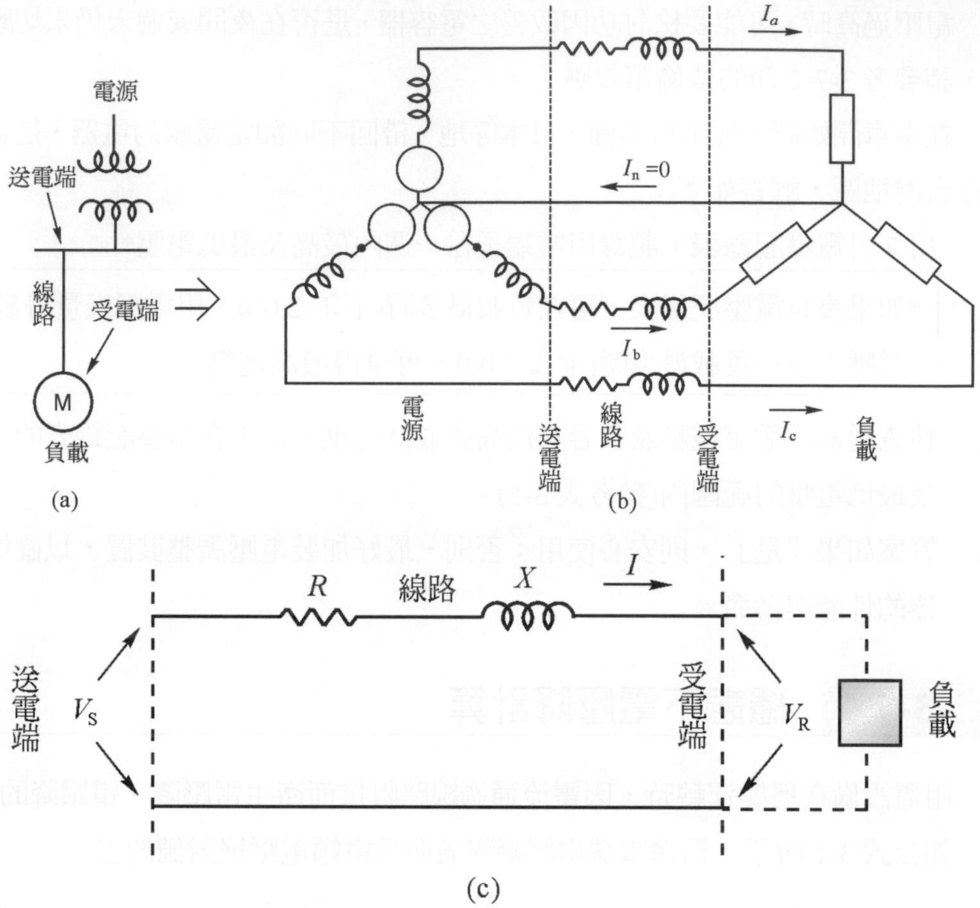

圖 3-8　電壓降計算的等效電路

欲計算電壓降$|V_S|-|V_R|$，可用下列兩種方式。

3-7-1 精確公式

如圖 3-9 表示送、受電端電壓，因負載電流流經圖 3-8 線路，產生電壓降的相量圖。

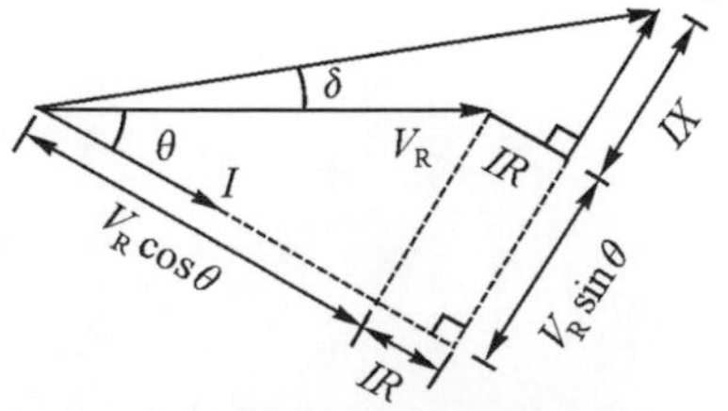

圖 3-9　電壓降計算相量圖(精確公式)

e　：相電壓降(線對中性線的電壓降)
V_S　：送電端相電壓(V)
V_R　：受電端相電壓(V)[做爲基準，相角爲$\angle 0°$。]
I　：負載電流(A)[電感性負載，落後電壓$\angle\theta$。]
θ　：功率因數角
R　：線路電阻(Ω)
X　：線路電抗(Ω)

若V_R爲已知，則相電壓降e爲

$$e=\sqrt{\left(V_R\cos\theta+IR\right)^2+\left(V_R\sin\theta+IX\right)^2}-V_R \tag{3-2}$$

實際上，因爲工廠中要計算的分路，數以百計，而且每一負載端的電壓，也無法全部得知，所以精確公式並不實用。

3-7-2　近似公式

因爲送電端電壓V_S與受電端電壓V_R之間的相角(電力角δ)很小，若以下列近似公式計算電壓降時，誤差很小，如圖 3-10 所示，實用上，其結果相當滿意。電壓降的計算簡化成下式：

$$e=IR\cos\theta\pm IX\sin\theta \tag{3-3}$$

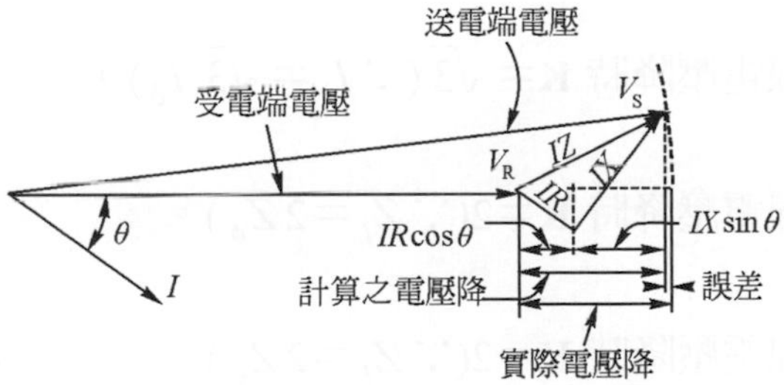

圖 3-10　電壓降計算相量圖(近似公式)

值得注意的是公式中，若負載電流爲落後(電感性負載)，用「＋」號。但若負載電流爲前引(電容性負載)，如圖 3-11 所示，$IX\sin\theta$與$IR\cos\theta$方向相反，則用「－」號。

電壓降e，有可能變爲負值，也就是受電端電壓大於送電端電壓，稱爲傅倫第效應(Ferranti effect)。此種狀況，發生在夜間輕載時，若未將改善功因用的電容器切離，則有可能發生電流前引，以致 $IX\sin\theta$ 值比 $IR\cos\theta$ 爲大，如此將有害於電機設備的使用，應設法避免。

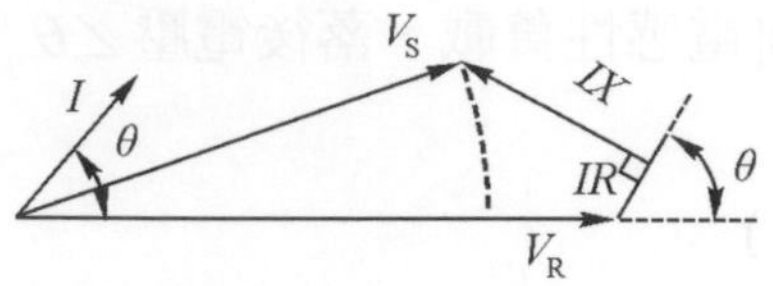

圖 3-11 電壓降計算相量圖(電流前引)

3-7-3 通用公式

前述公式是假設電力系統爲三相四線制，求相電壓降時適用；但實際上常用電力系統有 $3\phi4W$、$3\phi3W$、$1\phi2W$、$1\phi3W$，欲求適用各種系統的電壓降公式，可將近似公式修正如下：

$$e = \mathbf{K}I(R\cos\theta \pm X\sin\theta) \tag{3-4}$$

K 是一常數，其值因系統不同而變：

(1) $3\phi4W$ 求相電壓降時 $\mathbf{K}=1$。

(2) $3\phi4W$ 求線電壓降時 $\mathbf{K}=\sqrt{3}\,(\because V_l=\sqrt{3}\,V_\phi)$。

(3) $3\phi3W$ 求線電壓降時 $\mathbf{K}=\sqrt{3}\,(\because I_l=\sqrt{3}\,I_\phi)$。

(4) $1\phi2W$ 求線電壓降時 $\mathbf{K}=2(\because Z_l=2Z_\phi)$。

(5) $1\phi3W$ 求線電壓降時 $\mathbf{K}=2(\because Z_l=2Z_\phi)$。

(6) $1\phi3W$ 求相電壓降時 $\mathbf{K}=1$。

R 、 X 爲線路阻抗，可由表 3-9 得之。

實際上，在求電壓降時，無論三相或單相系統，除非特別說明，否則均爲「線電壓」。所以 **K** 常數在三相時爲 $\sqrt{3}$ ，在單相系統時爲 2。

表 3-9　600 V XLPE-PVC 電纜阻抗參考表(CNS 2655)

	導體尺寸 mm^2	導體電阻 R Ω/km 90°C	電抗 X_L Ω/km
單芯電纜三條三角排列	2	11.8457	0.1385
	3.5	6.6664	0.1279
	5.5	4.2691	0.1195
	8	2.9453	0.1212
	14	1.6575	0.1208
	22	1.0506	0.1131
	30	0.7943	0.1119
	38	0.6209	0.1084
	50	0.4820	0.1083
	60	0.3863	0.1051
	80	0.2920	0.1017
	100	0.2297	0.0987
	125	0.1842	0.0982
	150	0.1512	0.0998
	200	0.1186	0.0966
	250	0.0933	0.0944
	325	0.0737	0.0938

表 3-9 是新麗華公司 600 V XLPE-PVC 電纜阻抗參考表，表上的阻抗值為 Ω/km，實際阻抗值應乘上線路長度而得之。

例題 3-2

有一三相 220 V 電動機分路，負載電流 30 A，功率因數 80%落後，分路導線為 5.5 mm^2 (阻抗 $4.269 + j\,0.120\,\Omega$/km)，分路長度為 40 公尺，求：

(a) 以近似公式求電壓降百分率。

(b) 設 $V_R = 220$ V，以精確公式求電壓降百分率。

(c) 比較近似公式與精確公式的誤差。

解 (a) $e = \sqrt{3} \times 30 \times (4.269 \times 0.8 + 0.120 \times 0.6) \times \dfrac{40}{1000} = 7.25$ V

$$e(\%) = \frac{7.25}{220} \times 100 = 3.295\%$$

(b)相電壓為 $220/\sqrt{3}=127\text{ V}$

$$|V_S|=\sqrt{\left(127\times0.8+30\times4.269\times\frac{40}{1000}\right)^2+\left(127\times0.6+30\times0.120\times\frac{40}{1000}\right)^2}$$

$$=131.22\text{ V}$$

$$e(\text{相})=131.22-127.0=4.22\text{ V}$$

$$e(\text{線})=\sqrt{3}\times4.22=7.31\text{ V}$$

$$e(\%)=\frac{7.31}{220}\times100=3.32\%$$

(c)誤差$=\dfrac{7.31-7.25}{6.235}\times100=0.79\%$

例題 3-2 說明精確公式與近似公式在使用時，誤差僅 0.79%，而近似公式的計算大為簡化，故實用上，使用近似公式即可。

通常，我們關心的是電壓降是否超過 3%或 5%的規定，因此通用公式(3-4)可以修改，直接求出電壓降 $e(\%)$：

$$e(\%)=\frac{e}{V}\times100$$

$$=\frac{\mathbf{K}I(R\cos\theta\pm X\sin\theta)}{V}\times100$$

$$=\frac{\mathbf{K}(\text{kV})I(R\cos\theta\pm X\sin\theta)}{(\text{kV})(\text{kV})\times1000}\times100$$

對三相系統，$\mathbf{K}=\sqrt{3}$，而 $\text{kVA}_{3\phi}=\sqrt{3}(\text{kV})I$

$$e(\%)=\frac{(\text{kVA}_{3\phi})(R\cos\theta\pm X\sin\theta)}{10(\text{kV})^2}\tag{3-5}$$

對單相系統，$\mathbf{K}=2$，$\text{kVA}_{1\phi}=(\text{kV})I$

$$e(\%)=\frac{2(\text{kVA}_{3\phi})(R\cos\theta\pm X\sin\theta)}{10(\text{kV})^2}\tag{3-6}$$

請注意，公式中三相容量 $kVA_{3\phi} = \sqrt{3}(kV_L)I_L$ 中，已經將電壓降計算常數 **K**$=\sqrt{3}$ 包含在內，所以公式(3-5)中，$\sqrt{3}$ 不見了。但單相容量 $kVA_{1\phi} = (kV_L)I_L$，其電壓降計算常數 2，並未包含在內，所以公式(3-6)中仍有常數 2 存在。

例題 3-3

有三相 220 V，75 HP 電動機分路，其功因為 0.8 落後，分路導線 100 mm^2 $(0.230 + j\,0.099\,\Omega/km)$，長 100 公尺，金屬管配線，此電動機運轉時：

(a)電壓降為幾伏特？幾%？

(b)若分路導線及負載均不變，但電動機額定電壓改為 380 V，則電壓降為多少？

解 (a)三相電動機，**K**$=\sqrt{3}$，求電動機電流時

1 HP≒1 kVA(參考 2-6 節)

$$\therefore I = \frac{75\times1000}{\sqrt{3}\times220} = 197\text{ A}$$

$$e = \sqrt{3}\times197(0.230\times0.8+0.099\times0.6)\times\frac{100}{1000} = 8.30\text{ V}$$

$$e(\%) = \frac{8.30}{220}\times100 = 3.77\%$$

此外，亦可用公式(3-5)直接求 $e(\%)$

$$e(\%) = \frac{75(0.230\times0.8+0.099\times0.6)\frac{100}{1000}}{10(0.22)^2} = 3.77\%$$

(b)若電動機額定電壓改為 380 V 時，則 $e(\%)$ 為

$$e(\%) = \frac{75(0.230\times0.8+0.099\times0.6)\frac{100}{1000}}{10(0.38)^2} = 1.26\%$$

例題 3-4

有一三相 220 V 低壓配電系統如下圖所示，由總開關箱經一 325 mm^2，20 公尺長的幹線送電至分開關箱，再經由一 125 mm^2，50 公尺長的分路送電至一個 3ϕ，220 V，100 HP 的電動機，其功因爲 0.85 落後。分開關箱的匯流排總負載爲 400 kVA，功因爲 0.80 落後，試求(a)分路電壓降百分率(b)幹線電壓降百分率(c)總電壓降百分率。

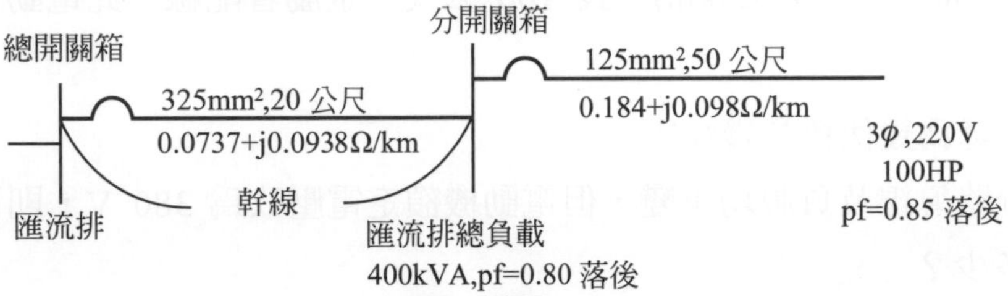

圖　例題 3-4

解 (a)分路電壓降，125 mm^2 導線阻抗爲 $0.184 + j\,0.098\,\Omega$/km

$$e(\%) = \frac{100(0.184\times0.85+0.098\times0.53)\times\dfrac{50}{1000}}{10(0.22)^2} = 2.15\%$$

(b)幹線電壓降：通過幹線的負載，就是分開關箱匯流排的總負載。

325mm^2 導線阻抗爲 $0.0737 + j\,0.0938\,\Omega$/km

$$e(\%) = \frac{400(0.0737\times0.8+0.0938\times0.6)\dfrac{20}{1000}}{10(0.22)^2} = 1.90(\%)$$

(c)總電壓降

$e(\%) = 2.15 + 1.90 = 4.05\%$

3-7-4 改善電壓降的方法

例題 3-3 中電動機 100 mm^2 分路電壓降達 3.77%，超過規定的 3%，應該如何改善電壓降使其符合規定呢？

答案可由(3.4)式 $e = \mathbf{K}I(R\cos\theta + X\sin\theta)$得到：

1.　換較粗導線(使線路 R 、 X 減小)。
2.　改善功因(可減少線路電流，詳見第七章)。
3.　提高系統電壓(可減少線路電流)。

例題 3-3 中，若將導線換成 150 mm^2 (0.151＋ j 0.100 Ω /km)，則分路總壓降即可降爲 2.8%，這是最簡易且有效的方法。改善功因可以減少線路電流，亦可改善電壓降，此點在第七章有例題說明。在負載相同時，若使用較高的供電電壓，線路電流較小，也可減低壓降，但此種方式在規畫設計時，就應決定使用較高供電電壓，否則於運轉時，才欲加以修改，要用變壓器升壓並換用較高電壓的設備，投資大極不合算。

3-7-5　變壓器的電壓降計算

變壓器的等效電路如圖 3-12 所示，如果在二次側加負載，則此電流通過變壓器的阻抗也將產生電壓降，通常並聯激磁分路因阻抗甚大，對電壓降計算影響極小，故可予省略，若一、二次側阻抗再予以轉換合併，則其等效電路變爲圖 3-13。這就與計算線路壓降的等效電路相同。

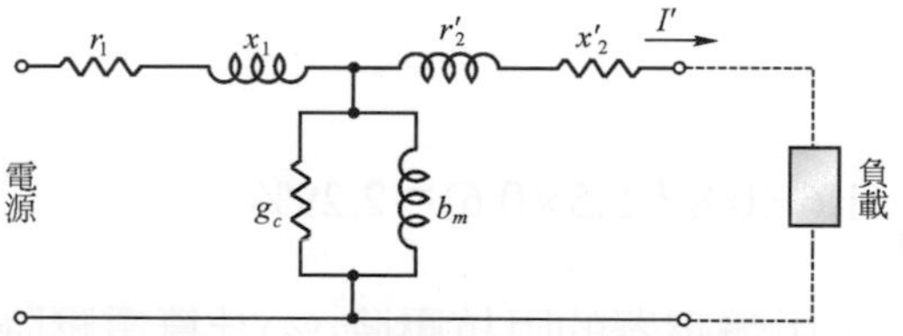

圖 3-12　變壓器等效電路圖

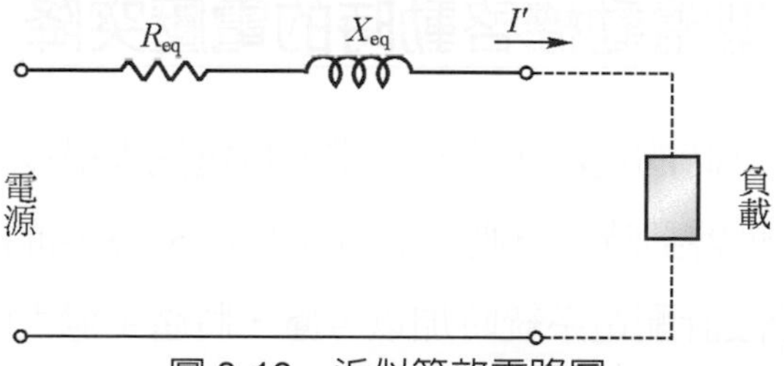

圖 3-13　近似等效電路圖

通常，變壓器的阻抗(包含一、二次側合併)，都用短路試驗時測得的阻抗壓降百分率表示。所以，線路電壓降的基本公式，可稍加修改，成爲適用於變壓器電壓降的公式(3-7)：

$$e(\%) = I_{pu}\,[\,R\,(\%)\cos\theta + X\,(\%)\sin\theta\,]$$

$$= \frac{\text{kVA}_L}{\text{kVA}_B}\,[\,R\,(\%)\cos\theta + X\,(\%)\sin\theta\,] \tag{3-7}$$

式中 kVA_L：變壓器實際容量

kVA_B：變壓器額定容量

$$I_{pu} = \frac{I_L}{I_B} = \frac{\sqrt{3}(\text{kV}_B)I_L}{\sqrt{3}(\text{kV}_B)I_B} = \frac{\text{kVA}_L}{\text{kVA}_B} = S_{pu} \tag{3-8}$$

請特別注意，使用 I_{pu} 或 S_{pu} 時，常數 $\mathbf{K} = \sqrt{3}$ 或 2 均不存在，因爲在求 pu 值時，比例常數一定會對消。

例題 3-5

配電變壓器額定容量爲 1000 kVA，阻抗爲 1.6%＋ j5.5%，電壓比 11400/220 V；若實際負載 500 kVA，功率因數爲 0.8 落後，試計算變壓器的電壓降？

解 用(3.7)式

$$e(\%) = \frac{500}{1000}(1.6\times0.8 + 5.5\times0.6) = 2.29\%$$

例題 3-5 顯示，用變壓器的阻抗壓降(%)計算電壓降很方便。

3-8 大型電動機啓動時的電壓突降

交流電動機在啓動時的電流，比其正常運轉電流大很多，同步電動機及鼠籠式感應電動機，在全壓啓動時的啓動電流可能高達 5～8 倍的滿載電流。如此突增的啓動電流，若未於設計配電系統時加以考慮，將產生過大的電壓突降(voltage dip)。

電壓突降，是大型電動機在啓動時電流過大，造成電壓有 1～2 秒突然降低，啓動後恢復爲穩定的電壓降，如圖 3-14 所示。

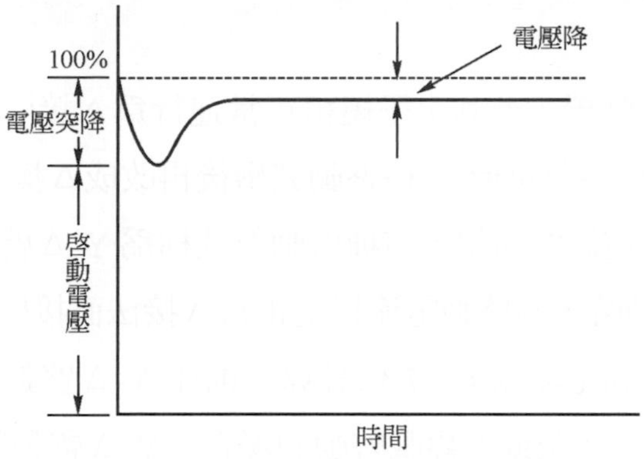

圖 3-14　電動機啓動時的電壓變化

3-8-1　電動機啓動方式(※研究參考)

因為電動機啟動電流巨大，達滿載電流的 6～7 倍，所以電動機啟動時，必需適當控制其啟動電流，以避免造成電源瞬間電壓降，而影響其他用電設備之運轉及安全。實用上，電動機的各種啟動方式，還是以成本和適用性為主要參考，以下簡要介紹各種啟動方式的特點。

1. **全電壓直接啓動**

   在電源和負載都允許的情況下，小功率電動機採用(額定)全電壓直接啓動，其成本最低，啓動轉矩也最大。但大於 11 kW 的電動機不宜採用。

   小型電動機直接啓動電流雖大，幸好其啓動時間短(僅 2～5 秒)，所以其對電源影響有限。依規定，對於頻繁啓動電動機，其電源額定(連續)容量，應大於電動機容量的 5 倍以上；而間歇啓動電動機，電源容量可放寬爲電動機容量的 3 倍以上。

2. **自耦變壓器減壓啓動**

   電動機的啓動轉矩，大約與電壓平方成正比。利用自耦變壓器的多抽頭減壓，既能適應不同負載起動的需要，又能得到適當的啓動轉矩，經常被用來啓動大容量電動機的輕載啓動。當其繞組抽頭在額定電壓 80%處時，啓動轉矩約達直接啓動時的 64%；啓動電壓降至 65％，其啓動轉矩約爲 42%。

   自耦變壓器降壓啓動的優點：可以直接人工操作控制，也可用交流接觸器自動控制，經久耐用、維護成本低，適合所有空載、輕載啓動的感應電動機使用，在生產線上廣泛應用。

3. **Y-Δ啓動**

鼠籠式感應電動機，若其定子繞組正常運行爲Δ接(三角形)，在啓動時將定子繞組接成 Y 接(星形)，待啓動完畢後再改成Δ接，就可以降低啓動電流，減輕其對電源的衝擊，這種啓動方式稱爲 Y-Δ啓動。

採用 Y-Δ啓動時，其啓動電流只是正常Δ接法直接啓動時的 1/3。如果直接啓動時的啓動電流以 6～7 倍計算，則在 Y-Δ啓動時，啓動電流才 2～2.3 倍。適用於無載或者輕載啓動的場合。Y-Δ啓動與其他減壓啓動器相比，其結構最簡單，價格也最便宜。

4. **軟啓動器**

在電源與被控電動機間加裝「軟啓動器」，控制其內部晶閘管的導通角，使電動機輸入電壓，從零開始(以預設函數關係)逐漸上升，直至啓動結束，賦予電動機全電壓，稱爲軟啓動。

由於電力電子技術進步、價格下降，利用可控矽元件移相調壓原理，來實現電動機的調壓啓動，啓動效果好。但可控矽元件使用移相截波，其產生諧波對電源系統干擾也較大；如同一電源中，有多台可控矽電動機同時啓動，諧波互相干擾，可能影響各自導通角，嚴重者甚至造成故障。

5. **變頻器**

變頻器，是現代電動機控制領域中，技術最高級、控制功能最齊全、控制效果最良好的電動機控制裝置。利用改變電源頻率、改變電源電壓的方式，變頻器可完全調節電動機的轉速和轉矩。所以，如僅將變頻器用來啓動電動機，可說是「殺雞用牛刀」。

因爲變頻器涉及電力電子技術、微處理機技術，其成本最高，對維護人員的技術要求也最高；變頻器的主要應用在電動機全時段精密調整速率、調整轉矩、正反轉等，功能繁多；啓動電動機，只是其附屬功能而已。

3-8-2　電動機啓動對緊急發電機電壓的影響(※研究參考)

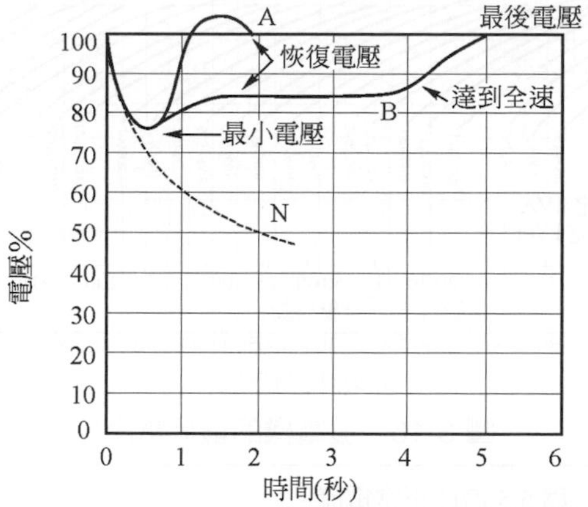

圖 3-15　電動機啓動時發電機電壓變動

工廠或大樓大都設有緊急發電機，以供給重要動力及緊急照明用電。緊急發電機容量通常不大，此時如果電動機啓動，對其電壓有相當程度的影響，如圖 3-15 顯示，電動機的啓動 kVA 與發電機額定容量相等時，發電機電壓變化的情形。假設發電機裝有自動電壓調整器，圖中曲線 A 為發電機初載為零，曲線 B 為發電機初載為 50%額定容量時；然而，無論有無初載，其最低電壓大約在 75%額定值，自動調壓裝置可在 2 秒內使電壓調回正常電壓，但 2 秒時電動機仍在低速，為避免引用大電流，曲線 B 的回復電壓仍保持在 85%，直到電動機達全速(4 秒)後，自動調壓裝置才將電壓調回 100%電壓。

請特別注意，無論是曲線 A(零初載)或曲線 B(50%初載)，其最低電壓均相同，所以計算電壓突降時，可以假設初載為零。

圖 3-16 是電動機啓動時，對不同容量的緊急發電機產生的最低電壓。通常，自備緊急發電機的容量，至少需達電動機額定容量的 5~7 倍。如圖 3-16 顯示，若電動機啓動為 100 kVA，當發電機為 500 kVA 時，最低電壓突降約為 7.5%，相對輕微；但當發電機為 125 kVA 時，電壓突降約為 23%，則無法忍受。

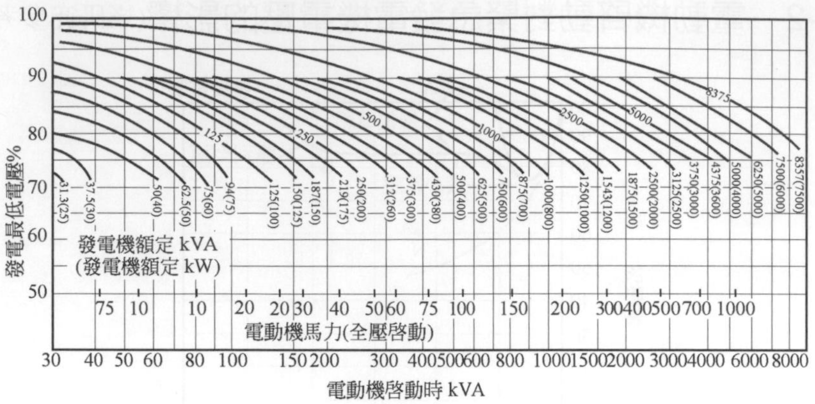

圖 3-16　發電機的最低電壓*

註：(1)電動機啓動電流大約爲 5.5 倍於正常電流。

(2)若有初載時，自動調壓器在電壓突降後即調回 100%電壓。

(3)若有初載，假設爲固定電流式者。

(4)發電機特性假設如下：　　額定容量 1000 kVA 或更小

功能係數 K＝1.0　暫態電抗 X'_d ＝25%　同步電抗 X_d ＝120%

3-8-3　電動機啓動對配電系統的影響(※研究參考)

大部份電動機是由電源經配電變壓器及電纜等接線供電，電動機啓動時，電壓突然降落，直到電動機達到額定轉速，電壓才恢復正常；電動機啓動時的電壓降，主要是因配電變壓器的阻抗所引起，圖 3-17 爲配電變壓器的容量與電動機啓動 kVA 所發生的最低電壓。圖中，變壓器容量爲 100 kVA，電動機啓動爲 100 kW 時，電壓下降約爲 4%。

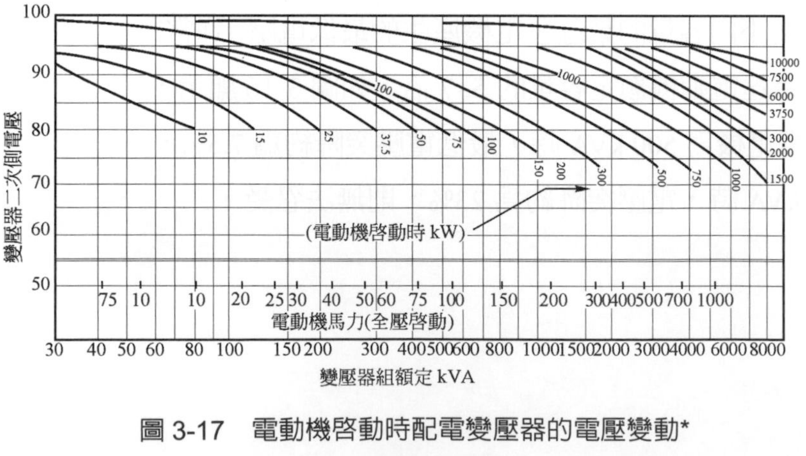

註：(1)電動機啓動電流大約爲 5.5 倍於正常電流。

(2)變壓器阻抗假設值如下：

變壓器容量 kVA	阻抗值
10～50	3%
75～150	4%
200～500	5%
750～2000	5.5%
3000～10000	6.0%

圖 3-17　電動機啓動時配電變壓器的電壓變動*

3-8-4 感應電動機啓動時的等效電路

要研究感應電動機啓動時的電壓突降，必需將感應電動機在啓動時的等效電路先予簡化，並與系統結合後，再加予分析才可得到解答。從電機機械，可得感應電動機等效電路如圖 3-18。

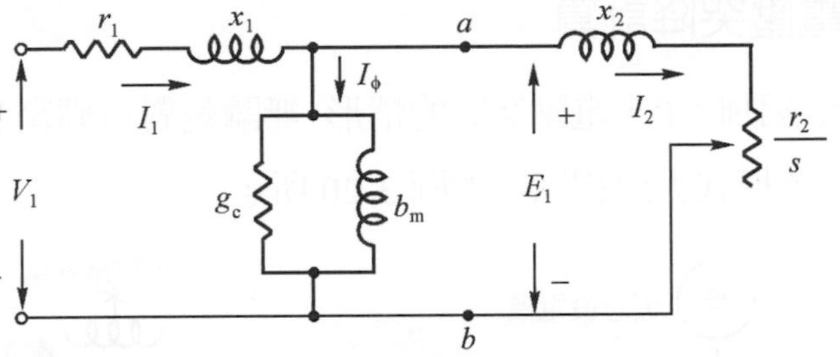

圖 3-18 多相感應電動機的每相等效電路

因爲電動機的轉部與定部之間有空氣隙，需要較大(與變壓器相比)的激磁電流，感應電動機激磁分路的激磁電流 I_ϕ，約達二次額定電流 I_2 的 10%，正常運轉時，不可省略；然而，在啓動時，啓動電流 I_{st} 增大爲二次電流 I_2 的 500～700%，激磁電流(10%)相較甚小，所以在啓動時，激磁分路可以省略。

在正常運轉時，感應電動機的轉差率 s 約爲 0.03，其功率因數約爲 80%落後，亦即 $\frac{X}{R}$ 爲 $\frac{3}{4}$。

因 $x_1 \doteqdot x_2 = x$ 及 $r_1 \doteqdot r_2 = r$，如果省略激磁分路，則

$$\frac{X}{R} = \frac{x_1 + x_2}{r_1 + r_2 / s} = \frac{2x}{34r} = \frac{3}{4}$$

得知，$\frac{x}{r} = 12.8$

在啓動時，轉差率 $s = 1$，

$$\frac{X}{R} = \frac{x_1 + x_2}{r_1 + r_2 / s} = \frac{2x}{2r} = 12.8$$

因爲啓動時，$\frac{X}{R}$ 約爲 12.8，所以電阻可以忽略不計，再加上激磁分路也可省略，因此感應電動機在啓動時，其等效電路可簡化爲一電抗，如圖 3-19 所示。

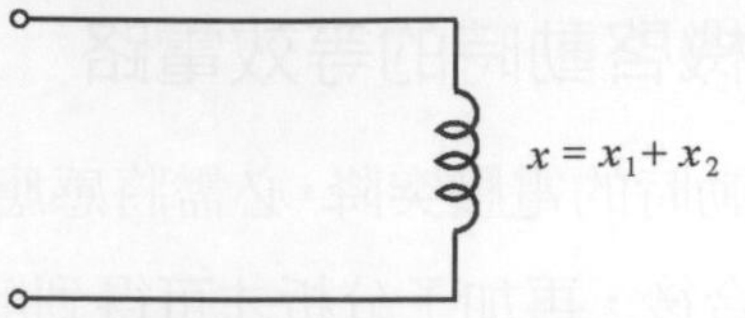

圖 3-19　感應電動機啓動時的單相模式等效電路

3-8-5　電壓突降計算

大型電動機啓動時產生電壓突降的情形，無論是對自備緊急發電機或配電系統的影響，其電路模式大致相同，如圖 3-20 所示。

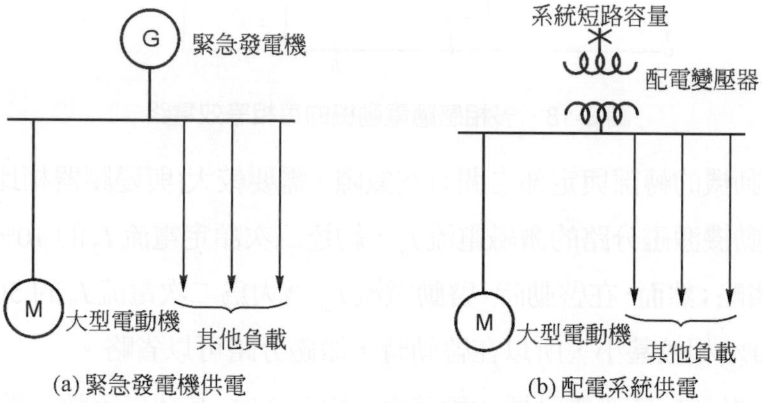

圖 3-20　大型電動機啓動時單線圖

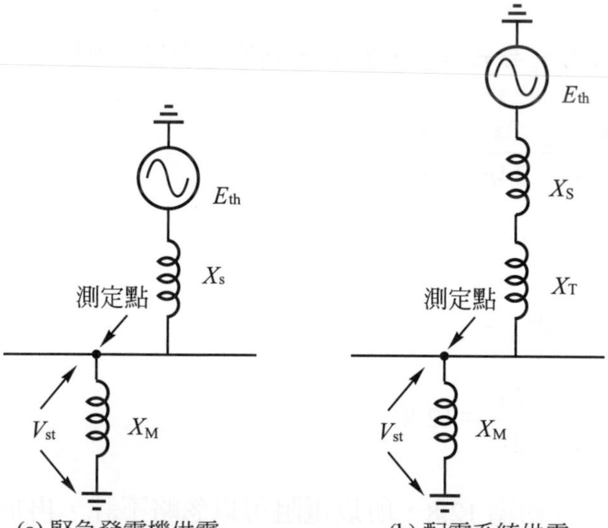

圖 3-21　大型電動機啓動等效電路

由圖 3-15 得知，無論有無初載，電動機啓動時其最低電壓大致相同。所以在計算電壓突降時，通常將其他負載省略，只考慮一部大型電動機啓動，其單相模式等效電路如圖 3-21 所示。電源或發電機可用 $E_{th}=1.0$ pu 的等效電壓源串接一電抗表示，變壓器用一等效電抗表示，感應電動機在啓動時也用一等效電抗表示。所以，由緊急發電機單獨供電時，啓動電壓爲

$$V_{st}=\frac{X_M}{X_S+X_M} \tag{3-9}$$

由配電系統供電時，啓動電壓爲

$$V_{st}=\frac{X_M}{X_S+X_T+X_M} \tag{3-10}$$

式中

X_M：感應電動機阻抗 pu 值

X_T：變壓器阻抗 pu 值

X_S：電源或發電機阻抗 pu 值

由配電系統供電時：

在電動機側電壓突降(pu 值)爲：

$$e_{pu}=1-V_{st}=\frac{X_S+X_T}{X_S+X_T+X_M} \tag{3-11}$$

在變壓器一次側的電壓突降爲：

$$e_{pu}=\frac{X_S}{X_S+X_T+X_M} \tag{3-12}$$

從啓動電壓 V_{st} 及電壓突降 e_{pu} 的公式，可知兩公式的分母均爲所有電抗的總和。欲求啓動電壓 V_{st} 時，將測定點後的電抗置於分子。反之，若欲直接求電壓突降 e_{pu}，則可將測定點前的電抗置於分子。測定點影響電壓突降 e_{pu} 極大，可用例題 3-6 說明之。

例題 3-6

某工廠自備變電所，主變壓器額定為 5000 kVA，69/3.45 kV，電抗為 5.0%；一次側短路容量 1250 MVA，二次側接有一 2000 HP 電動機，電動機電抗為 16%，計算該電動機啓動時，在變壓器一次側及二次側電壓突降的百分率各為多少？

解 (a)單線圖及等效電路圖

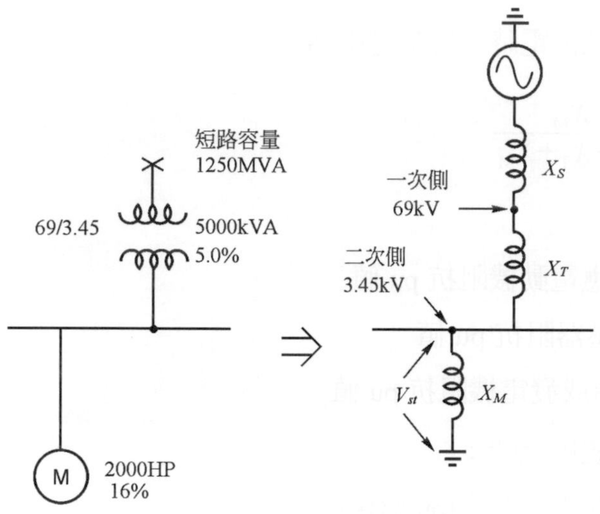

圖 3-22

(b)設 $S_b = 5000\ \text{kVA} = 5\ \text{MVA}$

則 $X_S = \dfrac{5}{1250} = 0.004\ \text{pu}$

$X_T = 0.05\ \text{pu}$

$X_M = 0.16 \times \dfrac{5}{2} = 0.4\ \text{pu}$

在二次側(3.45 kV)，用公式(3-11)

$$V_{st} = \frac{0.4}{0.004 + 0.05 + 0.4} = 0.88\ \text{pu}$$

$e = 1 - 0.88 = 0.12\ \text{pu} = 12\%$

在一次側(69 kV)，直接用公式(3-13)

$$e = \frac{0.004}{0.004 + 0.05 + 0.4} = 0.0088\ \text{pu} = 0.88\%$$

在例題 3-6 中，我們發現當大型電動機啓動時，在變壓器二次側電壓突降達 12%，但同時在變壓器一次側的電壓突降，僅爲 0.88%。其原因即在變壓器本身是一電抗器，有反抗電壓變動的作用，使二次側的大變動在一次側變成小變動。這種特性在考慮遽變負載的電壓閃爍時，具有相當重要的作用。

3-9 電壓突降與電壓閃爍

一般負載的變動是連續而緩慢的，其所造成電壓的慢速變動，稱爲電壓展幅(voltage spread)。但有些大型遽變負載會引起電壓連續的急速變動，稱爲電壓閃爍(voltage flicker)。

引起電壓閃爍的負載主要有煉鋼用電弧爐、軋鋼電動機、電銲機等遽變負載，這些負載用電時電流很大，相當於短路狀態，但不用電時電流等於零，相當於開路狀態，此種開路、短路的操作非常頻繁，以致電壓也隨之急遽變化如圖 3-23 所示。

此種電壓連續急速變動，對白熾燈等照明設備產生燈光閃爍，使人覺得不舒服，甚至傷害視力。電銲機因爲容量較小，約在數十至百 kVA，其影響範圍較小；電弧爐的容量大，約爲數百至上萬 kVA，其影響範圍甚大。

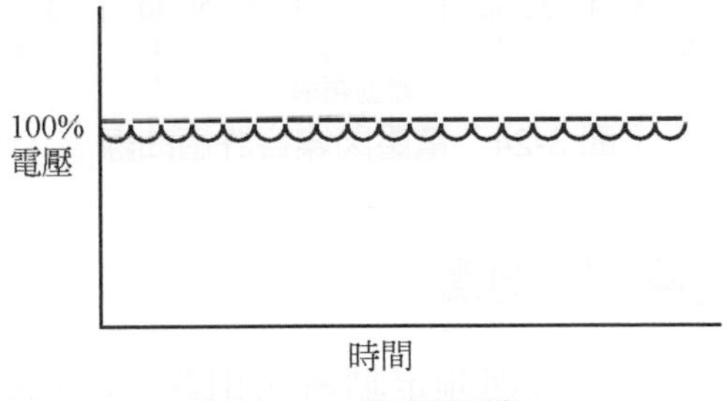

圖 3-23　電壓閃爍

3-9-1 閃爍電壓降的容許值

閃爍電壓降容許的百分率，主要是依人類眼睛感受的容許程度而定。但是每個人的感受略有不同，美國 Utilities Coordinated Research 曾經以白熾燈的閃爍對視覺的影響，研究得出圖 3-24 曲線。圖中顯示，在突降發生頻率低(次/時)時，對視覺造成有感與刺眼的界限，容許的電壓突降百分率較大；隨突降發生頻率升高，容許值下降，在每秒 6 次時，容許值最小；頻率再升高(每秒 10 次以上)時，視覺反而不那麼敏感，容許值也隨之升高。

世界各國訂定閃爍電壓突降標準時，其發生頻率都以每秒 10 次為準。美國各電力公司訂定容許電壓突降百分率為 0.5%～1.0%，日本各電力公司的標準在 1.0%～1.5%。

至於台電公司的規定，依據 2008 年修訂之《電壓閃爍管制要點》：「電壓閃爍管制，以本公司各級匯流排每秒鐘變化十次之等效電壓最大值(ΔV_{10max})，不得超過 0.45%為原則。」所以，台電是採用相對嚴格之標準。

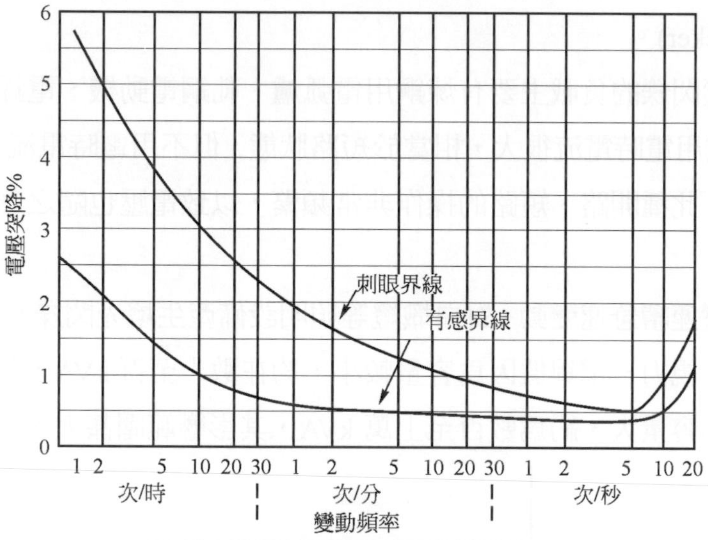

圖 3-24 電壓閃爍容許值曲線

3-9-2 電壓閃爍測定地點

從例題 3-6 得知，電壓閃爍與測定點密切相關。測定點在變壓器二次側(3.45 kV)時，電壓突降為 12%，若將測定點移至一次側(69 kV)時，電壓突降減為 0.88%。

電力公司為維護其供電品質，對使用遽變負載，如電弧爐、電銲機等用戶，其引起的電壓閃爍，是以不影響其他用戶為原則。所以，電壓閃爍的測定點，以最接近其他用戶處為之，也就是在責任分界點；如果是專線用戶，則其測定點可以移至台電變電所匯流排處，如圖 3-25 所示。

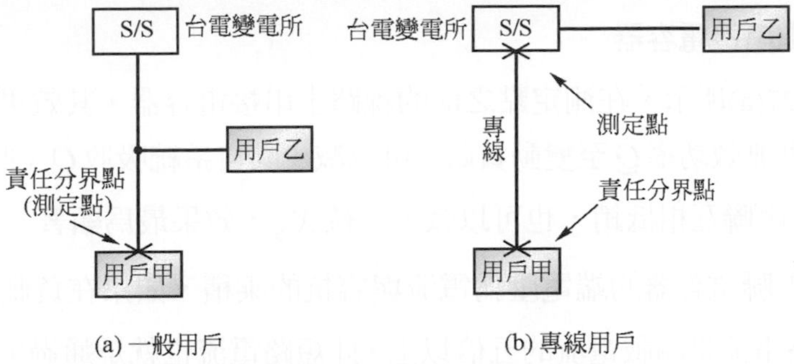

圖 3-25 電壓閃爍測定地點圖

3-9-3 電壓閃爍的改善

電壓閃爍容許的連續電壓突降，實際上就是計算負載啓動時，產生最低電壓時的電壓降。如何改善電壓閃爍的電壓突降，也就是改善設備啓動時的電壓降，我們可以從公式(3-13)來探討：

$$e_{pu} = \frac{X_S}{X_S + X_T + X_M} \tag{3-14}$$

電壓降 e_{pu} 與測定點之前的阻抗 X_S 成正比，與總阻抗成反比。理論上，欲改善電壓閃爍的電壓突降，可以想辦法減小測定點之前的阻抗 X_S，或增加測定點之後的阻抗。

實際上，改善電壓閃爍的方法有三種：加裝並聯調相機、在線路上串接電容器、加裝緩衝電抗器等。各種方法的原理及其特點分述如下：

1. **加裝並聯調相機**

   調相機就是過激磁的同步機，加裝並聯調相機的接線如圖 3-26(a)所示，其做法是由調相機供應負載的無效功率 Q，所以減少自系統吸收無效功率 Q。

   此外由等效電路圖 3-26(b)(c)，可知其效果還可減少系統的 X_S，因爲等效阻抗 $X_{th} = X_S // X_{SM}$，X_{th} 一定小於 X_S。此種方法使用旋轉的同步機，價格較貴，一般較少使用。

2. **在線路上串接電容器**

如圖 3-27(a)所示，在測定點之前的線路上串接電容器，其效果除了可以由電容器提供無效功率Q至變動負載，可以減少其自系統吸收Q；此外，因X_C與系統X_S串聯互相抵銷，也可以減少系統X_S，效果最爲顯著。

但是，串聯電容器的端電壓爲電流與容抗的乘積，如果在負載側發生短路故障，短路電流是滿載電流的五倍以上，此短路電流也就是通過串聯電容器的電流，所以電容器本身將產生五倍以上的異常電壓，爲了防止此種瞬時異常電壓，必須加裝避雷器及相關設備，以致價格高昂，因此實際上非常少用。

3. **在負載側串接緩衝電抗器或變壓器**

如圖 3-28(a)在測定點後和負載的前端，串接緩衝電抗器，其產生的效果是增大(3-14)式中的分母值，可以改善電壓閃爍。因爲串聯電抗器價格最低，同時電抗器是靜止設備不需經常維護，所以最爲常用。

實際上，在工廠使用電弧爐時，因爲電弧爐的二次電壓甚低，通常只有數十伏特至數百伏特，所以都要使用特殊的爐用變壓器降壓供電，爐用變壓器的規格如表 3-10 所示。爐用變壓器除了提供低電壓大電流，供熔解礦砂之外，因爲爐用變壓器的電抗可以抵抗電壓的變動，可以進一步減小電壓突降。在裝設爐用變壓器之後，如果電壓閃爍的電壓突降仍然超過規定，則可再串接電抗器加以改善。

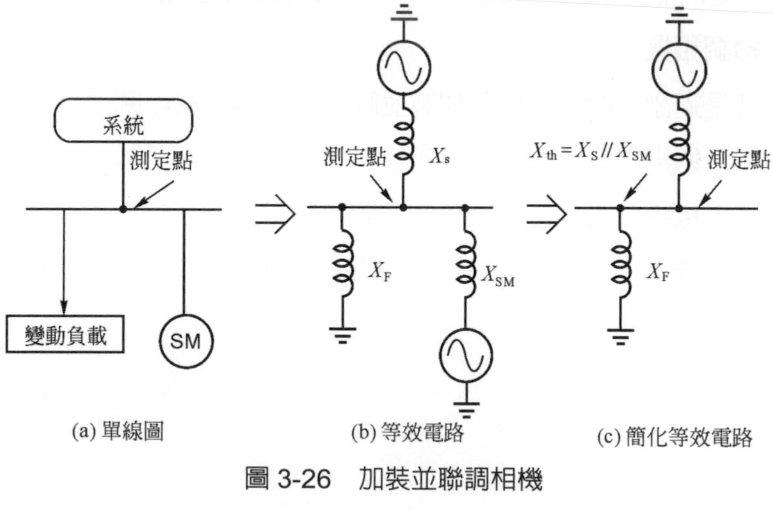

圖 3-26　加裝並聯調相機

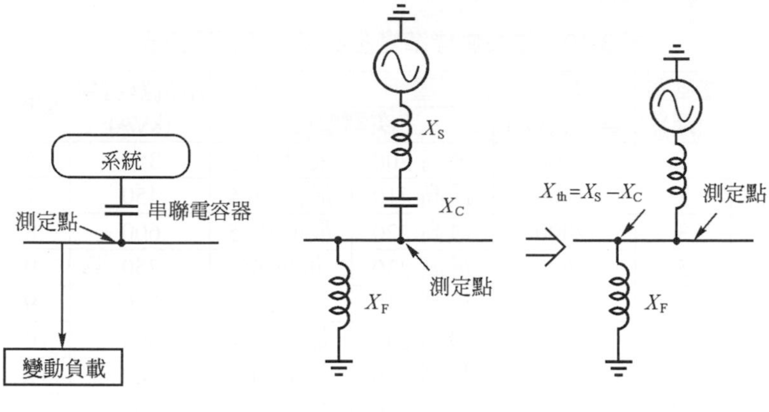

(a) 單線圖　(b) 等效電路　(c) 簡化等效電路

圖 3-27　在測定點前串接電容器

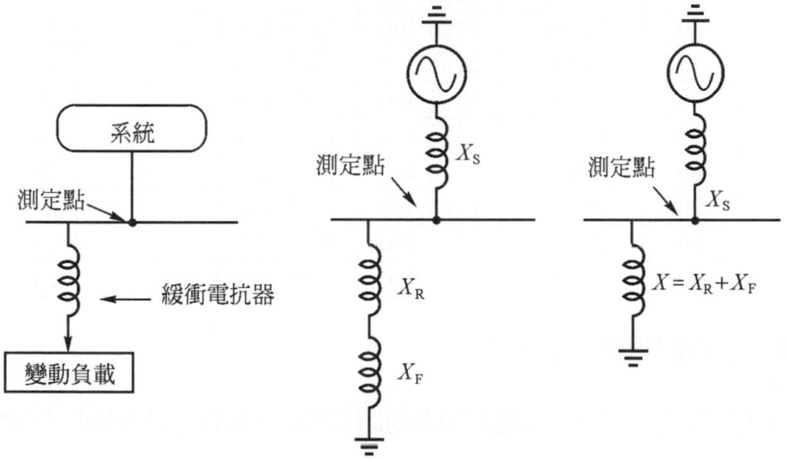

(a) 單線圖　(b) 等效電路　(c) 簡化等效電路

圖 3-28　在測定點後加裝緩衝電抗器

在本章的引言中提及鄰居在銲接鐵窗時，將造成我們家裡電燈的閃爍，我們可以建議他在總開關之後加裝 1:1 的變壓器，則銲接所造成的連續電壓突降，經變壓器緩衝後，所有共線鄰居的電壓閃爍，將可大爲改善。

表 3-10　電弧爐標準變壓器及電抗器容量表

爐容量 (噸)	變壓器 容量(kVA)	變壓器 二次電壓(V)		電抗器容量 (kVA)	電極
1	1000	最高 200	最低 80.3	350	6
2	1500	最高 210	最低 86.5	450	7
3	2000	最高 220	最低 92.5	600	8
5	3000	最高 230	最低 98	750	9
6	3000	最高 240	最低 98	750	9
8	4000	最高 240	最低 104	1000	10
10	5000	最高 250	最低 101	1000	12
12	6000	最高 260	最低 107	1000	12
15	8000	最高 280	最低 104	1000	14
20	10000	最高 300	最低 110	1000	16
25	10000	最高 300	最低 110	1000	16
30	12500	最高 300	最低 106	–	18
35	15000	最高 350	最低 110	–	18
40	15000	最高 350	最低 110	–	20
50	17500	最高 390	最低 134	–	20
60	20000	最高 410	最低 138	–	20
70	22500	最高 430	最低 158	–	20
80	25000	最高 460	最低 172	–	20
100	30000	最高 500	最低 196	–	24

3-9-4　電壓閃爍的計算

計算電壓閃爍的方法，與電動機啓動時電壓突降的方法相同。因為使用變壓器，所以全系統會有兩種以上電壓，以標么計算較為方便。計算所得的電壓突降百分率，如果超過現行標準 0.45%，則應考慮改善，再檢討改善後的電壓突降百分率是否符合標準。茲以例題 3-7 說明之：

例題 3-7

有一 30 噸煉鋼電弧爐，其主變壓器容量 15 MVA，電壓比 69/11.4 kV，阻抗 7.0%；爐用變壓器容量 12.5 MVA，電壓比 11.4 kV/300 V，阻抗 6.0%，電弧爐及其引線的總阻抗為 45%(以爐用變壓器額定值為基準)。該煉鋼廠以 69 kV，477 MCM 全鋁線的專用線路供電，線路阻抗 0.131 ＋ j0.405 Ω/km，線路長 1000 公尺，電源側匯流排短路容量 1250 MVA，試求電弧爐運轉時引起的閃爍電壓降百分率為若干？若超過標準 0.45%，應加裝串聯電抗器的容量為多少？

解 (a)單線圖及等效電路圖

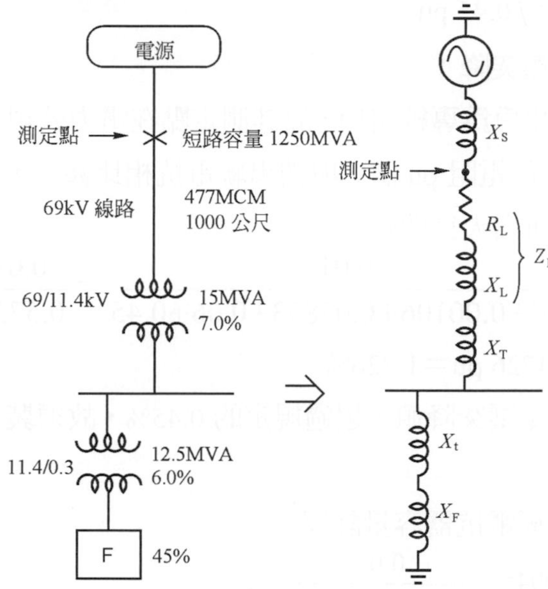

圖 3-29

(b)首先選定基準容量及基準電壓

$S_b = 12.5$ MVA，$V_{b1} = 69$ kV，

$V_{b2} = 11.4$ kV，$V_{b3} = 0.3$ kV

①電源阻抗

$$Z_s = j\frac{12.5}{1250} = j0.01 \text{ pu}$$

②線路阻抗

$$Z_L(\Omega) = 0.131 + j0.405\,\Omega$$

$$Z_{b1} = \frac{69^2}{12.5} = 380.88\,\Omega$$

$$Z_L = \frac{Z_L(\Omega)}{Z_{b1}} = 0.000344 + j0.00106 \text{ pu}$$

③主變壓器阻抗

$$Z_T = j0.07 \times \frac{12.5}{15} = j0.05833 \text{ pu}$$

④爐用變壓器阻抗

$Z_t = j\,0.06$ pu

⑤電弧爐及引線阻抗

$Z_F = j\,0.45$ pu

(c)計算電壓突降：

因爲此用戶爲專線用戶，故其測定點在電力公司匯流排處。同時 69 kV 線路的電阻 pu 值，與總串聯電抗相比甚小，可以省略，計算時全爲電抗則大爲簡化。

$$e = \frac{0.01}{0.01+0.00106+0.05833+0.06+0.45} = \frac{0.01}{0.5739}$$

$$= 0.01726\text{ pu} = 1.726\%$$

(d)此閃爍電壓突降值，超過規定的 0.45%，故須裝設串聯緩衝電抗器改善之。

串聯緩衝電抗器容量計算

$$e = 0.0045 = \frac{0.01}{0.5739 + X_R}$$

$$\therefore X_R = 1.6482\text{ pu}$$

電抗器裝在 11.4 kV 側與爐用變壓器串聯，其電抗實際值爲

$$X_R = 1.6482 \times \frac{11.4^2}{12.5} = 17.14\,\Omega/\text{相}$$

電抗器容量

$$Q = 3I_{fl}^2 X_R = 3\left(\frac{12.5\times1000}{\sqrt{3}\times11.4}\right)^2 \times 17.14$$

$$= 20.6\text{ MVAR}$$

Chapter 4
短路電流計算

電力工程師的「必須」

學生在做實驗時，經常因為疏忽而接線錯誤，在送電測試時發生短路事故，此時我常問學生，短路電流大概有多少安培呢？大部份的學生都答不出來。
雖然現代的電力系統已經相當進步，但是因為人為疏忽、天災或其他原因，故障(短路)的發生仍然無法避免，短路發生時產生高達數萬安培以上的電流，如果無法得知其數值，將無法選擇適當的保護設備。

因為電力系統的所有故障，最終都會以短路的形式顯現出來，所以每一位電力工程師都「必須(MUST)」知道如何計算短路電流，以保障人員及機器的安全。

工業配電系統會發生三相短路、單相接地、兩相短路等各種故障，但只需考慮三相短路故障即可。因為三相短路容量(破壞力)最大，如果配電系統的所有元件都能承受三相短路容量，則配電系統就安全了。而三相短路故障，是對稱(平衡)故障，對稱故障電流只要用單相模式就可算出，十分簡單。

雖然三相短路是對稱故障，但是在短路故障發生的瞬時，因為三相電壓時相有所不同，會產生不同大小的直流電流成份，使得故障電流變為非對稱值。非對稱電流 I_{asy} 計算不易，實用上是以查表方式求 K 值，然後以 I_{sy} 乘上 K 值而得之。

4-1 緒言

現代工業配電系統，已經相當進步，但是因爲機器或線路不良、雷擊、人爲疏忽或其他原因，短路故障的發生仍然無法避免，即使未來科技更進步，故障仍然無法完全避免。

故障發生時，將產生很大的短路電流，保護設備必需迅速而安全地動作，將故障的機器或線路隔離，阻止短路電流繼續流通，使電力系統的損失減至最低，停電範圍減至最小。

計算短路電流的主要目的有三：

1. **斷路裝置的「啓斷電流」**

   故障發生時，要用斷路裝置(斷路器或熔絲)來啓斷短路電流，此時會產生電弧，斷路裝置必須有足夠的消弧能力，來啓斷短路電流，此種能力稱爲「啓斷容量」或「啓斷電流」。

如果斷路裝置的啓斷容量不足，無法完全啓斷電弧，斷路裝置將發生爆炸，自身難保遑論保護其他設備。設計時，應先計算各匯流排短路故障電流的大小，以選擇足夠啓斷容量的斷路裝置。

2. **所有設備的「瞬時電流」**

配電系統的開關設備，如導線、匯流排、分段開關、變壓器等，雖然不必啓斷短路電流，但從故障發生起到啓斷前，短路故障的「瞬時電流」已經流過設備，瞬時電流比啓斷電流大很多，開關設備必須能承受瞬時電流產生的熱效應和機械應力，也就是設備的「瞬時容量」或短路強度。

以配電系統爲例：分段開關，額定電壓 14.4 kV、額定電流 600 A，其瞬時電流容量應超過 40,000 A(1 秒)；配電變壓器，瞬時電流應超過額定電流的 25 倍，歷時 2 秒；38 mm^2 的電纜，安全電流爲 100 A，但應能承受短路電流 10,000 A，歷時 0.15 秒。

3. **保護電驛「啓動電流」的設定**

故障發生時，保護電驛必須正確及迅速的動作，以啓動斷路裝置，將故障的設備或線路隔離，使停電範圍儘可能減少。工程師必須事先知道短路電流的大小，才可以妥適設定保護電驛的「啓動電流」，以確保正確及迅速的動作。

4-2 短路故障種類

工業配電系統的短路故障，有三相短路、兩相短路、兩相短路接地以及單線接地故障，如圖 4-1 所示。

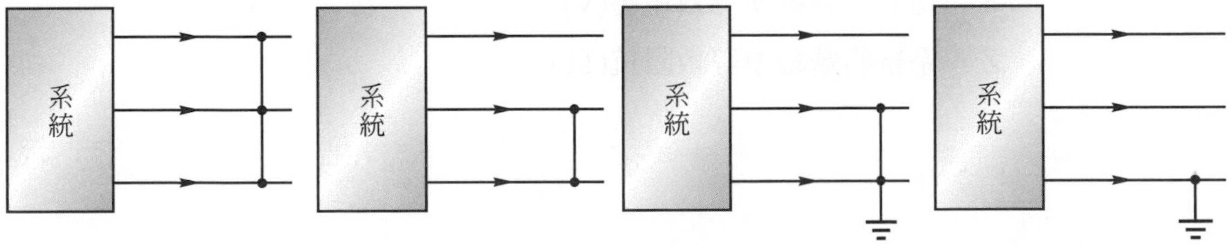

(a) 三相短路故障　(b) 兩相短路故障　(c) 兩相短路接地故障　(d) 單線接地故障

圖 4-1　短路故障種類

4-2-1 非對稱短路故障

電力系統發生兩相短路、兩相短路接地及單線接地故障時，如圖 4-1(b)、圖(c)、圖(d)所示，三相中各相電流不再平衡，要計算其故障電流不能使用單相模式，一般均採用對稱成份法(symmetrical component)，將非對稱故障以正相序、負相序及零相序網路的方式予以分析。使用對稱成份法，分析非對稱故障的過程十分繁瑣，在工業配電系統分析時，我們可以避免這種麻煩嗎？

首先，檢討兩相短路及兩相短路接地故障，因爲這兩種故障發生機率很低，同時在工業配電系統中，其故障容量較三相短路容量爲小，所以只要考慮三相短路容量就可以了。

至於，單相接地故障約佔故障的 85%，發生機率很大。同時如果系統靠近電源，單相接地故障電流有可能超過三相對稱短路電流，問題就嚴重了。幸好，工業配電系統距離發電機電源較遠，而且只要電源系統經由適當的阻抗接地，則單相接地故障電流將不會超過三相短路電流。

4-2-2 對稱短路故障

三相短路故障發生時，如圖 4-2(a)，三相電壓與電流仍維持對稱 $I_a = I_b = I_c$；故障電流可用單相模式計算，如圖 4-2(b)。

此時故障電流，可用歐姆定律求得

$$I_f = I_a = I_b = I_c = \frac{E}{Z} \tag{4-1}$$

式中 I_f ：故障電流(A)

E ：電源的戴維寧等效電壓(V)

Z ：系統的戴維寧等效阻抗(Ω)

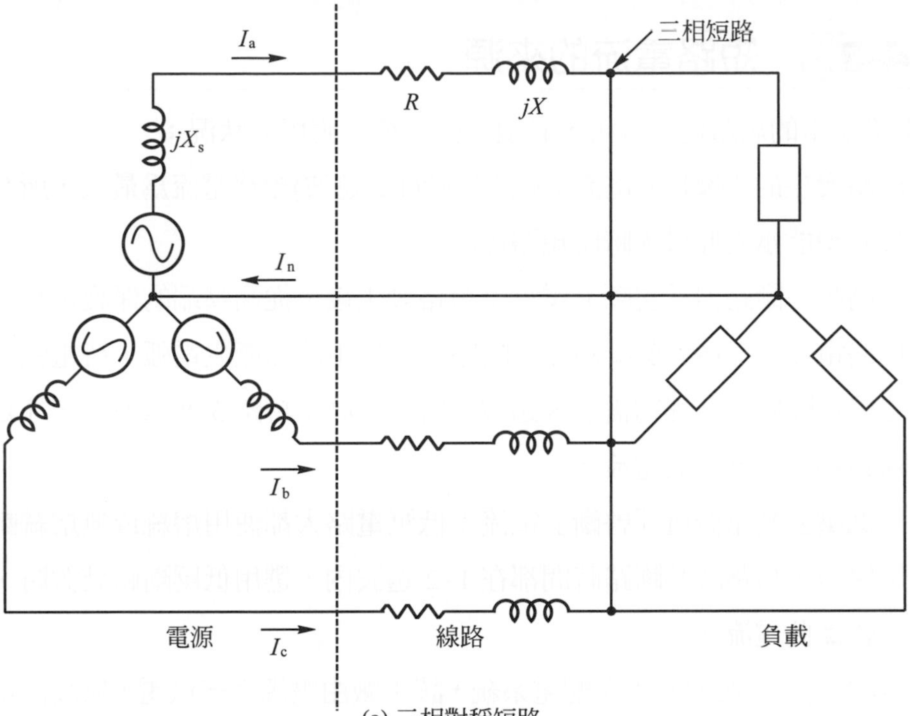

(a) 三相對稱短路

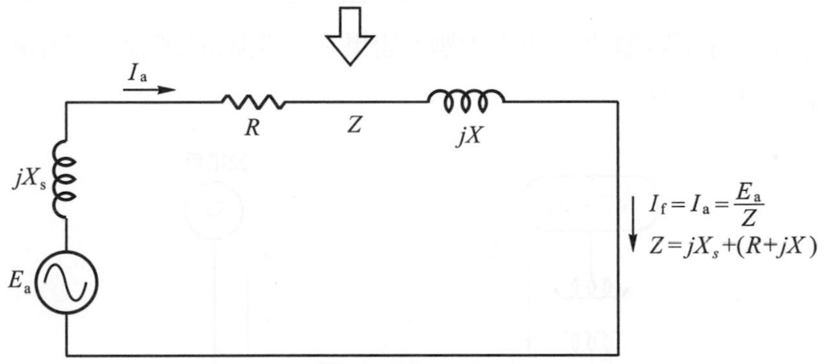

(b) 單相等效電路

圖 4-2　三相對稱短路電流的計算

根據上述分析，在工業配電系統中，三相短路故障的電流爲各種故障中最大者，所以三相故障電流也是設計、製造電機的參考標準。本章的短路電流計算，就是以三相對稱短路電流爲對象，並以單相模式爲分析的基礎。

4-3 短路電流的來源

工業配電的短路電流分析，必須考慮三種「應用」狀況：

1. 短路發生的「瞬時」電流：短路瞬時(1/2 週波)短路電流為最大，所有電機都必須能承受此最大瞬時短路電流。
2. 「高壓」斷路器「啓斷」電流：短路發生後，從高壓端的保護電驛偵測到短路電流，然後啓動斷路器，斷路器切斷電路而產生電弧，待電弧冷卻後才眞正斷路，全程約需 5~8 週波。所以，發生短路 5~8 週波後，才是高壓斷路器必須啓斷的電流。
3. 「低壓」斷路裝置「啓斷」電流：低壓電路大都使用熔絲或無熔絲斷路器做保護，短路時其斷路時間都在 1~2 週波內，選用低壓斷路裝置時，必須能啓斷此電流。

圖 4-3 是一個典型的工業配電系統，該工廠由電源系統供電，另設汽電共生同步發電機並聯供電，負載有同步電動機、感應電動機及照明等設備，同時在二次匯流排裝有電容器改善功率因數。如果在二次匯流排發生三相短路故障時，短路電流自何而來？

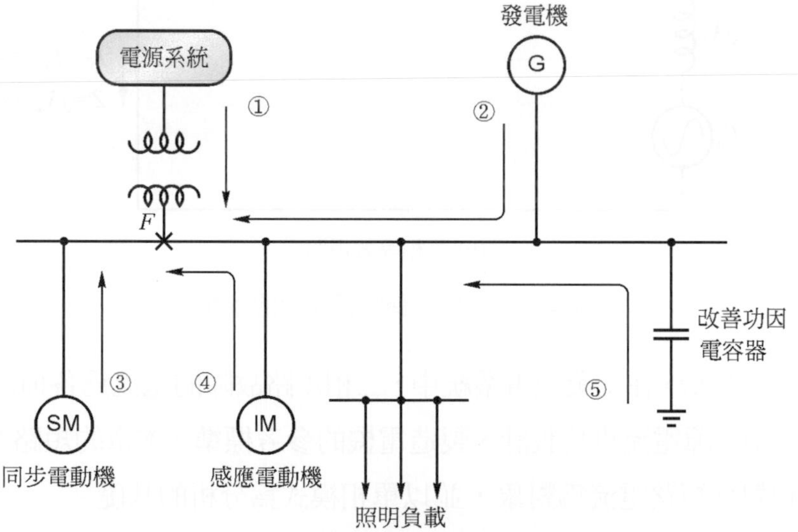

圖 4-3　典型配電系統短路時電流流向

短路故障時，主要是由電源系統及同步發電機供應短路電流；實際上工廠中的同步電動機、感應電動機等旋轉電機，在短路瞬時都會反饋短路電流，分述如下：

4-3-1　同步發電機供應的短路電流

現代大型發電都採用交流同步發電機，其定部是空間相距120°的三相繞組，轉部是直流激磁的磁極；發電時用汽輪機、柴油機或水輪機為原動力，帶動轉部到達同步速率，轉部磁場依序切割定部相距120°的 a、b、c 三相繞組，產生時相相差120°的三相電壓。

如果發電機引出的三相端子發生短路時，直流激磁仍維持定值，其供應的短路電流，如圖 4-4 所示。圖中 oc 為短路瞬時電流的尖峰值，稱為次暫態電流；oa 是持續短路電流的尖峰值，是穩態電流；將電流波形的包絡線(envelope)，由 oa 向時間零軸延伸的交點 ob，為暫態電流的尖峰值。

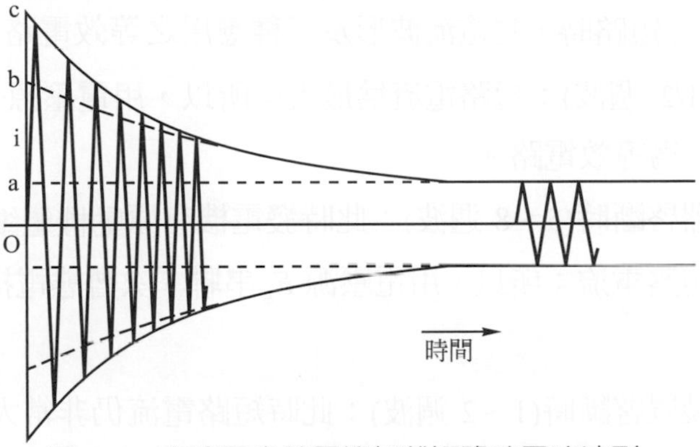

圖 4-4　交流同步發電機無載短路時電流波形

因為發電機的[電抗(X)/電阻(R)]比值大於 10，所以發電機的阻抗通常只以電抗(X)代表之，其定義如下：

$$I=\frac{oa}{\sqrt{2}}=\frac{E_g}{X_d}$$

$$I'=\frac{ob}{\sqrt{2}}=\frac{E_g}{X_d'}$$

$$I''=\frac{oc}{\sqrt{2}}=\frac{E_g}{X_d''} \qquad (4\text{-}2)$$

式中 I ＝穩態電流的有效值

I' ＝暫態電流的有效值

I'' ＝次暫態電流的有效值

X_d ＝同步電抗

(在短路發生後約數秒之後，典型值爲 1.5 pu)

X'_d ＝暫態電抗

(在短路發生後約 1/2 秒內，典型值約爲 0.3 pu)

X''_d ＝次暫態電抗

(在短路發生後數週波內，典型值約爲 0.2 pu)

E_g ＝發電機無載電壓的有效值

因爲 E_g=1.0 pu， $X''_d < X'_d < X_d$ 。所以， $I'' > I' > I$ 。

同步發電機在交流端，發生短路時，直流激磁仍能維持定值，轉部又有原動機繼續轉動，可以源源不絕的供應短路電流。

同步發電機在短路時，其電流波形及三種應用之等效電路，如圖 4-5 所示：

1. 短路瞬時(1/2 週波)：短路電流爲最大；所以，用電壓源 E_g 串聯「次暫態電抗 X''_d」 爲等效電路。
2. 高壓斷路器啓斷時(5～8 週波)：此時發電機有原動機繼續轉動，仍能供應相當大的短路電流；所以，用電壓源 E_g 串聯「次暫態電抗 X''_d」爲等效電路。
3. 低壓斷路裝置啓斷時(1～2 週波)：此時短路電流仍非常大；所以，用電壓源 E_g 串聯「次暫態電抗 X''_d」 爲等效電路。

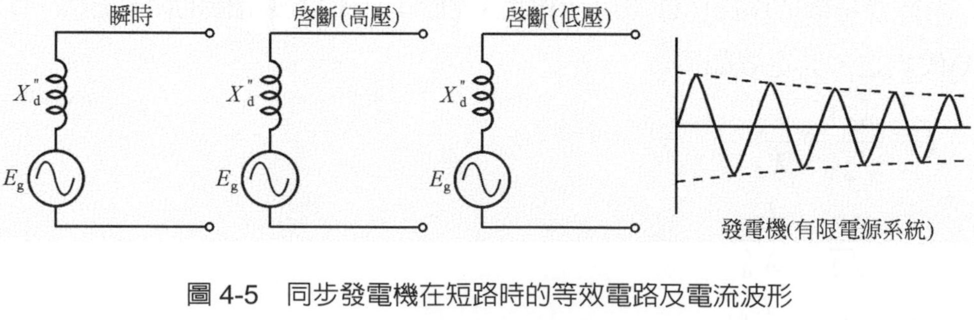

圖 4-5　同步發電機在短路時的等效電路及電流波形

4-3-2　電源系統供應的短路電流

電源系統是由很多發電機經由變壓器及線路連接而成的網路系統，工業配電用戶自電源系統引出，在責任分界點受電，若欲求故障時電力系統供應的短路電流，則可在故障點求電源系統的戴維寧等效電路，因爲發電機數目眾多，所以等效阻抗值很小，若發電機數目增至無限多，則等效阻抗趨近於零，稱爲無限母線(infinite bus)，如圖 4-6 所示。

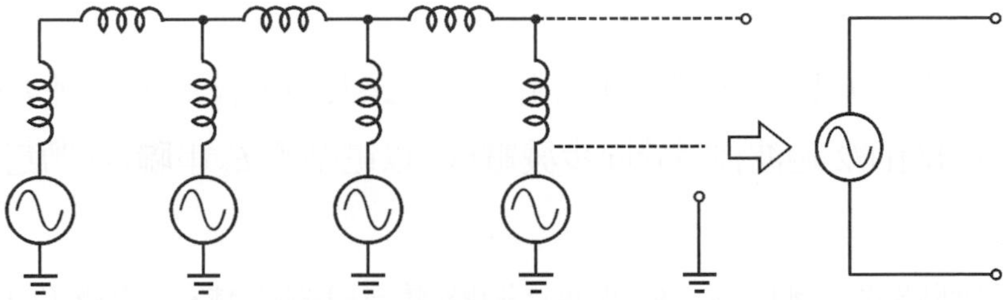

圖 4-6　無限母線等效電路

無限母線是理想的無內阻電壓源，如果在其兩端短路，則電流爲無限大，但若短路點有某一定值的短路阻抗，因爲電壓源無內阻，短路電流並不會造成電源的端電壓下降，所以其電流保持一定值，其等效電路都是無內組的電壓源，其電流波形如圖 4-7 所示，永遠維持定值。

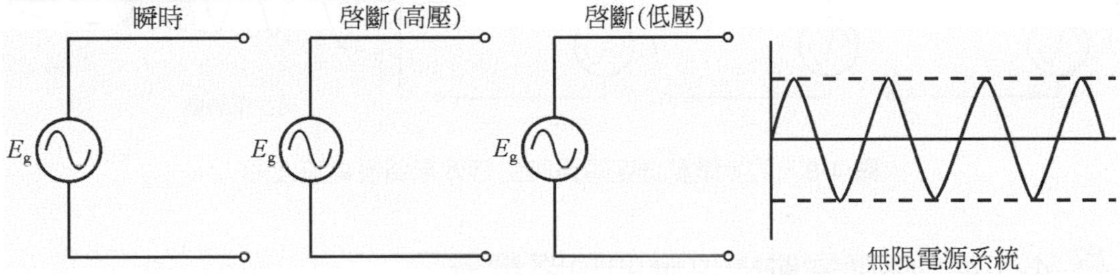

圖 4-7　無限母線在短路時的等效電路及電流波形

但若電源系統並非無限母線，則可用其戴維寧等效阻抗與電壓源串聯代表之。其電流波形與同步發電機類似，如圖 4-5 所示，但衰減幅度較小且甚慢，最後仍然可以維持穩態電流的幅度。

4-3-3 同步電動機供應的短路電流

同步電動機在短路發生瞬時，外加電源電壓急速下降，無法供應電能至同步電動機，但轉部及其機械負載因轉動慣量，仍然繼續轉動，外加直流激磁短時間仍能維持定值，此時，同步電動機成爲定部三相繞組，轉部直流激磁靠慣性轉動，而轉變爲發電機作用，感應出電壓並供應短路電流。但是，短路電流隨著轉動慣量逐漸耗去而減低，最後在轉動慣量耗完不動時，其所能供應的短路電流變爲零。

同步電動機在短路時，其三種應用等效電路及電流波形，如圖 4-8 所示。

(a)短路瞬時(1/2 週波)：等於同步發電機，以電壓源 E_g 串聯「次暫態電抗 X''_d」爲等效電路。

(b)高壓斷路器啓斷時(5～8 週波)：短路電流已經略減，以電壓源 E_g 串聯「暫態電抗 X'_d」爲等效電路。

(c)低壓斷路裝置啟斷時(1～2 週)：相當於短路瞬時，以電壓源 E_g 串聯「次暫態電抗 X''_d」爲等效電路。

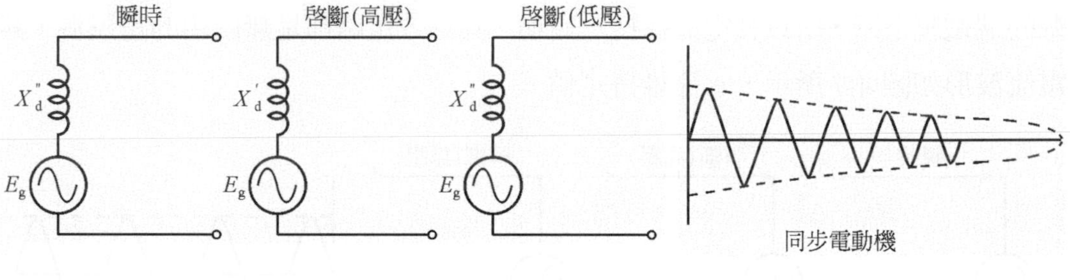

圖 4-8 同步電動機在短路時的等效電路及電流波形

4-3-4 感應電動機供應的短路電流

系統發生短路時，感應電動機的外加電壓急速下降，無法供應電能給感應電動機，但感應機的轉部及機械負載仍具有轉動慣量，使轉部繼續轉動。轉部磁通原由感應而生，尚不致瞬時消失，所以定部仍能感應電壓供應短路電流，但因感應電動機感應磁通消失迅速，所以定部感應電勢及供應的短路電流，也在 3 週波後幾乎變零。

感應電動機在短路時，其三種應用之等效電路及電流波形，如圖 4-9 所示。

1. 短路瞬時(1/2 週波)：等於同步發電機，以電壓源 E_g 串聯「次暫態電抗 X''_d」爲等效電路。
2. 高壓啓斷時(5～8 週波)：短路電流幾乎降爲零，以電壓源 E_g 串接「開路」爲等效電路。
3. 低壓系統啓斷時(1～2 週)；相當於短路瞬時，以電壓源 E_g 串聯「次暫態電抗 X''_d」爲等效電路。

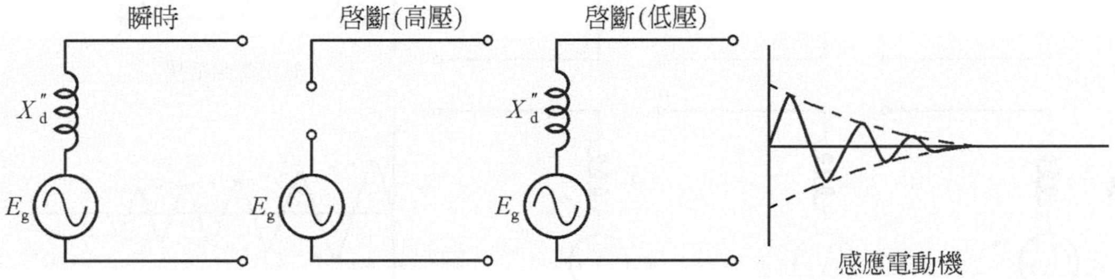

圖 4-9　感應電動機在短路時的等效電路及電流波形

4-3-5　電容器供應的短路電流

工業配電系統發生短路故障時，改善功因所裝的電容器，其所儲存的電能會供應短路電流，但因其容量不大，儲存的電能有限，並於「半週波」放電完畢，所以在計算短路電流時，通常不計算電容器者。

4-3-6　合成總短路電流波形

短路故障發生時，所有旋轉電機：如電源系統、同步發電機、同步電動機及感應電動機等，都會供應短路電流如前所述，其合成的總短路電流波形如圖 4-10 所示。

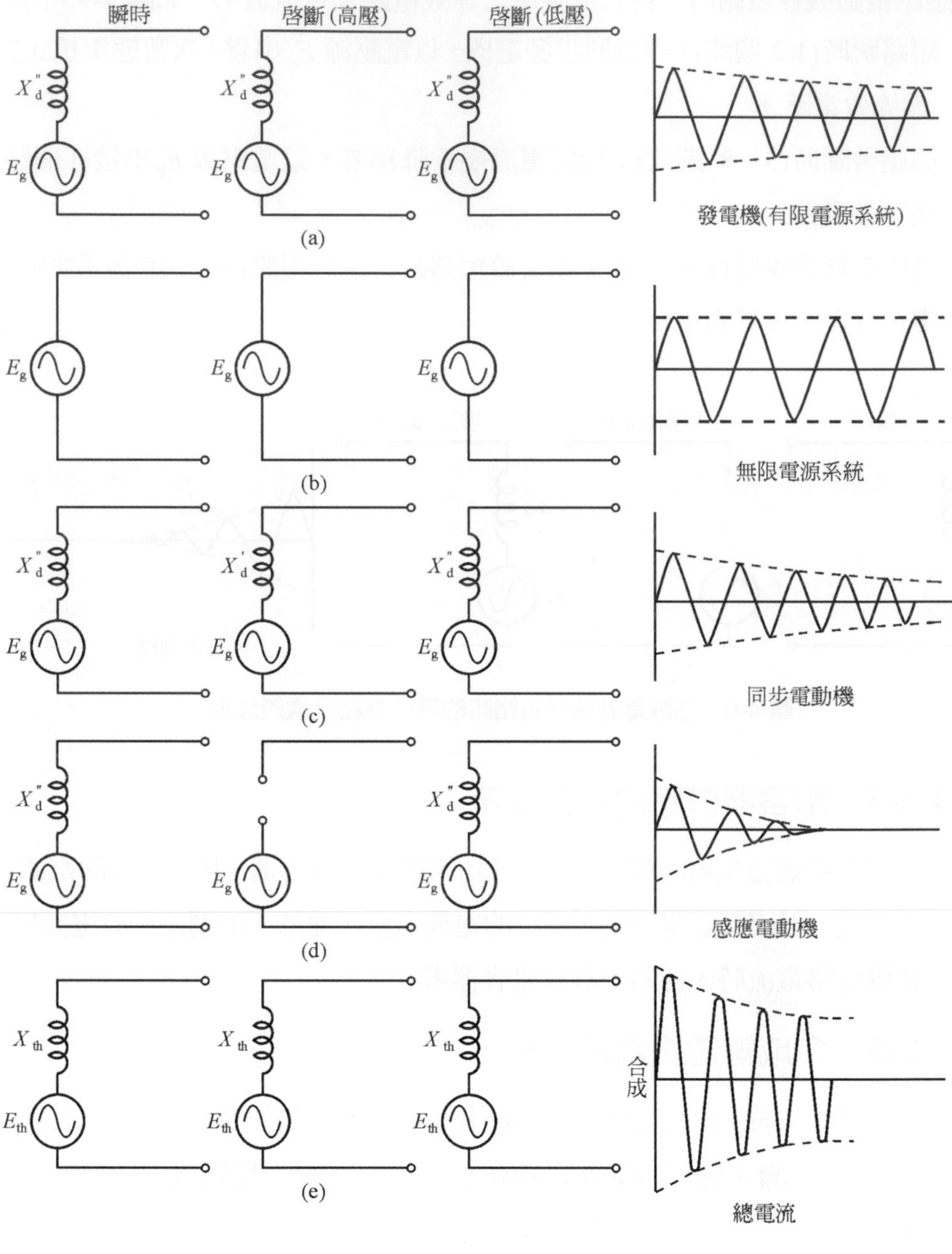

圖 4-10　短路時各旋轉機的等效電路及電流波形

4-4 三相對稱故障的非對稱短路電流

圖 4-3 的範例配電系統，在 F 點發生三相短路時，可將發電機、電動機、變壓器等，以單相模式等效電路表示如圖 4-11(b)，然後針對 F 點，求其戴維寧等效電路，如圖 4-11(c)。

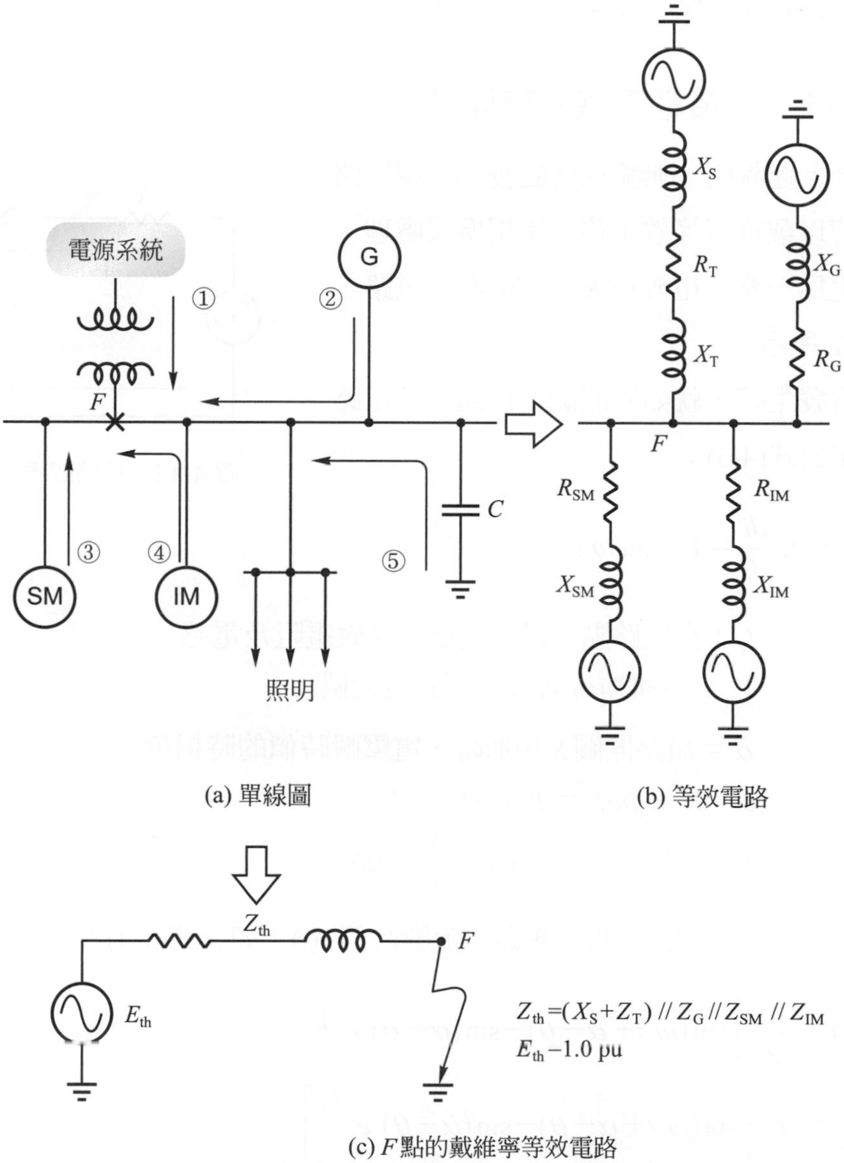

圖 4-11　範例配電系統短路時的單相模式等效電路

短路故障的等效電路，由等效電壓源 E_{th} 與等效阻抗 Z_{th} 串聯而成。故障前的電壓 E_{th} ，可以假設為 1.0 pu。因為負載電流比短路電流小甚多，負載電流在故障前造成的電壓降可以忽略，所以故障前的電壓永遠為 1.0 pu。至於等效阻抗 Z_{th} ，如圖 4-11(c)所示，以串並聯合成之。

省略負載電流，使故障前的電壓 E_{th} 為 1.0 pu，在計算短路電流時，誤差有限，但對於計算過程省時甚多，相當重要。

4-4-1 短路電流微分方程式

綜合上述說明，無論在何處發生三相短路故障，若以戴維寧等效電路及單相模式處理，均可簡化為一交流電源與 R 、L 串聯的電路，如圖 4-12 所示。

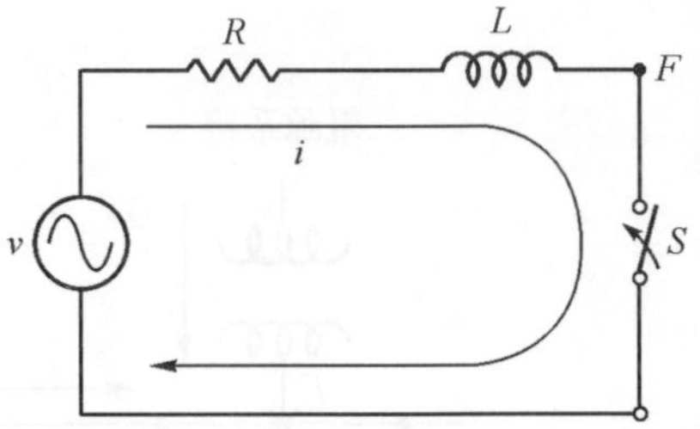

圖 4-12 短路故障等效電路

短路發生時，就如同開關 S 接通，其電路方程式如公式(4-3)：

$$Ri + L\frac{di}{dt} = V_m \sin(\omega t + \alpha) \tag{4-3}$$

式中 R，L ：自短路點求得的戴維寧等效電阻及電感

V_m ＝戴維寧等效電壓源的最大值

α ＝短路開關 S 接通時，電壓瞬時值的時相角

$Z = R + j\omega L = R + jX = Z\ \angle\theta$

θ ＝短路阻抗角＝$\tan^{-1}\dfrac{X}{R} \doteqdot 90^o$

解(4-3)微分方程式，得到短路電流瞬時值 $i(t)$，如公式(4-4)：

$$i(t) = \frac{V_m}{Z}\left[\sin(\omega t + \alpha - \theta) - \sin(\alpha - \theta)\, e^{-\frac{R}{L}t}\right]$$

$$= I_m\left[\sin(\omega t + \alpha - \theta) - \sin(\alpha - \theta)\, e^{-\frac{R}{L}t}\right] \tag{4-4}$$

其中 $I_m = \dfrac{V_m}{Z}$ 是穩態短路電流的峰值。

由(4-4)式得知短路電流 $i(t)$ ，可以分為兩部份：

- 穩態的交流成份，即 $I_m \sin(\omega t + \alpha - \theta)$。
- 暫態的直流成份，即 $I_m \sin(\alpha - \theta) e^{-\frac{R}{L}t}$ 。

4-4-2　電壓時相角的影響

短路總電流，在電壓時相角 $\alpha = 45^\circ$ 時，如圖 4-13 所示。

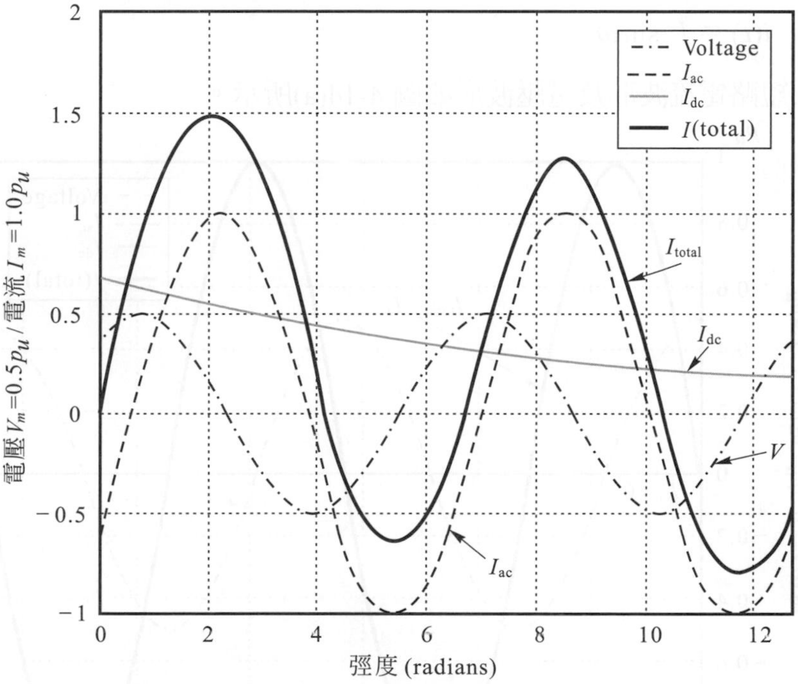

圖 4-13　短路電流 i 與電壓 α 角之關係($\alpha = 45^\circ$，$X/R = 10$)

短路電流 $i(t)$的瞬時值，受到下列三個因素影響：

- 短路開關 S 接通瞬時，電壓的時相角 α 。
- 短路等效阻抗 X/R 的比值。
- 短路發生起算的時間 t 。

茲分析如下：

1. 短路開關 S 接通瞬時，$t = 0^+$ 時：

   $i(0^+) = I_m[\sin(\alpha - \theta) - \sin(\alpha - \theta)] = 0$

   此結果，與假設負載電流為零的情形相符合。

2. 短路開關 S 接通瞬時，電壓時相角 α (在 0º～360º 之間變動)對瞬時電流影響甚大。

(1) 短路開關 S 接通瞬時，若$(\alpha - \theta)=0º$(或 180º)時：

因爲 $X/R=10$，$\theta=84º$。若 $\alpha=84º$，則 $\alpha-\theta=0º$。

直流成份中 $\sin(\alpha-\theta)$爲零，

只剩交流弦波成份 $I_m \sin\omega t$，其有效值爲 I。

$$i(t)=I_m \sin\omega t \tag{4-5}$$

短路電流波形及電壓波形如圖 4-14(a)所示。

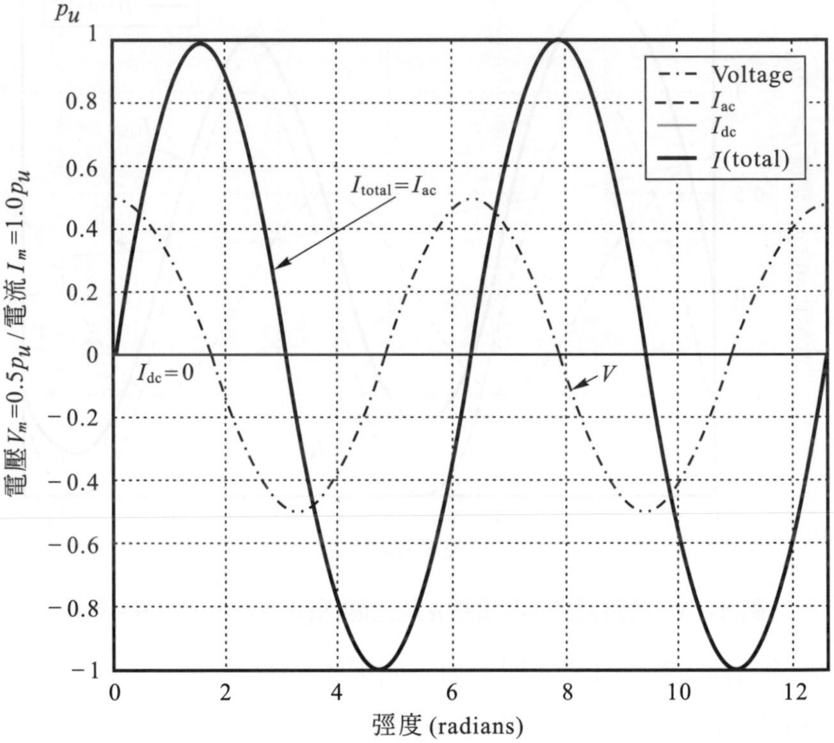

圖 4-14(a)　短路電流 i 與電壓 α 角之關係($\alpha-\theta=0º$，$X/R=10$)

(2) 短路開關 S 接通瞬時，若 $\alpha-\theta=-90º$(或$+90º$)時：

若 $\alpha-\theta=-90º$，公式(4-4)成爲

$$i(t)=I_m[\sin(\omega t-90º)-\sin(-90º)e^{-\frac{R}{L}t}]$$

$$=-I_m \cos\omega t+I_m e^{-\frac{R}{L}t} \tag{4-6}$$

若$\alpha-\theta=-90^{\circ}$，且電阻 R 為零，則直流成份為最大，其電壓及電流波形如圖 4-14(b)所示。

合成電流 i 的有效值，由下列兩部份組成：

- 交流成份$-I_m\cos\omega t$，其有效值為I。
- 直流成份I_m，其有效值為$\sqrt{2}I$。

合成電流 i 的最大有效值為

$$I_T=\sqrt{I^2+\left(\sqrt{2}I\right)^2}=\sqrt{3}I \tag{4-7}$$

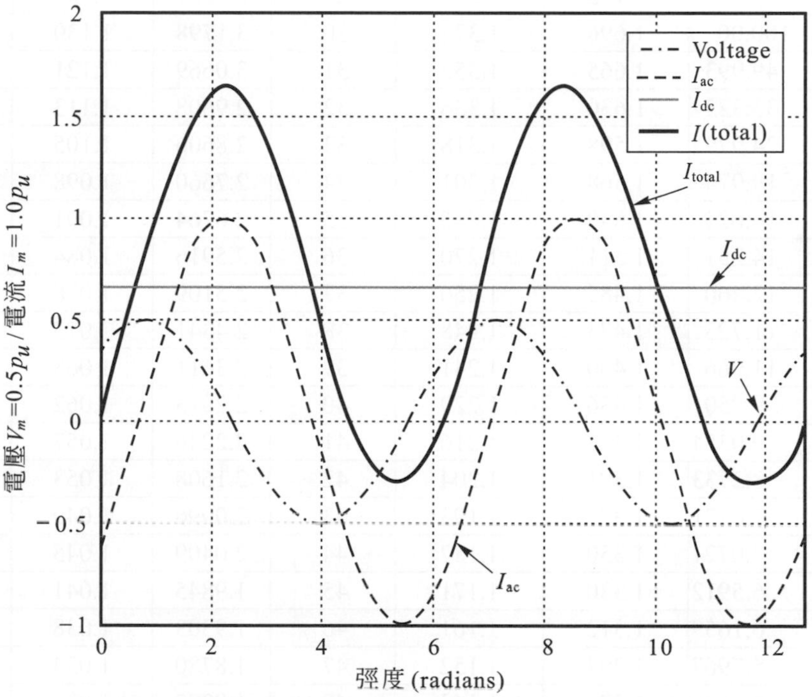

圖 4-14(b)　短路電流 i 與電壓 α 角之關係($\alpha-\theta=-90^{\circ}$，$X/R=10$)

4-4-3　短路總電流的有效值

短路開關 S 接通時，$\alpha-\theta$ 如果介於 $0^{\circ}\sim90^{\circ}$ 之間，則短路電流的有效值也介於 I 至 $\sqrt{3}I$ 之間。

短路發生時，因電壓時相角 α 的不同，造成短路電流中直流成份值的變化，使短路電流可能變成不對稱，用非對稱電流 I_{asy} 表示，並以 K 為不對稱係數，則

$$I_{asy} = K\, I_{sy} \tag{4-8}$$

其中 I_{sy} 爲對稱成份電流有效值，其瞬時值爲 $I_m \sin\omega t$

在計算三相對稱短路電流時，通常先計算對稱電流 I_{sy}，然後再依短路阻抗 X/R 的比值，以及短路發生後的時間 t，查表選擇適當的 K 值，再以(4-8)式，求得非對稱電流 I_{asy}。

表 4-1　第一週波 *K* 值與 *X*/*R* 關係

短路回路功因(%)	短路回路(*X*/*R*)	非對稱係數 *K*		短路回路功因(%)	短路回路(*X*/*R*)	非對稱係數 *K*	
		單相最大非對稱有效值	三相平均非對稱有效值			單相最大非對稱有效值	三相平均非對稱有效值
0	∞	1.732	1.394	29	3.3001	1.139	1.070
1	100.00	1.696	1.374	30	3.1798	1.130	1.066
2	49.993	1.665	1.355	31	3.0669	1.121	1.062
3	33.322	1.630	1.336	32	2.9608	1.113	1.057
4	24.979	1.598	1.318	33	2.8606	1.105	1.053
5	19.974	1.568	1.301	34	2.7660	1.098	1.049
6	16.623	1.540	1.285	35	2.6764	1.091	1.046
7	14.251	1.511	1.270	36	2.5916	1.084	1.043
8	12.460	1.485	1.256	37	2.5109	1.078	1.039
8.5	11.723	1.473	1.248	38	2.4341	1.073	1.036
9	11.066	1.460	1.241	39	2.3611	1.068	1.033
10	9.9501	1.436	1.229	40	2.2913	1.062	1.031
11	9.0354	1.413	1.216	41	2.2246	1.057	1.028
12	8.2733	1.391	1.204	42	2.1608	1.053	1.026
13	7.6271	1.372	1.193	43	2.0996	1.049	1.024
14	7.0721	1.350	1.182	44	2.0409	1.045	1.022
15	6.5912	1.330	1.171	45	1.9845	1.041	1.020
16	6.1659	1.312	1.161	46	1.9303	1.038	1.019
17	5.7967	1.294	1.152	47	1.8780	1.034	1.017
18	5.4649	1.277	1.143	48	1.8277	1.031	1.016
19	5.1672	1.262	1.135	49	1.7791	1.029	1.014
20	4.8990	1.247	1.127	50	1.7321	1.026	1.013
21	4.6557	1.232	1.119	55	1.5185	1.015	1.008
22	4.4341	1.218	1.112	60	1.3333	1.009	1.004
23	4.2313	1.205	1.105	65	1.1691	1.004	1.002
24	4.0450	1.192	1.099	70	1.0202	1.002	1.001
25	3.8730	1.181	1.093	75	0.8819	1.008	1.00004
26	3.7138	1.170	1.087	80	0.7500	1.002	1.00005
27	3.5661	1.159	1.081	85	0.6128	1.004	1.00002
28	3.4286	1.149	1.075	100	0.0000	1.000	1.00000

錄自 NEMA BI-1974

4-5 非對稱係數 K

配電系統發生三相對稱短路時，短路電流有兩種成份：其一為直流成份，因為電壓時相角 α 的不同而產生；另一為交流穩態對稱電流；其合成電流變成非對稱電流。

因為工業配電系統之短路 X/R 比值小於 20，所以直流成份在歷時 0.1 秒(6 週波)後衰減至接近零，最終的短路穩態電流只有對稱電流。

4-5-1　第一週波 K 值與 X/R 比值的關係

因為短路發生瞬時，電壓時相角 α 無法確定，為安全起見，在計算非對稱短路電流時，都以最壞的狀況(即 $\alpha-\theta=-90^{o}$)來考慮，此時直流暫態成份為最大。計算瞬時電流時是考慮第一週波的有效值，此時非對稱係數 K 與 X/R 比值有密切關係，如表 4-1 所示。

在表 4-1 中，X/R 比值為無限大(短路電流功因為零)時，單相最大非對稱係數 $K_{max}=1.732$，已於(4-7)式說明之。X/R 比值為零(短路電流功因為 100%)時，非對稱係數 K 為最小，$K_{min}=1.0$。

4-5-2　三相短路的非對稱係數平均值 K(※研究參考)

在表 4-1 中，三相最大非對稱有效值(短路電流功因為零時)，$K=1.394$，其原因何在？

在 4.4 節中，電力系統發生三相短路故障時，就對稱電流而言，a、b、c 三相的有效值均相同，以單相模式分析沒有問題。但考慮直流成份電流時，單相模式並不適用，因為三相系統每相電壓的相位差為 120°，若 b 相的 $\alpha-\theta=0^{o}$ 時，其非對稱係數 K 為最小 $K_{min}=1.0$，但此時 a 相為$(\alpha-\theta+120^{o})=120^{o}$，c 相為$(\alpha-\theta-120^{o})=-120^{o}$，其非對稱係數並不是 K_{min} 如圖 4-15 所示。所以三相對稱短路時，其直流暫態成份在 a、b、c 相均不相同，故非對稱係數要用平均值。在短路電流功因為零時，K 值為最大，$K_{max}=1.394$。

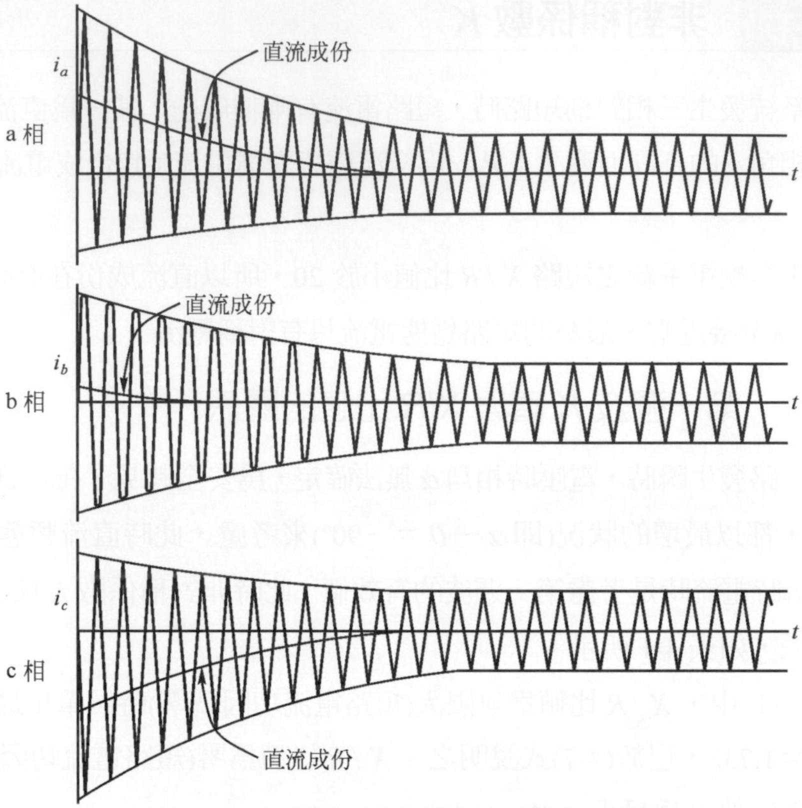

圖 4-15　三相短路時各相電流及其直流成份

4-5-3　綜合 *K* 值的選用

非對稱係數 K 值，除了受 X/R 比值影響之外，也受短路持續時間 t 的影響，時間愈長，短路電流衰減得愈小，綜合 X/R 比值與時間 t 的影響，其 K 值變化，如圖 4-16 所示。此圖是以單相短路爲準，K 值最大爲 1.732，若已知 X/R 比值及短路時間 t，則可查圖得其 K 值。

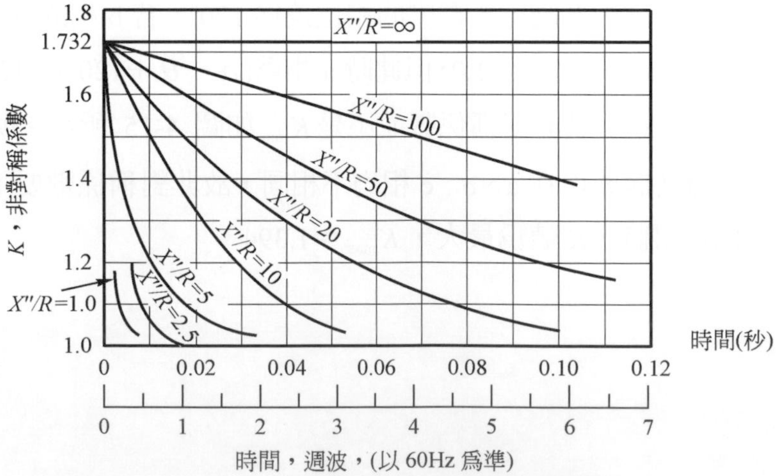

圖 4-16　K 值與(X/R)及 t 的關係

在工業配電系統，我們要考慮斷路裝置在啓斷短路電流時，必須啓斷多大的電流，也就是啓斷電流容量；此外，還要考慮所有元件在短路瞬時，必須承受的最大電流，也就是瞬時電流容量。在計算這兩種電流時，各元件的電抗及綜合 K 值如表 4-2 所示。茲依啓斷及瞬時電流的計算分述如下：

表 4-2　K 值及電抗的選用

K 值	啓斷容量		瞬時容量
高壓 (高於 600V)	1.0(8 週波) 1.1(5 週波)		1.6(近發電廠) 1.5(遠離發電廠)
低壓	1.25		1.25
電抗值	啓斷容量		瞬時容量 (高低壓均相同)
	高壓	低壓	
發電機類*	X''_{d}	X''_{d}	X''_{d}
同步電動機	X'_{d}	X''_{d}	X''_{d}
感應電動機	∞	X''_{d}	X''_{d}

*發電機類包含同步換流器、同步電容器、變頻器等。

1. **啓斷容量計算**

   一般工業配電用高壓斷路器，啓斷時間約在 5～8 週波，而配電系統短路電流的直流成份約在 6 週波消失，故非對稱係數 K 值，在 5 週波斷路器選用 1.1，8 週波斷路器選用 1.0。至於低壓斷路器或熔絲，其動作很快，約在 1 週波完成，因爲配電系統 X/R 小於 5，K 值選用 1.25。如果實際 X/R 比值確定時，可查表 4-1 得 K 值後應用之。

   在電抗值方面，高壓斷路器以 5～8 週波斷路電流爲基準，依 4.3 節說明，可知發電機仍能供應相當大的短路電流，故選用次暫態電抗 X''_{d}；同步電動機的轉動慣量略減，供應的短路電流也減少，故選用暫態電抗 X'_{d}；感應電動機在 2 週波後，已無法供應短路電流，故選用無限大的阻抗。但在低壓斷路器是以 1 週波啓斷，發電機、同步電動機及感應電動機均能提供相當大的短路電流，所以均使用次暫態電抗 X''_{d}。

2. **瞬時容量計算**

   計算瞬時容量時，考慮最初 1/2 週波時的最大短路電流。爲考慮單相接地的狀況，故 K 值最大應爲 1.732 而非三相短路的平均值 1.394。

高壓斷路器，考慮實際 X/R 比值，在靠近發電廠處(受電電壓 69 kV 以上)K 值選用 1.6，在遠離發電廠處(受電電壓 11.4 kV 以下)K 值選用 1.5。低壓斷路器，因爲 X/R 比值小且遠離發電廠，故 K 值選用 1.25。

在電抗值方面，在 1/2 週波時，發電機、同步電動機及感應電動機均能提供最大短路電流，故均使用次暫態電抗 X_d''。

4-6 各電機元件阻抗的省略與簡化

在工業配電系統中，計算各部份的短路電流時，必須計算各機器或線路的阻抗，阻抗中電阻與電抗值是否可予省略，又是「精確 vs.效率」的兩難問題，答案當然是由「經驗」告訴我們，省略後的影響如何而定。

1. **電阻 R 及電抗 X 均省略不計(等於零)**

   高壓系統的斷路器、分段開關、變流器、匯流排以及少於 10 m 的引接線，因阻抗很小，所以計算短路電流時，此類元件的阻抗均視爲零。

   但 600 V 以下低壓系統，相同的歐姆值其 pu 值變大，對短路電流計算影響大，有時必需加以考慮。

2. **電阻 R 及電抗 X 均應考慮**

   600 V 以下的配電線，因爲 R 值反較 X 爲大，同時低壓部份相同歐姆值其 pu 值變大，對短路電流計算影響大，故電阻 R 及電抗 X 均不能省略。

3. **電阻 R 省略，但電抗 X 要考慮**

   發電機、變壓器、電動機以及 1000 A 以上的匯流排，其 X/R 大於 6，所以無論在高低壓，其電阻均省略，只計算電抗。

4. **電動機的電抗值**

   在計算短路電流時，電動機可以省略電阻只計算電抗，電動機典型電抗值如表 4-3 所示。

   高壓電動機，因其容量大、數量少，原則上個別電動機依實際值計算其電抗。

表 4-3　電動機典型電抗值

電壓	電動機額定	X''_d (%)	X_d (%)
低壓	低於 600 伏的感應電動機	25	27
	低於 600 伏的同步電動機	19	
高壓	高於 600 伏的感應電動機	20	25
	高於 600 伏的同步電動機	15	

低壓電動機容量小數量多，有的運轉，有的停用，無法一一考慮，所以可以集總考慮，將所有電動機的 HP 容量直接相加後視爲 kVA 值，其電抗則以 25%計算。

若變壓器爲動力專用，供應電動機使用，則可用變壓器容量代表電動機容量，計算電動機供應的短路電流。

電動機供應的短路電流，稱爲倒灌電流(feedback currect)。計算時，參考圖 4-17，以電抗 X＝25%，K＝1.25，可得知倒灌電流爲五倍的滿載電流。

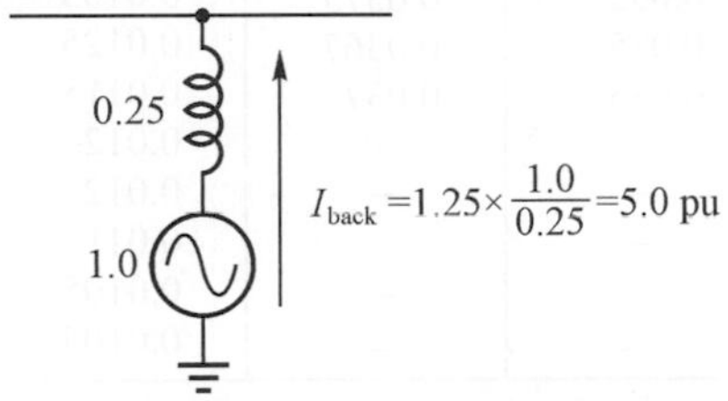

圖 4-17　電動機倒灌電流

5.　**其他元件的阻抗值**

低壓斷路器、變流器、配電變壓器、PVC 絕緣電線等的阻抗如表 4-4、表 4-5、表 4-6 及表 4-7 所示。

表 4-4　低壓斷路器的電抗

啓斷容量 A	額定電流 A	電抗 Ω
15,000 及 25,000	15～35	0.04
	50～100	0.004
	125～225	0.001
	250～600	0.0002
50,000	200～800	0.0002
	1,000～1,600	0.00007
75,000	2,000～3,000	0.00008
100,000	4,000	0.00008

摘自 IEEE Pub 141。

表 4-5　變流器電抗值(Ω)

額定電壓 V / 額定電流 A	5,000V 以下	7,500V	15,000V
100～200	0.0022	0.0040	0.0009
250～400	0.0005	0.0008	0.0002
500～800	0.00019	0.00031	0.00007
1,000～4,000 貫穿式	0.00007	0.00070	0.00007

表 4-6　士林配電變壓器標么阻抗參考值(75°C)

變壓器容量 (kVA)	單相變壓器			三相變壓器		
	R(pu)	X(pu)	Z(pu)	R(pu)	X(pu)	Z(pu)
25	0.0155	0.0165	0.0266	—	—	—
30	0.015	0.022	0.0266	—	—	—
37.5	0.014	0.018	0.0223	—	—	—
50	0.0135	0.017	0.0217	0.0176	0.028	0.032
75	0.014	0.024	0.0278	0.017	0.028	0.0326
100	0.014	0.023	0.027	0.017	0.021	0.027
150	0.0135	0.019	0.0233	0.0165	0.025	0.0295
200	0.0135	0.025	0.028	0.0145	0.028	0.0315
250	0.0135	0.025	0.0294	0.0135	0.028	0.0284
300	0.013	0.035	0.0373	0.0135	0.032	0.0347
400	0.011	0.035	0.0367	0.0125	0.032	0.0344
500	0.012	0.035	0.037	0.0115	0.028	0.0303
600	—	—	—	0.012	0.035	0.037
750	—	—	—	0.012	0.04	0.0417
1000	—	—	—	0.011	0.045	0.0463
1500	—	—	—	0.0105	0.05	0.051
2000	—	—	—	0.0105	0.06	0.061

表 4-7　金屬管內 PVC 絕緣配線以 1,000KVA 為基值 1 公里電抗(阻)的標么值(pu)

導線大小 mm^2	208V		190V		380V		220V		440V	
	X	*R*	*X*	*R*	*X*	*R*	*X*	*R*	*X*	*R*
(1.6 ϕ)	3.44	233	4.13	279	1.03	69.9	3.07	209	0.769	52.1
(2.0 ϕ)	3.19	130	3.82	156	0.956	39.1	2.85	117	0.712	29.0
5.5	3.19	83.6	3.82	100	0.950	25.0	2.85	74.8	0.712	18.7
8.0	3.00	0.58	3.60	69.0	0.900	17.3	2.68	51.8	0.670	12.9
14	2.82	32.6	3.37	39.0	0.844	9.76	2.52	29.2	0.630	7.30
22	2.82	20.6	3.35	24.7	0.837	6.19	2.50	18.5	0.625	4.62
30	2.82	15.6	3.35	18.7	0.837	4.67	2.50	15.3	0.625	3.84
38	2.64	12.2	3.16	14.6	0.789	3.66	2.35	10.9	0.589	2.73
50	2.64	9.36	3.16	11.4	0.789	2.86	2.35	9.23	0.589	2.33
60	2.64	7.64	3.16	9.14	0.789	2.28	2.35	6.82	0.589	1.71
80	2.64	5.32	3.16	6.38	0.789	1.59	2.35	5.21	0.589	1.30
100	2.64	4.50	3.16	5.40	0.789	1.35	2.35	4.03	0.589	1.01
125	2.56	3.59	3.08	4.34	0.768	1.07	2.30	3.44	0.575	0.861
150	2.56	2.95	3.08	3.55	0.768	0.880	2.30	2.64	0.575	0.660
200	2.56	2.56 (2.34)	3.05	3.08 (2.83)	0.768	0.77 (0.71)	2.29	2.30 (2.11)	0.575	0.552 (0.507)
250	2.51	2.04 (1.84)	3.02	2.37 (2.14)	0.754	0.61 (0.55)	2.25	1.83 (1.65)	0.563	0.458 (0.412)
325	2.47	1.65 (1.45)	2.96	1.99 (1.75)	0.740	0.491 (0.432)	2.21	1.48 (1.31)	0.550	0.370 (0.325)
400	2.45	1.40 (1.20)	2.94	1.68 (1.44)	0.735	0.472 (0.361)	2.19	1.26 (1.07)	0.530	0.350 (0.272)
500	2.45	1.21 (0.994)	2.94	1.46 (1.19)	0.735	0.363 (0.297)	2.19	1.07 (0.884)	0.530	0.273 (0.221)

註：表中的 *X* 值除以 1.25 即在 PVC 管內或在非金屬包電纜中者。導線 200 方公厘以上者因集膚效應，其電阻在金屬管中較的在 PVC 管中大，故( )內數字表示按 PVC 管配線者。

4-7 短路電流計算步驟

1. **繪製單線圖**

   計算短路電流時，應先確定系統單線圖。尤應注意電源系統的短路容量、各變壓器的額定容量與電壓、以及高壓電動機的容量，並標示故障點位置，圖 4-3 是範例系統單線圖。

2. **繪製等效阻抗圖**

   依據單線圖，即可繪製等效阻抗圖，按照各元件的特性及 4-6 節阻抗簡化的原則處理。尤應注意低壓電動機集總處理方式，將爲數眾多的低壓電動機容量加總後，接於低壓匯流排，並以 25%電抗表示。

3. **計算各電機及線路的阻抗 pu 值**

   計算高壓側短路電流時，查明下列各元件的阻抗值：

   (1) 電源系統短路容量。
   (2) 各變壓器額定容量與電壓，及其電抗值。
   (3) 自備發電機容量及電抗值。
   (4) 高壓線路電抗值。
   (5) 高壓電動機電抗值。
   (6) 低壓電動機集中容量值，電抗以 25%計。

   計算低壓側短路電流時，除了高壓設備的阻抗值之外，尚須考慮下列阻抗值：

   (1) 分路導線的電阻及電抗值。
   (2) 低壓斷路器及開關的電抗。

   查明各阻抗值後，按照第二章標么值的理論，選定適當的基準容量，再將所有阻抗值，轉換至相同基準時的阻抗標么值。

4. **戴維寧等效阻抗**

   針對故障點，將各電壓源短路後，將阻抗做串並聯運算，求得故障點的戴維寧等效阻抗。如故障點有多處，應分別求出其等效阻抗。

戴維寧等效電壓為 1.0 pu(假設故障前負載電流為零，不產生電壓降，所以無論故障發生於何處，電壓均為 1.0 pu)。

5. **計算短路電流及容量**

對稱短路電流如下式

$$I_{sy}=\frac{E_{th}}{Z_{th}}\cdot I_b=\frac{1.0}{Z_{th}}\cdot\frac{S_b}{\sqrt{3}\cdot V_b} \quad (4\text{-}9)$$

非對稱短路電流如下式

$I_{asy}=K\cdot I_{sy}$

K 值依表 4-2 選用。

若欲計算短路容量，則可用

$$MVA_{sy}=\sqrt{3}\cdot kV_b\cdot kA_{sy} \quad (4\text{-}10)$$

例題 4-1

某工廠配電系統如圖 4-18 所示，試依阻抗省略原則，化簡阻抗圖。

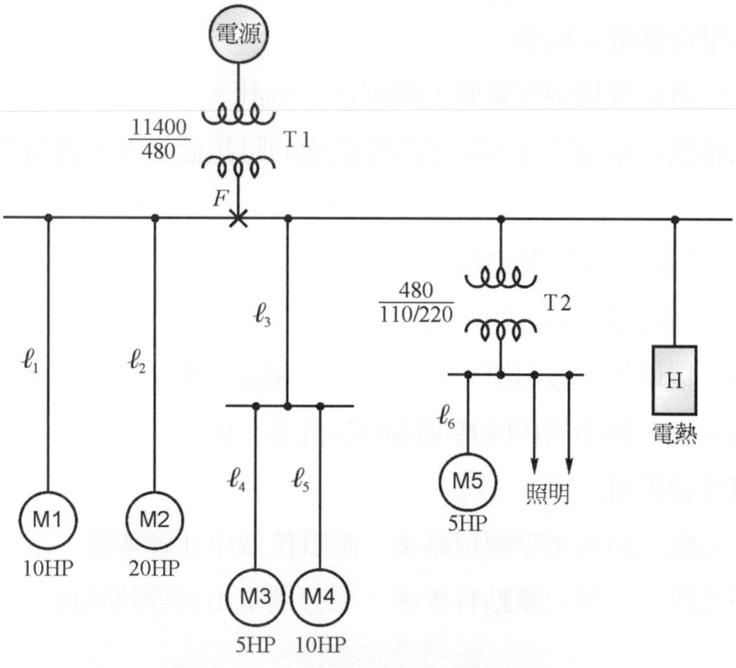

圖 4-18　例題 4-1 配電系統單線圖

解 (a) 如上圖的系統，其簡化步驟如下：

1.照明及電熱等設備於短路故障發生時，不提供短路電流，故可自系統圖中移除。

2.電源、電動機、變壓器等設備依原則 3，因為其 X/R 大於 6，故省略電阻 R，只考慮電抗 X。

3.低壓(600 V 以下)的配電線路，因為 R 值反較 X 為大，故 R、X 均不可省略。

4.依據以上三點原則，系統阻抗圖變成圖 4-19。

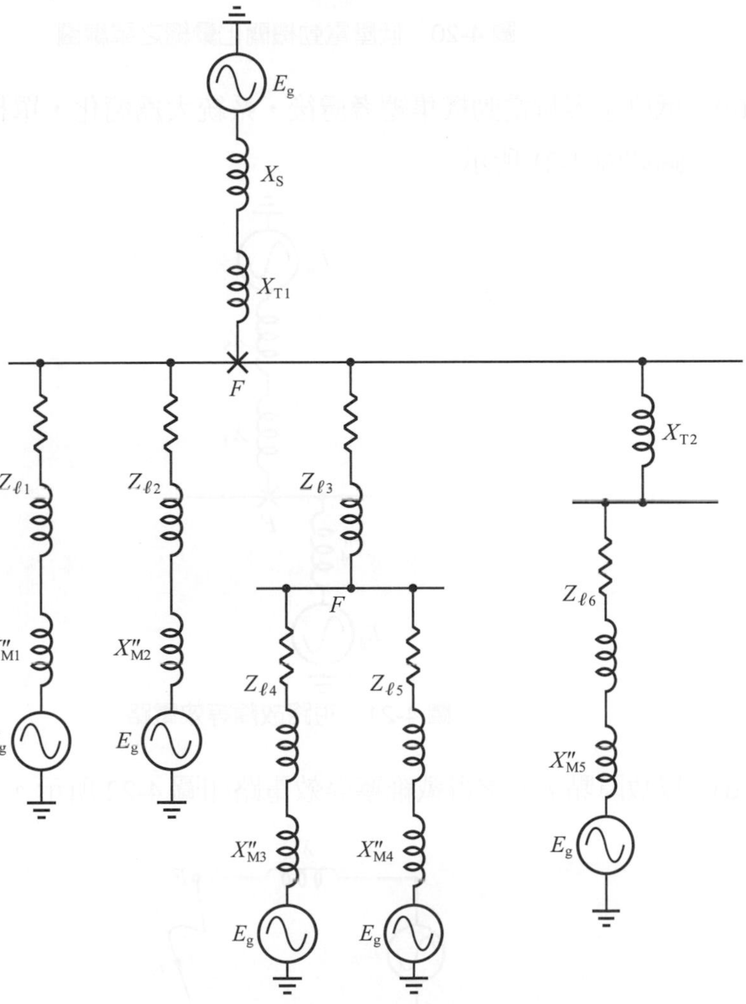

圖 4-19　短路故障等效電路圖

(b) 依上述各原則簡化後的阻抗圖仍然甚為繁瑣，因為本系統中各電動機均為低壓小容量，其總容量為 50 HP，可集總考慮置於 480 V 匯流排，其電抗為 25%。經簡化後的單線圖如圖 4-20 所示。

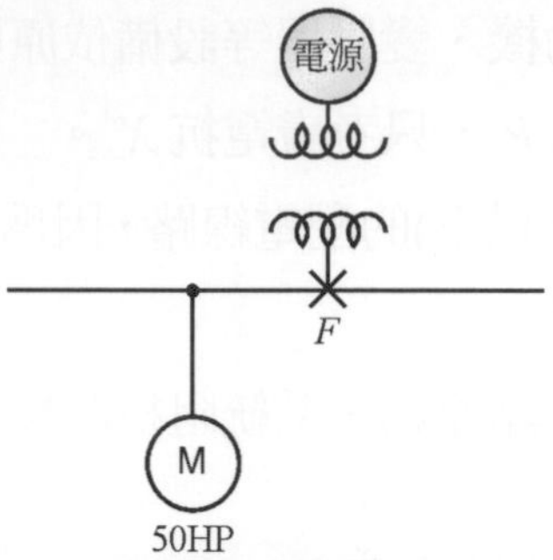

圖 4-20　低壓電動機簡化彙總之單線圖

(c) 低壓小容量電動機集總考慮後，系統大為簡化，單相模式的阻抗圖如圖 4-21 所示。

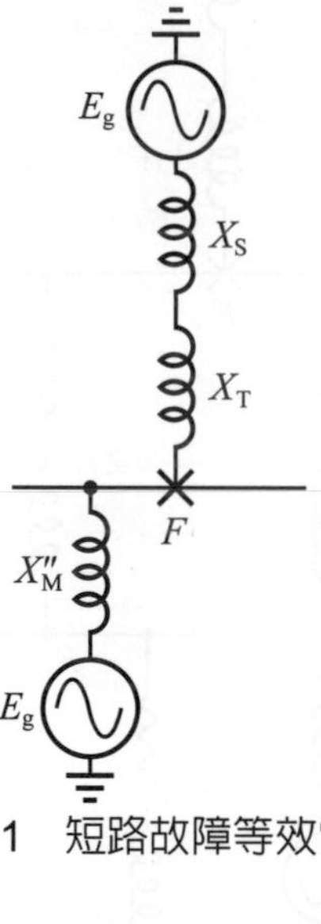

圖 4-21　短路故障等效電路

(d) 以故障點 F，求得戴維寧等效電路如圖 4-22 所示。

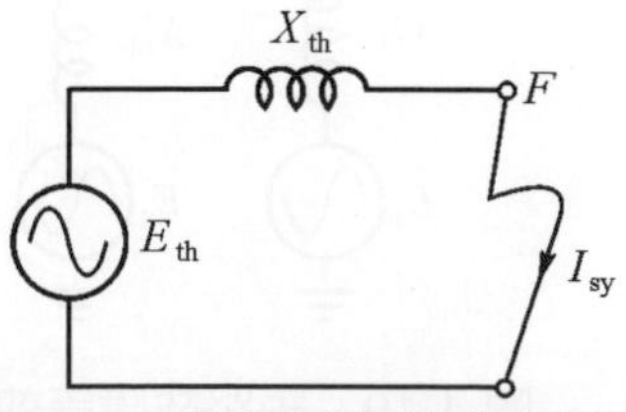

圖 4-22　F 點短路戴維寧等效電路

$$X_{th} = (X_S + X_T) // X''_M$$

$$I_{sy} = \frac{E_{th}}{X_{th}} \times I_b$$

$$I_{asy} = K \cdot I_{sy}$$

其中 $E_{th} = 1.0$ pu

$K = 1.25$(低壓側故障時，X/R 較小)

4-8 故障電流計算範例

故障電流計算，雖然有步驟可資遵循，但是因爲電機元件種類甚多，其阻抗有時省略，有時又要考慮，尤其是低壓系統因爲 R 與 X 均要考慮，阻抗串並聯必須使用複數運算。使計算變成複雜化。茲以下列範例說明之。

4-8-1 低壓電動機集中處理以及只考慮 *X* 的情形

變壓器二次側爲低壓，且供應動力使用時，其供電的電動機容量常常超過變壓器額定容量，但部份在運轉，部份在停用，簡化的原則，可考慮爲一集中感應電動機，其容量等於變壓器額定容量，其電抗以 25%計算。

例題 4-2 是典型題，也是美國電機技師考試的考題。

例題 4-3 則是完整的例題，將感應電動機、同步電動機在高壓啓斷、瞬時及低壓啓斷等各種狀況均包含在內，讀者應仔細研讀完全了解。

例題 4-2

某工廠由 11.4 kV 受電，電源側的短路容量爲 1000 MVA，主變壓器爲 750 kVA，11,400/480 V，電抗 5.5%，集總電動機(假設與變壓器容量相同)供應的短路電流爲 750 kVA，電抗 25%，計算 F_1 短路時的對稱及非對稱電流？

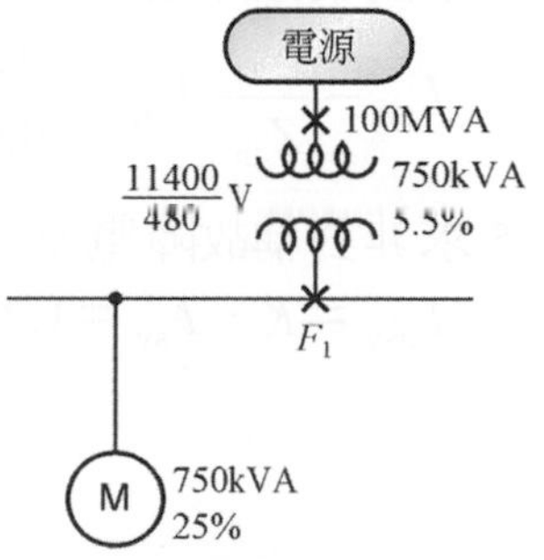

圖 4-23　例題 4-2 系統單線圖

解 1.繪製系統阻抗圖

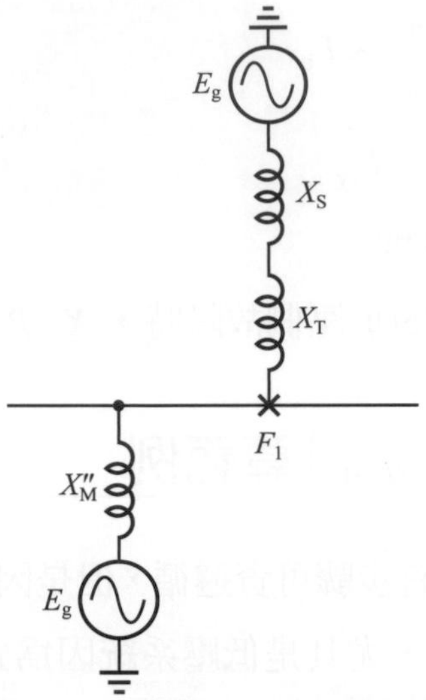

圖 4-24　例題 4-2 系統阻抗圖

2.選定基準容量及電壓，並求出各阻抗的 pu 值

$S_b = 750$ kVA $= 0.75$ MVA，

$V_{b1} = 11400$ V，$V_{b2} = 480$ V

$$I_{b2} = \frac{750}{\sqrt{3} \times 0.48} = 902 \text{ A}$$

$$X_S = \frac{0.75}{100} = 0.0075 \text{ pu}$$

$X_T = 0.055$ pu

$X''_M = 0.25$ pu

3.求戴維寧等效阻抗

$$Z_{th} = (X_S + X_T) \,//\, X''_M = 0.05 \text{ pu}$$

4.求對稱故障電流

$$I_{sy} = \frac{E_{th}}{Z_{th}} I_{b2} = \frac{1.0}{0.05} \times 902 = 18{,}040 \text{ A}$$

5.求非對稱故障電流

$$I_{asy} = K \cdot I_{sy} = 1.25 \times 18{,}040 = 22{,}500 \text{ A}$$

例題 4-3

某金屬工廠的自備變電所，主變壓器為 69/3.45 kV，5000 kVA，阻抗 7.0%；負載為 1000 HP 感應電動機一具，$X''_d=20\%$；2000HP 同步電動機一具，$X''_d=15\%$，$X'_d=25\%$；配電變壓器一具，3450/480 V，1500 kVA，阻抗 5.75%；電源側 69 kV 匯流排短路容量為 1500 MVA；(a)計算 3.45 kV 斷路器的啓斷及瞬間電流容量。(b)480 V 匯流排短路時，低壓斷路器的啓斷容量。

解 在本例題中 1500 kVA 配電變壓器，係專供電動機用電者，故可用一個 1500 HP 感應電動機(25%電抗)接於 480 V 匯流排集總處理。

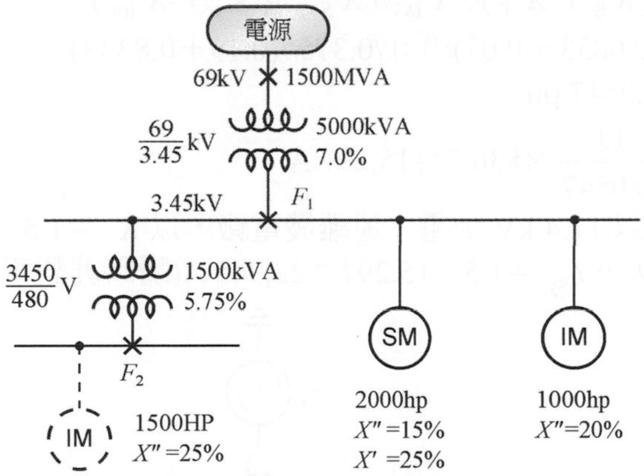

圖 4-25　例題 4-3 系統單線圖

＊首先選定基準容量並求出各阻抗的 pu 值

$S_b=5000\ \text{kVA}=5\ \text{MVA}$

$V_{b1}=69\ \text{kV}$，$V_{b2}=3.45\ \text{kV}$，$V_{b3}=480\ \text{V}$

$$I_{b2}=\frac{5000}{\sqrt{3}\times 3.45}=836.7\ \text{A}$$

$$I_{b3}=\frac{5000}{\sqrt{3}\times 0.48}=6014\ \text{A}$$

$$X_S=\frac{5}{1500}=0.00333\ \text{pu}$$

$X_T=0.07\ \text{pu}$

$$X''_{IM}=0.2\times\frac{5}{1}=1.0\ \text{pu}$$

$$X''_{SM}=0.15\times\frac{5}{2}=0.375\text{ pu}$$

$$X'_{SM}=0.25\times\frac{5}{2}=0.625\text{ pu}$$

$$X_t=0.0575\times\frac{5}{1.5}=0.19\text{ pu}$$

$$X''_{im}=0.25\times\frac{5}{1.5}=0.8333\text{ pu}$$

(a)3.45 kV 側斷路器

①計算瞬時容量：

所有旋轉機均發生作用，並以次暫態電抗 X'' 代表。

$$Z_{th}=(X_S+X_T)//X''_{IM}//X''_{SM}//(X_t+X''_{im})$$
$$=(0.0033+0.07)//1.0//0.375//(0.19+0.8333)$$
$$=0.0547\text{ pu}$$

$$I_{sy}=\frac{1.0}{0.0547}\times 836.7=15{,}297\text{ A}$$

此工廠以 11.4 kV 受電，遠離發電廠，以 $K=1.5$ 計算

$I_{asy}=K\cdot I_{sy}=1.5\times 15{,}297=22{,}945$ A(瞬時非對稱電流)

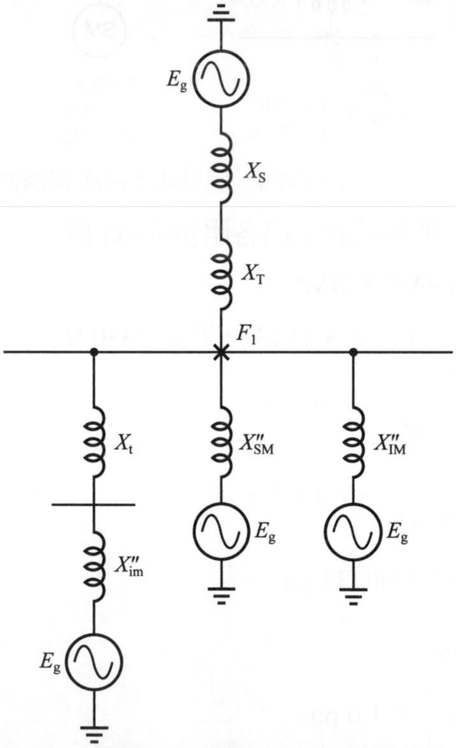

圖 4-26　例題 4-3 計算 3.45kV 側瞬時容量

②計算啓斷容量：

高壓斷路器啓斷時間以 8 週波計算，$K=1.0$，

所有感應電動機，已經無法供應短路電流，可以移除。

同步電動機以暫態電抗 X'_d 代表。

$$Z_{th}=(X_S+X_T)//X'_{SM}=0.0656\text{ pu}$$

$$I_{sy}=\frac{10}{0.0656}\times 836.7=12{,}755\text{ A}$$

$$I_{asy}=K\cdot I_{sy}=1.0\times 12{,}755=12{,}755\text{ A}(\text{啓斷電流})$$

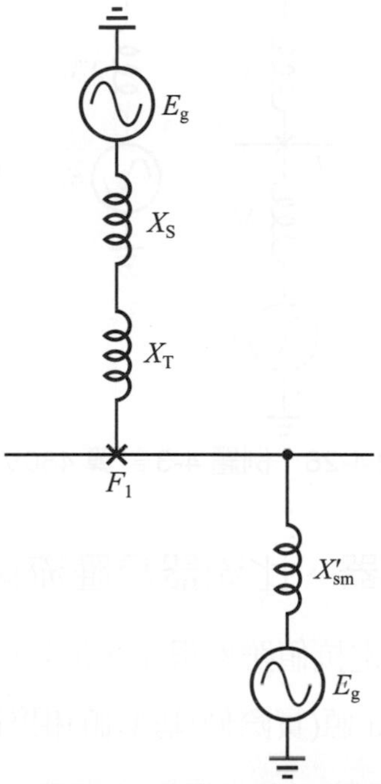

圖 4-27　例題 4-3 計算 3.45kV 側啓斷容量

(b)480 V 匯流排低壓斷路器

計算啓斷容量：

低壓斷路裝置其啓斷約在 1 週波完成，故計算啓斷容量與瞬時容量相同。

所有旋轉機均產生作用，並以次暫態電抗 X'' 代表。

低壓系統的非對稱係數 $K=1.25$。

$$Z_{th}=X''_{im}//[X_t+(X_S+X_T)//X''_{SM}//X''_{IM}]=0.19\text{ pu}$$

$$I_{asy}=1.25\times\frac{1.0}{0.19}\times 6014=39{,}566\text{ A}$$

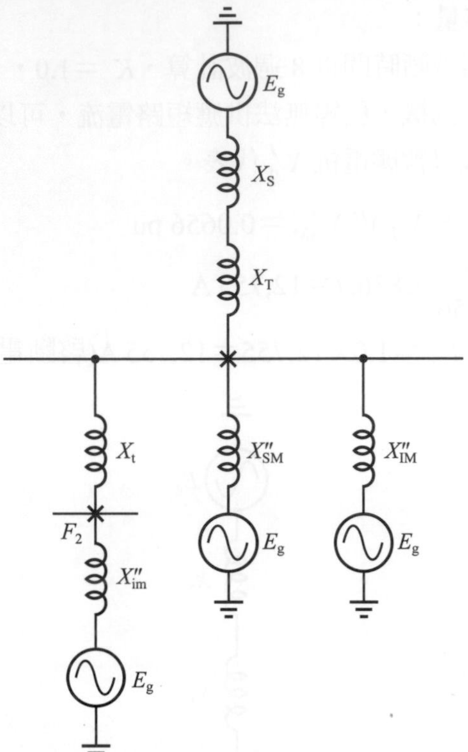

圖 4-28　例題 4-3 計算 480V 側啓斷容量

4-8-2　低壓斷路器、比流器及匯流排電抗的影響

低壓系統的設備，其電抗值雖然很小，但是因爲基準阻抗(基準電壓平方/基準容量)也很小，所以其 pu 值(實際值/基準值)相對的也變大，其影響有時不可忽略。

例題 4-4 爲考慮低壓斷路器等的電抗的情形。

例題 4-5 爲省略低壓斷路器等的電抗的情形。

例題 4-4

有一工廠，其主變壓器爲 2500 kVA，11,400/380 V，電抗 5.7%；電源側的短路容量爲 150 MVA，二次側匯流排的電抗爲 0.092 Ω/km，長度爲 8 m，如圖 4-29，要考慮斷路器及變流器的電抗，試計算分路開關負載側短路電流。

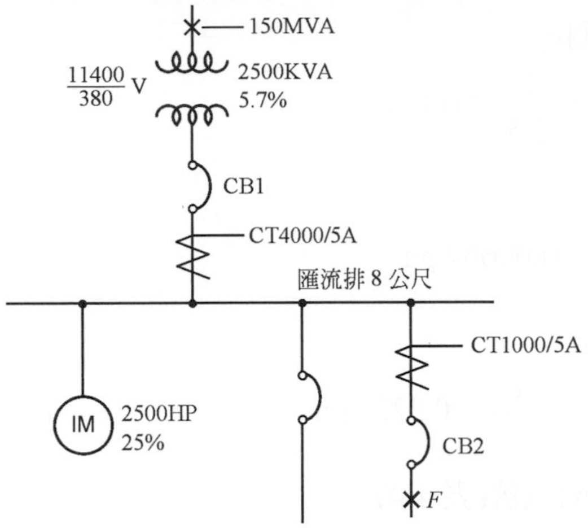

圖 4-29　例題 4-4 系統單線圖

解 主變壓器 2500 kVA，二次電壓爲 380 V，低壓感應電動機可考慮集總 2500 HP(電抗 X＝25%)接於匯流排上，如圖所示。

首先選定基準值。

S_b＝1000 kVA＝1 MVA

V_{b1}＝11400 V，V_{b2}＝380 V

Z_{b2}＝$(0.38)^2/1$＝0.1444Ω

系統阻抗圖以故障點 F 爲基準，本題在阻抗串並聯運算時已將電壓源短路，並將參考電位置於阻抗圖的最上方。

低壓系統 K ＝1.25。

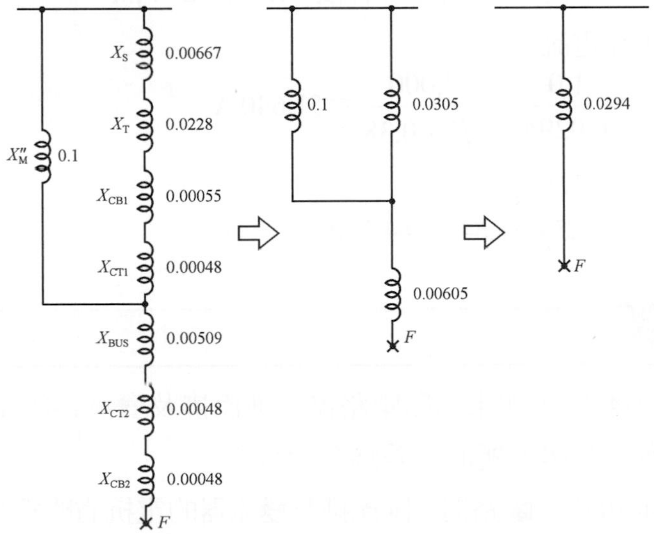

圖 4-30　例題 4-4 系統阻抗圖簡化過程

等效電動機電抗

$$X''_{\mathrm{M}}=0.25\times\frac{1}{2.5}=0.1\ \mathrm{pu}$$

電源的電抗

$$X_{\mathrm{S}}=\frac{1}{150}=0.00667\ \mathrm{pu}$$

變壓器的電抗

$$X_{\mathrm{T}}=0.057\times\frac{1}{2.5}=0.0228\ \mathrm{pu}$$

斷路器(4000 A)電抗(表 4-4)

$$X_{\mathrm{CB\,1}}=0.00008/0.1444=0.00055\ \mathrm{pu}$$

變流器(4,000/5)電抗(表 4-5)

$$X_{\mathrm{CT\,1}}=0.00007/0.1444=0.00048\ \mathrm{pu}$$

匯流排電抗

$$X_{\mathrm{BUS}}=0.092\times0.008/0.1444=0.00509\ \mathrm{pu}$$

變流器(1,000/5)電抗(表 4-5)

$$X_{\mathrm{CT2}}=0.00048\ \mathrm{pu}$$

斷路器(1000A)電抗

$$X_{\mathrm{CB\,2}}=0.00007/0.1444=0.00048\ \mathrm{pu}$$

如圖 4-26 所示，阻抗串併聯後，$X=0.0294$ pu

對稱短路電流

$$I_{\mathrm{sy}}=\frac{1.0}{0.0294}\times\frac{1{,}000}{\sqrt{3}\times0.38}=51{,}640\ \mathrm{A}$$

非對稱短路電流

$$I_{\mathrm{asy}}=1.25\times51{,}640=64{,}550\ \mathrm{A}$$

例題 4-5

例題 4-4 中，如果省略斷路器、匯流排及變流器的電抗，則其非對稱電流爲多少？與上題的誤差爲多少%？

解 將圖 4-30 中，斷路器、匯流排及變流器的電抗省略爲零之後，系統阻抗圖變成圖 4-31

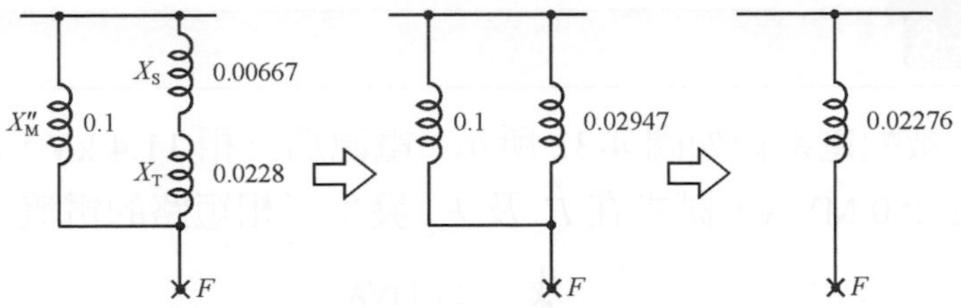

圖 4-31　例題 4-5 系統阻抗圖簡化過程

如圖 4-31 所示，阻抗串併聯後，$X=0.02276$ pu

對稱短路電流

$$I_{sy}=\frac{1.0}{0.02276}\times\frac{1000}{\sqrt{3}\times0.38}=66{,}749 \text{ A}$$

非對稱短路電流

$$I_{asy}=1.25\times66{,}749=83{,}436 \text{ A}$$

$$誤差=\frac{83{,}436-64{,}550}{64{,}550}=29.3\%$$

從例題 4-4 及例題 4-5，可知低壓系統各元件的電抗雖然很小，但是因為基準阻抗也小，其影響仍大，省略電抗所產生的誤差高達 29%。

考慮電抗時，計算繁瑣，所得結果較精確，電流較小，在選用設備時可以節省經費。省略電抗時，計算簡單，電流較大，在選用設備時，雖然較安全，但浪費金錢。所以低壓系統元件的電抗以不省略為宜。

4-8-3　低壓系統電阻 *R* 與電抗 *X* 均考慮的情形(※研究參考)

低壓系統的配電線路，通常電抗 X 小於電阻 R，變壓器的 X/R 比值也小於 4，故電抗 X 以及電阻 R 都要考慮。一般而言感應電動機其電抗為 25%，其 X/R 比值為 6，所以在 R 與 X 均考慮的情形，感應電動機的阻抗為(以額定容量及電壓為基準時)

$$Z''_M=(\frac{1}{6}+j\,1.0)\times25\%=0.0417+j\,0.25 \text{ pu}$$

因為 R 與 X 均考慮，所以在阻抗串並聯時，是以複數運算，十分麻煩。例題 4-6 及例題 4-7 即是 R、X 均考慮時，短路電流計算的範例。例題 4-7 是一個實際的紡織廠的案例，提供讀者參考。

例題 4-6

某工廠配電系統如圖 4-32 所示，電源爲三相 11.4 kV，在分界點的短路容量爲 250 MVA，試求在 F_1 及 F_2 發生三相短路的電流。

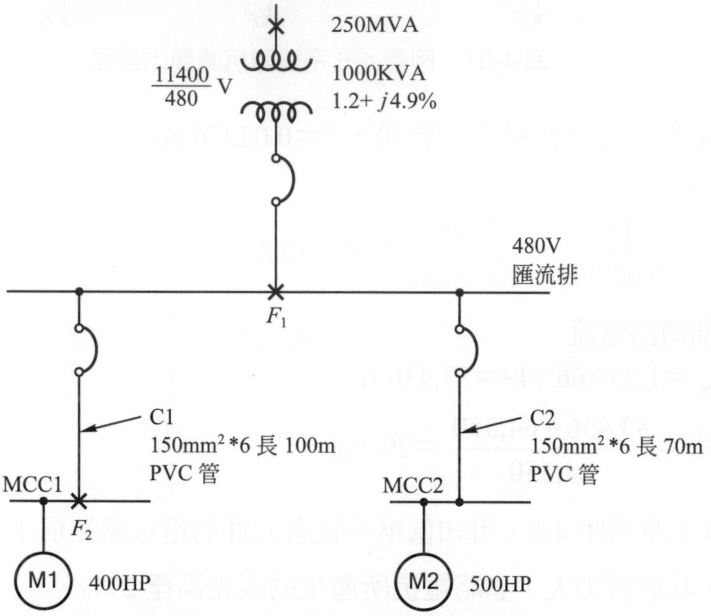

圖 4-32　例題 4-6 系統單線圖

解 (a)首先選定基準值

$S_b = 1000\text{ kVA} = 1\text{ MVA}$

$V_{b1} = 11400\text{ V}$，$V_{b2} = 480\text{ V}$

$$I_{b2} = \frac{1000}{\sqrt{3}\times 0.48} = 1202.8\text{ A}$$

$$Z_{b2} = \frac{0.48^2}{1} = 0.2304\,\Omega$$

(b)將電路各元件化爲標么值

①電源阻抗：短路容量爲 250 MVA

$$Z_S = j\,\frac{1}{250} = j\,0.004\text{ pu}$$

②1000 kVA 變壓器

$Z_T = 0.012 + j\,0.049\text{ pu}$

③C1 電纜，150 mm^2 ×6(此即爲 150 mm^2 ×3，兩迴路)，長 100 m 在 PVC 管內，150 mm^2 ×3 每公里阻抗爲 $0.128 + j\,0.0887\,\Omega$

$$Z_1 = \frac{0.128 + j0.0887}{2} \times \frac{100}{1000} / 0.2304$$

$$= 0.02778 + j\,0.0192 \text{ pu}$$

④C2 電纜，150 mm^2 ×6，長 70 m，在金屬管內，經查表 150 mm^2 導線在金屬管內與 PVC 管內的阻抗不相同

$$Z_2 = \frac{0.128 + j0.111}{2} \times \frac{70}{1000} / 0.2304$$

$$= 0.0194 + j\,0.0134 \text{ pu}$$

⑤電動機：在 MCC1 的電動機 400 HP 及 MCC2 的 500 HP，都是以集總感應電動機代表之。

感應電動機($X/R = 6$)，以 1000 kVA 為基準，阻抗為

$0.0417 + j\,0.25$ pu

以實際容量 400HP 和 600HP 轉換

$$Z''_{M1} = (0.0417 + j\,0.25) \times \frac{1000}{400} = 0.1042 + j\,0.625 \text{ pu}$$

$$Z''_{M2} = (0.0417 + j\,0.25) \times \frac{1000}{500} = 0.0833 + j\,0.500 \text{ pu}$$

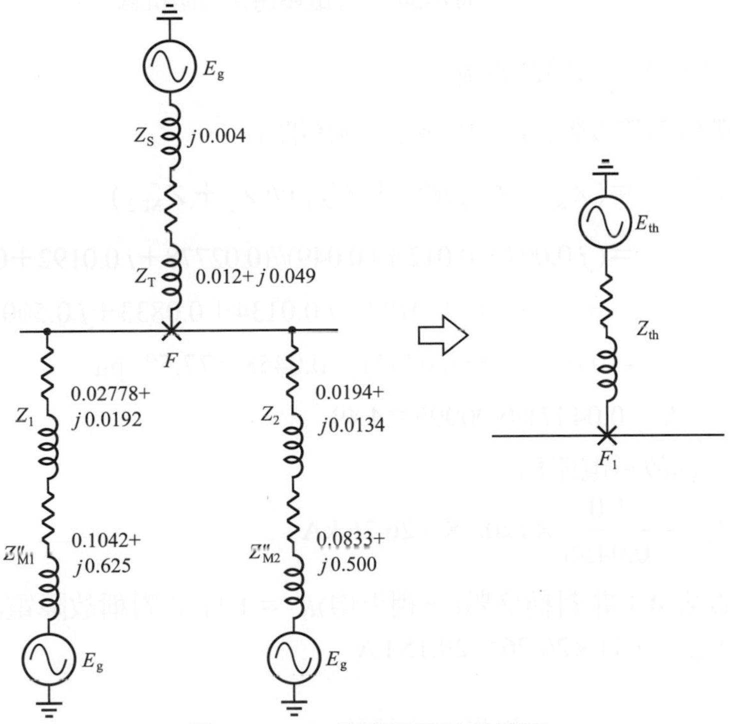

圖 4-33　F_1 故障時系統阻抗圖

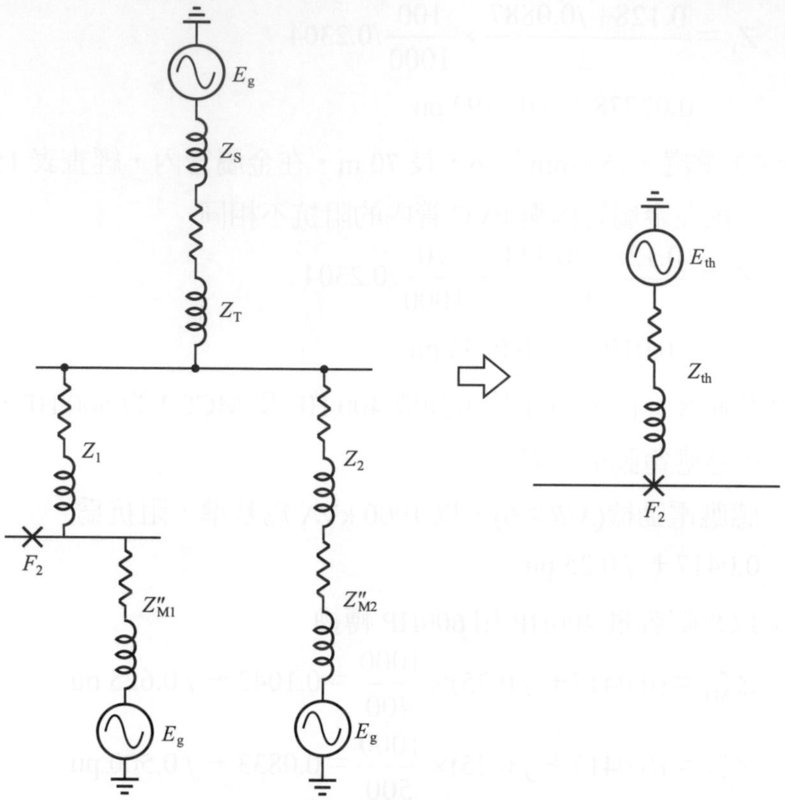

圖 4-34　F_2 故障時系統阻抗圖

(c)求 F_1 發生故障時電流

戴維寧等效阻抗(在 F_1 發生三相短路)

$$Z_{th}^{(1)} = (Z_S + Z_T)//(Z_1 + Z''_{M1})//(Z_2 + Z''_{M2})$$
$$= (j\,0.004 + 0.012 + j\,0.049)//(0.02778 + j\,0.0192 + 0.1042 + j\,0.625)//(0.0194 + j\,0.0134 + 0.0833 + j\,0.500)$$
$$= 0.00995 + j\,0.04471 = 0.0458\angle 77.5^\circ \text{ pu}$$

$X/R = 0.04471/0.00995 = 4.49$

對稱故障電流為

$$I_{sy} = \frac{1.0}{0.0458} \times 1202.8 = 26.26 \text{ kA}$$

查表 4-1 非對稱係數(三相平均)K =1.11 非對稱故障電流

$I_{asy} = 1.11 \times 26.26 = 29.15$ kA

(d)在 F_2 發生三相短路時，其阻抗圖如圖 4-30 所示

$$Z_{\text{th}}^{(2)} = Z''_{\text{M1}} // [(Z_{\text{S}} + Z_{\text{T}}) // (Z_2 + Z''_{\text{M2}}) + Z_1]$$

$$= 0.0326 + j0.0618 = 0.0698\angle 62.2°$$

$$X/R = 0.0618/0.0326 = 1.88$$

查表 4-1 非對稱係數(三相平均值)K ＝1.017

$$I_{\text{asy}} = 1.017 \times \frac{1.0}{0.0698} \times 1202.8 = 17.53\ \text{kA}$$

本例題顯示，在相同 480 V 低壓系統中，F_1 故障電流為 29.15 kA，在 F_2 故障電流為 17.53 kA，其間的相差僅為 C1 電纜，但故障電流相差甚多，所以低壓系統的每個匯流排其電流均應個別詳加計算。

例題 4-7

某紡織廠配電系統如圖 4-35 所示，求 F_1～F_7 各點發生三相短路的故障電流。基本資料如下：系統短路容量 150 MVA

* 線路阻抗(以 1000 kVA，220 V 為基準)

325 mm^2	$1.48 + j2.21$ pu/km
125 mm^2	$2.89 + j2.29$ pu/km
80 mm^2	$4.75 + j2.35$ pu/km

* NFB 阻抗(阻抗 pu 值以 1000 kVA，220 V 為基準)

跳脫電流(AT)	阻抗(Ω)	阻抗 pu
15- 30	0.04	0.742
50-100	0.004	0.0742
125-225	0.001	0.0198

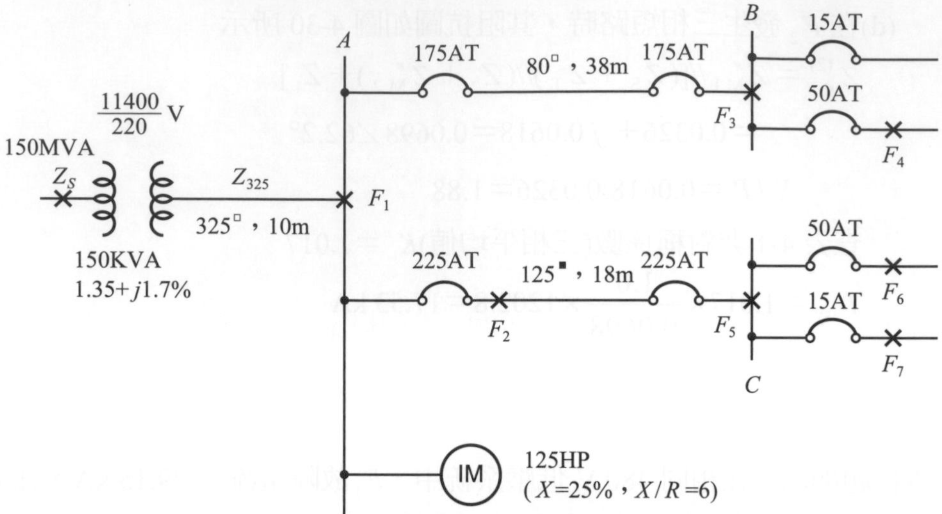

圖 4-35　紡織廠配電單線圈(部份)

解 (a)選定基準值

$S_b = 1000\text{ kVA} = 1\text{ MVA}$

$V_{b1} = 11400\text{ V}$，$V_{b2} = 220\text{ V}$

$$I_{b2} = \frac{1000}{\sqrt{3}\times 0.22} = 2625\text{ A}$$

(b)線路元件阻抗 pu 值

- 電源 $Z_S = j\dfrac{1}{150} = j\,0.0067\text{ pu}$

- 變壓器

$$Z_T = (0.0135 + j\,0.017)\times\frac{1000}{150} = 0.09 + j\,0.1133\text{ pu}$$

- 125HP 電動機

$$Z''_M = \left(\frac{1}{6} + j1.0\right)\times 0.25\times\frac{1000}{125} = 0.3334 + j\,2.0\text{ pu}$$

- 225AT NFB

$X_{225} = 0.0198\text{ pu}$

- 175AT NFB

$X_{175} = 0.0198\text{ pu}$

- 50AT NFB

  $X_{50} = 0.0742$ pu

- 15AT NFB

  $X_{15} = 0.742$ pu

- 325mm² 線路

  $Z_{325} = (1.48 + j\,2.21) \times \dfrac{10}{1000} = 0.0148 + j\,0.0221$ pu

- 125mm² 線路

  $Z_{125} = (2.89 + j\,2.29) \times \dfrac{18}{1000} = 0.053 + j\,0.0412$ pu

- 80mm² 線路

  $Z_{80} = (4.75 + j\,2.35) \times \dfrac{38}{1000} = 0.1805 + j\,0.0893$ pu

(c)系統阻抗圖

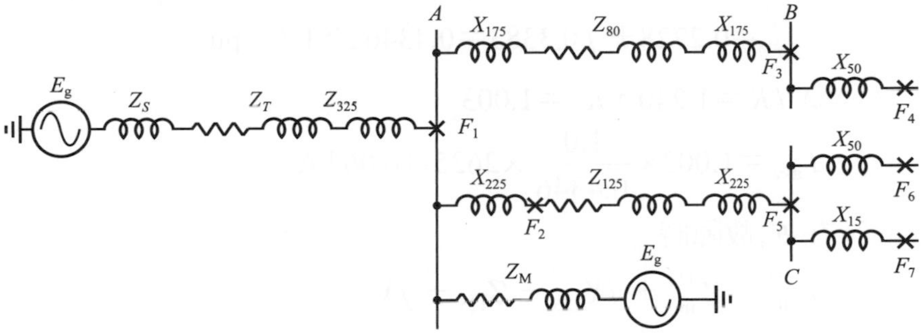

圖 4-36　紡織廠系統組抗圖

(d)短路電流

- 在 F_1 故障時

  $Z_{th}^{(1)} = (Z_S + Z_T + Z_{325}) // Z''_M$

  $= 0.0923 + j\,0.1352 = 0.1637\angle 55.7°$　pu

  $X/R = 1.465$，$K = 1.007$

  $I_{asy} = 1.007 \times \dfrac{1.0}{0.1637} \times 2625 = 16.15$ kA

- 在 F_2 故障時

  $Z_{th}^{(2)} = Z_{th}^{(1)} + jX_{225}$

  $= (0.0923 + j\,0.1352 + j\,0.0198)$

$$=0.0923+j0.1550=0.1804\angle 59.2°$$

$X/R=1.68$，$=1.011$

$$I_{asy}=1.011\times\frac{1.0}{0.1804}\times 2625=14.71\text{ kA}$$

- 在 F_3 故障時

$$Z_{th}^{(3)}=Z_{th}^{(1)}+jX_{175}+Z_{80}+jX_{175}$$
$$=(0.0923+j0.1352)+(j0.0198)$$
$$+(0.1805+j0.0893)+(j0.0198)$$
$$=0.2728+j0.2641=0.3797\angle 44°\ \text{pu}$$

$X/R=0.9681$，$K=1.0$

$$I_{asy}=1.0\times\frac{1.0}{0.3797}\times 2625=6.91\text{ kA}$$

- 在 F_4 故障時

$$Z_{th}^{(4)}=Z_{th}^{(3)}+jX_{50}=(0.2728+j0.2641)+(j0.0742)$$
$$=0.2728+j0.3383=0.4346\angle 51.1°\ \text{pu}$$

$X/R=1.240$，$K=1.003$

$$I_{asy}=1.003\times\frac{1.0}{0.4346}\times 2625=6.06\text{ kA}$$

- 在 F_5 故障時

$$Z_{th}^{(5)}=Z_{th}^{(1)}+jX_{225}+Z_{125}+jX_{225}$$
$$=(0.0923+j0.1352)+(j0.0198)+$$
$$(0.053+j0.0412)+(j0.0198)$$
$$=0.1453+j0.216=0.2603\angle 56.1°\ \text{pu}$$

$X/R=1.487$，$K=1.007$

$$I_{asy}=1.007\times\frac{1.0}{0.2603}\times 2625=10.16\text{ kA}$$

- 在 F_6 故障時

$$Z_{th}^{(6)}=Z_{th}^{(5)}+jX_{50}$$
$$=(0.1453+j0.2160)+(j0.0742)$$
$$=0.1453+j0.2902=0.3245\angle 63.4°\ \text{pu}$$

$X/R=1.997$，$K=1.021$

$$I_{asy}=1.021\times\frac{1.0}{0.3245}\times 2625=8.26\ \text{kA}$$

- 在 F_7 故障時

$$Z_{th}^{(7)}=Z_{th}^{(5)}+jX_{15}$$
$$=(0.1453+j0.2160)+(j0.742)$$
$$=0.1453+j0.958=0.9690\angle 81.4^\circ\ \text{pu}$$

$X/R=6.593$，$K=1.171$

$$I_{asy}=1.171\times\frac{1.0}{0.9690}\times 2625=3.17\ \text{kA}$$

4-9 無熔絲斷路器啓斷電流的選用

配電系統中的匯流排就是開關箱，如圖 4-37 所示。在例題 4-7 中，匯流排 C(即 F_5)的故障電流爲 10.16 kA，在 F_6 爲 8.26 kA，F_7 爲 3.17 kA。理論上，在選用無熔絲斷路器時，主斷路器(225 AT)的啓斷電流應選用大於 10.16 kA 者，分路斷路器 50 AT 者應大於 8.26 kA，15 AT 者應大於 3.17 kA。

實務上，計算故障電流時，只考慮匯流排一處(即 F_5)，而所有接在此匯流排(開關箱)上，無論主斷路器或分路斷路器都選用超過 10.16 kA 的啓斷電流。此種設計方式，似不合理也有浪費之嫌，但使設計單純化，日後若分路斷路器更換 AT 額定時，不需重新計算短路電流，只要使用超過 10.16 kA 者，一定安全。

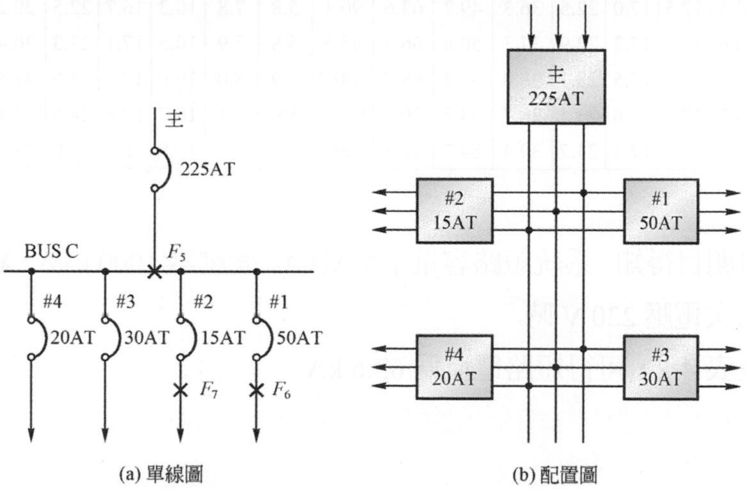

圖 4-37　開關箱內斷路器配線圖

4-10 負載中心故障電流計算

工業配電系統的低壓供電，常用標準型負載中心整套式變電設備。要計算其二次側的短路電流，可用查表方式估算之，查表時應考慮下列因數：

1. 一次側電源短路容量。
2. 配電變壓器額定容量、阻抗%。
3. 變壓器二次側電壓。
4. 低壓電動機的倒灌電流。

例題 4-8

有一負載中心，變壓器容量 1000 kVA，X＝5.5%，二次電壓 220 V，一次側電源短路容量 100 MVA，試查表 4-8，求二次側三相短路的短路電流。

表 4-8 負載中心配電的低壓故障電流(kA)估算

變壓器一次側電源短路容量 kVA	變壓器二次側電壓：220V，三相								變壓器二次側電壓：480V，三相							
	變壓器容量 kVA								變壓器容量 kVA							
	125	150	225	300	500	750	1000	1500	150	225	300	500	750	1000	1500	2000
	變壓器二次額定電流 A								變壓器二次額電流 A							
	328	394	591	788	1312	1968	2624	3937	181	270	361	601	902	1203	1804	2406
	變壓器阻抗%								變壓器阻抗%							
	4.0	4.5	5.0	5.0	5.0	5.5	5.5	5.5	4.5	5.0	5.0	5.0	5.5	5.5	5.5	5.5
50,000	10.3	12.2	16.5	21.5	33.9	45.1	61.9	77.7	5.6	7.6	9.9	15.5	20.6	26.1	35.6	43.7
100,000	10.5	12.5	17.0	22.5	36.3	49.2	63.6	90.1	5.8	7.8	10.3	16.7	22.5	29.2	41.3	51.4
150,000	10.6	12.7	17.2	22.9	37.3	50.8	66.3	95.5	5.8	7.9	10.5	17.1	23.3	30.4	43.8	56.1
250,000	10.6	12.8	17.5	23.1	38.0	52.4	68.7	100.4	5.9	8.0	10.6	17.5	24.0	31.5	46.0	58.8
500,000	10.7	12.9	17.6	23.5	38.7	53.5	70.7	104.6	5.9	8.1	10.7	17.8	24.5	32.4	47.9	62.7
無限大	10.7	12.9	17.7	23.7	39.4	54.7	72.8	109.1	5.9	8.1	10.8	18.1	25.0	33.4	50.1	66.7

解 (a)由題目得知，系統短路容量 100 MVA，變壓器 1000 kVA，X＝5.5%，二次電壓 220 V 時

查表 4-8，可得短路電流為 63.6 kA。

(b)計算法(圖 4-38)

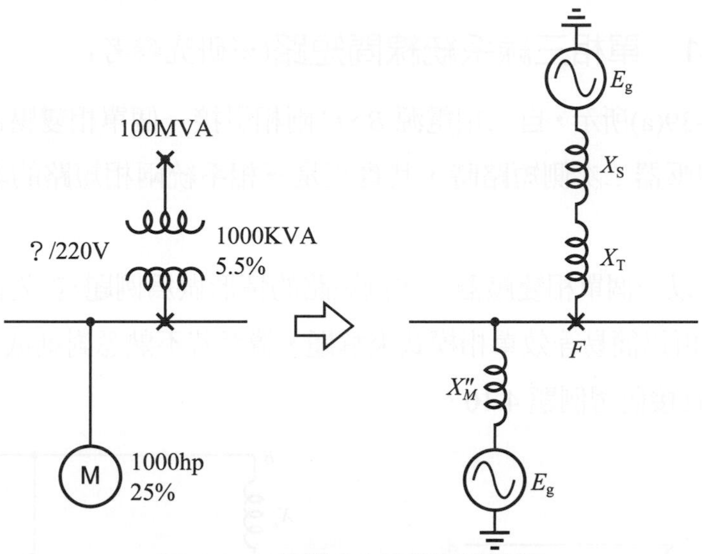

圖 4-38　負載中心短路電流計算

以 1000 kVA 爲基準，低壓 $K=1.25$

$$X_S=\frac{1000}{100{,}000}=0.01\text{ pu}$$

$$X_T=0.055\text{ pu}$$

$$X''_M=0.25\text{ pu}$$

$$Z_{th}=(X_S+X_T)//X''_M=0.052\text{ pu}$$

$$I_{asy}=1.25\times\frac{1.0}{0.052}\times\frac{1000}{\sqrt{3}\times0.22}=63{,}589\text{ A}$$

4-11 單相系統線間短路電流計算 (※研究參考)

配電系統的末端，經常是以單相 110/220 V，供電至電燈、冰箱、電腦等電器，所以使用單相變壓器來供電，如果發生單相線間短路時，如何計算短路電流呢？

單相系統的線間短路，是非對稱故障，一般都採用對稱成份法解題。但是對稱成份法要將一個三相非對稱系統變成正相序、負相序以及零相序等三個對稱的三相系統，相當複雜。對一般電機工程人員而言，仍然不易。有必要找出簡易計算的方法來計算單相系統的線間短路電流。

4-11-1 單相三線系統線間短路(※研究參考)

如圖 4-39(a)所示，自三相電源 B、C 兩相引接一個單相變壓器以供應單相負載，如果變壓器二次側短路時，其實正是三相系統兩相短路的非對稱故障如圖 4-39(b)所示。

我們將以一個單相變壓器二次側短路的情形做爲例題，首先使用對稱成份法解題，然後再以簡易等效單相模式來解題，讀者若不熟悉對稱成份法，則可跳過例題 4-9，直接研習例題 4-10。

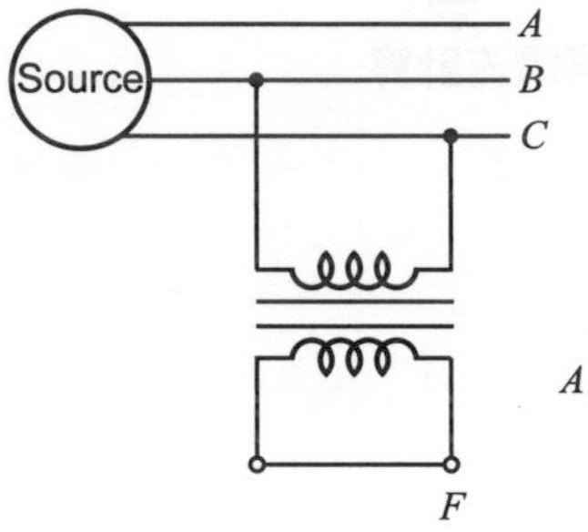

(a) 單線圖

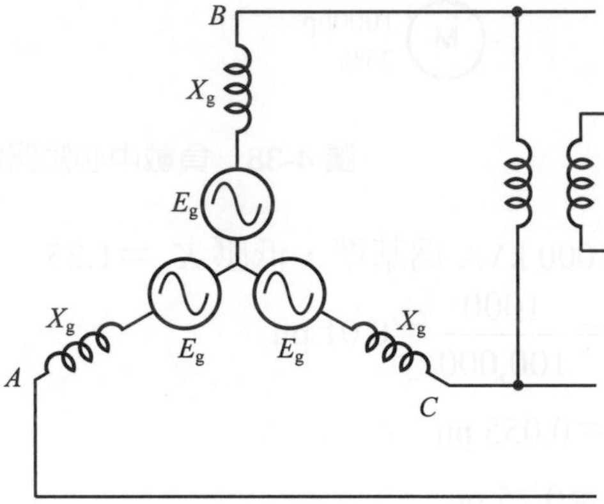

(b) 等效電路

圖 4-39 單相系統線間短路

例題 4-9

有一單相 100 kVA 變壓器，阻抗 1.8%，二次側電壓爲 220 V，其一次側三相短路容量爲 100 MVA，若此變壓器二次側短路時，其短路電流爲多少安培？(本題以對稱成份法解題，如不熟悉可以省略跳過。)

解 • 首先選定基準值，並求出各阻抗 pu 值

S_b ＝300 kVA(三相)，

V_b ＝220 V(線間電壓)

電源相序阻抗

$$X_{S1}(\text{正}) = X_{S2}(\text{負}) = X_S = \frac{0.3}{100} = 0.003 \text{ pu}$$

短路阻抗(變壓器阻抗)

$$X_T = 0.018 \times \frac{300}{100} = 0.054 \text{ pu}$$

$$X_{th} = X_{S1} + X_{S2} + X_T = 2 \times 0.003 + 0.054 = 0.06 \text{ pu}$$

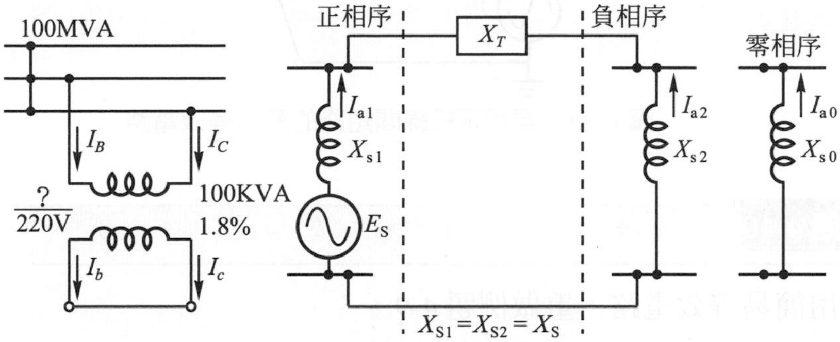

圖 4-40 單相短路的對稱成份法

● 計算各相序電流

正相序電流

$$I_{a1} = \frac{E_S}{jX_{th}} = \frac{1.0}{j0.06} = -j\,16.67 \text{ pu}$$

負相序電流

$$I_{a2} = -I_{a1} = j\,16.67 \text{ pu}$$

零相序電流 $I_{a0} = 0$

● 計算 B 相短路電流

$$\begin{aligned} I_B &= I_{a0} + a^2 I_{a1} + a I_{a2} \\ &= 0 + a^2 I_{a1} - a I_{a1} = (a^2 - a)\ I_{a1} \\ &= -j\sqrt{3} I_{a1} \\ &= -j\sqrt{3} \times \frac{1.0}{j0.06} \times \frac{1000}{\sqrt{3} \times 0.22} \\ &= -22{,}727 \text{ A} \end{aligned}$$

$$I_C = -I_B = 22{,}727 \text{ A}$$

$$I_{asy} = 1.25 \times 22{,}727 = 28{,}409 \text{ A}$$

若要以簡易單相模式解題時，以單相變壓器的額定容量及二次額定電壓爲基準，特別注意電源的阻抗要計算兩次，而單相變壓器電抗只計算一次。其等效電

路如圖 4-41 所示

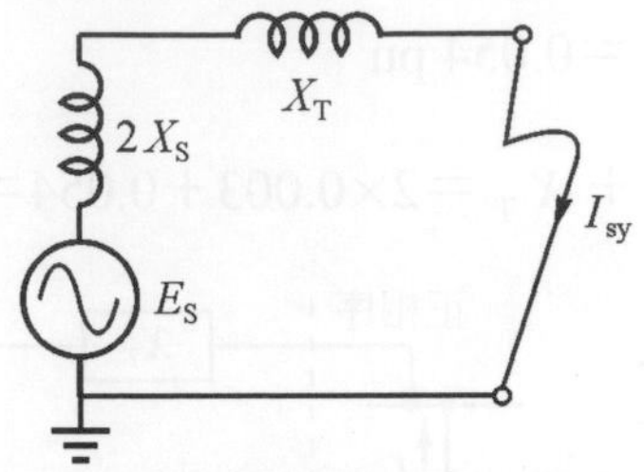

圖 4-41　單相系統線間短路的簡易等效電路

例題 4-10

用簡易等效電路，重做例題 4-9。

解

- 選定基準容量，並計算阻抗 pu 值

$S_b = 100$ kVA(單相)，

$V_b = 220$ V(線電壓)

$$X_S = \frac{0.1}{100} = 0.001 \text{ pu}$$

$X_T = 0.018$ pu

$X_{th} = 2X_S + X_T = 2 \times 0.01 + 0.018 = 0.02$ pu

- 計算短路電流(參考圖 4-41)

$$I_{sy} = \frac{1}{0.02} \times \frac{100}{0.22} = 22{,}727 \text{ A}$$

$I_{asy} = 1.25 \times 22727 = 28{,}409$ A

在例題 4-10 中，電源阻抗 X_S 是以單相基準容量 $S_{b1\phi}$ 除以三相短路容量 $MVA_{SC3\phi}$ 而得，同時基準電流是用單相基準容量除以線電壓而得。

讀者可以核對兩者所得的結果相同，但簡易等效電路的計算簡單又方便。

4-11-2　單相三線系統線對地短路(※研究參考)

單相三線 110/220 V 系統，如果相線對中性線(地線)110 V 短路時，變壓器只有一半阻抗被短路，因變壓器的阻抗 pu 值是以 220 V 爲基準，變壓器在 110 V 的阻抗 pu 值在理論上等於 220 V 阻抗 pu 值的兩倍。

$$Z_{110(pu)}=\frac{Z_{110(\Omega)}}{Z_{110b}}=\frac{\frac{1}{2}Z_{220(\Omega)}}{Z_{110b}}=\frac{\frac{1}{2}Z_{220(pu)}Z_{220b}}{Z_{110b}}$$

$$=\frac{\frac{1}{2}Z_{220(pu)}\cdot\frac{220^2}{S_b}}{\frac{110^2}{S_b}}=2Z_{220(pu)}$$

依據上述理論，110 V 阻抗(電阻 R 與感抗 X)的 pu 值是 220 V 電阻與感抗的兩倍，然而因受構造影響，實際上電阻增加 1.44 倍，電抗增加 1.2 倍。

例題 4-11

有一單相 50 kVA 的變壓器，阻抗為(1.2＋ j3.0)%，二次側為單相三線 110/220 V，電源的三相短路容量為 100 MVA，其二次側 110 V 的相線與中性點短路故障，計算非對稱短路電流多少安培？

解
- 以單相 50 kVA，110 V 為基準值，單線及阻抗圖如圖 4-42 所示
- 選定基準值，並計算阻抗 pu 值

S_b＝50 kVA(單相)

V_b＝110 V(相對地)

$$X_S=\frac{50}{100000}=0.0005\ \text{pu}$$

$R_T=1.44\times0.012=0.0172$ pu

$X_T=1.2\times0.03=0.036$ pu

$$Z_{th}=2(jX_S)+(R_T+jX_T)$$
$$=2\times(j0.0005)+(0.0172+j0.036)$$
$$=0.0172+j0.037=0.0408\angle65.1°\ \text{pu}$$

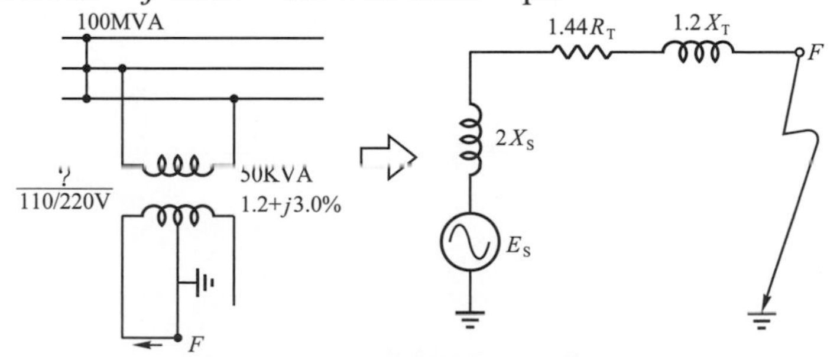

圖 4-42　單相變壓器中性點短路

• 計算短路電流，

$$X/R=\frac{0.037}{0.0172}=2.15$$，K＝1.026(查表 4-1)

$$I_{sy}=\frac{1.0}{0.0408}\times\frac{5.0}{0.11}=11{,}141\text{ A}$$

$$I_{asy}=1.026\times 11{,}141=11{,}431\text{ A}$$

Chapter

5

過電流保護協調

過電流故障如何善後

電力系統故障時，發生極大的故障電流；第四章，告訴我們如何計算故障電流；本章，繼續介紹如何善後。故障電流發生後，我們可以使用各種保護裝置，將故障部份切離系統，使系統其他部份繼續正常供電。

熔絲(fuse)是最簡單、便宜又有效的保護裝置，如何使用這種價廉物美的裝置呢？

無熔絲斷路器，是低壓配電系統(甚至是家庭)，使用最廣泛的保護裝置。但是，如何正確的選擇呢？無熔絲斷路器，其 AT 與 AF 又有什麼不同呢？

過電流電驛，可以說是「萬用保護電驛」。它有多種動作特性，可以用來保護發電機、電動機、電容器、變壓器及輸電線等設備，但要如何正確選用呢？

絕大多數的配電系統都是放射狀配置，因為台電不容許配電線路構成迴路(loop)，以避免保護電驛協調的困難。所以，本書限定討論放射狀配電系統的保護協調，主要是電力熔絲、無熔絲斷路器及過電流電驛之間的保護協調。至於方向性電驛、差動電驛、測距電驛、阻抗電驛等複雜電驛，不在本書討論範圍。

電機工程師在設計電力系統時，最主要任務之一就是當故障發生時，使故障限制在最小區域，並且在最短時間內予以隔離，以保障系統其他部份能繼續正常供電。簡言之，就是要達成最快保護與最大供電連續性的目標。

然而，若要達成最快保護，則要立即切斷故障，以減少人員及設備的損害；反之，若要求最大供電連續性，則可能使斷電之動作稍緩，以使保護裝置能有所區分，僅切離故障地區。

上述兩大目標有時相互衝突，如何取捨，則視設計者的偏好。過電流保護協調，是一連串的試誤法(trial and error)，所以保護協調的工作「藝術」多於「工程技術」。

絕大多數的工業配電系統都是放射狀配置，因爲台電不容許配電線路構成迴路(loop)，以避免保護電驛協調的困難。所以，本書限定討論放射狀配電系統的保護協調，主要是電力熔絲、無熔絲斷路器及過電流電驛之間的保護協調。

至於方向性電驛、差動電驛、測距電驛、阻抗電驛等複雜電驛，不在本書討論範圍。讀者若對大型電力系統的保護協調有興趣，請參看其他專門書籍。

5-1 電力熔絲

電力熔絲(power fuse)，因為價格便宜，並可適當完成保護的任務，相當適合在配電系統中擔任變壓器的保護。

電力熔絲的時間—電流(time-current)曲線，通常描繪在標準 NEMA 對數—對數(log-log)圖紙上，由製造商提供，每一熔絲有兩條曲線，如圖 5-1 所示。

1. 最小熔斷(minimum melting)曲線，是熔絲開始產生熔斷現象的時間—電流特性。
2. 最大清除(maximum clearing)曲線，是熔絲熔斷後並完全清除電弧的時間—電流特性。

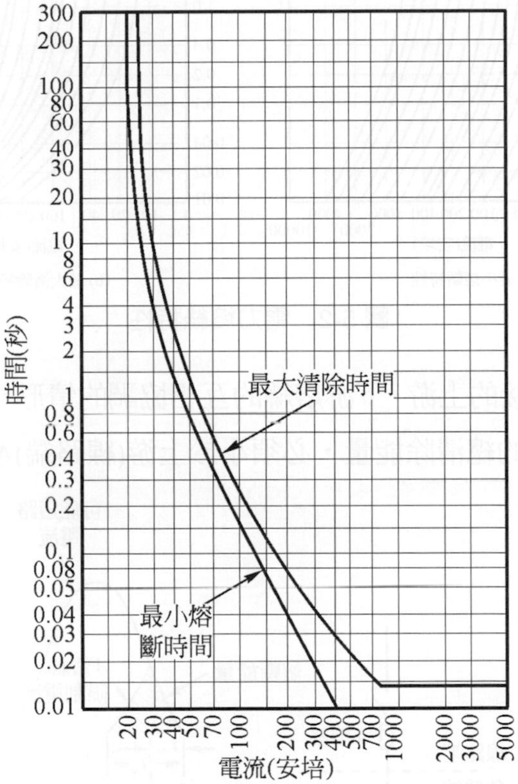

圖 5-1　典型熔絲曲線(10k 級)

圖 5-2(a)是電力熔絲的最小熔斷曲線圖；圖 5-2(b)是電力熔絲的最大清除曲線圖。應用時，要以相同型號的熔絲(例如 5E)，分別從(a)、(b)曲線讀取數值配對使用。

兩熔絲互相協調時，下游熔絲的最大清除時間，應小於上游熔絲的最小熔斷時間；以避免上游熔絲已開始熔解，但未完全熔斷，未被發現並拆換，將造成日後熔絲提早熔斷之誤動作。

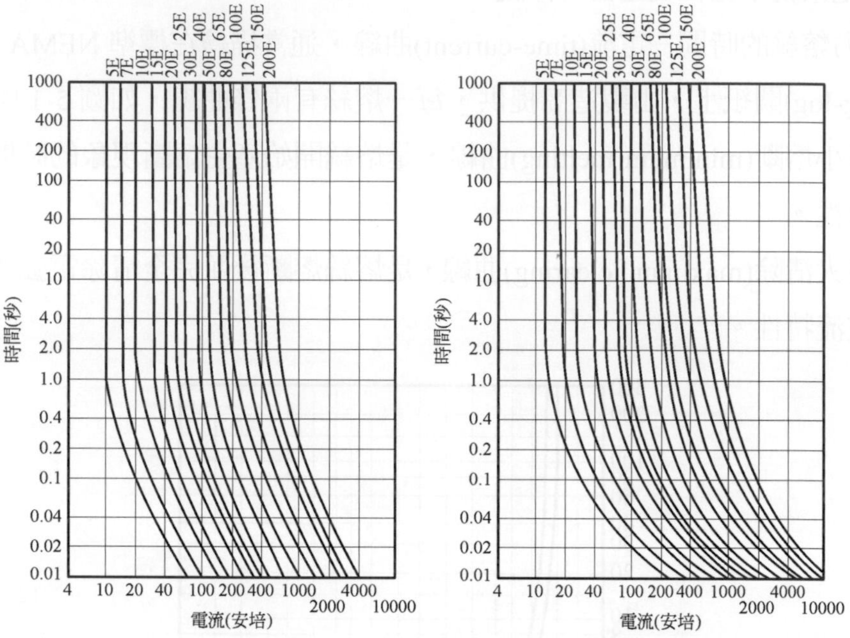

(a) 最小熔斷特性　　(b) 最大清除特性

圖 5-2　電力熔絲特性

圖 5-3 顯示，串接的上游、下游熔絲的互相協調的情形。在相同故障電流時，下游(負載端)B 熔絲的總清除能量，必須小於上游(線路端)A 熔絲的熔斷能量。

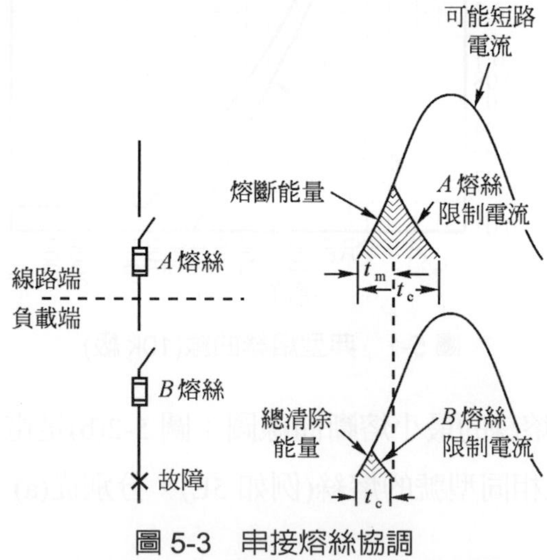

圖 5-3　串接熔絲協調

5-2 單元變電所的熔絲保護協調

爲了示範熔絲如何做保護協調，我們選擇以熔絲保護的單元變電所(unit substation)做爲範例，如圖 5-4 所示。

此單元變電所裝有 1000 kVA，13.2 kV，480 V 變壓器，三相三線系統。使用三階層的熔絲做爲保護：變壓器 13.2 kV 側，使用 80E 熔絲；480 V 側，使用 1200 A、L 級熔絲。配電盤的最大饋線，是馬達控制中心(motor control center)，使用 400 A、K5 級延時熔絲。馬達分路，使用 80 A、K5 級延時熔絲。

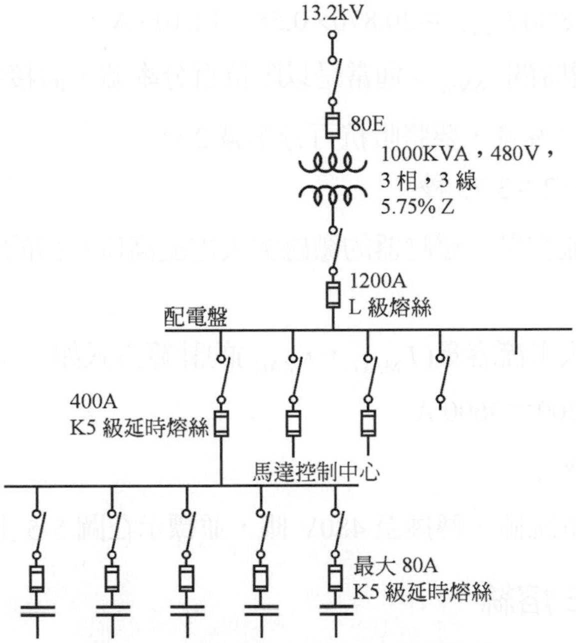

圖 5-4　單元變電所的熔絲保護協調

5-2-1　變壓器保護

變壓器的保護，必須考慮滿載電流、NEC 安全電流、瞬時容量、激磁突入電流等，分別敘述如下：

1. 變壓器滿載電流：

$$I_{f1}=\frac{1000}{\sqrt{3}\times 0.48}=1200\ \text{A}$$

2. NEC 規定保護裝置的最高標置，不得超過六倍的滿載電流

   $I_{NEC} = 6 \times 1200 = 7200$ A

3. ANSI 點：ANSI 規定變壓器的瞬時容量爲(I_{ANSI}，t_{ANSI})

   (1) I_{ANSI} 的計算方式如下：

   $$I_{ANSI} = \frac{\text{滿載電流}}{\text{阻抗pu}} = \frac{1200}{0.0575} = 20{,}870\text{ A}$$

   但Δ-Y 接的變壓器在 Y 接三相短路時，自Δ側視之，其電流要降爲 58%。

   $(\Delta 58\%)\, I_{ANSI} = 20{,}870 \times 0.58 = 12{,}100$ A

   (2) 容許通過時間 t_{ANSI}：通常是以阻抗百分率值，直接換成 t_{ANSI} 的秒値；但阻抗在 4～7%者，要將阻抗百分率減 2。

   $t_{ANSI} = 5.75 - 2 = 3.75$ 秒

4. 激磁突入電流容量：變壓器的激磁突入電流高達八倍的滿載電流，歷時約 0.1 秒。

   所以激磁突入電流容量(I_{MAG}，t_{MAG})的計算方式如下：

   $I_{MAG} = 8 \times 1200 = 9600$ A

   $t_{MAG} = 0.1$ 秒

   將上述幾種電流值，轉換至 480V 側，並標示在圖 5-5 上。

5-2-2 80E 熔絲

電源側(變壓器一次側)的 80E 熔絲，其最小熔斷曲線，由製造商提供並轉繪於圖 5-5 上。80E 的最小熔斷及最大清除曲線，應小於變壓器的瞬時容量(I_{ANSI}，t_{ANSI})，才可避免變壓器損壞；但應大於激磁突入電流容量(I_{MAG}，t_{MAG})，才可避免變壓器初送電時，熔絲燒斷。

5-2-3 1200A，L 級熔絲

變壓器二次側的 1200 A，L 級熔絲，其最小熔斷及最大清除特性曲線，由製造商提供並將曲線轉繪於圖 5-5 上。

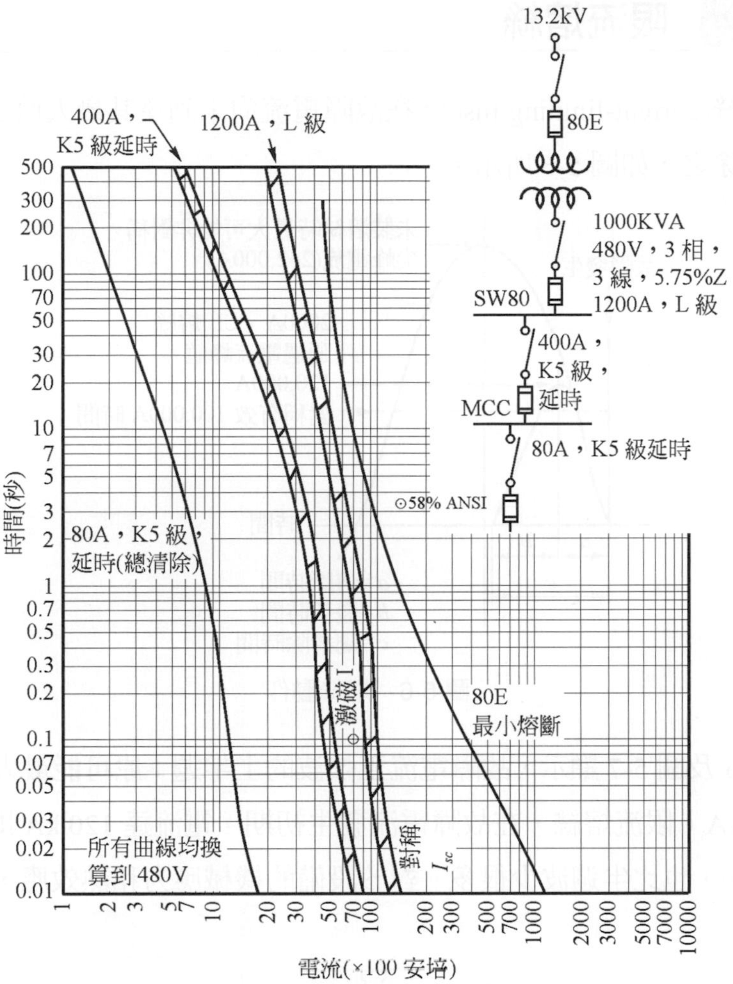

圖 5-5　單元變電站熔絲保護協調圖

5-2-4　400 A，K5 級饋線熔絲

配電盤 400 A 分路的 K5 級熔絲，其最小熔斷及最大清除特性曲線，亦轉繪於圖 5-5 上。

5-2-5　80 A，K5 級分路熔絲

分路負載選用 80 A，K5 級延時熔絲，將其最大清除時間繪於圖 5-5 上。

檢視圖 5-5，各級熔絲的曲線完全沒有重疊，是理想的保護協調。變壓器 80E 熔絲，也介於 ANSI 瞬時容量與激磁突入電流之間。所以不論故障電流值或大或小，均可完成保護協調任務。

5-3 限流熔絲

限流熔絲(current-limiting fuse)，在故障電流尚未到達其最大值之前，就先予熔斷並且清除之，如圖 5-6 所示。

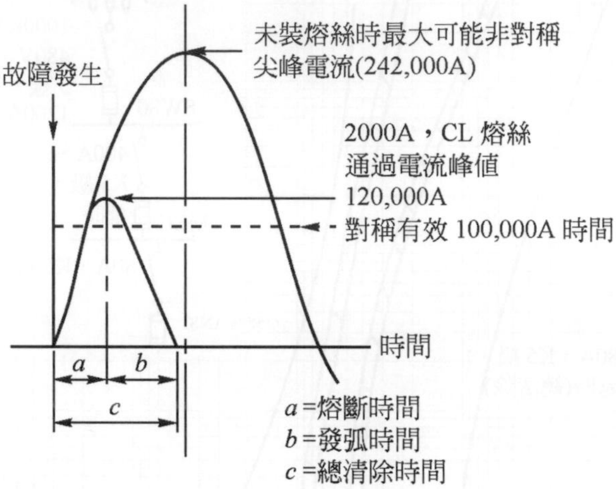

圖 5-6　熔絲動作

如圖 5-6 及圖 5-7 顯示，故障電流正弦波的上半週；原可能最大非對稱電流峰值是 242 kA。限流熔絲，在故障電流發生初期，電流達 120 kA 即予以熔斷。總清除時間 c，也比半週波少很多。對於設備的機械應力和熱效應，保護效果極爲顯著。

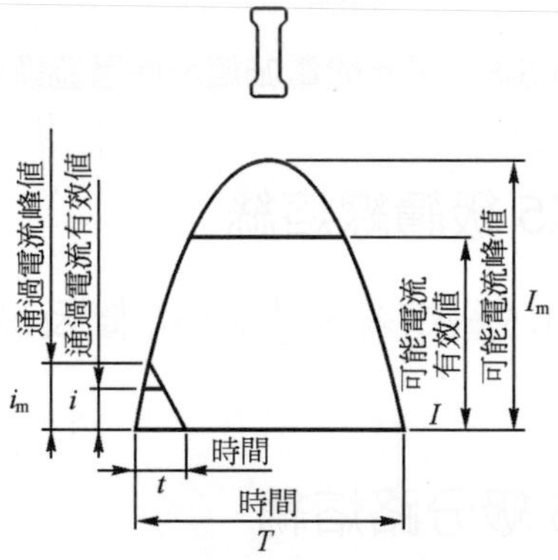

圖 5-7　限　流

圖 5-8 顯示，短路瞬時的最大機械應力，與熔絲通過電流峰值 I_m「平方」成正比。限流熔絲在 I_m 尚低時就予以熔斷，可以大幅降低機械應力損害。

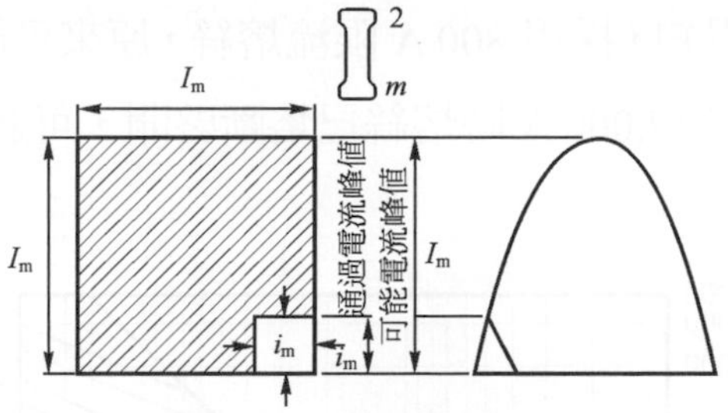

圖 5-8　機械應力

圖 5-9 顯示，短路時的熱效應，與熔絲通過電流有效值 I^2 和時間 t 的乘積成正比，所以是「三次方」效應。限流熔絲將電流降低、時間縮短，因此熱效應的降低最爲顯著。

限流熔絲的優點，是降低機械應力及熱效應。但其缺點有二：其一是價格較貴，其二是下游設備，必須能承受限流熔絲瞬時切斷電流時，所感應的 $L\ di/dt$ 突波電壓。

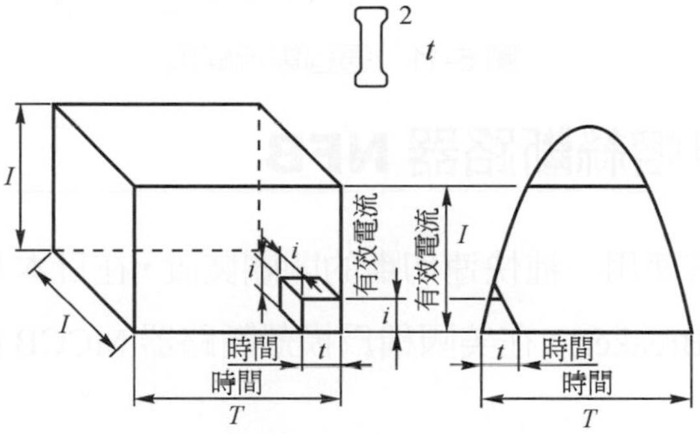

圖 5-9　熱效應

5-3-1　通過電流峰值特性圖

限流熔絲的應用範例，可以參考圖 5-10 的分路，分路的可能故障電流(有效值)是 40,000 A，使用 800 A 限流熔絲做爲保護。

圖 5 11，是限流熔絲通過電流峰值特性圖。在圖 5-11 我們先從下方 40,000 A 對稱故障電流出發，往上與 800 A 熔絲曲線交點，再往左與限流熔絲通過電流線的相交點，垂直向下找出通過電流爲 17,000 A。

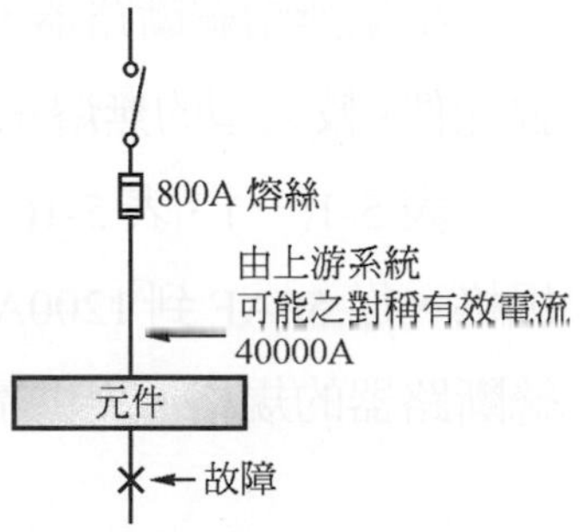

圖 5-10　限流熔絲應用範例

由以上過程可以得知，採用 800 A 限流熔絲，原來可能的最大對稱故障電流是 40,000 A，實際上在 17,000 A 時熔絲已熔斷啓開，可避免元件受到 40,000 A 過電流的損害。

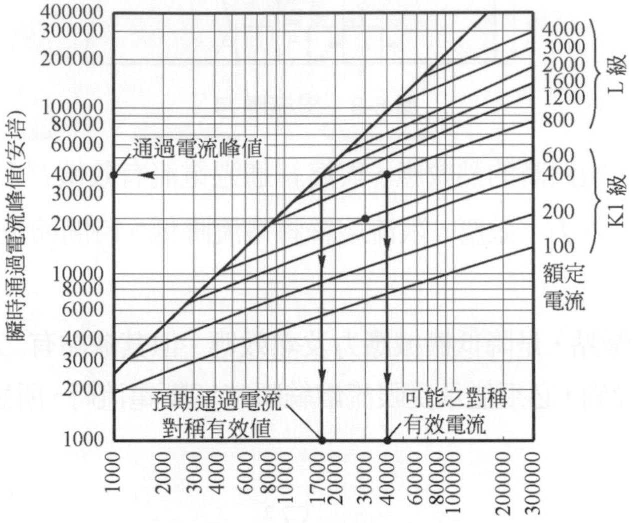

圖 5-11 通過電流峰值

5-4 無熔絲斷路器 NFB

低壓線路，經常使用一種快速切斷的開關裝置，在日本及台灣稱為無熔絲斷路器 NFB(No Fuse Breaker)，在美國稱為模殼斷路器 MCCB (Molded-Case Circuit Breaker)。

無熔絲斷路器，裝在一個由堅固絕緣材料製成的外殼，常用的電流容量有 15 A～4000 A，電壓為交流 120 V～600 V 及直流 125 V～250 V。

小型無熔絲斷路器，有單極、兩極或三極的構造，同時附有定電流的瞬時跳脫元件。較大型的無熔絲斷路器，為三極或四極，附有可調電流的瞬時跳脫元件。

表 5-1(一)、表 5-1(二)、表 5-1(三)，是常用三相 600V 無熔絲斷路器的詳細規格，從 50AF 到 1200AF 應有盡有。表 5-1(四)，是 110/220 V 單相及三相無熔絲斷路器的規格，提供讀者參考。

表 5-1 無熔絲斷路器規格(一)

框架容量(AF)		50		100		100		225	
型 式		NF50-CB		NF100-CBS		NF100-CB		NF225-CB	
外 觀									
額定電流 *In* (A) (AT) (基準周圍溫度 40°C)		10,15,20,30, 40,50		10,15,20,30,40, 50,60,75,100		60,75,100		125,150,175, 200,225	
極 數(P)		2	3	2	3	2	3	2	3
最高額定 使用電壓 Ui (V)	AC	600		600		600		600	
	DC	250		250		250		250	
外型及安裝尺寸 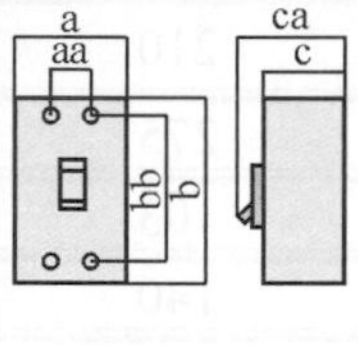 (mm)	a	50	75	50	75	60	90	105	
	b	130				155		165	
	c	68				68		86	
	ca	86				86		110	
	bb	111				132		126	
	aa	0	25	0	25	0	30	35	
製品重量(Kg)		0.45	0.65	0.45	0.65	0.65	0.9	2.1	2.6
額定啓斷容量(KA) CNS C4085 JIS C8370 (非對稱值/對稱值)AC	550/600V	1.5		5		5		7.5	
	440/480V	2.5		7.5		7.5		10	
	380V	2.5		7.5		7.5		20/18	
	220/240V	5		10		10		30/25	
額定啓斷容量(KA) IEC 947-2 EN 60947-2 Icu/Ics AC	500V	1.5/0.8		5/2.5		5/2.5		10/5	
	440V	2.5/1.3		5/2.5		7.5/3.8		15/7.5	
	415V	2.5/1.3		7.5/3.8		7.5/3.8		18/9	
	380V	2.5/1.3		7.5/3.8		7.5/3.8		18/9	
	240V	5/2.5		10/5		10/5		25/13	
額定啓斷容量(KA) DC	250V	2.5	--	5	--	5	--	10	--
	125V	5	--	7.5	--	7.5	--	15	--
過載跳脫方式		完全電磁式						熱動--電磁式	

表 5-1　無熔絲斷路器規格(二)

框架容量(AF)			250		400		600	800
型式			NF250-CB		NF400-CA		NF600-CA	NF800-SB
外觀								
額定電流 *I*n (A) (AT) (基準周圍溫度 40ºC)			250		250,300,350,400		500,600	700,800
極數(P)			2	3	2	3	3	3
最高額定使用電壓 Ui (V)		AC	600		600		600	600
		DC	250		250		250	250
外型及安裝尺寸	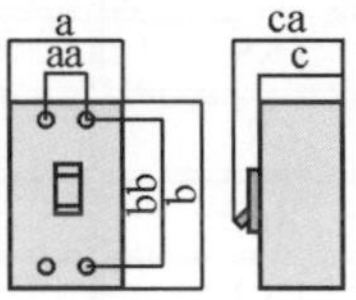 (mm)	a	105		140		210	
		b	165		257		275	
		c	86		103		103	
		ca	110		132		140	
		bb	126		194		243	
		aa	35		44		70	
製品重量(Kg)			2.1	2.6	6.0	6.5	10	11
額定啓斷容量(KA)	CNS C4085 JIS C8370 (非對稱值/對稱值) AC	550/600V	15/14		15/14		15/14	22/20
		440/480V	25/22		25/22		25/22	30/25
		380V	25/22		25/22		25/22	40/35
		220/240V	35/30		35/30		35/30	65/50
	IEC 947-2 EN 60947-2 Icu/Ics AC	500V	14/7		15/7.5		18/9	25/13
		440V	22/11		20/10		20/10	25/13
		415V	22/11		22/11		25/13	35/18
		380V	22/11		22/11		25/13	35/18
		240V	30/15		30/15		30/15	50/25
	DC	250V	10	--	10	--	10	20
		125V	15	--	15	--	--	--
過載跳脫方式			熱動--電磁式				熱動--可調電磁式	

表 5-1　無熔絲斷路器規格(三)

框架容量(AF)			800	1000	1200
型 式			NF800-E	NF1000-E	NF1200-E
外 觀					
額定電流 In (A) (AT) (基準周圍溫度 40ºC)			可調整 400,450,500,600 , 700,800	可調整 500,600,700,800, 900,1000	可調整 600,700,800,100 0, 1200
極 數(P)			3	3	3
最高額定使用電壓 Ui (V)		AC	600	600	600
		DC	--	--	--
外型及安裝尺寸	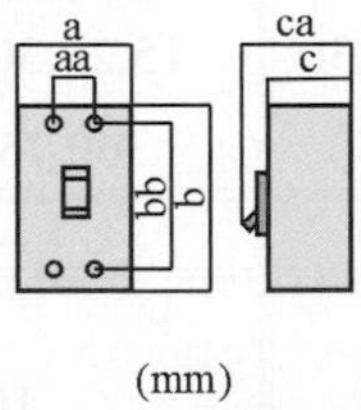	a	210	210	210
		b	275	406	406
		c	103	140	140
		ca	155	190	190
		bb	243	375	375
		aa	70	70	70
製品重量(Kg)			11.1	23.5	23.5
額定啓斷容量(KA)	CNS C4085 JIS C8370 (非對稱值/對稱值) AC	550/600V	35/25	60/50	60/50
		440/480V	60/50	100/85	100/85
		380V	60/50	100/85	100/85
		220/240V	100/85	150/125	150/125
	IEC 947-2， EN 60947-2 Icu/Ics AC	500V	25/13	50/25	50/25
		440V	50/25	85/43	85/43
		415V	50/25	85/43	85/43
		380V	50/25	85/43	85/43
		240V	85/43	125/63	125/63
	DC	250V	--	--	--

表 5-1　無熔絲斷路器規格(四)

框架容量(AF)	50	100	100		50	100	
型式	BH				BHU		
外觀							
極數(P)	1		2	3	1	2	3
外型及安裝尺寸 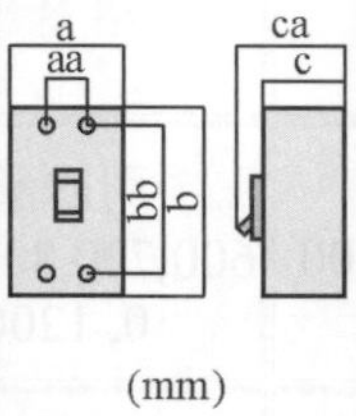 a	25		50	75	25	50	75
b	95						
c	58.5						
ca	77.5						
bb	100						
aa	0		25	50	0	25	50
額定電壓 V(AC)	110/220*		220		110/220*	220	
額定電流 (A) (基準周圍溫度 40ºC)	10,15,20,30,40,50	60,75 100	10,15,20,30,40,50,60,75,100		15,20,30,40,50	15,20,30,40,50,60,75,100	
啓斷容量 IC:kA 100/220V	5		--		10	--	
啓斷容量 IC:kA 220V	--		5		--	10	
重量(kg)	0.15		0.31	0.46	0.2	0.4	0.6

*單相三線式，線間電壓爲 220V；線與中性線間電壓爲 110V。

5-4-1　無熔絲斷路器的額定

無熔絲斷路器的兩大任務：一是電路發生短路時，能夠即時啓斷短路電流，使電路能完全切斷；二是正常(負載)電流可以長時間通過，而不會跳脫。所以無熔絲斷路器的額定值，必須標示其啓斷電流和通過電流；啓斷電流稱爲框架電流容量(AF)，通過電流稱爲跳脫電流容量(AT)。

1. **框架電流容量(frame size in amperes，AF)**

   無熔絲斷路器的框架電流容量(AF)，最常造成讀者的誤解。斷路器的框架電流容量，是和其啓斷電流大小有關。例如表 5-1 中 NF100-CBS，其框架容量爲 100 AF，三相啓斷電流爲 10 kA(240 V)，也就是 240 V 時可以啓斷 10 kA 的短路電流；但是，380 V 時啓斷電流爲 7.5 kA；600 V 時啓斷電流爲 5 kA。因爲，電壓不同時啓斷電流也不同；所以，無熔絲斷路器不能採用啓斷電流來標示其容量，只好改用「框架尺寸」來標示之。

例如表 5.1 中 NF100-CBS，其額定電流(跳脫線圈)有 10，15，20，30，40，50，60，75，100 A 等，但所有此型斷路器均使用相同的 100 AF 框架尺寸，所以無論額定電流是 10 A、50A 或 100A，其啓斷電流容量都相同[10 kA(240V)，7.5kA(380V)，5 kA(600V)]，也因此採用框架容量 100 AF 代表之。

2. **極數(number of poles)**

用戶用電設備裝置規則規定：「斷路器以能同時啓斷電路中的各非接地導線爲原則」。

低壓無熔絲斷路器的極數選用，請參考圖 5-12，圖中每一黑框表示一極。例如：單相兩線式接地電路可用單極，單相三線式接地電路用兩極，三相三線式 Δ 非接地電路用三極，三相四線接地電路用三極等。

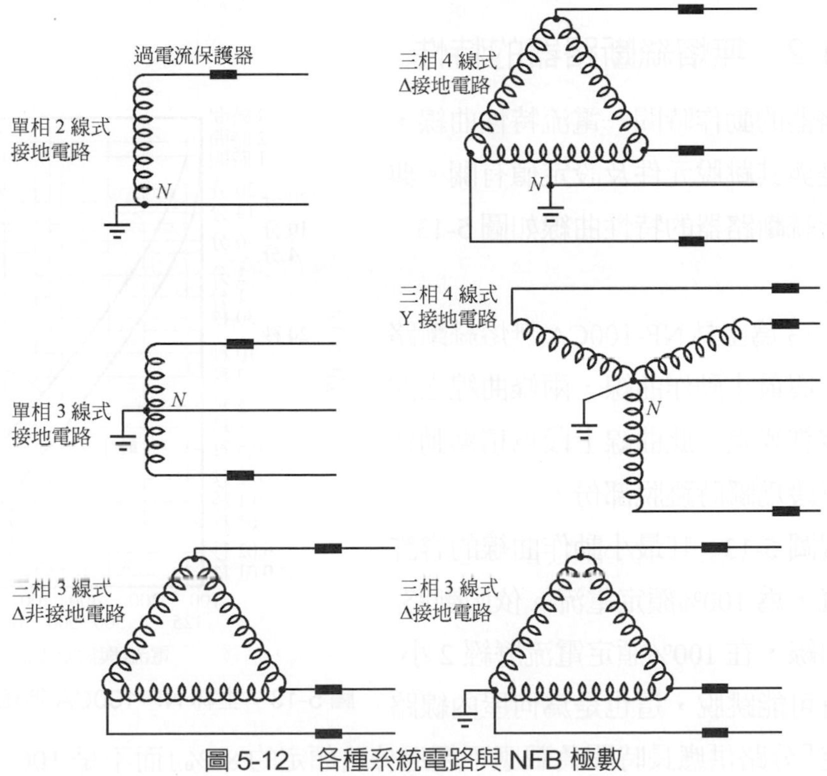

圖 5-12　各種系統電路與 NFB 極數

3. **額定電壓**

交流　220 V，480 V，600 V

直流　125 V，250 V

4. **額定電流**

額定電流，就是跳脫元件的跳脫電流(trip size in amperes)，也是一般所稱的AT。以 NF100-CBS 型而言，其跳脫元件有 10，15，20，30，50，60，75，100 A。

若 NF100-CBS 型斷路器，裝置 50 A 跳脫元件，則稱爲(100AF，50AT)，表示此斷路器，啓斷電流框架爲 100 A，跳脫元件額定電流爲 50 A。

5. **交流啓斷容量(kA)**

低壓斷路器在不同電壓時，其啓斷電流容量也不同。應用上，在選定的額定電壓，斷路器的啓斷容量 kA，應大於計算所得的最大故障電流。

例如表 5-1 中 NF225-CB 型，依日本 JIS/JEM 規定，在 220 V 時可啓斷 30(非對稱)/25(對稱)kA，380 V 時爲 20/18 kA，480 V 時爲 10 kA。

5-4-2　無熔絲斷路器的特性

斷路器的動作時間—電流特性曲線，基本上是與其跳脫元件及設定值有關。典型的無熔絲斷路器的特性曲線如圖 5-13 所示。

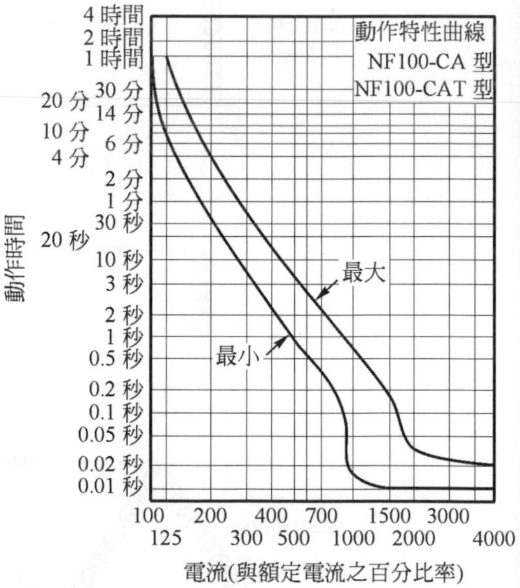

圖 5-13　士林 NF-100CA 無熔絲斷路器動作

圖 5-13 爲士林 NF-100CA 無熔絲斷路器的最大與最小動作曲線，兩條曲線之間是標準容許誤差。此曲線上段爲積熱動作部份，下段爲瞬時跳脫部份。

檢視圖 5-13，其最小動作曲線的容許始動電流，爲 100%額定電流。依照斷路器最小曲線，在 100%額定電流歷經 2 小時後，有可能跳脫，這也是爲何屋內線路規則規定「分路供應長時間負載應不超過分路額定的 80%」而不是 100%的原因。

5-4-3 無熔絲斷路器的 AF 與 AT

一般學生讀者，經常分不清斷路器的框架容量 AF 與跳脫容量 AT，現在以圖 5-14 來說明。

圖 5-14 是一個輻射狀配電系統，變壓器二次側為 3ϕ220V 三線制。假設計算得到的短路電流，在主匯流排為 25 kA，在二次匯流排為 9 kA。則無熔絲斷路器的選用如表 5-2 所示。

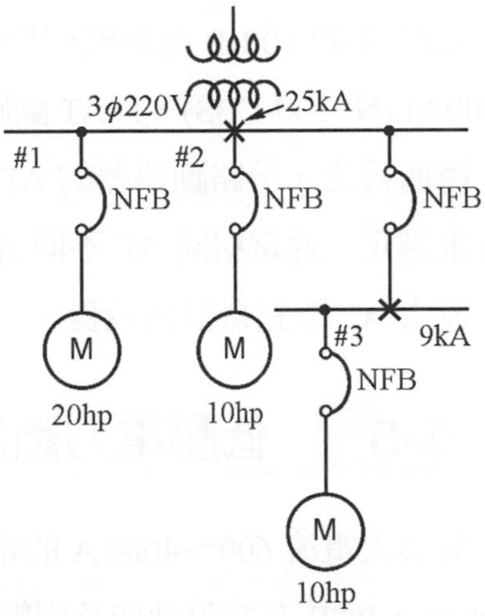

圖 5-14 輻射狀配電系統

表 5-2 無熔絲斷路器的選用

分路	負載	滿載電流 (A)	無熔絲斷路器			短路電流
			AT(最大)	AF(A)	IC(kA)	kA
1	20 HP	52	100	100	30	25
2	10 HP	27	50	100	30	25
3	10 HP	27	50	50	10	9

無熔絲斷路器，其 AT 就是跳脫電流，跳脫電流 15 A，就是 15AT，一目了然；但 AF 是框架電流，和啓斷電流相關，框架 100AF，啓斷電流有 5 kA、10 kA、30 kA、42 kA 等，要查表才可得知。選擇斷路器的 AT 時，按照屋內線路規則之規定，以不超過 2.5 倍滿載電流為原則。

分路#2 與#3 均為 10 HP 電動機，其滿載電流為 27 A，故其 AT 均選擇 50AT 者。同理，分路#1 的 20 HP 電動機，滿載電流 52 A，可選用 100AT 者。但是，斷路器還必須能順利啓斷短路電流。主匯流排(分路#1 和#2)的短路電流為 25 kA，二次匯流排(分路#3)短路電流為 9 kA。

分路#1 的 20 HP 電動機，其啓斷電流要大於 25 kA；則可選用啓斷容量為 30 kA 的 225AF(NF225-CB)，100AT 斷路器。

分路#2 的 10 HP 電動機，其啓斷電流要大於 25 kA；因 100AF (NF100-CBS) 啓斷容量為 10 kA，無法滿足需求，只好往上選啓斷容量為 30 kA 的 225AF

(NF225-CB)，50AT 斷路器。

分路#3 的 10 HP 電動機，其啓斷電流要大於 9 kA；則可用啓斷電流爲 10 kA 的 100AF(NF100-CBS)，50AT 斷路器。

總而言之，分路斷路器的 AT 由分路負載電流決定，而其 AF 則應參考故障電流來選定。通常相同 AF 不同 AT 的斷路器，其價格相同。但相同 AT 不同 AF 者，較大 AF 斷路器價格較貴。

5-5 低壓電力斷路器(※研究參考)

低壓大電流 600～4000 A 的電路，一般採用電力斷路器 PCB(Power Circuit Breaker)，PCB 有電磁動作及固態電路式，圖 5-15 爲固態電路式 PCB 的設定面板，其動作特性曲線如圖 5-16 所示。

圖 5-15 固態電路式 PCB 面板

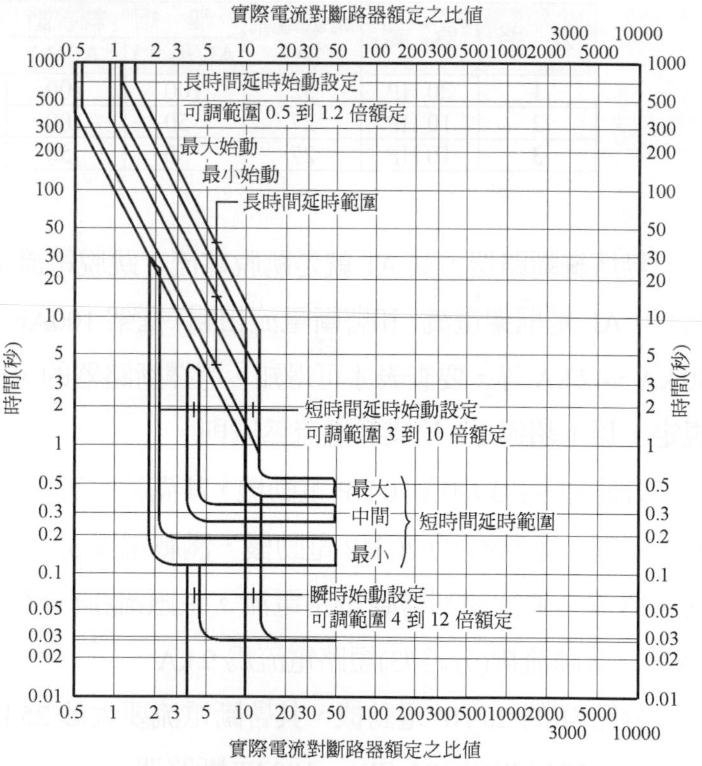

圖 5-16 固態電路式 PCB 動作特性曲線

固態電路式的最大與最小動作時間曲線，其誤差較傳統電磁式者為窄，是因固態電路精確度較高所致，較窄誤差在保護協調時非常有用。長延時元件，有 0.5～1.2 倍額定電流的調整範圍；短延時元件，則有 3～10 倍額定電流的調整範圍；瞬時元件，為 4～12 倍額定電流的調整範圍，並附有接地故障電流及時間設定。其應用在典型系統範例中再予說明。

5-6　典型配電系統過電流保護協調(※研究參考)

5-6-1　典型配電系統(※研究參考)

我們選擇一個典型配電系統，如圖 5-17 所示做為範例。此系統由電力公司以 13.2 kV 供電，一次側短路容量 250 MVA，主變壓器為 1500 kVA，5.75%阻抗，電壓 13.2 kV/480-277 V，Δ-Y 接線。在變壓器一次側選用電力熔絲，在 A 變電站採用電力斷路器 PCB，在 A 配電盤採用模殼斷路器 MCCB 為保護裝置，供電至各分路負載。

5-6-2　短路電流計算(※研究參考)

圖 5-17 典型配電系統，經電腦計算短路電流後，在各匯流排的對稱短路電流及電弧接地故障電流，如圖 5-18 所示。

5-6-3　各元件的相關數據(※研究參考)

為了進行過電流的保護協調，應先備妥下列數據：

1. 各保護裝置不得動作的容許最大電流及時間。
   (1) 各分路正常運轉的最大負載電流。
   (2) 變壓器激磁突入電流及時間。
   (3) 大型電動機的啟動電流及加速時間。
2. 各保護裝置動作電流設定參考值。
   (1) 計算所得的最大短路電流。
   (2) 各種標準如 ANSI、NEC 等規定對電纜、電動機或變壓器等的保護電流。
   (3) 設備受熱及機械最高容許電流。

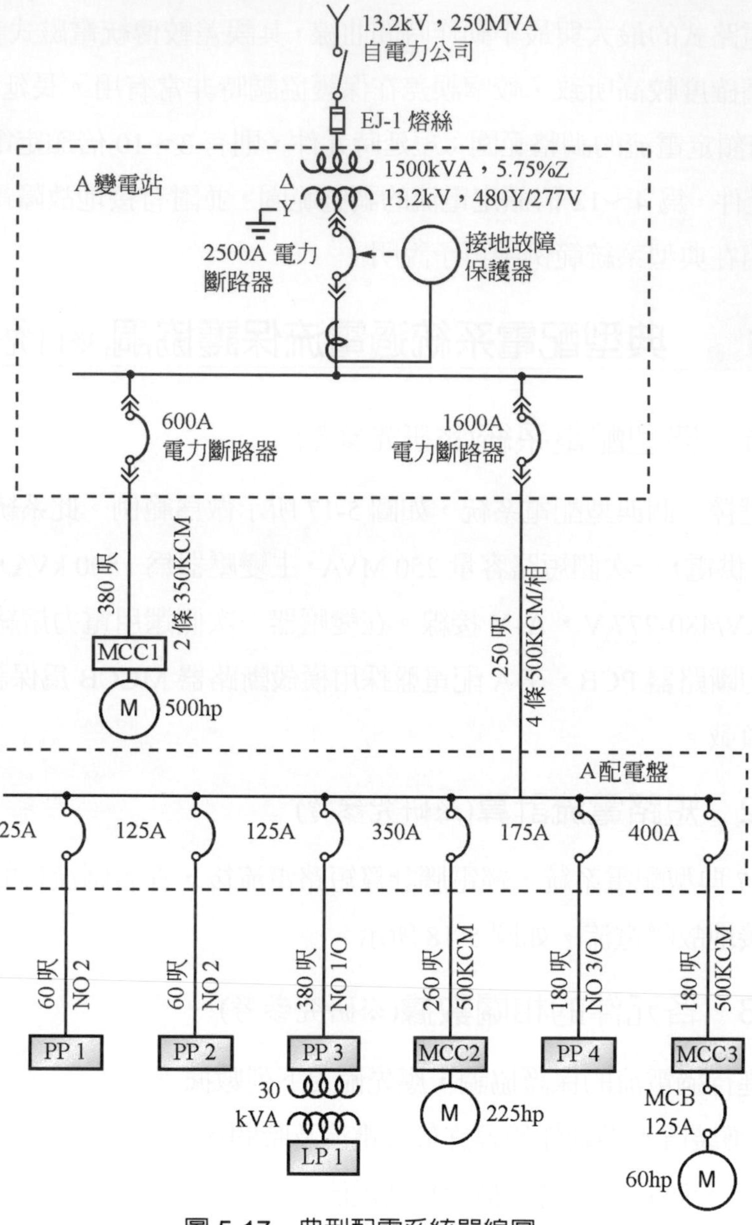

圖 5-17　典型配電系統單線圖

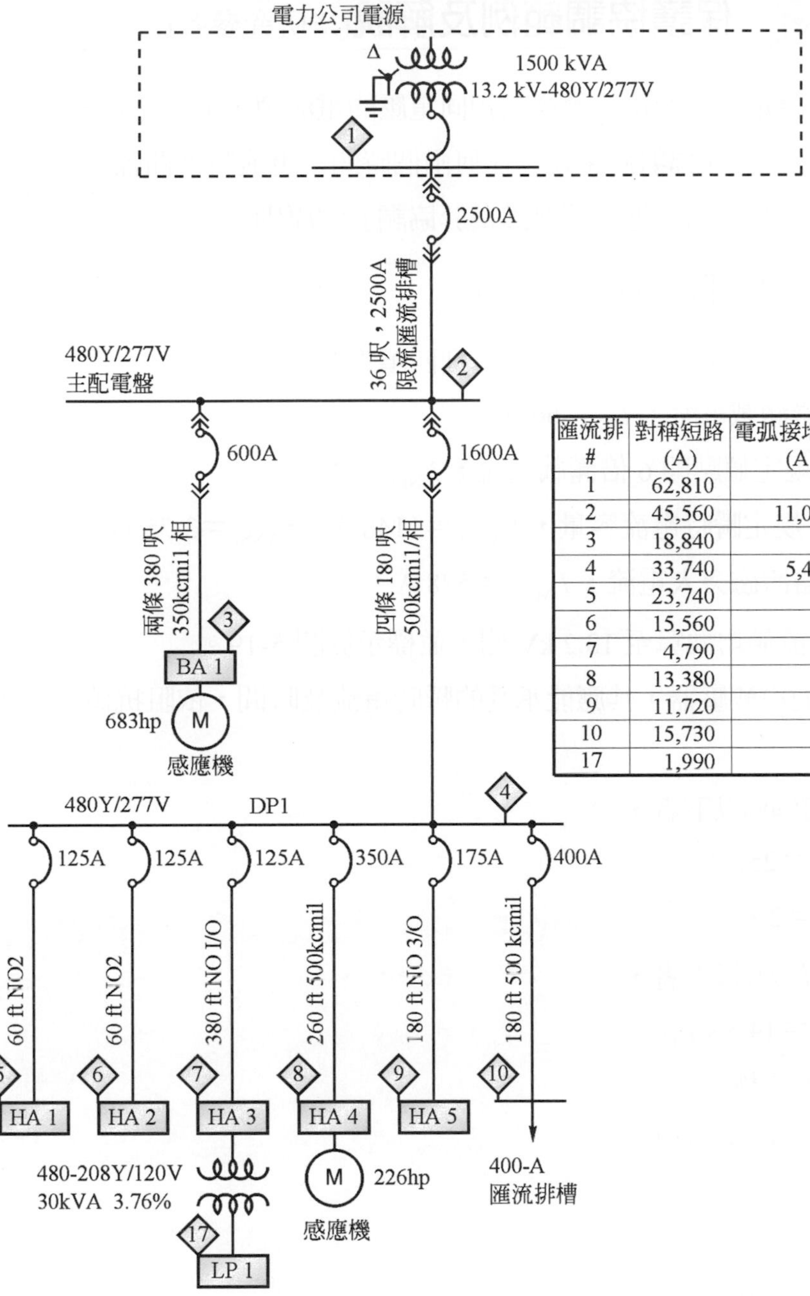

匯流排 #	對稱短路 (A)	電弧接地故障 (A)
1	62,810	
2	45,560	11,000
3	18,840	
4	33,740	5,415
5	23,740	
6	15,560	
7	4,790	
8	13,380	
9	11,720	
10	15,730	
17	1,990	

圖 5-18　短路電流計算結果

5-7 保護協調範例及解說(※研究參考)

保護協調是將相關電流轉換成相同電壓的電流值，並描繪在對數—對數(log-log)圖紙上。在輻射狀系統，任何兩個時間—電流特性曲線，原則上不可以重疊。如有重疊，則應把握「保護重於協調」的原則。

5-7-1 變壓器(※研究參考)

變壓器一次側的保護，應考慮下列四項重點：

1. 變壓器滿載電流，$I_{f1}=66$ A。
2. NEC 規定值點即 6 倍滿載電流，$I_{NEC}=396$ A。
3. ANSI 規定瞬時電流容量，$I_{ANSI}=1148$ A，$t_{ANSI}=3.75$ 秒。
4. 變壓器激磁突入電流，$I_{MAG}=528$ A。

上述電流值均換算至 13.2 kV 側，並標示於圖 5-19。

ANSI 對於配電變壓器，其應能承受的瞬時電流及時間，依阻抗值不同而規定如下：

1. 阻抗值 4%以下者，

   $I_{ANSI}=25\times I_{f1}$

   $t_{ANSI}=2$ 秒

2. 阻抗值 7%以上者，

   $I_{ANSI}=14.3\times I_{f1}$

   $t_{ANSI}=5$ 秒

3. 阻抗值 4%～7%者

   $I_{ANSI}=I_{f1}/Z_{pu}$

   $t_{ANSI}=(\%Z-2)$秒

注意：I_{ANSI}最大為 25 倍滿載電流，最小為 14.3 倍，t_{ANSI}最長為 5 秒，最小為 2 秒。

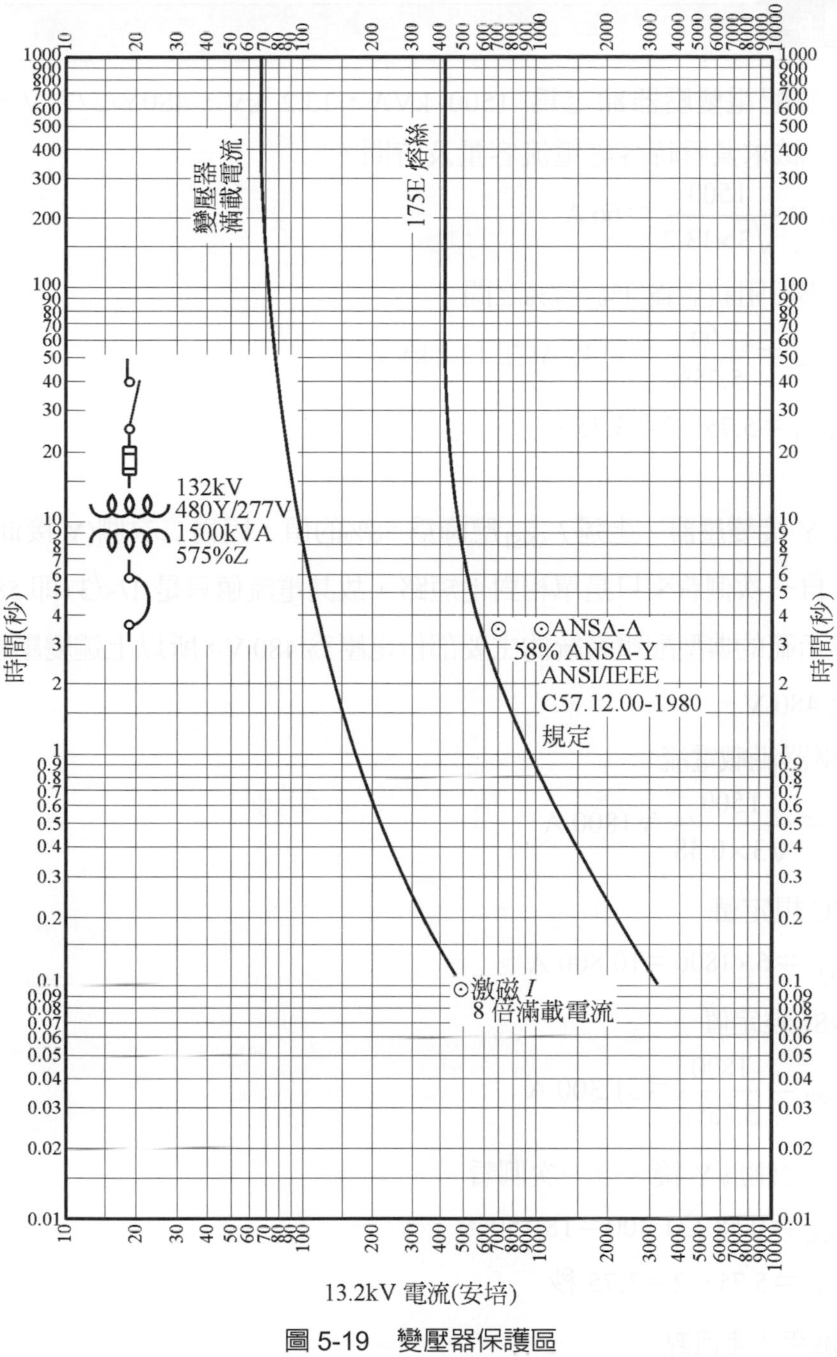
變壓器
滿載電流
175E 熔絲
132kV
480Y/277V
1500kVA
575%Z
⊙ANSΔ-Δ
58% ANSΔ-Y
ANSI/IEEE
C57.12.00-1980
規定
⊙激磁 I
8 倍滿載電流
時間(秒)
13.2kV 電流(安培)

圖 5-19　變壓器保護區

例題 5-1

一個配電變壓器額定爲 1500 kVA，13.2 kV，480Y/277 V，阻抗 5.75%，試求其瞬時容許電流容量及時間。

解
$$I_{f1} = \frac{1500}{\sqrt{3}\times 13.2} = 66\ \text{A}$$

變壓器阻抗値爲 4%～7%之間

$$I_{ANSI} = \frac{66}{5.75\%} = 1148\ \text{A}(\text{在 } 13.2\ \text{kV})$$

$$t_{ANSI} = 5.75 - 2 = 3.75\ \text{秒}$$

在Δ-Y 接變壓器，上述 I_{ANSI} 應降爲 58%的値，因爲二次側(Y 接)的三相短路電流，自一次側看來只是單相對地短路，故其電流値只是 $1/\sqrt{3}$ (即 58%)。

因爲示範的典型配電系統的主要部份電壓爲 480 V，所以上述變壓器電流值都轉換至 480 V。

1. 變壓器滿載電流

$$I_{f1} = \frac{1500}{\sqrt{3}\times 0.48} \fallingdotseq 1800\ \text{A}$$

2. NEC 規定值

$$I_{NEC} = 6\times 1800 = 10{,}800\ \text{A}$$

3. ANSI 規定值

$$I_{ANSI} = \frac{1800}{5.75\%} = 31{,}300\ \text{A}$$

因二次側爲 Y 接，自一次側看

$$I_{ANSI} = 0.58\times 31{,}300 = 18{,}150\ \text{A}$$

$$t_{ANSI} = 5.75 - 2 = 3.75\ \text{秒}$$

4. 激磁突入電流點

$$I_{MAG} = 8\times 1800 = 14{,}400\ \text{A}$$

$$t_{MAG} = 0.1\ \text{秒}$$

以上變壓器相關的電流值(換算到 480 V 時)已畫在圖 5-20 上。

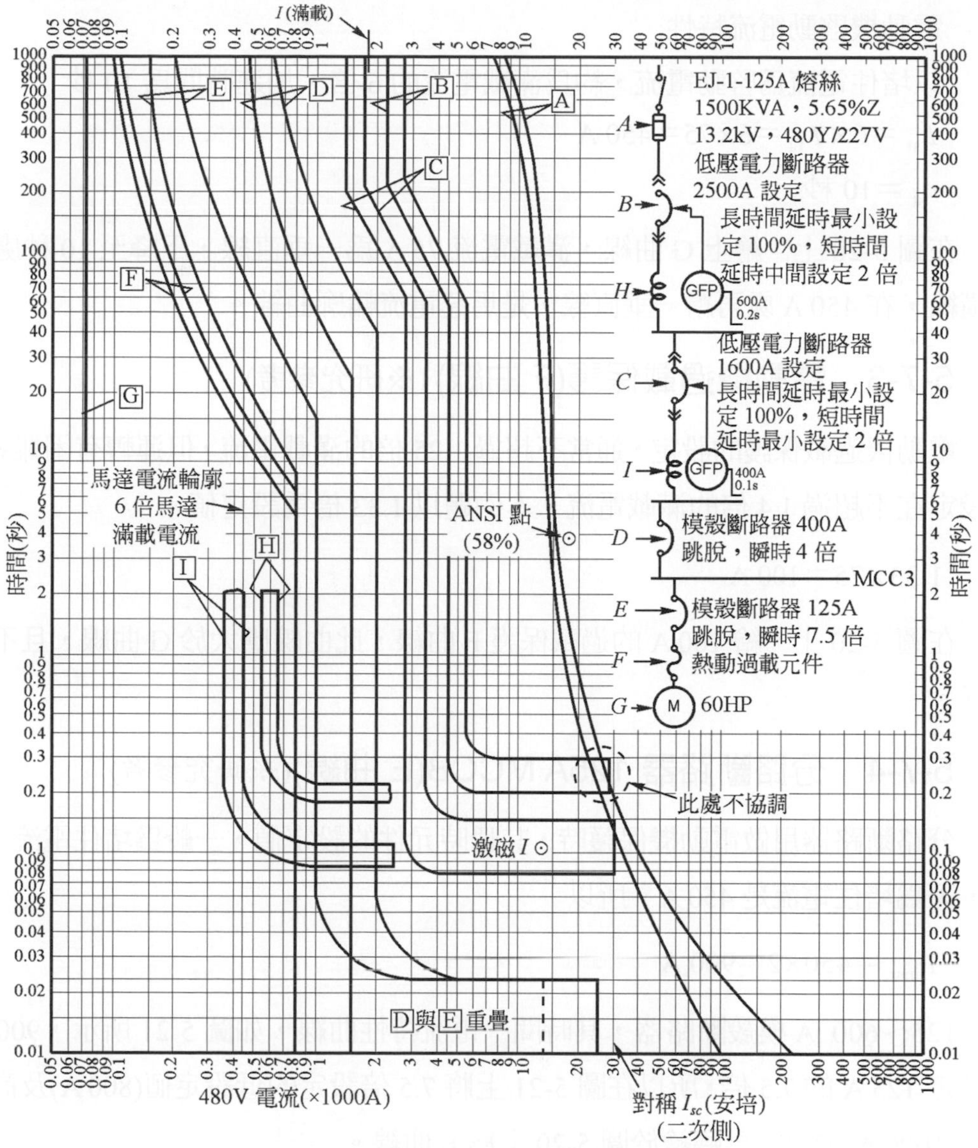

圖 5-20　示範系統的保護協調

5-7-2　60HP 電動機(G 曲線)(※研究參考)

本範例以 60 HP 電動機為末端負載，做為保護協調的示範，電動機應考慮的電流特性有：

1.　電動機滿載電流

$$I_{f1} = \frac{60}{\sqrt{3} \times 0.46} = 75\ \text{A}(\text{電動機額定電壓 } 460\ \text{V})$$

2. 電動機啓動電流特性

以堵住電流爲啓動電流，約爲滿載電流的 6 倍，加速時間爲 10 秒

$I_{st}=6\times I_{f1}=6\times 75=450$ A

$t_{st}=10$ 秒

在圖 5-20 上，繪上 G 曲線，滿載電流 75 A 爲一垂直線，下降至 10 秒處繪一橫線，在 450 A 處再繪一垂直線，是馬達電流輪廓曲線。

5-7-3 電動機過載保護(F 曲線) (※研究參考)

電動機過載保護的設定，通常不超過 1.25 倍的滿載電流，但運轉有困難者，可設定在不超過 1.4 倍的滿載電流。本例題以 1.33 倍爲設定值。

$1.33\times 75=100$ A

在圖 5-20 上，繪 100 A 的過載保護 F 曲線，此曲線應大於 G 曲線，且不得交叉。

5-7-4 分路斷路器 125A MCCB(E 曲線)(※研究參考)

分路斷路器用做電動機保護時，其瞬時元件的設定值，一般爲堵住電流的 2 倍，因爲堵住電流是 450 A。所以

$I_{inst}=450\times 2=900$ A

125～600 A 模殼斷路器，其時間—電流特性曲線，如圖 5-21 所示，900 A 爲額定 125 A 的 7.5 倍，所以在圖 5-21 上將 7.5 倍設定的低設定值(800 A)及高設定值(1000 A)繪出，再轉繪於圖 5-20 上爲 E 曲線。

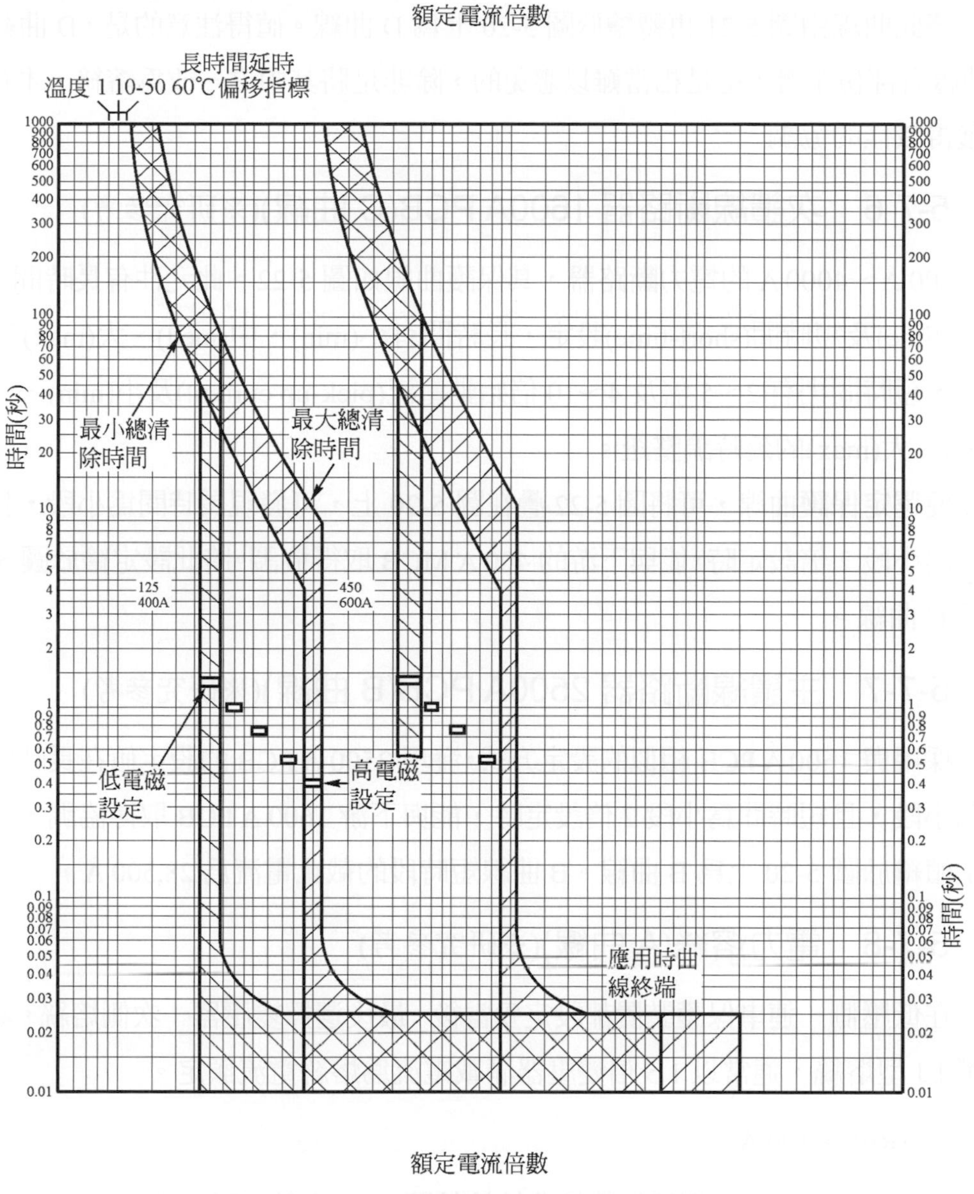

圖 5-21　125～600A MCCB 時間-電流特性

5-7-5　次饋線斷路器 400A MCCB(D 曲線)(※研究參考)

125A MCCB 的上游爲 400A MCCB，其瞬時元件的最低設定值爲 4 倍，高設定值選定 5 倍。

$I_{\text{inst}} = 4\times 400 = 1600$ A

$I_{\text{inst}} = 5\times 400 = 2000$ A

將此曲線由圖 5-21 再轉繪於圖 5-20 上爲 D 曲線。值得注意的是，D 曲線與 E 曲線有部份重疊，這是相當難以避免的，除非是將其中之一改爲熔絲，才有可能獲得較佳的協調。

5-7-6　次饋線斷路器 1600A PCB(C 曲線)(※研究參考)

600 A～4000 A 的電力斷路器，其保護曲線如圖 5-22。此元件有長時間(long-time)及短時間(short-time)設定，長時間有小(min)、中(med)、大(max)三段選擇，短時間則有 2～5 倍及 4～10 倍始動電流(pick-up current)及小(min)、中(med)、大(max)的延時調整鈕。

要選定保護曲線，可將圖 5-22 疊在圖 5-20 上，可發現長時間爲小段，且短時間爲小段 2 倍設定時，能與下游的 400 A MCB 取得協調。將此設定繪於圖 5-20 上爲 C 曲線。

5-7-7　主饋線斷路器 2500A PCB(B 曲線)(※研究參考)

採用與 1600 A PCB 相似的設定方式，發現 2500 A PCB 的設定值在長時間設定爲小段，且短時間爲小段 2 倍設定時，能與下游 1600 A PCB 取得協調，將此設定值繪於圖 5-20 上爲 B 曲線。B 曲線短時段的截止電流爲 28,500 A。

5-7-8　電力熔絲(A 曲線)(※研究參考)

在低壓側一連串保護裝置都設定妥當後，最後選擇變壓器一次側熔絲，本例中選 EJ 型熔絲，通常以 1.5 倍變壓器滿載電流爲熔絲電流額定。

$1.5\times66=100$ A

當我們將 100A EJ 型熔絲特性曲線繪於圖 5-20 上時，發現與 B 曲線不太協調，故改用次高一級的 125 A 熔絲，其曲線繪於圖 5-20 爲 A 曲線，A 曲線值得注意事項如下：

1. 與下游 B 曲線有良好協調。
2. 不得大於 ANSI 瞬時電流點(Δ-Y 接時爲 58%)

   ANSI 點＝(18,150 A，3.75 秒)

3.　不得小於激磁電流點

激磁電流點＝(14,400 A，0.1 秒)

4.　起始值不得超過 NEC 線(6 倍滿載電流)

NEC 線＝10,800 A

經檢視圖 5-20 曲線，除了與 B 曲線有少許交叉外，其餘條件均能符合。

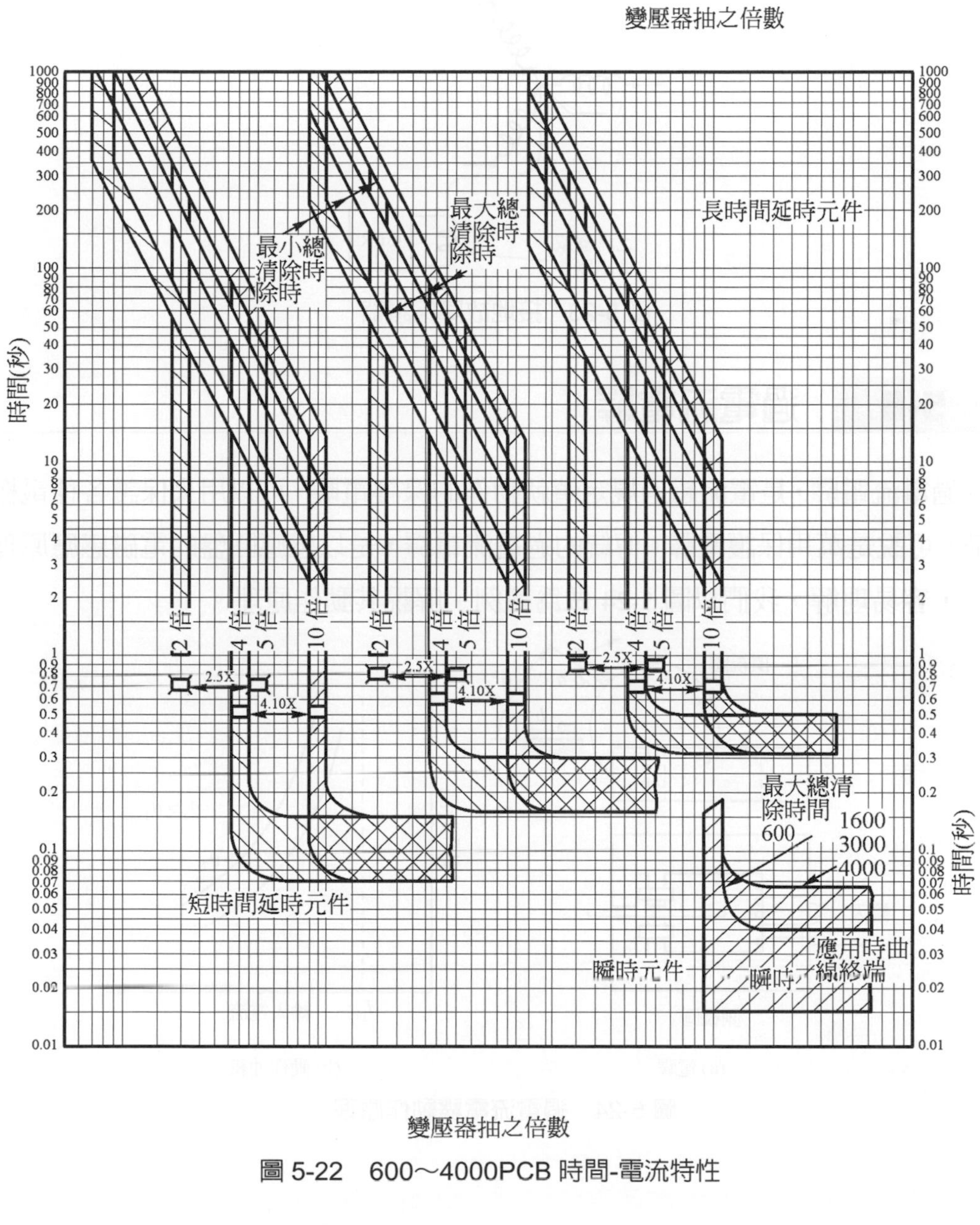

圖 5-22　600～4000PCB 時間-電流特性

5-7-9 接地故障保護(※研究參考)

此系統二次側爲 Y 接中性點直接接地，接地故障保護器的接裝如圖 5-23。

電弧接地故障電流，經計算標示在圖 5-18 上。在 BUS #2 爲 11,000 A，BUS #4 處爲 5415 A；接地保護的設定與主電路保護無關，本例中只在 2500A PCB 及 1600A PCB 饋線上裝設，其設定值分別爲(600 A 起動，0.2 秒)及(400 A 起動，0.1 秒)，因互相間能獲得協調，且能相當迅速動作，故設定完成。

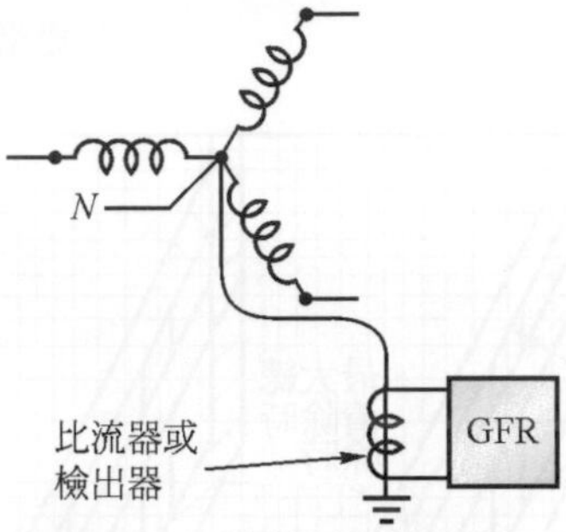

圖 5-23 接地故障保護器

5-8 過電流電驛

過電流電驛，是電流超過規定值就動作的保護電驛，可以用來保護各種電機設備，可說是萬用保護電驛。傳統的過電流電驛，是以感應圓盤的電磁感應原理動作，容易理解，我們以圖 5-24 做爲範例，解說其動作原理。

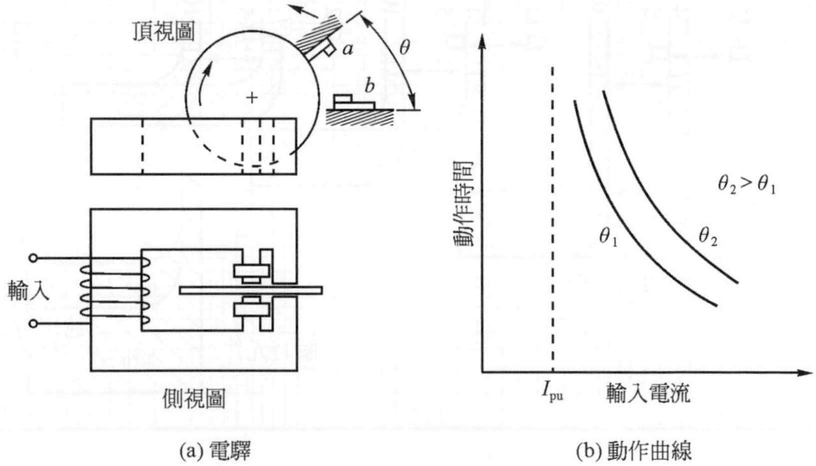

圖 5-24 過電流電驛動作原理

當交流信號(電壓或電流)加於輸入端，將在鋁製圓盤上產生一個垂直交變磁場，鋁圓盤上將感應電壓產生渦流，此渦流與交變磁場產生轉矩(如同感應電動機一樣)，使圓盤轉動。

圓盤的轉動受到螺旋彈簧的牽制，使可動接點 a 倒回止動處；當輸入電流超過始動值時，可動接點 a 轉動與固定接點 b 接通，電流愈大，轉矩也愈大，轉盤轉動也愈快，其動作時間特性如圖 5-24(a)所示。θ 角可以調整以改變動作時間，θ 角愈大，動作時間愈長。

5-8-1　動作特性曲線與應用

過電流電驛(台電通稱 CO 電驛)，其動作特性基本上是反時性的，也就是電流愈大，動作時間愈短。但依動作時間－電流曲線斜率不同，有長時性、反時性、超反時性、短時性、極反時性等，如圖 5-25 所示。每種型式均有甚廣的電流分接頭及時間調整範圍，以適應各種電機不同特性的保護協調。如果要快速的清除大故障電流，可以加裝瞬時過電流跳脫元件。

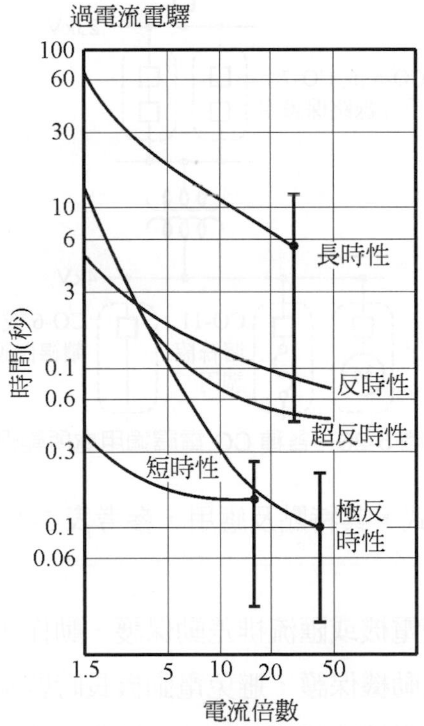

圖 5-25　各種 CO 電驛動作特性曲線比較

表 5-3 各類電驛型式的特點及一般應用

電驛型式	時間曲線	動作時間	一般應用
CO-2	短時性	0.47 秒	發電機與匯流排差動保護，動作迅速。
CO-5	長時性	25 秒	電動機保護，可長時間設免電動機啓動時跳脫
CO-6	定時性	2 秒	並聯線路保護，故障電流變化達 10～20 倍時仍能定時動作。
CO-7	次反時性	2.48 秒	
CO-8	反時性	2.52 秒	饋線保護，可在極大範圍時間調整以利協調。
CO-9	超反時性	1.53 秒	
CO-11	極反時性	0.8 秒	低壓幹線與分路斷路器或熔絲協調用。

註：電驛動作時間，係將時間盤設於 10，通 10 倍分接頭始動電流，而得結果。

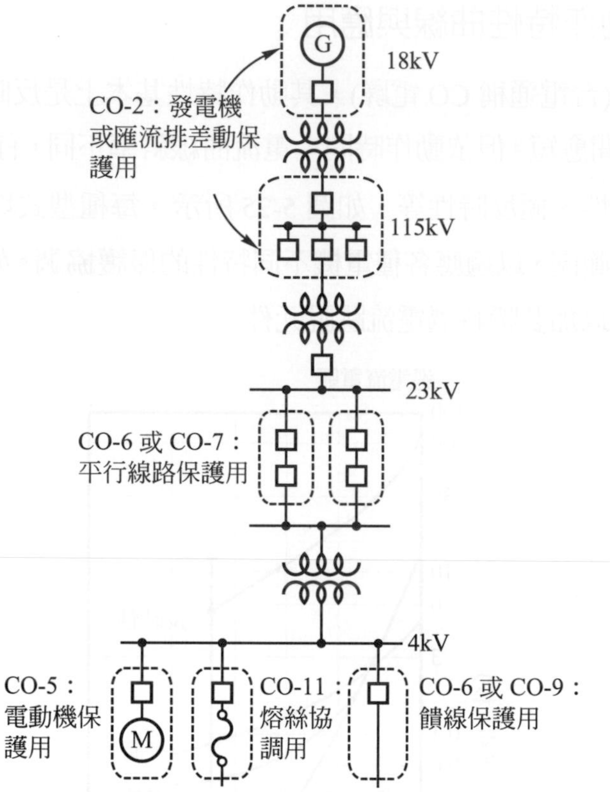

圖 5-26 各種 CO 電驛適用處所範例

常用過電流電驛型式，其特點及應用，參考表 5-3。適用處所，如圖 5-26 所示。敘述如下：

CO-2 短時性，發電機或匯流排差動保護，動作迅速。

CO-5 長時性，電動機保護，避免電動機長時啓動誤動作。

CO-6 定時性，併聯線路保護，電流大變化仍定時動作。

CO-8　反時性，饋線保護，定電流時間大變化。

CO-11　極反時，低壓分路保護，方便與熔絲做協調。

5-8-2　過電流電驛的設定

過電流電驛的設定，有始動電流及動作時間兩種方式：

1. 始動電流設定(current tap setting)

   過電流電驛始動電流的設定，通常在電驛盤面上方，以標置插稍(plug)插入所選定的電流值即可。一般過電流電驛的電流分接頭額定如表 5-4 所示。

表 5-4　過流電驛的額定電流

額定電流	電流分接頭(A)
0.1-0.5A	0.1，0.12，0.16，0.2，0.3，0.4，0.5
0.5-2.5A	0.5，0.6，0.8，1.0，1.5，2.0，2.5
2-6A	2.0，2.5，3.0，3，5，4，5，6
4-12A	4，5，6，7，8，10，12
4-16A	4，5，6，7，8，10，12，14，16
1-12A	1，1.2，1.5，2.0，2.5，3.0，3.5，4，5，6，7，8，10，12

2. 動作時間設定(time level setting)

   過電流電驛的動作時間，可以調整如圖 5-24(a)所示的θ角來改變。動作曲線，通常只標示 1/2～11 共 12 條曲線，如圖 5-27 所示。

   但實際調整為連續者，可依需要撥動時間標置桿；如時間標置桿在 5 的位置，則其動作特性以曲線 5 為準；但如調整在 7 與 8 之間，則其動作時間特性，介於 7 與 8 之間，依比例推算之。

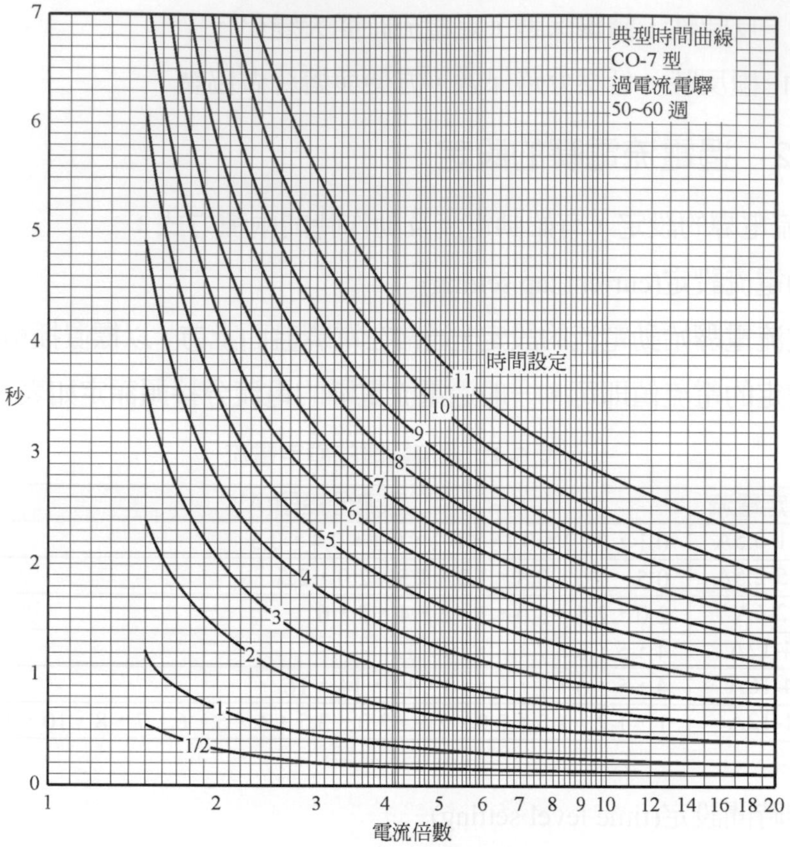

圖 5-27　CO-7 電驛動作特性曲線

5-9 過電流電驛保護協調實例

圖 5-28 的配電系統，將做為過電流保護範例。一次側為 13.8 kV，短路容量 250 MVA，二次側 2400 V，主變壓器容量 7500 kVA，感抗 X 為 6%；省略饋線及分路的阻抗，且不考慮馬達倒灌電流，則在 D 點三相短路時，計算最大故障電流為 20,000 A。

過電流電驛，協調與設計的基本原則如下：

1. 採用過電流電驛 CO-7 的動作特性曲線(圖 5-27)。
2. 末端電驛 D，其預定動作時間為 0.5 秒。
3. 對同一故障電流，各級電驛的動作延時間隔為 0.4 秒。

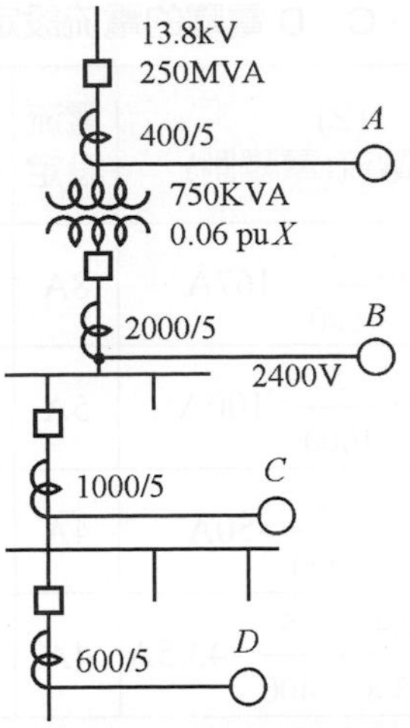

圖 5-28　過電流電驛協調

依據上述原則，A、B、C、D 電驛的電流與時間設定值，如表 5-5 所示，並解說如下：

1. 末端 D 電驛

(1) 末端故障電流原爲 20,000 A，因 600/5 比流器，在電驛側電流降爲

$$20,000 \times \frac{5}{600} = 167 \text{ A}$$

(2) 電流設定有 4、5、6、7、8、10、12A 可供選擇，一般不超過 8A，本例選用 8A。

(3) 電流倍數爲

$168 \div 8 = 21$ 倍，取 20 倍

(4) 預定動作時間 0.5 秒，在圖 5-27 的 CO-7 曲線，20 倍電流時，採時間標置 TD 3，動作時間 0.53 秒。

2. B、C 電驛(比照 D 電驛步驟，並參看表 5-5)

C 電驛，電流設定爲 5A，TD＝5，動作時間 0.92 秒。

B 電驛，電流設定 4A，TD＝6，動作時間 1.32 秒。

表 5-5　A、B、C、D 電驛的電流設定與時間設定值

電驛	(1) 比流器	(2) 故障電流(電驛側)	電流設定	電流倍數	動作時間秒	時間曲線 TD
D	600/5	$20000\times\frac{5}{600}=167A$	8A	20	0.53	3
C	1000/5	$20000\times\frac{5}{1000}=100A$	5A	20	0.92	5
B	2000/5	$20000\times\frac{5}{2000}=50A$	4A	12.5	1.32	6
A	400/5	$20000\times\frac{2.4}{13.8}\times\frac{5}{400}=43.5A$	4A	11	1.83	8

3. A 電驛

(1) 電驛側故障電流為

$$20{,}000\times\frac{2.4}{13.8}\times\frac{5}{400}=43.5A$$

(2) 電流設定 4A。

(3) 電流倍數 11。

(4) 時間曲線 8。

(5) 動作時間 1.83 秒。

4. 本案保護協調，如表 5-5 所示。

(1) 如果 D、C、B 及 A 電驛，分別採用整數時間曲線 3、5、6 及 8，各電驛動作時間，分別為 0.53,0.92,1.32 及 1.83 秒，間隔約為 0.4 秒，符合所需，設定完成。

(2) 各電驛設定點標示於圖 5-29 中。

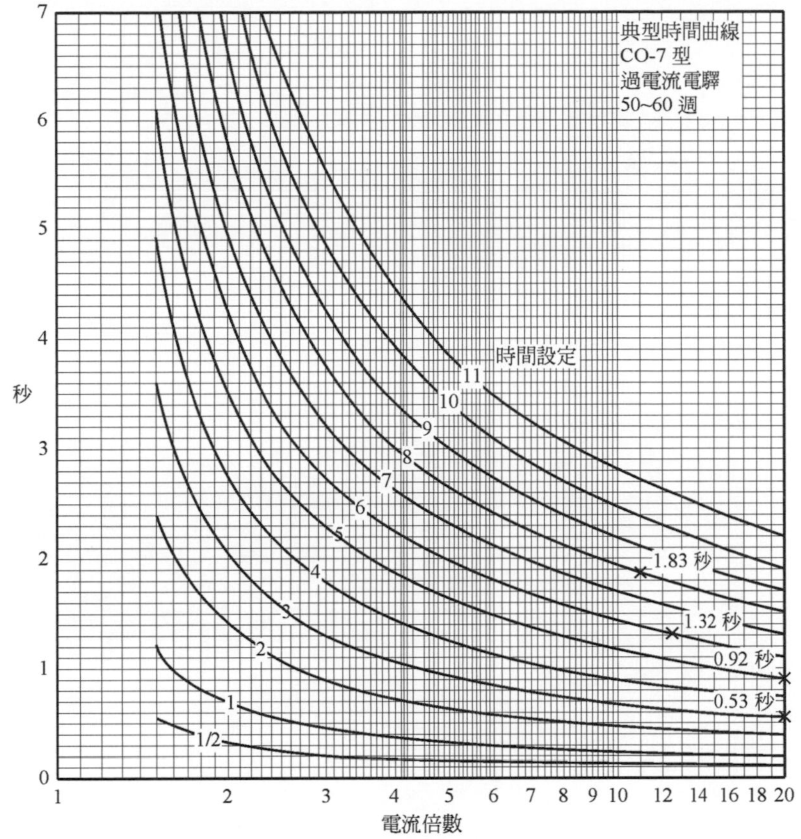

圖 5-29　用 CO-7 做過電流保護協調

Chapter 6

過電壓保護與系統接地

過電壓的故事

地　　點：美國加州某工廠

時　　間：午後二點

配電系統：三相 4160 Δ /480 Δ V 輻射狀配電系統

- 兩點以前，配電系統及工廠生產一切正常。
- 兩點過後，第一個電動機故障，隨後第二個、第三個電動機相繼故障。
- 配電盤上，電壓表(線電壓 480 V)及電流表，指示均為正常。
- 用電壓表量測，相對地電壓，電壓超過 1200 V。
- 推測可能是，主變壓器的高壓側與低壓側繞組間內部短路。
- 分區輪流停電，檢測個別變壓器，發現所有變壓器並未故障。
- 電動機故障，仍然繼續發生。
- 準備全廠停電，全面檢測各分路設備。
- 一電氣領班發現，某電動機控制箱冒煙，有火花及雜音，立即切斷分路電源。
- 全廠配電系統恢復正常運轉，相對地電壓恢復正常，不再有故障發生。
- 在兩小時內，全廠有將近 50 台電動機繞組燒毀。

這個故事的答案將在本章中敘述。

短路電流與過電壓故障，是電力系統無法避免且必須面對的問題。短路電流故障，通常是單一設備的使用或製造不良而造成，所以短路故障基本上是局部性的；但是，過電壓的故障，如本章引言故事或由雷擊等產生，其所造成的損害，常常是全面性的。

過電壓發生的原因很多，其對策也不盡相同。一般採取的對策，有設備接地、系統接地、架空地線、避雷器及提高設備耐壓水平等方式。

6-1 接　地

接地，分成設備接地與系統接地。設備接地，是將不帶電的外殼接地，其目的是保護電器；系統接地，是把帶電的電線以接地棒接地，其目的是保護人和電器。

先談設備接地，早年台灣，大家都把 110 V 的回流地線當成設備接地，然而，重載時回流會使該地線的電位升高達幾伏特，對於電鍋、電扇等普通電器不致造成損害；但是今天，幾伏特會使精密的積體電路短路，而造成嚴重損害。所以，營建署已經修改建築規範，新建房屋配電線路，必須增加設備接地線成爲三線方式，插座也改爲三孔式。

接著談系統接地，電力系統(無論是 Y 接和Δ接)，如果未接地將造成浮動中性點。浮動中性點，有可能造成全系統的電位升高，對於所有設備以及人員造成損害。

接地的方式，主要有設備接地及系統接地兩大類，其接線及目的說明如下：

6-1-1　設備接地

將用電設備(如變壓器、電動機、金屬導線管、金屬配電盤、燈具、電腦等)的非帶電金屬部份(外殼)加以接地，就是設備接地，如圖 6-1 所示。其主要目的有二：

1. 當用電設備的絕緣劣化而漏電時，提供漏電電流一條低阻抗回路，使斷路器能跳脫保護。
2. 非帶電金屬的外殼，因爲事故或靜電等因素，產生的電位升，能經由接地予以有效降低，以防止人員碰觸感電事故的發生。

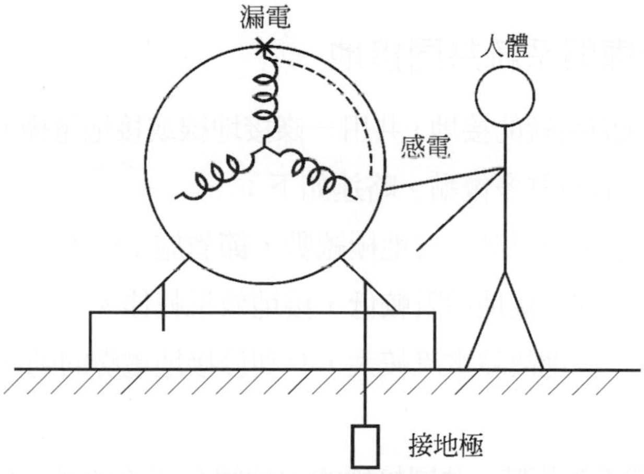

圖 6-1　設備接地

6-1-2　系統接地

發電機或配電變壓器的繞組，是帶電的金屬，如果將其中性線或低壓導線予以接地，就是系統接地，其目的是要避免電源線路對地電位的升高。如圖 6-2 所示，配電變壓器 480 V 低壓 Y 接線圈的中性點予以接地，則低壓各相對地最高電位，無論如何亦不會超過 277 V，如此可以保護機具設備因過電壓而造成的損害，也可間接保護人身的安全。

早期，配電系統經常採用三相三線非接地系統，比三相四線制可以節省一條配電線，但是因爲中性點浮動(參看圖 6-3)，常常造成過電壓的損害，目前已少見採用。

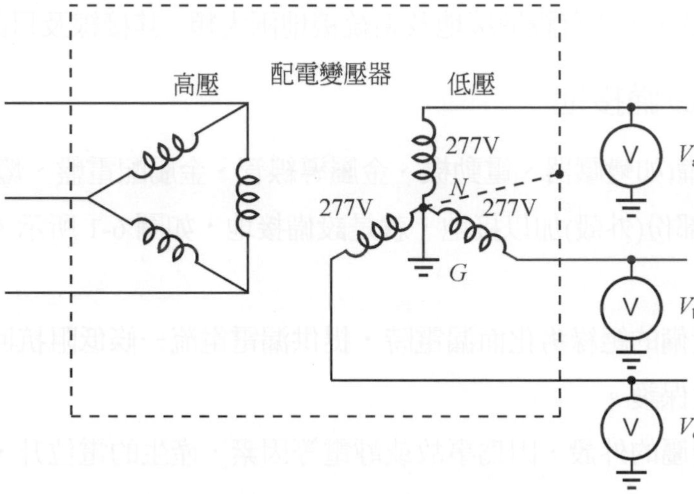

圖 6-2　系統接地(G)與共同接地(---外殼)

6-1-3　設備與系統共同接地

如果設備接地與系統的接地，共用一條接地線或接地電極，稱爲設備與系統共同接地，這種方式有許多優點，略述如下：

1. 接地系統簡單，可以減少接地極總數，節省施工成本。
2. 接地點並聯，綜合接地電阻較低，接地效果較佳。
3. 接地事故時，接地故障電流較大，有利於接地電驛的動作，使斷路器能切斷電路。

但是，當負載不平衡時，共同接地的中性線有回流通過，誤觸中性線可能造成人員意外感電事故，這是共同接地的缺點。

6-1-4　接地種類及接地電阻值

依據「用戶用電設備裝置規則」，電業(台電)電力系統的接地方式，以及用戶用電設備的接地電阻，必須符合表 6-1 的規定。

因台電多採用三相四線多重接地系統，依表 6-1，用戶變壓器受電端(一次側)要採用特種接地，接地電阻值應在 10Ω 以下；此系統內用戶高壓用電設備，其接地電阻也要在 10Ω 以下。

如電業採用非接地系統，其供電區域內用戶高壓用電設備，要採用第一種接地，其接地電阻要在 25Ω 以下。電業採用三相三線系統者，用戶用電設備應採第二種接地，接地電阻要在 50Ω 以下。至於低壓(600V)以下用電設備屬第三種接地，按照電壓等級其接地電阻分別為 100Ω、50Ω、10Ω 以下。

表 6-1　接地種類

種類	適用處所	接地電阻值
特種接地	電業三相四線多重接地系統供電地區，用戶變壓器之低壓電源系統接地，或高壓用電設備接地。	10Ω 以下
第一種接地	電業非接地系統供電地區， 用戶高壓用電設備接地。	25Ω 以下
第二種接地	電業三相三線式非接地系統供電地區 用戶變壓器之低壓電源系統接地。	50 以下
第三種接地	用戶用電設備： 低壓用電設備接地。 內線系統接地。 變比器二次線接地。 支持低壓用電設備之金屬體接地。	1. 對地電壓 150V 以下：100Ω 以下 2. 對地電壓 151V 至 300V：50Ω 以下 3. 對地電壓 301V 以上：10Ω 以下
註：裝用漏電斷路器，其接地電阻值可按「用戶用電設備裝置規則」表六二~二辦理。		

6-1-5　低壓插座的極性

台灣地區的低壓 110 V 插座有兩種，如圖 6-3(a)、圖 6.3(b)所示。但是接地線、中性線及火線到底接在那個插孔？多數人都不清楚。

依據美國電機製造協會 NEMA 的規定，A 型兩孔插座，如圖 6-3(a)，其極性是中性線爲左側較寬插孔，火線爲右側較窄插孔，沒有接地極。

新式的 B 型三孔插座，如圖 6-3(b)，上方有圓孔形接地孔，中性線是右側 T 形較寬插孔，火線爲左側較窄插孔。

圖 6-3(a) A 型兩孔插座

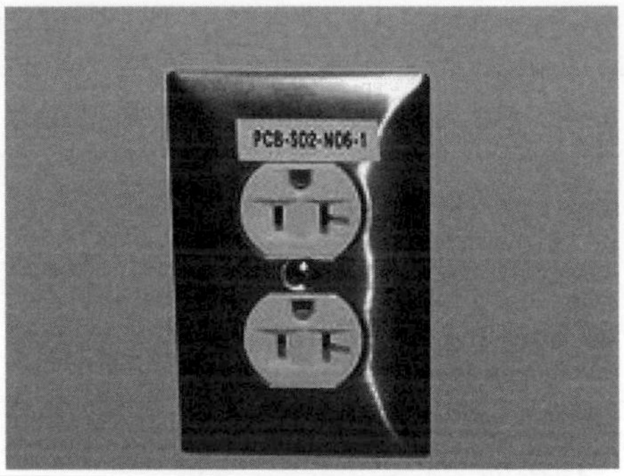

圖 6-3(b) B 型三孔插座

台灣地區，營建署已經修訂頒佈建築規範，新建房屋配電線路，必須增加設備接地線成爲三線方式，插座也改爲三孔式。

6-2　過電壓的原因及對策

6-2-1　靜　電

工廠中高速旋轉的電動機，以不導電的皮帶轉動工作母機，因摩擦產生的靜電電荷，將聚集在電動機及工作母機的外殼。如機器未予接地，則此靜電電荷將容易造成工作人員意外感電。

此外，現在的電腦大量使用 CMOS 積體電路，徒手輕輕觸摸，就可能燒毀 CMOS 積體電路。因為 CMOS 元件的輸入阻抗極高，其工作電壓只有 3.3 V，靜電電位就足以造成損壞。當你走過地毯，靜電就累積在你身上，此時如果你觸摸 CMOS 元件，將造成其輸入電路的絕緣破壞。如果電腦外殼經過適當的接地，則我們在檢修電腦電路板時，已先將靜電經由外殼放電至大地，之後再觸及 CMOS 元件時，就不會造成損害。

但是在台灣地區，因為 110 V 配電系統只配接兩線，並未提供電腦插頭的第三條地線電路，所以維修電腦時，若不注意將造成意想不到的傷害*。要防範以上的損害，是將所有用電設備的外殼予以接地。

*如何避免傷害 CMOS 元件

- 在觸摸 CMOS 元件之前，手先觸摸經過適當接地的機器外殼。
- 運送 CMOS 元件之前，將其放入導電袋之中。
- 檢視含有 CMOS 元件的電路板時，只拿電路板的邊緣，並且手先觸摸電路板的接地端子，再檢視元件。
- 當你要將 CMOS 元件交給他人時，尤其在乾冷的冬天，請先用手碰觸對方的手。

6-2-2　低壓線路直接碰觸高壓線路

低壓線路碰觸高壓線路時，在兩線路的碰觸點將顯示相同電壓；如果低壓線路的中性點未接地，則低壓線路的電位將提升至與高壓線路相同，並發生閃絡；如果低壓線路採取中性點直接接地，使中性點電位與地電位相同，則將有大故障電流流通，但碰觸後低壓線路仍能維持在低電壓系統的水平。

浮動中性點(非接地系統)

在Δ接或Y接中性點不接地的電力系統，如圖 6-4 所示。三相三線 480V Δ接變壓器或發電機，在系統正常運轉時，因爲三相平衡，所以每一相對地的電壓都相等，V_{AG}、V_{BG}、V_{CG}都是 $480/\sqrt{3}=277$ V，此種現象正如在Δ接的中心，有一個與大地電位相等的中性點 N，這種中性點並非實際可以接觸者，只是想像中與大地電位 G 相同的一點。

但在 A 相發生接地故障時，如圖 6-4(b)所示，此時 V_{BG}爲 480 V，V_{CG}爲 480 V，V_{AG}爲 0 V，就好像原來在Δ接中心的中性點 N 已經移往Δ接的 A 端點；當故障發生在 C 相接地，則此中性點 N 即移往 C 端點，所以在Δ接或 Y 接中性點不接地時，其中性點會移動，稱爲浮動中性點。

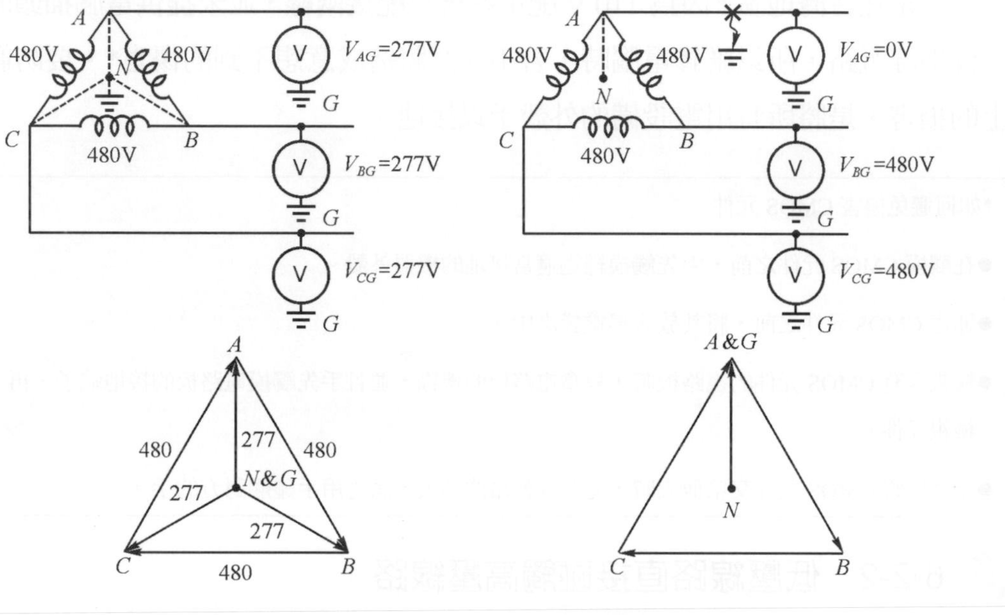

(a) 系統正常時 (N 與G同電位)　　(b) A相接地時中性點的轉移 (N 與A&G同電位)

圖 6-4　非接地系統的中性點電位

圖 6-5 是 4160Δ/480ΔV 非接地系統，變壓器低壓側 480 V。正常時，線對地電壓爲 $480/\sqrt{3}=277$ V，此時低壓側中性點，在Δ接的中心；但發生高低壓短路時，低壓側中性點，漂移至高壓側 4160 V 的中心，所有在低壓側的電位均升高 2400 V，低壓側設備將因過電壓而受損。

這種過電壓狀況，只要將低壓側實施系統接地就可以避免。

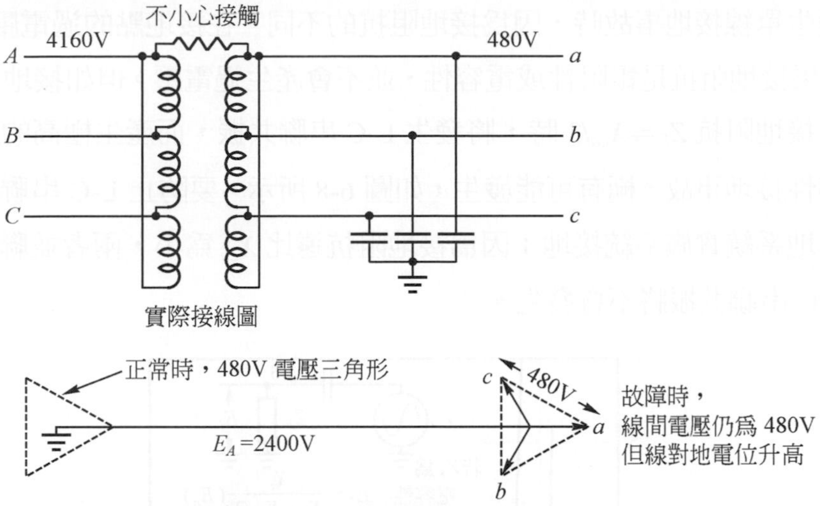

圖 6-5　非接地系統高低壓接觸事故

6-2-3　串聯 L-C 共振

非接地系統，實際上可視為電容接地，因為每一加電壓的導線與大地之間，均有電容存在，如圖 6-6(a)所示。其單相模式等效電路，如圖 6-6(b)所示(理想電源 X_s 可以省略)。

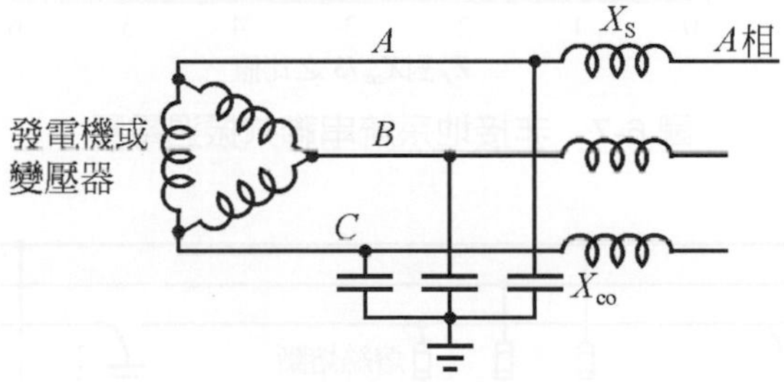

(a) 非接地的三相系統

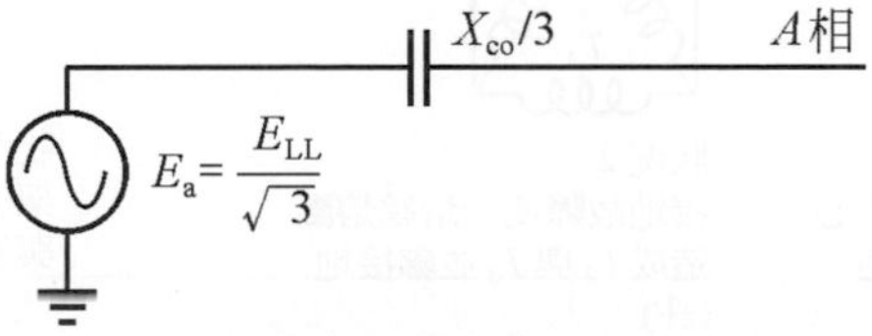

(b) 單相模式等效電路(A 相)

圖 6-6　非接地系統(正常時)的等效電路

當發生單線接地事故時，因爲接地阻抗的不同，在接地點的過電壓如圖 6-7 所示。如果接地阻抗是電阻性或電容性，並不會產生過電壓。但如接地事故爲電感性，且接地阻抗 $Z_F \doteqdot X_{co}/3$ 時，將發生 L-C 串聯共振，而產生極高的過電壓。

電感性接地事故，極有可能發生，如圖 6-8 所示。要防止 L-C 串聯共振，也是將非接地系統實施系統接地；因爲接地阻抗遠比 X_{co} 爲小，兩者並聯 X_{co} 可以忽略，L-C 串聯共振將不會發生。

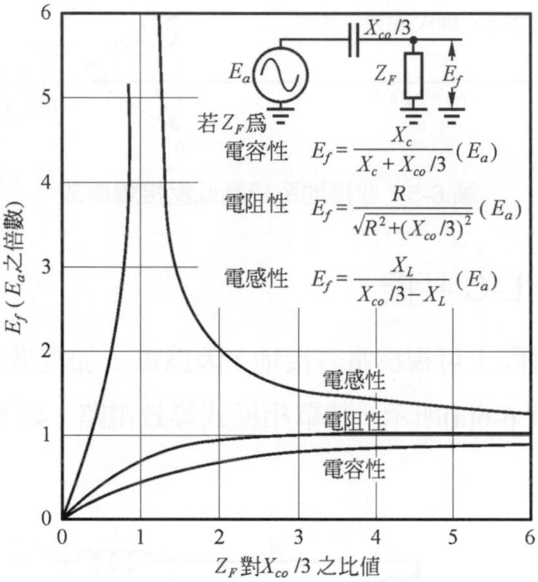

圖 6-7 非接地系統串聯共振過電壓

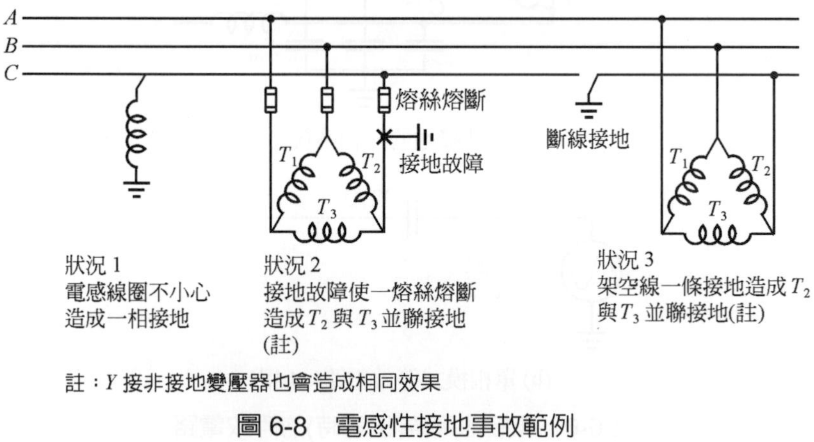

註：Y 接非接地變壓器也會造成相同效果

圖 6-8 電感性接地事故範例

6-2-4　時斷時續的接地故障

非接地系統，如果接地通路，因爲機器震動產生間歇性時斷時續的情形，則將產生斷續的嚴重過電壓。本章的引言故事，就是自耦變壓器啓動裝置發生間歇性接地，並持續達兩小時之久，因而造成近 50 台電動機燒毀的事故。

圖 6-9「*A*」位置所示，爲三相Δ接非接地(電容接地)系統的正常相位圖，E_a，E_b，E_c 以同步速率旋轉，電氣中性點與大地同電位，並且在對稱電壓三角形的中點。

如果 *A* 相接地，則系統電壓三角形將產生移位，如「*B*」位置顯示的情形，此時 *A* 相電壓到達峰值，而電流正好通過零點(因爲電容接地，電流前引電壓 90º)，如果故障是間隙或弧光接地，則弧光電流在零點時會斷開。因此線對地電容所保有的電荷，將造成中性點電位提升到 *A* 相電壓的峰值。

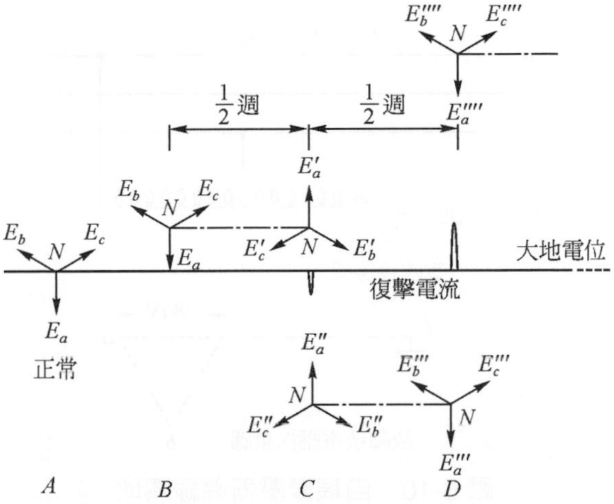

圖 6-9　間歇性接地造成過電壓的累積過程

在下半週，電源電壓旋轉 180º，成爲「*C*」位置上部相量圖。此時 *A* 相的電壓升高爲對地電壓峰值兩倍，此電壓可能超過故障間隙的耐壓而造成放電，使 *A* 相電位欲瞬間突降至大地電位，在省略電阻(無阻尼)的情況下，*A* 相電位會產生兩倍的振盪，並產生放電電流，當電壓爲負方向最大時，電流正好通過零點，(同「*B*」狀況)，*A* 相電位陷在「*C*」位置的兩倍峰值負電位。

再經半週，電源電壓再旋轉 180º，成為「D」位置下方的相量圖。若相同狀況再度發生，A 相電壓將累積為四倍峰值的電位。在工業配電系統中，曾經發生因間歇接地而產生 5～6 倍過電壓的事故，本章引言故事就是一例。此時線對地電位很高，但線間電壓仍屬正常。

解決這種過電壓的方法，仍然是把這種非接地系統改成有效接地系統，就可以消除過電壓所造成的損害。

6-2-5　自耦變壓器端線觸地

在非接地系統，因為中性點對地電位並不固定，稱為浮動中性點。如果發生圖 6-10 所示自耦變壓器端線觸地，則中性點將移位至接地的 P 點，此時 a、b、c 相對地電位即相對的提升，如圖 6-10 相量圖所示，而造成過電壓。

防範措施，也是把非接地系統改成系統有效接地。

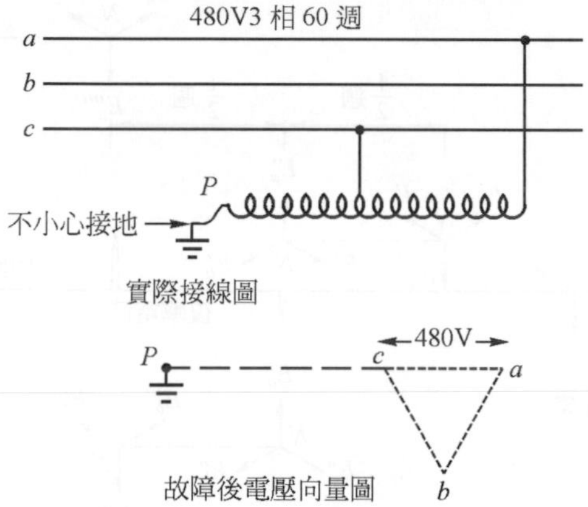

圖 6-10　自耦變壓器端線觸地

6-2-6　開關突波(Switching Surge)

開關操作的 ON/OFF 過程，也將造成過電壓。如圖 6-11(a)所示，三相電力系統發生兩相短路的瞬時，a′與 b′變成相同電位，如圖 6-11(b)相量圖所示。

因為短路電流極大，使斷路器 CB 啓斷，而系統阻抗為電感性，將在電流為零的瞬時完成啓斷，則a′及 b′的電位將要分別瞬時返回 e_a 與 e_b 的原來位置，但是因為系統電感 L 及對地電容 C，將造成暫態振盪，因為過衝(overshoot)使 e_a' 及 e_b' 變成 173%，即 73%過電壓。其他的開關操作狀況，甚至可能造成 225%或 233%的過電壓。

開關突波的防止對策，要在開關 ON/OFF 時，在電路中插入電阻，增加系統阻尼，以降低過衝產生的過電壓。在超高壓系統尚需加裝避雷器以消除開關突波的過電壓。

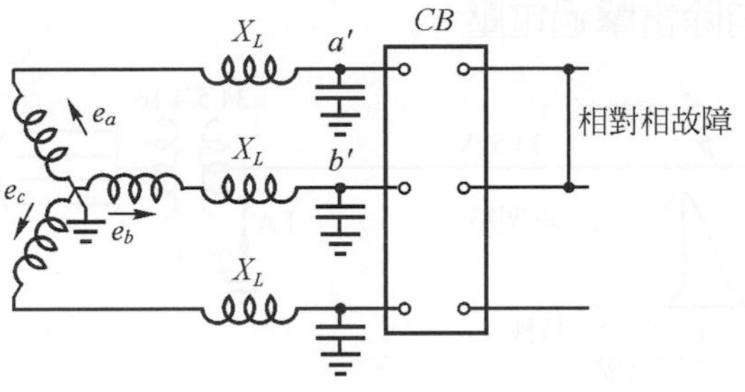

(a)

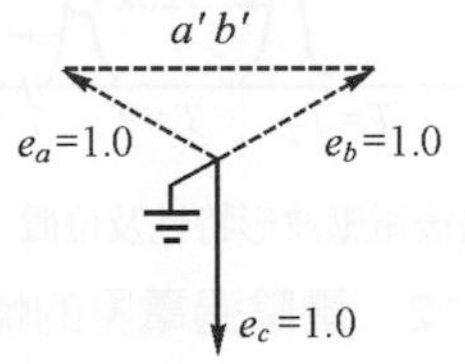

(b) 故障中，電流為零時電壓關係圖 $e'_a = e'_b$ (電壓 e_{ab} 為最大值)

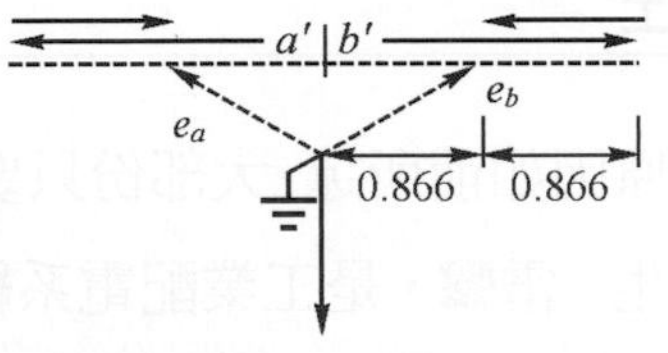

(c) 若電流為零時啓斷之，a' 與 b' 之電位將欲反彈回 e_a 與 e_b，但因 L 與 C 振盪使其衝至最大，e'_a 或 e'_b 為 173%即 73%過電壓

圖 6-11　啓斷兩相短路的過電壓

6-2-7　雷擊突波(Lightning Surge)

當雷電擊中 34.5 kV 配電線路時，雷擊波沿線路行進，所到之處均造成過電壓，其過電壓變化情形，如圖 6-12 所示。

通常 34.5 kV 線路，其耐壓水平為 250 kV。當雷擊擊中地線，且其峰值超過 250 kV 時，在電塔處將造成絕緣礙子閃絡，使過電壓反向侵入火線(詳圖 6-14)，而造成 250 kV 沿火線行進；因線路電阻使過電壓衰減，到達變壓器高壓側前端，其峰值將逐漸下降至 200 kV；受避雷器放電作用，將其峰值降為 140 kV；再依變壓器變壓比 34.5/4.16，降為 17 kV；沿中壓配電線衰減至末端為 7 kV；再因開路反射作用，使電壓升高兩倍達 14 kV。

雷擊突波的防治對策有二，一是架設架空地線，避免雷擊直接擊中火線；二是裝設避雷器，以消除雷擊過電壓。

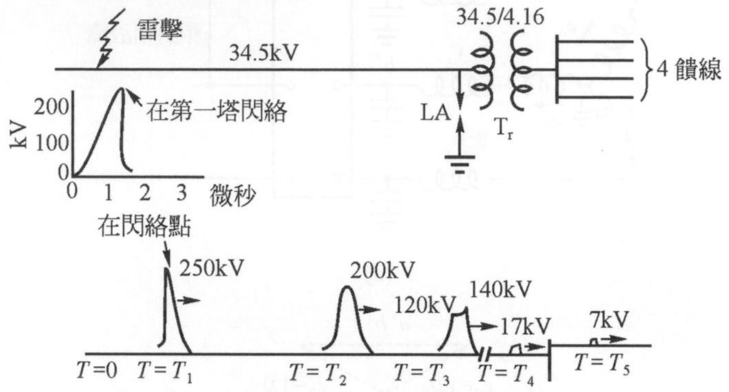

閃絡後電壓波形特性及位置

圖 6-12　雷擊過電壓的情形

6-3 雷擊特性

工業配電系統過電壓的原因如前所述，大部份只要妥善的施以系統接地及設備接地就可防止過電壓的產生。雷擊，是工業配電系統中最嚴重的過電壓來源，無法用系統接地予以消除，要防止雷擊損害，首先必須瞭解雷擊的特性。

6-3-1 直接雷擊

雷擊的發生，基本上是雲中電荷與地面電荷，相互中和所產生的雷擊電流，此電流通過輸配電線路的阻抗將產生過電壓。

一般架空線路，其特性阻抗 Z_c^* 約為 400 Ω；而直接雷擊之電流，可能在 1～200 kA 之間，最常見為 20～50 kA，所以直接雷擊最常產生的過電壓為：

$$V = I \times Z_c = (20 \sim 50) \times 400 = 8000 \sim 20000 \text{ kV}$$

面對如此高的過電壓，無論在經濟上或技術上都難以處理。如果不幸被雷擊直接擊中，設備一定損毀，只好自認倒霉。

*特性阻抗 Z_c：是架空線路，單位阻抗 Z 與單位導納 Y 比值的平方根值，即

$$Z_c = \sqrt{Z/Y} \fallingdotseq \sqrt{L/C}\,(\Omega) \fallingdotseq 400\,\Omega$$

6-3-2　架空地線

電機前輩們發現，在輸配電線路上架設架空地線，可以有效的避免火線直接被雷擊擊中，如圖 6-13(a)所示。

火線躲在架空地線下方的夾角，稱為保護角(約 30º～45º)，如圖 6-13(b)所示。在保護角下的火線，幾乎可以免除雷擊之災。

架空地線，其特性阻抗 Z_c 約為 20 Ω。所以，雷擊(20～50 kA)擊中架空地線，可能造成的過電壓為：

$$V = I \times Z_c = (20\sim50)\times20 = 400\sim1000\text{ kV}$$

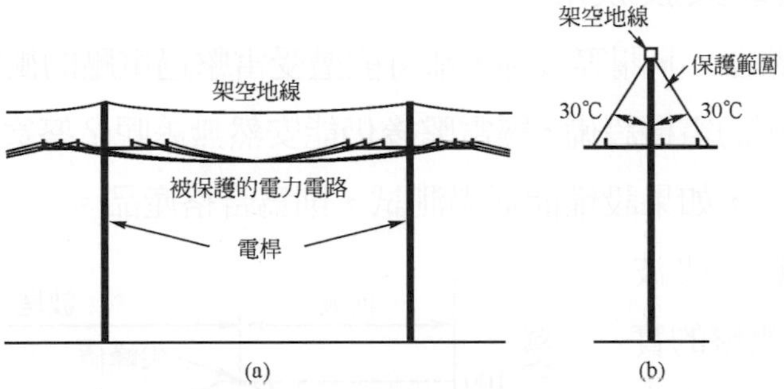

圖 6-13　架空地線與保護角

6-3-3　閃絡過電壓

雷擊擊中架空地線，所產生的過電壓，如果超過線路絕緣礙子的耐壓，將產生閃絡而反向侵入火線線路，如圖 6-14 所示。因為閃絡放電電流約為 50～2500 A，火線特性阻抗為 400 Ω。所以最高的過電壓，約為 2.5 kA×400 Ω ＝1000 kV。

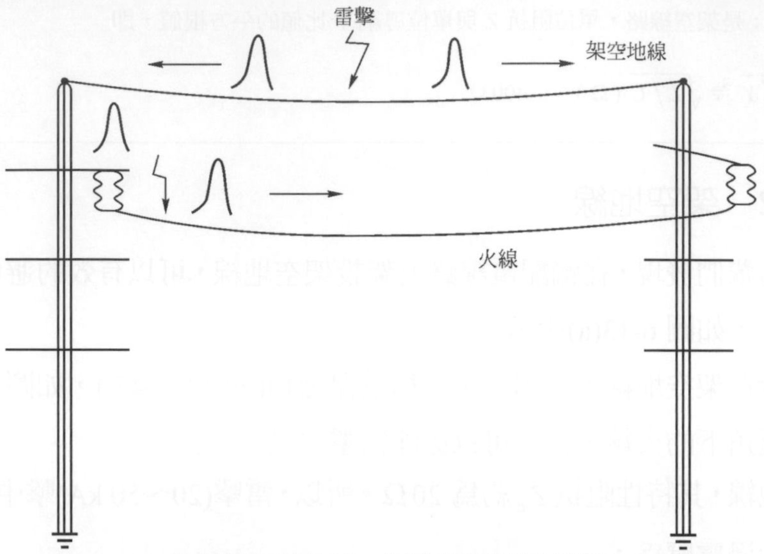

圖 6-14　雷擊擊中地線後，經由絕緣礙子閃絡侵入火線

6-3-4　雷擊突波波形

變壓器、斷路器、開關等設備，都可能遭受雷擊過電壓的衝擊，但製造廠商如何確保其所產製的電機設備，經雷擊後仍能安然無恙呢？答案是「模擬雷擊突波」施加於設備中，如果設備能通過測試，則爲合格產品。

要模擬雷擊突波波形，必須先瞭解雷擊的實況。百年來有無數個像富蘭克林等，不怕死的科學家們長期記錄雷擊波形，雖然發現「沒有兩個雷擊突波波形完全相同」，但經統計分析後，國際電工學會(IEC)訂定標準雷擊突波波形，提供廠商測試時使用，標準雷擊突波波形如圖 6-15 所示。

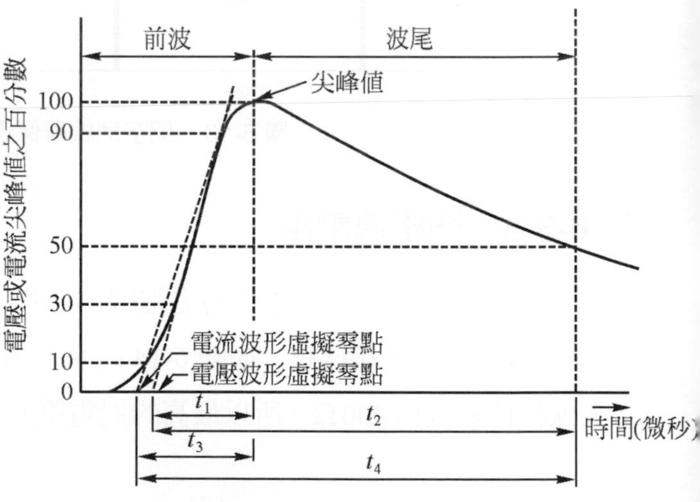

圖 6-15　雷擊突波波形

雷擊突波有兩種：電壓突波及電流突波，其波形之峰值甚高，但歷時甚短。但電壓突波與電流突波，波形略有不同，故其虛擬零點(virtual zero)稍有出入：

t_1與t_3，爲自虛擬零點到峰值的時間，

t_2與t_4，爲自虛擬零點到波尾 50%峰值的時間。

而雷擊突波的表示方法爲：

(電壓峰值，$t_1 \times t_2$)，(如 1000 kV，1.2×50μs)

(電流峰值，$t_3 \times t_4$)，(如 20 kA，8×20μs)

例如：電壓突波 1000 kV，1.2×50μs，表示電壓突波峰值爲 1000 kV，自虛擬零點到峰值爲 1.2μs，而自虛擬零點到波尾 50%峰值的時間爲 50μs。

電流突波，其表示方式與定義也和電壓突波相似。

6-4 絕緣協調

雷擊突波產生過電壓的情形如前節所述，綜合其要點如下：

1. 雷擊直接擊中火線，將產生高達 8000～20,000 kV 的過電壓，無論在經濟上或技術上都難以處理，只有認賠了事。
2. 在火線線路的上方架設空地線，既使雷擊擊中地線，其過電壓將降爲 400～1000 kV。
3. 雷擊地線的過電壓，經由礙子閃絡侵入火線，此閃絡電流約 50～2500 A，產生雷擊過電壓約 20～1000 kV。

電機製造廠在面對此種狀況時，有兩種可能對策：

1. 所有製造的電機設備，使其耐壓水平超過 1000 kV。
2. 依電機電壓等級不同，製造不同耐壓水平的設備，並在此設備之前，加裝不同等級的避雷器，以消除過電壓。

第一種方式，顯然不符經濟原則。第二種方式，依電機電壓等級訂定不同耐壓水平，並用不同等級的避雷器保護，稱爲絕緣協調(insulation coordination)。

以 69 kV 系統為例，如何對雷擊過電壓做絕緣協調，如圖 6-16 所示：

1. 是雷擊擊中地線可能的電壓突波，其峰值為 1000 kV。
2. 是避雷器閃絡放電電壓峰值約 230 kV。
3. 是避雷器放電後內部殘餘電壓，最好能維持在保護水平 245 kV 之下。
4. 是 69 kV 設備耐壓水平，也就是基準絕緣水平(Basic Insulation Level)簡稱 BIL，依據美國國家標準局 ANSI 規定為 350 kV。
5. 是設計的保護水平 245 kV，此值由設計者選定，避雷器放電及殘餘電壓，均應保持在此選定值之下。
6. 是 69 kV 系統對地電壓峰值

   $V_{L\text{-}G}=2.0\times\sqrt{2}\times69\times1.05/\sqrt{3}=118$ kV，其中

   2.0 是開路反射使突波加倍

   $\sqrt{2}$ 是交流電壓尖峰值/有效值的比值

   1.05 是電壓變動率

   $\sqrt{3}$ 是線電壓/相電壓的比值

7. 是雷擊突波，經避雷器放電修飾後的電壓波形。

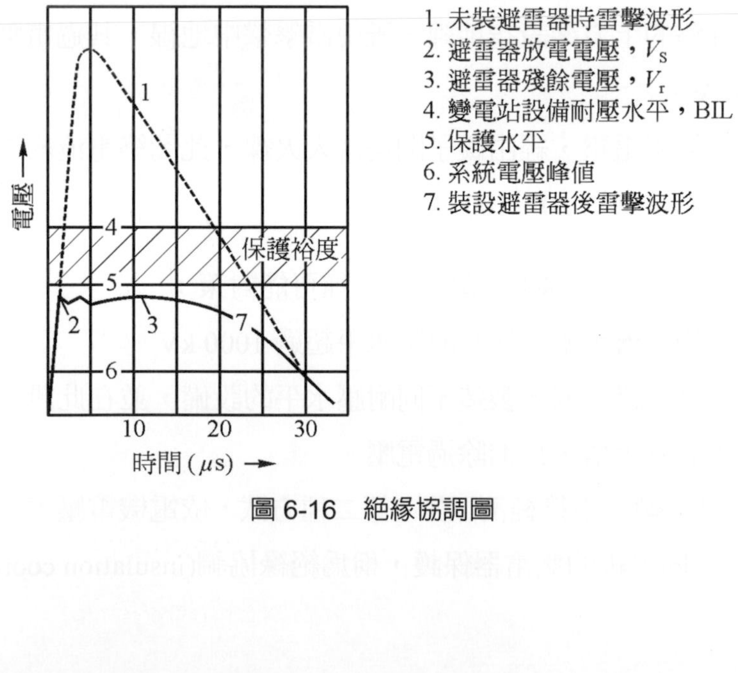

圖 6-16　絕緣協調圖

69 kV 系統經過絕緣協調的結果，如圖 6-17 所示。

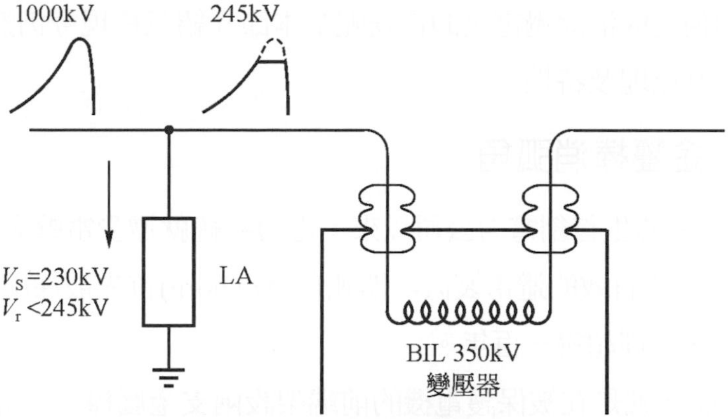

圖 6-17　絕緣協調實況

(1) 69 kV 線路因雷擊地線閃絡入侵火線，而產生 1000 kV 峰值的雷擊電壓突波；

(2) 雷擊突波隨線路行進，入侵變壓器前，先經過避雷器放電，其殘餘電壓小於 245 kV，所有超過 245 kV 的過電壓經由避雷器導入大地；

(3) 經避雷器修飾後，峰值爲 245 kV 的電壓突波侵入變壓器，因爲變壓器耐壓水平(BIL)爲 350 kV，所以能夠安全通過而不致受損。

(4) 保護水平(245 kV)的選定必須介於耐壓水平(350 kV)與系統電壓對地峰值(107 kV)之間，耐壓水平與保護水平之差，稱爲保護裕度(protection margin)。

如選定保護水平接近耐壓水平，雖可減少避雷器動作機會，但保護效果較差。反之，選定保護水平接近系統電壓峰值，雖可增加保護效果，但將增加避雷器的動作次數。

ANSI 建議，保護裕度至少應達 20%，本例題的實際保護裕度爲 43%。

$$保護裕度=\frac{BIL\quad 保護水平}{保護水平}=\frac{350\quad 245}{245}=43\%$$

6-5 避雷器的原理與特性

避雷器如何達成消除過電壓的任務呢？本節介紹三種現今仍然使用的避雷裝置，並介紹其原理及特性。

6-5-1 金屬棒消弧角

自 1882 年愛迪生首創電力公司以來，電力系統就遭受雷擊過電壓的威脅；1890 年，一種簡單有效的避雷裝置---消弧角(Arc horn)首先被採用，因為經濟有效而沿用至今，已經超過一百年。

消弧角裝置，就是在被保護電機的前端架設兩支金屬棒。一端接在火線，另一端接地，兩棒間保持一定的間隙(gap)，如圖 6-18 所示。

雷擊過電壓，超過間隙耐壓時將發生放電。通常，空氣的標準耐壓為 3 kV/mm，但在雷雨時，耐壓降低為 0.4 kV/mm。如果要使消弧角在 245 kV 放電，一般以 1.5 kV/mm 為放電電壓，可以將間隙調整為 163 mm。當雷擊突波超過 245 kV 時，間隙會產生電弧放電，使雷擊突波導入大地，因為這種方式的電弧阻抗甚低，所以抑制突波過電壓的效果甚佳。

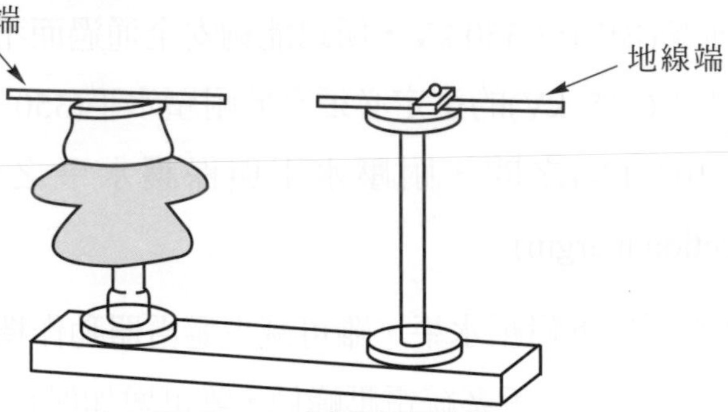

圖 6-18 金屬棒消弧角

但是，消弧角有兩個缺點：

1. 間隙因為突波過電壓產生電弧放電導通後，隨後 60 Hz 正常系統電壓也會經由此通路接地，產生極大的接地電流，消弧角沒有能力切斷接地電流，必需利用斷路器(CB)跳脫，才能切斷；再送電後，消弧角恢復正常，所以每一次雷擊，將至少停電一次。

2. 間隙的放電電壓，因為空氣的溫度、濕度及氣壓等因素影響，其放電電壓值並不穩定，所以無法對設備做精確的保護。

雖然有上述兩個缺點，但是因為消弧角極為經濟，所以消弧角裝在套管或礙子的兩端，當作後衛保護(backup protection)，如圖 6-20 所示。

6-5-2　限流間隙碳化矽閥避雷器

1957 年，發明閥型(valve)避雷器，是將限流間隙與碳化矽閥串聯，並且密閉於絕緣筒內，如圖 6-19 所示。

限流間隙，是由數組圓碟斷弧元件所構成；雷擊電壓超過間隙耐壓時，將導通放電。

碳化矽閥，是一種非線性阻抗。它對雷擊的高頻過電壓呈現甚低的阻抗，容許雷擊大電流通過；但對後續的 60 Hz 低頻系統電壓，其阻抗變成極高，使通過的續流迅速降到 200 A 以下。

閥型避雷器，其接線如圖 6-20 所示，避雷過程如下：

1. 雷擊電壓超過限流間隙耐壓，限流間隙放電；
2. 碳化矽閥讓雷擊高頻通過，但限制 60 Hz 低頻系統續流；
3. 由間隙元件將續流切斷，間隙恢復絕緣，完成避雷的任務。

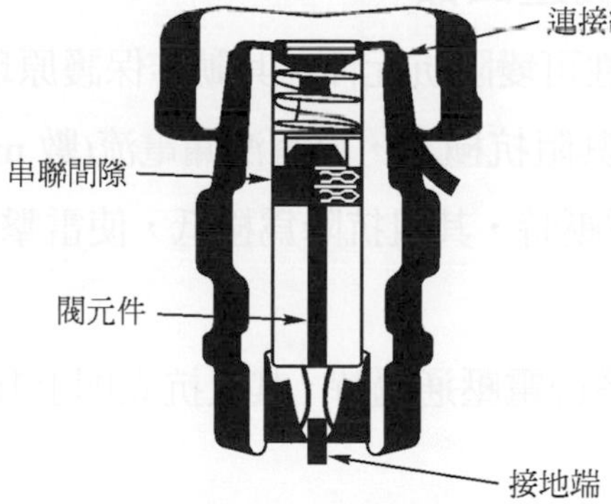

圖 6-19　閥型避雷器

閥型避雷器，可以完全消除消弧角的兩個缺點：

1. 避雷器的限流間隙及閥元件均封閉於絕緣筒內，所以其放電電壓，不受周圍天候的影響，穩定性高。

2. 雷擊後的 60 Hz 續流，因為閥元件的阻抗升高，使續流減小，由間隙切斷之，不必斷電，對供電的可靠性大為增加。

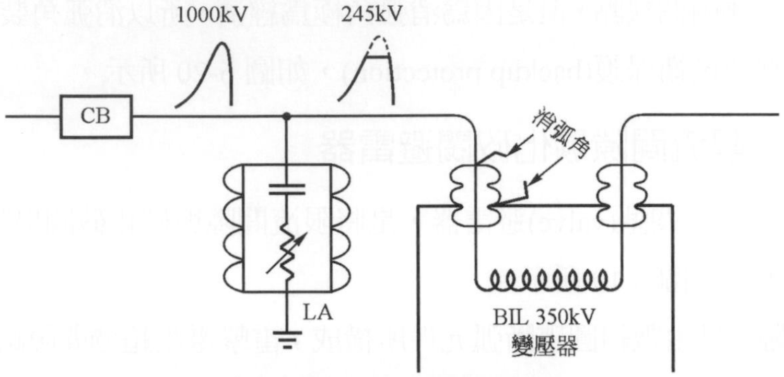

圖 6-20　碳化矽閥避雷器

為確保設備安全，重要設備如變壓器或斷路器等，除裝設閥型避雷器做為主保護之外，其所有套管都會裝設消弧角，做為後衛保護。

例如，閥型避雷器，選擇以 230 kV 為放電電壓；消弧角，設定在 280 kV 放電電壓。正常時，由閥型避雷器在 230 kV 放電，消弧角，只在閥型避雷器故障無法動作時，在 280 kV 開始放電做為後衛保護，而設備的耐壓絕緣水平為 350 kV 仍不致受損。

6-5-3　氧化金屬閥避雷器

氧化金屬閥，是非線性可變阻抗元件，其動作保護原理，如圖 6-21 所示。

1. 在 60Hz 系統電壓時其阻抗極大，只有洩漏電流(數 mA)；
2. 雷擊電壓超過放電電壓時，其阻抗降為極低，使雷擊電流(數 kA)能順利導入大地；
3. 雷擊波過後，60Hz 系統電壓通過時，其阻抗立即上升為極大，其續流只剩洩漏電流(數 mA)。

部份氧化金屬閥避雷器，雖然附有間隙，但其主要目的並不在遮斷續流，而在降低放電電壓，提升熱穩定性及增加暫時過壓能力。

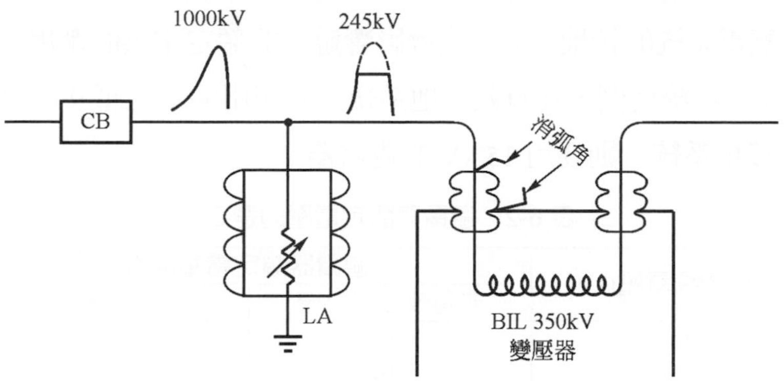

圖 6-21　氧化金屬閥避雷器

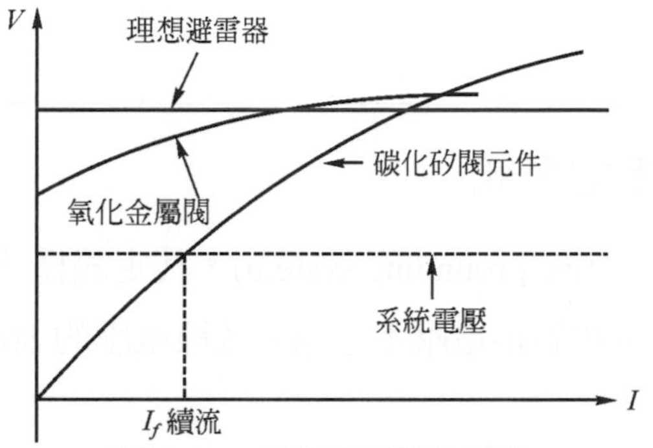

圖 6-22　各種避雷器的特性

6-5-4　避雷器的特性曲線

理想避雷器，在雷擊電壓超過額定值後立即導通，無論電流多大，其電壓都維持一定，如圖 6-22 所示。

碳化矽閥避雷器，使用間隙設定放電電壓，雷擊電壓超過後導通，其殘餘電壓隨電流增加呈現近似線性的增加；在雷擊過後的系統電壓時，碳化矽閥仍有 200 A 左右的續流要靠間隙來斷弧。

氧化金屬閥，其特性與理想避雷器相近，正常系統電壓時無續流，所以不需間隙來遮斷及消弧，現已大量採用。

6-6　避雷器的選用

避雷器的功能，是在偶而發生雷擊時，將雷擊導通接地，降低其過電壓及過電流。如果系統只是發生單線接地事故，則避雷器不應動作，否則 1 秒(60Hz)動作 120 次將立即燒毀。

所以，配電系統的接地方式，也會影響避雷器額定電壓的選用，如表 6-2 所示。以 11.4 kV 系統為例，在有效接地系統，要使用額定電壓 9 kV 的避雷器，但在非有效接地系統，則要用 15 kV 的避雷器。

表 6-2 避雷器額定電壓的選定

系統標稱電壓(kV)	避雷器額定電壓(kV)	
	非有效接地系統	有效接地系統
0.12	0.65	0.175
0.24	0.65	0.65
11.4/22.8	15/30	9/18
69	72	60
161	—	144
345	—	276

6-6-1 有效接地系統

有效接地系統(effective grounding system)，其定義為「電力系統中，任一相發生接地事故時，健全相對地電壓不超過系統線電壓的 80%者，稱為有效接地系統」。

三相 Y 接 11.4 kV 中性點直接接地系統，如圖 6-23 所示，就是有效接地系統。因為，如果 C 相發生單線接地時，健全的 A 相、B 相，其對地電壓為 $11.4/\sqrt{3}$ ＝6.6 kV，並未超過系統線電壓的 80% (11.4×80%＝9.12 kV)。

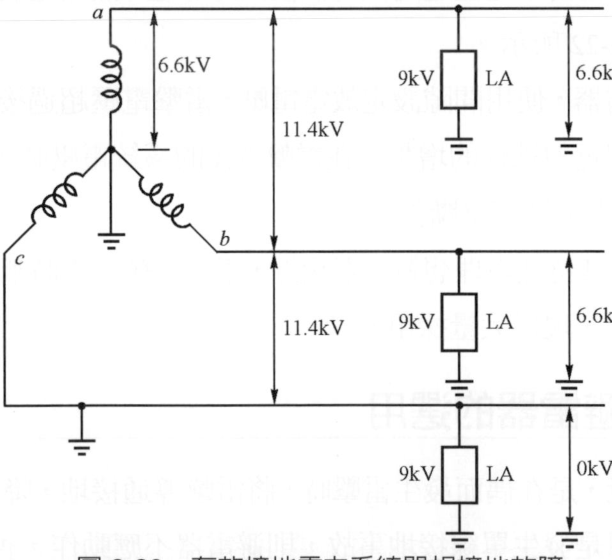

圖 6-23 有效接地電力系統單相接地故障

此時，選用避雷器的額定電壓爲 9 kV 級，就足可保護系統免受雷擊過壓的損害；且發生單線接地時，健全相電壓 6.6 kV，也不致使 9 kV 級避雷器發生連續誤動作。

6-6-2　非有效接地

三相 Δ 接 11.4 kV 非接地系統，如圖 6-24 所示，當 C 相發生單線接地時，健全的 A 相、B 相對地電壓爲 11.4 kV，已經超過線電壓的 80%，屬於非有效接地(non-effective grounding)系統。此時，不可使用 9 kV 級避雷器，而應選用 15 kV 級避雷器，以免接地時連續誤動作。

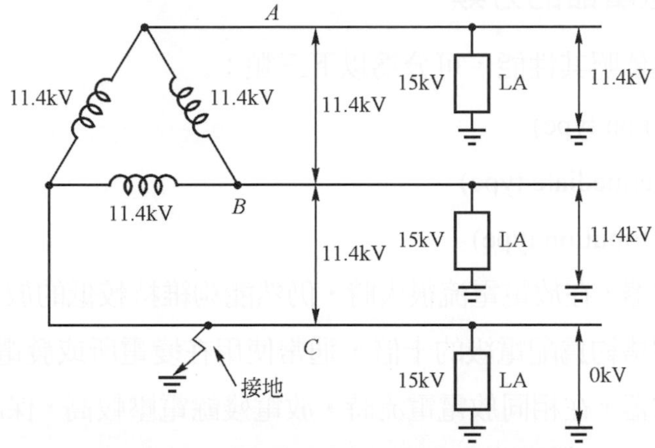

圖 6-24　非有效接地系統單相接地故障

請特別注意，<u>**電力系統是否有效接地，應該以電源側(變壓器二次側)的接地方式爲準。**</u>例如，台電的 11.4/22.8 kV 是 Y 接有效接地系統，故所有用戶都要選用 9/18 kV 級避雷器，即使用戶端自有變壓器的 11.4 kV 側爲 Δ 接亦然。同時，台電公司的 69 kV 系統是 Y 接非有效接地系統，所以用戶端 69 kV 系統(無論 Δ 或 Y 接)應該選用非有效接地的 72 kV 級避雷器。

表 6-3 爲台電系統接地及選用避雷器額定電壓的情形。

表 6-3　台電電力系統及避雷器額定電壓

公稱電壓 kV	接線及系統接地方法	避雷器額定電壓 kV
3.3	Δ 接線，不接地(非有效)	4.5
3.3/5.7	Y 接線，三相四線式(有效)	4.5
6.6/11.4	Y 接線，三相四線式(有效)	9
13.2/22.8	Y 接線，三相四線式(有效)	18
34.5	Y 接線，電抗接地(非有效)	36
69	Y 接線，電抗接地(非有效)	72
161	Y 接線，電抗接地(有效)	144
345	Y 接線，電抗接地(有效)	276

6-6-3　避雷器的分類

閥型避雷器依照其性能，可分爲以下三類：

1. 廠用級(station type)
2. 中間級(intermediate type)
3. 配電級(distribution type)

廠用級避雷器，在放電電流很大時，仍然能夠維持較低的放電殘餘電壓，保護特性良好，價格約爲配電級的十倍，通常使用在變電所或發電廠內。

配電級避雷器，在相同放電電流時，放電殘餘電壓較高，保護特性較差，但價格便宜，通常用在需要數量甚多的配電線路上。

中間級避雷器，其價格及性能，均介於廠用級與配電級之間，爲一般用戶所喜用。

表 6-4 爲廠用級避雷器特性，表 6-5 爲中間級避雷器特性，表 6-6 爲配電級避雷器特性。表 6-4 和表 6-5，都有額定電壓 72 kV 的避雷器，特別摘錄合併於表 6-7 中，以利分析比較。

表 6-4　廠用級避雷器特性

避雷器額定電壓 kV(rms)	前波放電電壓		8×20μs突波電流		
	電壓升高率 kV/μs	電壓峰值 Kv(峰值)	5,000A	10,000A	20,000A
			放電電壓峰值 kV		
9	75	35	24	26	28
15	125	55	40	44	47
30	250	105	80	87	94
36	300	125	96	105	113
60	500	190	160	174	189
72	600	230	195	212	230
144	1200	440	375	408	440
276	1200	770	558	624	714

表 6-5　中間級避雷器特性

避雷器額定電壓 kV(rms)	前波放電電壓		8×20μs突波電流		
	電壓升高率 kV/μs	電壓峰值 kV(峰值)	5,000A	10,000A	20,000A
			放電電壓峰值 kV		
9	75	35	29	32	36
15	125	55	46	51	60
30	250	105	90	100	118
36	300	125	116	129	143
60	500	190	180	200	233
72	600	230	230	255	282

表 6-6　配電級避雷器特性

避雷器額定電壓 kV(rms)	開始放電電壓			8×20μs突波電流		
	電壓升高率 kV/μs	無外部放電間隙	有外部放電間隙	5kA	10kA	20kA
		電壓峰值 kV	電壓峰值 kV	放電電壓峰值 kV		
6	50	35	51	23	26	30
15	125	76	94	55	64	74.5
18	150	91	120	66	76.5	90
30	250	112	—	110	126	147

表 6-7 中所列，72 kV 級避雷器，廠用級比中間級更貴，但兩者的前波電壓升高率都是 600 kV/μs，兩者的放電峰值都是 230 kV，實在分不出高下。

關鍵在於，放電殘餘電壓(放電電流×避雷器內阻)。茲以圖 6-25 示範解說之，以 10 kA 放電電流爲例，中間級避雷器於 230 kV 開始放電後，其內阻能保持在 25.5Ω，使放電殘餘電壓爲 255 kV，其保護裕度爲 350(BIL)－255＝95 kV。而廠用級避雷器在 230 kV 開始放電後，其內阻保持在 21.2Ω，壓低放電殘餘電壓到 212 kV，使保護裕度提升至 350－212＝138 kV，保護效果更佳。

表 6-7　72kV 避雷器特性比較

分　類	避雷器額定電壓	前波放電電壓		8×20μs 突波電流		
		升高率	峰　值	5kA	10kA	20kA
	kV(rms)	kV/μs	kV	放電電壓峰值 kV		
中間級	72	600	230	230	255	282
廠用級	72	600	230	195	212	230

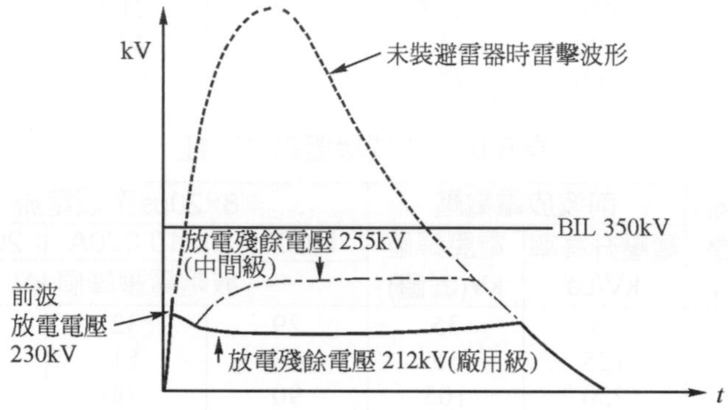

圖 6-25　72kV 級避雷器性能比較

6-7　變壓器的耐壓試驗

很多人都不知道，爲什麼一台三相 69 kV 變壓器，耐壓試驗，要施加額定電壓兩倍(140 kV)的正弦波電壓試驗，還要施加 350 kV(峰值)及 400 kV(峰值)的衝擊波電壓試驗？

在正常狀況，變壓器是在額定電壓 60 Hz 正弦波運轉，一台合格的變壓器，當然必須通過 60 Hz 正弦電壓的測試。但是，雷擊過電壓，將沿著輸電線入侵變壓器，所以變壓器也必須通過雷擊衝擊波的試驗。

6-7-1　商用頻率耐壓試驗

商用頻率，就是電力系統商業運轉的頻率，在台灣、美國是 60 Hz，大陸、歐洲等是 50 Hz。

變壓器，是在商用頻率(50/60 Hz)正弦電壓下連續運轉，所以變壓器必須能耐受此種交流電壓的過電壓狀態，時間爲 1 分鐘；商頻耐壓試驗，所加電壓是正弦波，所稱電壓爲有效值。

按照「進行波」理論，如圖 6-26 所示。當施加電壓，到達線路終端時，如果線路終端爲開路(阻抗爲無窮大)，則入射電壓與反射電壓的總和 V_T 是入射電壓 V_i 的兩倍，即 $V_T = 2V_i$。

以 69 kV 變壓器爲例，變壓器未加載前，其二次側是開路狀態；當電源送電 69 kV(入射電壓)時，變壓器一次側的入射電壓是 69 kV，反射電壓也是 69 kV，產生 138 kV 的電壓。所以，變壓器商用頻率耐壓試驗時，必須施加額定電壓兩倍的試驗電壓，如表 6-8 所示。

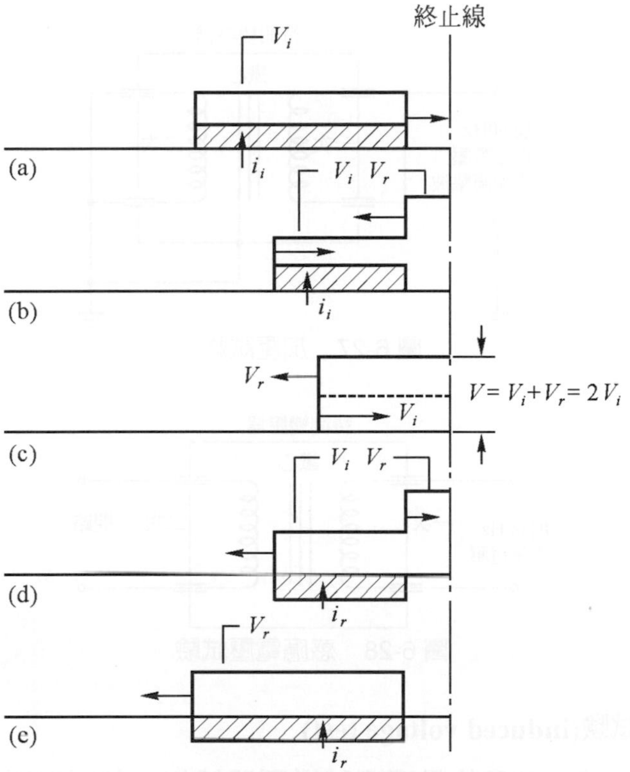

圖 6-26　進行波的入射與反射狀況

表 6-8　油浸式變壓器的絕緣等級及絕緣試驗

額定電壓等級 (kV)	絕緣基準 BIL (kV)峰值	交流 60Hz 耐壓(kV) 有效值	衝擊試驗		
			全波峰值 (kV)	截波峰值 (kV)	截波時間 (μs)
15	95	34	95	110	1.8
18	125	40	125	145	1.9
25	150	50	150	175	3.0
34.5	200	70	200	230	3.0
46	250	95	250	290	3.0
69	350	140	350	400	3.0

1. **加壓試驗(applied voltage test)**

為測試變壓器的一次繞組、二次繞組之間，及其對地間的絕緣耐壓，必須實施加壓試驗，其接線如圖 6-27 所示。

將二次繞組短接並與鐵心共同接地，一次繞組也自行短接後，依表 6-8 選用相當的試驗電壓(交流 60 Hz)。

因為繞組已經短接，可以測試全繞組的整體耐壓；一次側測試後，再反過來從二次加壓，再予以測試之。

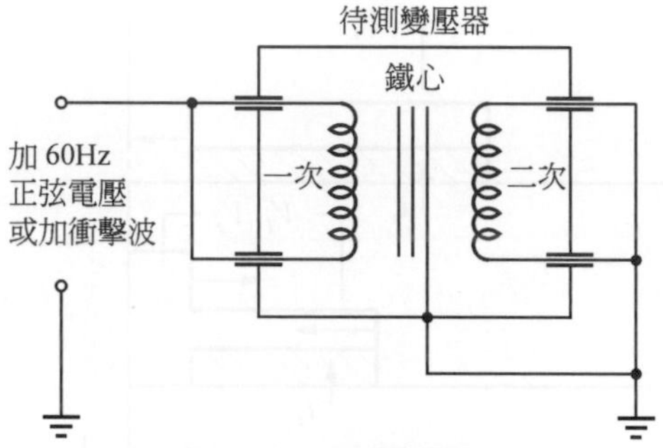

圖 6-27　加壓試驗

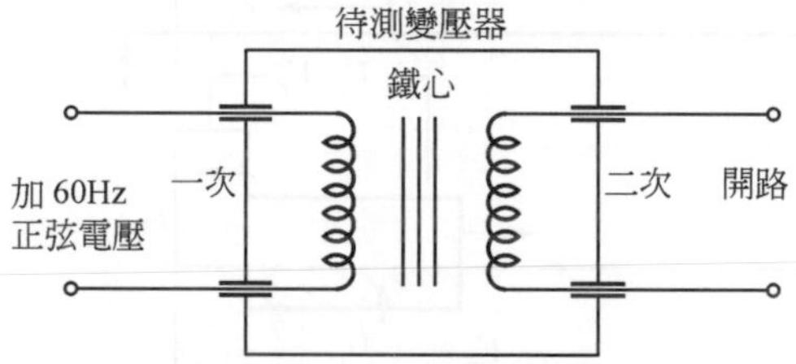

圖 6-28　感應電壓試驗

2. **感應電壓試驗(induced voltage test)**

感應電壓試驗，其目的是要測試變壓器繞組，其匝與匝之間及層與層之間，絕緣是否正常。

如圖 6-28，將變壓器的一側開路，在另一側施加(交流 60 Hz)電壓試驗(同變壓器開路試驗)，但感應電壓試驗所加的電壓，約為額定電壓的兩倍，時間為 1 分鐘，如表 6-8 所示。

6-7-2　衝擊波耐壓試驗

雷擊過電壓，經過避雷器修飾衰減後，仍有相當高的雷擊電壓入侵變壓器內，為了確保並證明變壓器能承受雷擊過電壓，IEEE 模擬實際雷擊波形(人造雷)做實驗，稱為衝擊波(impulse)。

IEEE 的雷擊波波型，如圖 6-15 所示。其表示方式為(350 kV，1.2×50μs)，變壓器或其他機器，如果通過此種衝擊波試驗(impulse withstand test)，則其絕緣耐壓水平 BIL 即為 350 kV。

1. **全波試驗(full wave test)**

   如圖 6-27 變壓器加壓試驗的接線法，並施加如表 6-8 所示的衝擊波全波電壓，則可驗證變壓器在遭受雷擊時是否安全。這是所有電機設備的基準絕緣水平 BIL，也是電機安全運轉最重要的測試之一。

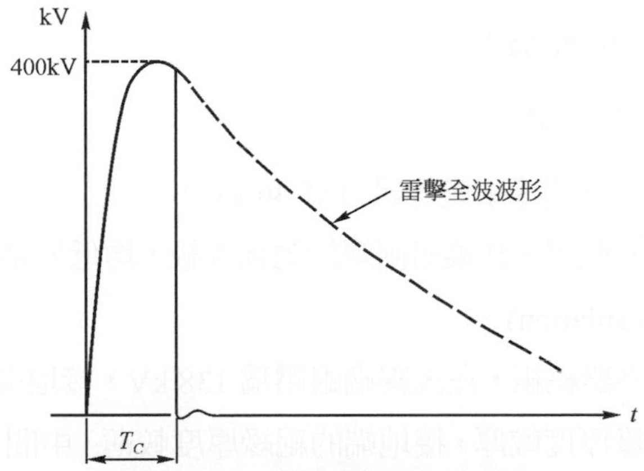

圖 6-29　截波(衝擊波)波形

2. **截波試驗(chopped wave test)**

   依據實用經驗，既使變壓器通過加壓、感應及衝擊波耐壓試驗，在套管或繞組前端仍會發生絕緣破壞，所以必須再施加截波試驗。截波，是將全波通過最高點後將之截斷，如圖 6-29，其截斷時間，稱為截波時間 T_c，如表 6-8 所示。

   截波試驗，所加電壓峰值(400 kV)較全波峰值(350 kV)稍高，但施加時間短(3μs)，在雷擊入侵變壓器的前端(含套管及部份繞組)之後，予以截斷，可以加強對前端的絕緣驗證。

6-8 變壓器的絕緣方式

電力系統的接地方式，除了影響避雷器的選用之外，也會影響變壓器等設備的絕緣方式，有效接地與非有效接地系統的變壓器，其絕緣方式與成本也大不相同。

6-8-1 有效接地系統的變壓器絕緣

如圖 6-30 所示 161 kV 變壓器，如採用有效接地的電抗接地方式，依據有效接地的定義「若一相發生接地時，健全相對地電壓不超過最高線電壓的 80%」。以最高線電壓為額定電壓的 105%為例，則健全相對地的最高電壓為：

$$161\times105\%\times80\%=135\ \text{kV}$$

因此，變壓器火線端，其絕緣耐壓等級訂為 138 kV。

至於接地端對地電壓為：

$$138-161/\sqrt{3}=45\ \text{kV}$$

所以變壓器接地端，其絕緣耐壓等級訂為 46 kV。

有效接地系統變壓器，其繞組兩端的絕緣等級，均低於系統線電壓者，稱為降級絕緣(reduced insulation)。

同時，因為變壓器繞組，在火線端耐壓為 138 kV，接地端為 46 kV，所以繞組在靠火線端的絕緣厚度較厚，接地端的絕緣厚度較薄，中間每一層的絕緣厚度可以逐級降低，此種變壓器繞組每一層絕緣厚度遞減者，稱為層級絕緣(graded insulation)。

有效接地系統的變壓器繞組，可採用降級絕緣及層級絕緣，所以製造時絕緣成本大為降低。在特高壓 161 kV 及超高壓 345 kV 以上的系統，均採用此種接地方式，可大幅節省絕緣成本。

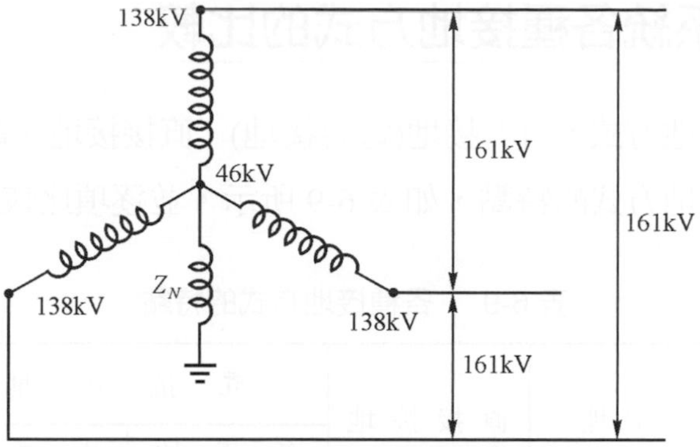

圖 6-30　有效接地系統變壓器的絕緣

6-8-2　非有效接地系統的變壓器絕緣

非有效接地系統(Δ 接 161 kV)變壓器，如圖 6-31 所示。因為單線接地時，健全相對地電壓等於線電壓，所以變壓器繞組應該採用 161 kV 級絕緣耐壓。同時，Δ 接的繞組首尾相連，所以繞組的六個端子的耐壓，都要採用與線電壓相同的 161 kV，稱為全級絕緣(full insulation)。

同時，因為繞組兩端，都採用 161 kV 級的絕緣，所以每一層的絕緣應保持相同等級，稱為均等絕緣(uniform insulation)。

非有效接地系統的變壓器，必須採用全級絕緣及均等絕緣，其絕緣成本較高，不適用於特高壓以上的電力系統，只使用在高壓以下系統。

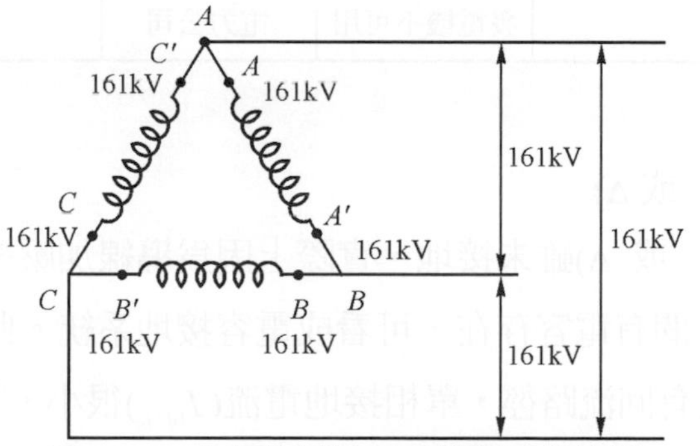

圖 6-31　非有效接地系統變壓器的絕緣

6-9 系統各種接地方式的比較

電力系統的接地方式，有非接地(電容接地)、直接接地、電抗接地及電阻接地等方式。各種接地方式的特點，如表 6-9 所示。並逐項比較說明如下：

表 6-9　各種接地方式的特點

接地方式 / 特性	非接地	直接接地	電抗接地		電阻
			低電抗	高電抗	
	Y　△	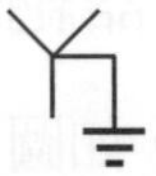			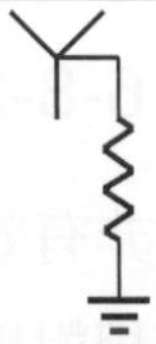
$I_{1\phi G} / I_{3\phi F}$	< 1%	≧ 100%	20 ~ 100%	5 ~ 25%	5 ~ 20%
暫態過壓	很高	不高	不高	高	不高
自動切離故障	No	Yes	Yes	Yes	Yes
避雷器型式	非有效型	有效型	> 60%有效型	非有效型	非有效型
通信干擾	輕微	嚴重	嚴重	普通	普通
應用	不用	600V 以下	15kV 以上	不用	2.4 ~15kV
備註		發電機不可用	電力公司		用戶

1. **非接地系統(Y 或 Δ)**

   非接地系統(Y 或 Δ)雖未接地，實際上因爲導線加壓後就會產生電場，所以導線與大地間有電容存在，可看成電容接地系統。此時，如果發生單相接地，因爲沒有回流路徑，單相接地電流($I_{1\phi G}$)很小，所以$I_{1\phi G}$與三相短路電流$I_{3\phi G}$的比值小於 1%；此種接地方式，其中性點是浮動的，可能因其他原因，使其中性點浮動而產生甚高的暫態過電壓。

非接地系統，如圖 6-32 所示，有多項缺點及唯一優點。

變壓器二次側爲 Δ 接，所有分路都是三相三線供電，如果在#43 分路發生 A 相單線接地故障，因接地電流很小，斷路器無法自動跳脫切離故障，此時在全系統各分路的健全相(B 相及 C 相)對地電壓升高 73%，會增加故障發生機率。

同時，因無法區分故障是在#43 分路，必需將各分路輪流逐一停電才能判斷故障分路，這是其缺點。

此種系統，要使用非有效接地型避雷器，其額定電壓較高，價格較高，設備絕緣成本較高，也是一大缺點。

至於通信干擾，因爲此種系統無回流，所以通信干擾輕微，其是唯一優點。

綜合以上敘述，其缺點多於優點，故一般都不採用。只有在人口密集、通信干擾嚴重的地區，例如日本喜歡採用，但必須加裝接地變壓器(參考 6.10 節)，以消除部份缺點。

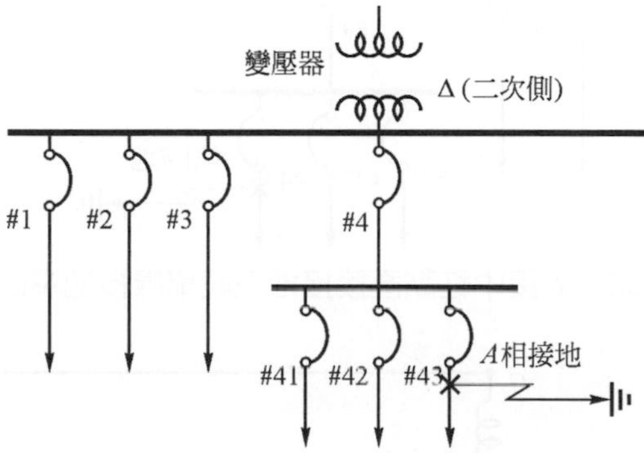

圖 6-32　非接地系統單線接地事故

2. **Y 接中性點直接接地系統**

Y 接中性點直接接地(solid grounding)，如圖 6-33 所示。在#43 分路發生 A 相接地時，接地電流 $I_{1\phi G}$ 可經由變壓器二次的 Y 接中性點回流，所以 $I_{1\phi G}$ 很大，#43 分路斷路器將自動跳脫切離故障，全系統的其他各分路仍能正常運轉。

因爲中性點直接接地，對地電位錨定，其暫態過電壓最低，系統採用避雷器可用有效接地型，成本較低，是其優點。因爲三相四線中性地線回流對通信干擾較嚴重，是其缺點，所以此種系統多用在短路容量較小的低壓配電系統。

3. **Y 接中性點低電抗接地**

Y 接中性點低電抗接地(low-reactance grounding)，如圖 6-34 所示。發生單線接地時，$I_{1\phi G}$ 受接地電抗 X_N 的限制，將大為減少；選擇適當 X_N，使 $I_{1\phi G}/I_{3\phi F}$ 在 20～100% 的範圍，稱為低電抗接地。此種接地方式，因為對地電位錨定，所以暫態過電壓雖然較直接接地為高，但仍不嚴重。

單線接地時，分路斷路器也可自動切離故障；至於選用避雷器時，若 $I_{1\phi G}/I_{3\phi F}$>60%，則可選用有效接地型；通信干擾較直接接地方式稍好但仍嚴重。在應用上超過 15 kV 的電力公司所屬系統，多用此種方式。

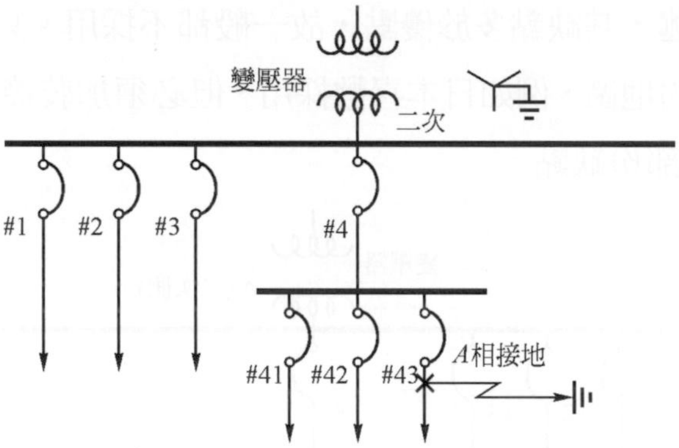

圖 6-33　Y 接中性點直接接地系統單線接地事故

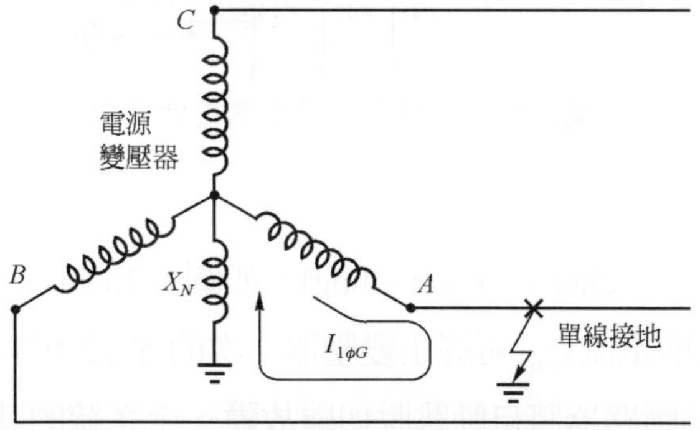

圖 6-34　Y 接中性點電抗接地系統單線接地事故

4. **Y 接中性點高電抗接地**

Y 接中性點高電抗接地(high-reactance grounding)，與低電抗接地的圖 6-34 完全相同。只是 X_N 值較高，使 $I_{1\phi G}/I_{3\phi F}$ 限制在 5～25%；因爲單線接地時電流通過 X_N 將升高中性點對地電位，故其暫態過壓較高；此種方式也能自動切離故障，但避雷器要用非有效接地型，通信干擾不甚嚴重，一般而言應用的範例甚少。

5. **Y 接中性點電阻接地**

Y 接中性點電阻接地(resistance grounding)，如圖 6-35 所示。其特性大致與低電抗接地類似，但在應用時，因爲電阻接地，在單線接地故障電流通過電阻時，短路電流 I^2R 化爲熱量消耗，所以短路電流的直流成份衰減甚速，可降低短路時旋轉機的熱融效應，並且減低短路時繞組的機械應力。

電阻接地的電阻必需妥善散熱，所以價格較電抗接地爲高，通常都用在 2.4～15 kV 發電機或電動機的中性點接地。

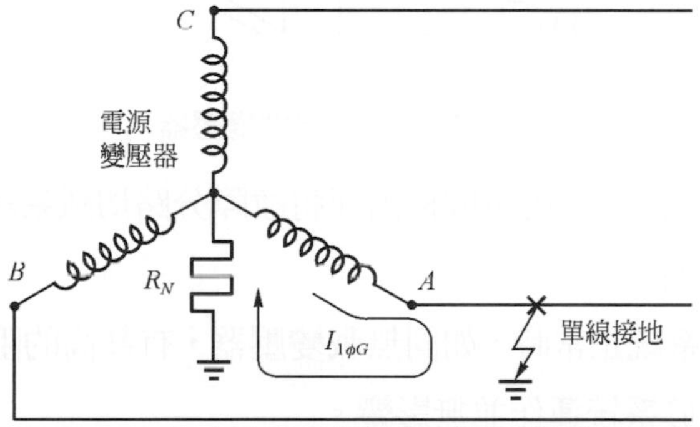

圖 6-35　Y 接中性點電阻接地系統單線接地事故

6-10 接地變壓器(※研究參考)

非接地系統雖然有諸多缺點，但是在地小人稠的日本或台灣，因爲通信線與電力線平行且間距較小，通信干擾問題較爲嚴重，傳統上喜歡採用非接地系統。然而，如何消除非接地系統的部份缺點呢？答案是使用接地變壓器(grounding transformer)，介紹兩種如下：

6-10-1　Y-Δ接地變壓器(※研究參考)

Y-Δ接地變壓器，接在三相非接地配電系統，如圖 6-36 所示，在線路發生單線接地時，將有三個完全同相的零相序電流*$3I_0$流入大地。

如圖 6-36 標示的 1、2、3，零相序電流經由 Y-Δ變壓器的 Y 接其流向如圖所示，在Δ側形成一環流，使 Y 接側電流可以順利流通；2 及 3 電流在線路上分開爲2_S及2_L與3_S及3_L，並如圖上標示流回故障點完成通路。

*零相序電流，由「對稱成份法」所定義，是非對稱故障解題工具，三相交流系統的零相序電流爲同相者，故合成爲$3I_0$。本書未討論對稱成份法，有興趣讀者可參看任何電力系統或輸配電工程有關書籍。

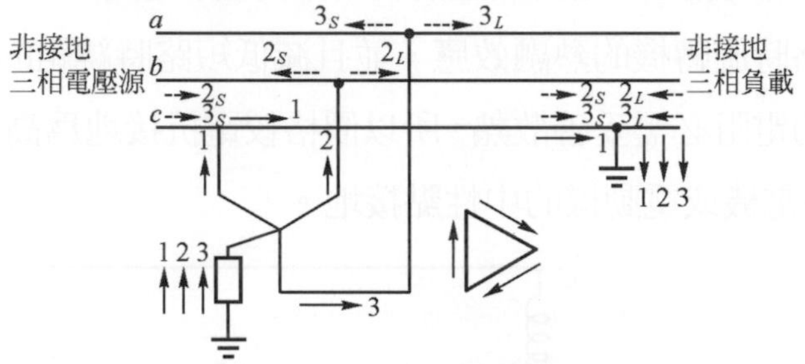

圖 6-36　Y-Δ接地變壓器

零相序電流的流通，可用電驛檢出而將故障分路切離系統。如此可以消除非接地系統的原有缺點。

Y-Δ接地變壓器在系統正常時，如同無載變壓器，有甚高的阻抗，所以只有微量激磁電流流通，對於系統運作並無影響。

6-10-2　曲折變壓器(※研究參考)

曲折變壓器(zig-zag transformer)，是三相雙繞組變壓器，其一、二次繞組如圖 6-37 接線，一次側接到非接地三相電源，二次側並接經低電抗接地或直接接地。

在線路發生單線接地時，將有三個完全同相的零相序電流$3I_0$流入大地，經接地電抗及曲折變壓器及電源或負載再回接地點成一通路，其等效電路如圖 6-38 所示，效果如同 Y-Δ變壓器。零相序電流經曲折變壓器內造成的磁通，在三相鐵心互相抵消如圖 6-37(a)所示，此時變壓器的合成磁通爲零，所以電抗亦爲零。

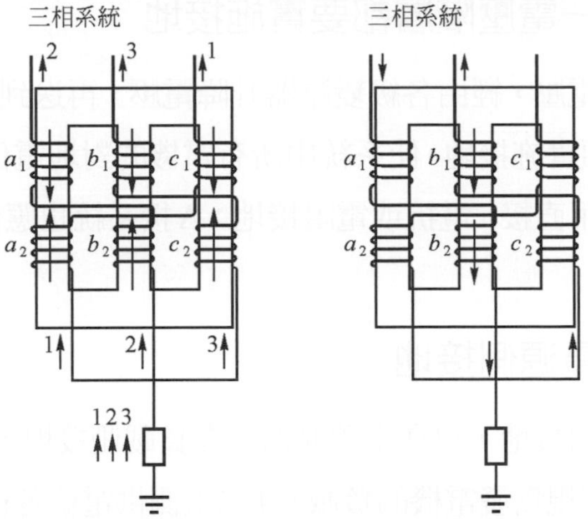

(a) 有接地事故時　　(b) 系統正常時

圖 6-37　曲折變壓器繞組與鐵心組合

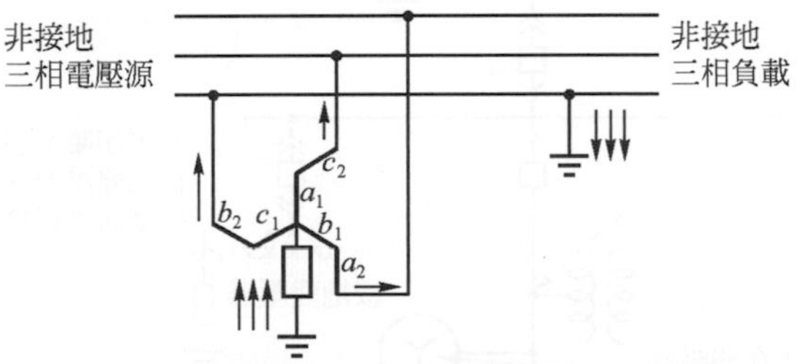

圖 6-38　曲折變壓器發生單線接地故障時電流分佈

零相序電流能順利流通，可以利用此特點，以電驛檢出故障分路並加以切離。在系統正常時，其電流及磁通如圖 6-37(b)所示，合成磁通及電抗均不爲零，故僅有微小激磁電流能流通。

6-11 電力系統接地的原則

三相三線 Δ 或 Y 非接地系統，因爲各相對地的電位無法錨定，中性點爲浮動，雖然系統可以正常運轉，但是如果發生任何事故，則全系統將產生過電壓，而造成全面性的傷害。

非接地系統，要選用較高電壓的避雷器，且變壓器及斷路器等設備也要使用較高的基準絕緣水平，只有通信干擾較輕微，眞是「百害一利」。

所以，電力系統都要採行接地措施，其原則如下：

6-11-1 每一電壓階層都要實施接地

從發電機發生電壓，經由各級變壓器升降電壓，再送到各級負載，所有不同的電壓階層，都必須實施接地。使系統中所有電機的對地電位錨定，而不會浮動。

Y 接系統可利用直接、電抗或電阻接地；Δ 接系統也應使用接地變壓器的中性點接地。

6-11-2 在電源側接地

通常電力系統的接地，只在電源側而不在負載側接地，如圖 6-39 所示。請注意，變壓器一次側視爲發電機的負載，其二次側供電給各種負載，視爲電源測。

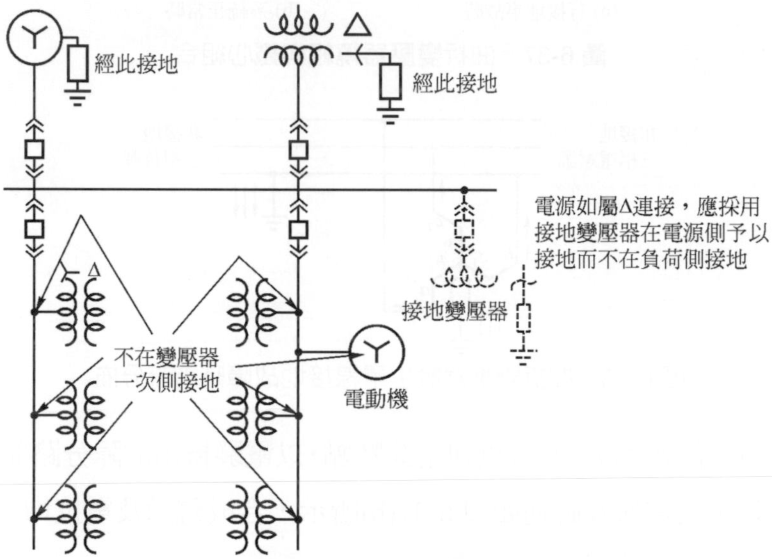

圖 6-39 在電源側接地

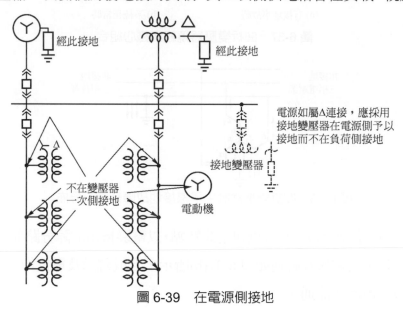

在電源側(發電機及變壓器二次側)，實施接地的理由如下：

1. 電源側接地點較少，且切離系統的機會較少。
2. 接地電流會隨接地點而變，如在負載側接地，其故障電流的大小將因運轉條件而變，保護協調不易。
3. 配電變壓器一次側，通常爲Δ接，無法提供中性點接地。

6-11-3　變壓器至少有一側應該採用 Δ 接

變壓器鐵心的 $B-H$ 曲線爲非線性，如果在一次側施加正弦電壓及正弦磁通，可以在一、二次側感應正弦波形電壓，但激磁電流爲非正弦波形，如圖 6-40 所示。非正弦的激磁電流含有第三諧波，在單相系統波形失眞尙不嚴重，故仍視變壓器爲線性電路。

但是，在三相 Y-Y 接變壓器，因爲第三諧波電流爲同相，所以流經中性線的第三諧波電流增爲三倍，如圖 6-41 所示，問題變爲嚴重。

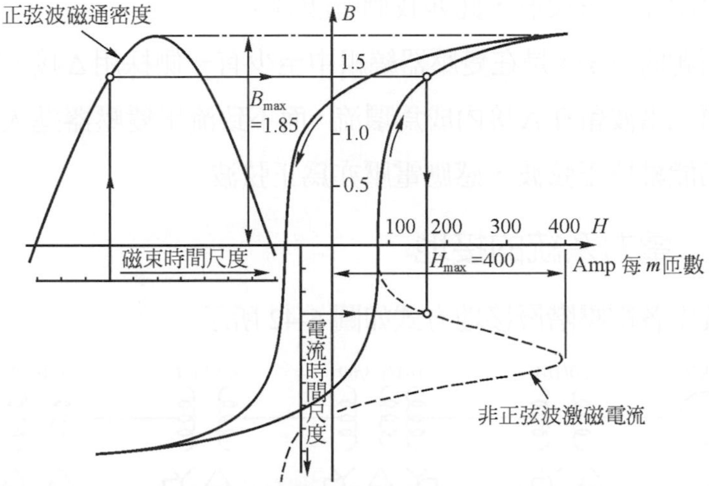

圖 6-40　變壓器磁通與激磁電流關係

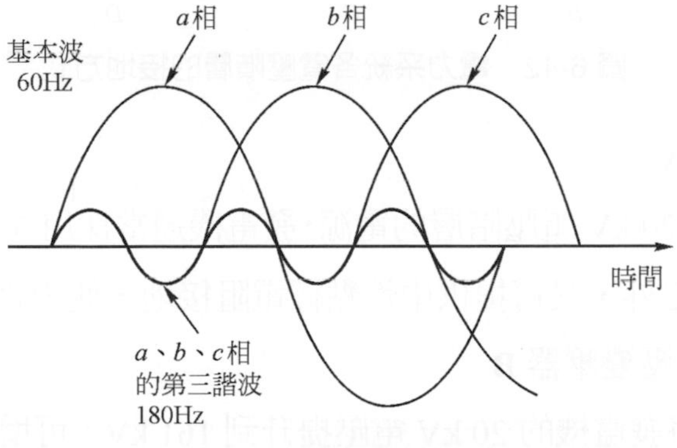

圖 6-41　三相系統電流基本波與第三諧波

爲了應付第三諧波電流，可採下列三種方法：

1. 爲第三諧波電流，增加另一輸電導線。
2. 讓第三諧波電流流入大地，流回變壓器中性點。
3. 使中性點絕緣，阻止第三諧波的流通。

第一種方法必需增加一條輸電線，從經濟觀點而言並非良策。選用第二種方法，將對通訊干擾將造成嚴重影響。第三種方法看似簡單，但若阻止第三諧波電流的流通，將導致激磁電流爲近似正弦波，反而造成非正弦磁通，則一、二次側感應電壓也變成非正弦波形，此非我們所願者。

解決此問題的方法，是在變壓器繞組中至少有一側採用Δ接，在Δ接中允許激磁電流的第三諧波留在Δ接內成爲環流，而不致流出變壓器進入系統中，結果鐵心的磁通仍能維持正弦波，感應電壓亦爲正弦波。

6-11-4 電力系統的接地

電力系統中各電壓階層接地方式如圖 6-42 所示。

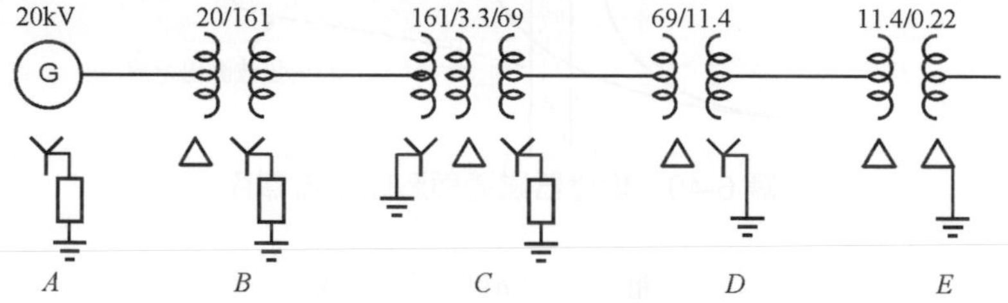

圖 6-42 電力系統各電壓階層的接地方式

1. **電源發電機 A**

   發電機 A 是 20 kV 電壓階層的電源，發電機通常採用 Y 接，除了可獲得 $\sqrt{3}$ 倍的線電壓之外，又可提供中性點經電阻接地，使對地電位得以錨定。

2. **20/161 kV 升壓變壓器 B**

   變壓器 B，將發電機的 20 kV 電壓提升到 161 kV，可增加輸電容量。其 20 kV 側可採用Δ接，提供激磁第三諧波電流的內部環流；其 161 kV 側使用 Y 接，其中性點使用電抗接地，並做爲 161 kV 電壓階層的系統接地。

3. **161/69 kV 降壓變壓器 C**

變壓器 C 的 161 kV 側，爲了節省絕緣成本，採用 Y 接中性點接地，69 kV 側又要提供電源接地，所以採用 Y 接中性點電抗接地。此變壓器將無Δ接供做激磁的第三諧波內部環流，所以要增加採用Δ接的第三繞組，變壓器 C 變成 161/69/3.3 kV，Y-Y-Δ接法，Δ接 3.3 kV 除了提供第三諧波內部環流外，還可以供應變電所內的用電。

4. **69/11.4 kV 降壓變壓器 D**

變壓器 D 的 69 kV 側，可以採用Δ接以避免電壓波形失眞，11.4 kV 側則用 Y 接，其中性點可直接接地，並提供 11.4 kV 電壓階層的系統接地。

5. **11.4 kV/220 V 降壓變壓器 E**

變壓器 E 的 11.4 kV 側，使用Δ接，理由同前。220 V 側則使用Δ接，並將Δ接的任一端點直接接地；電工法規規定在電源系統接地後，其對地電壓不超過 300 V 者(如 220 VΔ接)，可以將任一端點直接接地以維安全。

表 6-10　典型中壓配電系統的接地

情　　況	接地方法	備註
Y 接發電機	採用電阻接地，不得直接接地 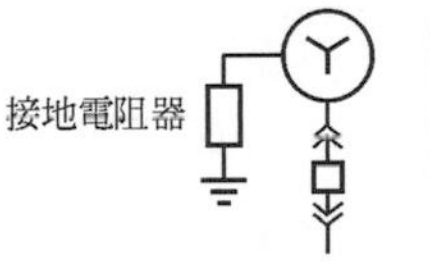	1. 接地的發電機應達適當大小容量。 2. 嚴重雷擊處所，發電機得經由低値電抗器接地，但須採用中性點接地型旳避雷器。 3. 小系統如接地故障電流不大時，得用電抗接地較爲經濟。
變壓器二次側爲 Y 接	採用電阻接地 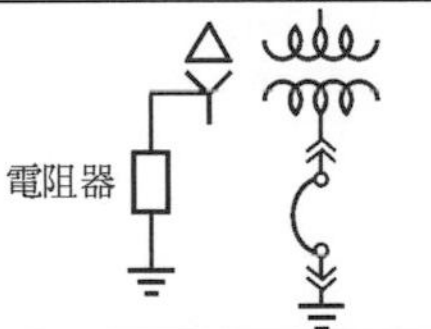	1. 接地的變壓器應達適當大小容量。 2. 小系統如接地故障電流不大時，得直接接地較爲經濟。
發電機或變壓器無 Y 接	採用接地變壓器經電阻器接地 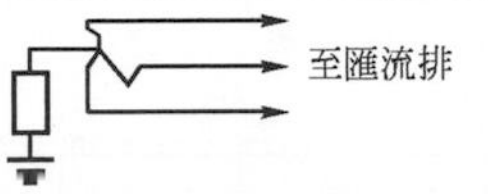	小系統如接地故障電流不大時，該接地變壓器得直接接地較爲經濟。
15kV 以上系統，概採用中性點直接接地(假使無迴轉設備直接接於此等級的電壓系統)		

基於以上的分析，一般中壓配電系統，爲使故障電流的直流成分快速衰退，大都採用電阻接地，其接地方式及理由如表 6-10 所示。

而在低壓配電系統，因短路容量較小，大都使用直接接地，其接地方式及理由如表 6-11 所示。

表 6-11　低壓系統的接地方式

情　況	接地方法		備註
Y 接發電機	發電機中性點經低值電抗接地	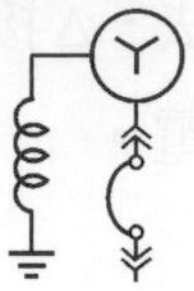	1. 接地的發電機容量應達適當大小。 2. 接地電抗通過的接地電流須超過三相故障電流的 25%。
低壓系統由變壓器的二次側 Y 接供應	變壓器中性點直接接地	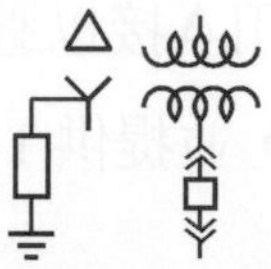	接地的變壓器全容量應達適當大小。
發電機或變壓器二次無 Y 接時	採用接地變壓器直接接地	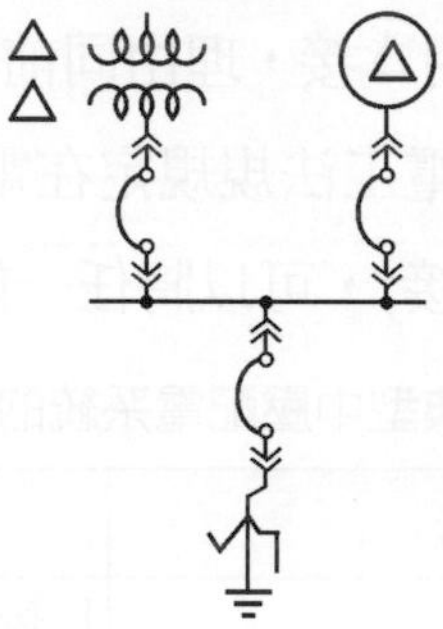	接地變壓器通過接地故障電流，須達三相故障電流的 25%以上，俾使斷路器或熔絲動作。

Chapter

7

功率因數改善

限電與功率因數改善

直流電路只有電阻，電阻會消耗功率產生熱，稱為有效功率，有效功率很容易理解。但是，無效功率是什麼呢？無效功率，是因交流電路的電感線圈而產生。變壓器，要有電感線圈，產生電磁感應，二次線圈才可感應電壓；發電機和電動機，要有電感線圈，才可產生旋轉磁場，使機器轉動。沒有電感線圈的電磁感應，交流電機就無法運作。電感，正半週儲存能量、負半週釋放能量，平均消耗能量為零，所以稱為無效功率。

民國五十年起，台灣地區工商業開始迅速成長，用電量也急速增加，當時國家財政困難，電源開發所需資金多向國外貸款，緩不濟急。台電公司電源開發容量，無法應付負載用電成長的需求。如圖 7-1(a)所示，假設台電公司發電機容量有 1000 MVA，負載有效功率需求，只有 900 MW，但負載的總功率因數只有 80%，所需消耗的總功率變成 1125 MVA，所以必需實施限電，以免發電機過載而燒毀。

後來，台電公司規定，用戶必需在地裝設電容器，將功率因數提高到 95%以上；用戶在地提供無效功率 375 MVAR，功率供應情形變成如圖 7-1(b)所示，必須經由台電供應的總功率降為 947 MVA，低於發電機容量，因而不必再限電。所以，用電容器改善功因，曾經幫助台灣渡過了經濟發展的瓶頸。

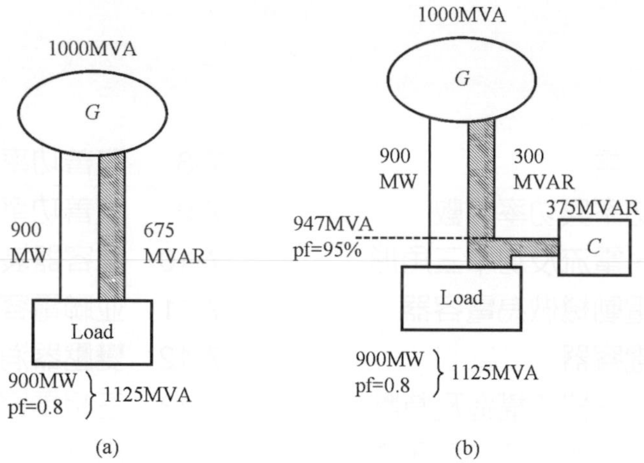

圖 7-1 在地提供無效功率解除限電

7-1 緒　言

直流電力系統，只有電阻性負載，電流與電壓相位相同，消耗的全是有效功率，所以，功率因數永遠為 1。

然而，在交流電力系統中，負載大部份是由電阻與電感組成，電流落後電壓。電源系統，既要供應負載(電阻)有效功率，也要供應負載(電感)無效功率，所以，其總功率比有效功率為大。

無效功率，只是在負載(電感)中反覆儲存與釋出能量，其平均值為零，並不消耗能量。無效功率，如要經由發電機及輸配電系統長途供應，將佔用系統及線路容量並增加線路損失，無論從運轉及經濟觀點而言，都甚為不利。如能在靠近用戶的處所，在地直接供應無效功率，將更為經濟有效。

實用上，在地供應無效功率的工具有：

1. 同步電容器(synchronous condensor)。
2. 靜電電容器(static condensor)。

同步電容器，就是同步電動機，當其運轉在過激磁狀態時，可以供應無效功率。靜電電容器，就是用絕緣介質分隔兩電極的傳統電容器。因為，同步機的運轉及維護均不方便，且單價太高，如果沒有特殊需要，在一般配電系統中，都使用靜電電容器來改善功率因數。

7-2 無效功率與功率因數

交流電力系統的負載，有電阻 R、電感 L 及電容 C。由 R、L、C 的串並聯，組合而成的各種負載，其電流、電壓、相位角及功率的關係，彙整如表 7-1 所示。

表 7-1　各種負載的特性

	負載型式	相位關係	相角*	負載吸收	
				P	Q
1	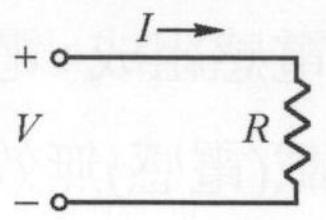		$\theta=0°$	$P>0$	$Q=0$
2	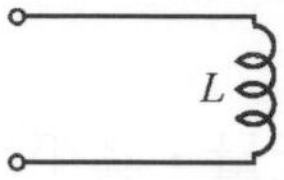	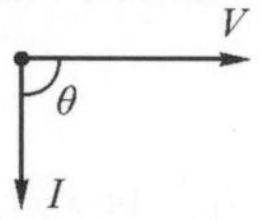	$\theta=+90°$	$P=0$	$Q>0$
3	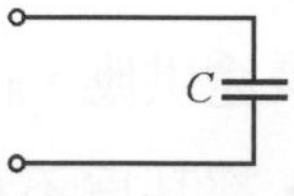	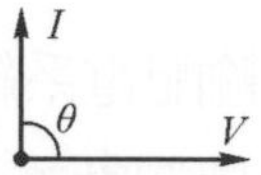	$\theta=-90°$	$P=0$	$Q<0$
4	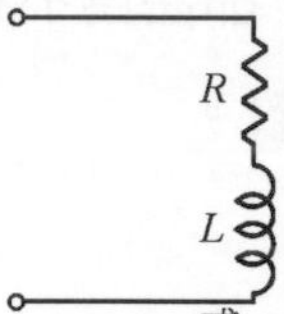	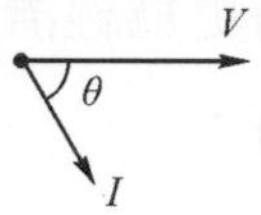	$0°<\theta<+90°$	$P>0$	$Q>0$
	或				
5	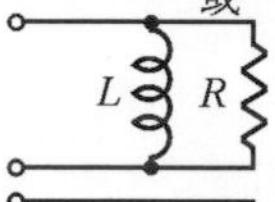				
6	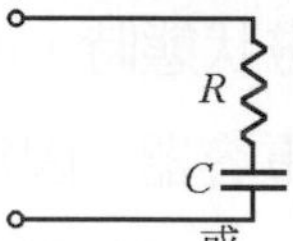	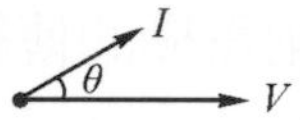	$-90°<\theta<0°$	$P>0$	$Q<0$
	或				
7	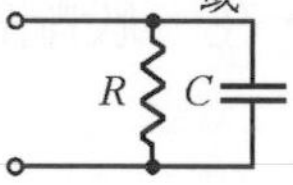				

*註：特別定義，電流 I 落後電壓 V 時，θ 爲正；反之，電流前引電壓，θ 爲負。

以單相交流系統而言，如果

相電壓 $\upsilon=V_m\sin\omega t$
相電流 $i=I_m\sin(\omega t-\theta)$

其中，θ 是電流落後電壓的相角。特別定義，電流 I 落後電壓 V 時，θ 爲正；反之，電流前引電壓，θ 爲負。

其總功率或瞬時功率 p 爲：

$$p = vi = V_m I_m \sin\omega t \sin(\omega t - \theta)$$
$$= \frac{V_m I_m}{2}[\cos\theta - \cos(2\omega t - \theta)$$
$$= VI\cos\theta(1 - \cos 2\omega t) - VI\sin\theta\sin 2\omega t \quad (7\text{-}1)$$

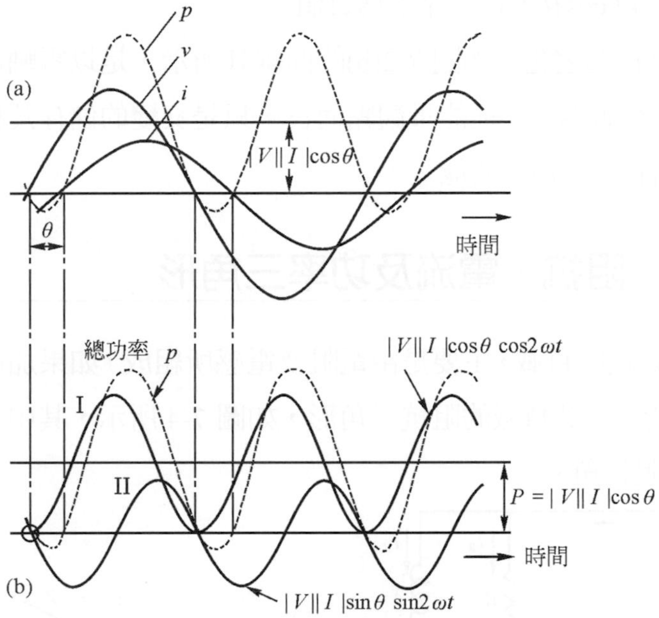

圖 7-2　單相交流系統電壓、電流及功率的相位關係

相電壓、相電流及瞬時功率，其相位關係如圖 7-2 所示。

定義　有效功率 $P \equiv VI\cos\theta$

　　　無效功率 $Q \equiv VI\sin\theta$

則瞬時功率(公式 7-1)，可以改寫為：

$$p = P(1 - \cos 2\omega t) - Q\sin 2\omega t$$

因為弦波($\sin 2\omega t$ 、 $\cos 2\omega t$)的平均值為零，所以平均功率為

$$P_{avg} = P = VI\cos\theta$$

交流系統的複數功率，綜合起來有下列重要意義：

1. 單相交流系統的瞬時功率 p，在電壓與電流不同相位時，是正負交變的脈動變化，將造成電機的振動，不適合做成大容量的電機。
2. 有效功率 P 的變化，如圖 7-2(b)的曲線 I 所示，雖然也是脈動的，但是其平均值是 $VI\cos\theta$，且永遠不爲負值。
3. 無效功率 Q 的變化，如圖 7-2(b)的曲線II所示，是以零軸爲基準，正負交變，其平均值爲零；從能量觀點而言，只是交變的儲存及釋放能量，實際上並未消耗「有用」的能量。

7-3 阻抗、電流及功率三角形

單相交流系統的負載，主要是由電阻及電感所組成，如果加電壓於此負載之上，如圖 7-3 所示。此負載的阻抗三角形，如圖 7-4 所示，其中θ爲感抗 X 與電阻 R 所構成的阻抗角。

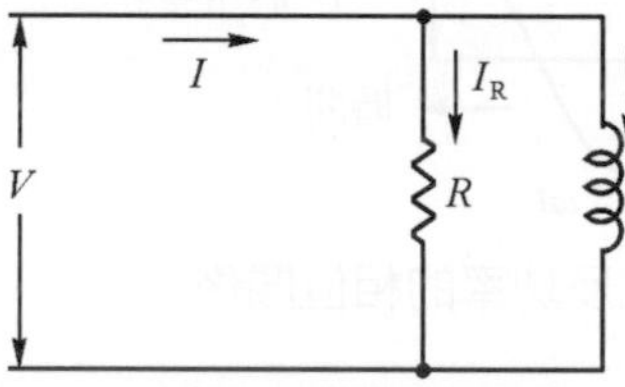

圖 7-3 電阻與電感性負載

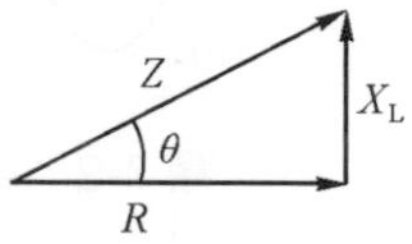

圖 7-4 阻抗三角形

如果，選定外加電壓爲基準，$\mathbf{V}=V\ \angle\mathbf{0}^\circ$，因爲

$$\mathbf{I}=\frac{V\angle 0^\circ}{Z\angle\theta}=I\ \angle-\theta$$

電流相角 θ 成爲負值，則電流三角形，如圖 7-5 所示

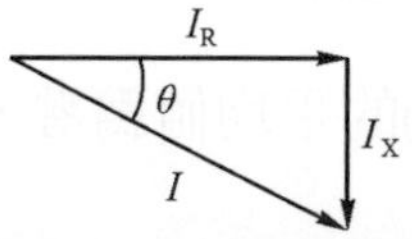

圖 7-5 電流三角形

因爲

$$P=VI\cos\theta=VI_R=I^2R$$
$$Q=VI\sin\theta=VI_X=I^2X$$

功率三角形與電流三角形，兩者爲相似三角形。功率三角形，如圖 7-6 所示

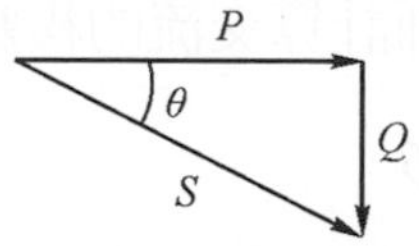

圖 7-6　功率三角形

有效功率 P 、無效功率 Q 以及總功率 S ，都是電壓與電流的乘積，其單位都是 VA。但是，爲了區分方便，有效功率以瓦特(W)，無效功率以乏(VAR)，總功率以伏安(VA)來表示。

功率因數，是有效功率與總功率的比值。

$$pf = \cos\theta = \frac{P}{S}$$

電阻性負載，其電流與電壓相同，功率因數爲 1；電感性負載的電流落後電壓，其功因爲落後(lagging)；電容性負載，電流前引電壓，其功因爲前引(leading)。

常用負載，其功率因數，除了白熾燈及電熱、同步電動機以外，所有負載的功率因數都是落後的。如表 7-2 所示。

表 7-2　常用負載的功率因數

負　載　種　類			功率因數%
			滿　載
感動電動機	單相	1/4 馬力	66
		1/2 馬力	72
	三相	1 馬力	82
		100 馬力	86
自熾燈及電熱			100
日光燈 (普通)			40～50
日光燈 (高功因)			90～95
同步電動機			可調整
電扇、電冰箱、空氣調節器			50～75
電鐘			50
收音機			70～95
交流電弧熔接機			30～40
電氣爐			85
低週波感應爐			60～80
高週波感應爐			10～20

註：除了白熾燈及同步電動機以外，所有的功率因數都是落後的。

學生常不了解，爲什麼複數功率 $\mathbf{S}=\mathbf{V}\cdot\mathbf{I}^*$公式中，電流要使用共軛複數 $\mathbf{I}^*$？

因爲 1900 年初，電力工程師計算交流的複數功率：

$$\begin{aligned}\mathbf{S}&=\mathbf{V}\cdot\mathbf{I}=V\ \angle 0^\circ\ \cdot\ I\ \angle -\theta\\&=VI\cos\theta-jVI\sin\theta\end{aligned}$$

因爲，大多數負載(含有線圈)都是電感性，其無效功率 Q：

$$Q=-VI\sin\theta$$

但是，電機前輩們不喜歡「負值」的 Q，開會時，決定將電感的無效功率改爲正值。

爲了使無效功率 Q 的成爲正值，符合電機前輩的約定，所以在計算功率時(電感電流爲落後，即 $\mathbf{I}=I\ \angle -\theta$)

$$\begin{aligned}\mathbf{S}&=\mathbf{V}\cdot\mathbf{I}^*=V\ \angle 0^\circ\ \cdot\ I\ \angle +\theta\\&=VI\cos\theta+jVI\sin\theta\\&=P+jQ\end{aligned}$$

使用以上公式，當電感性負載在電流落後電壓時，可以得到正的 Q 值。從此後輩的電機人，就要過著 $\mathbf{S}=\mathbf{V}\cdot\mathbf{I}^*$的日子。

例題 7-1

圖 7-7(a)中的交流負載，由 600 V 電源供電，試計算二個分路負載所吸收的功率。

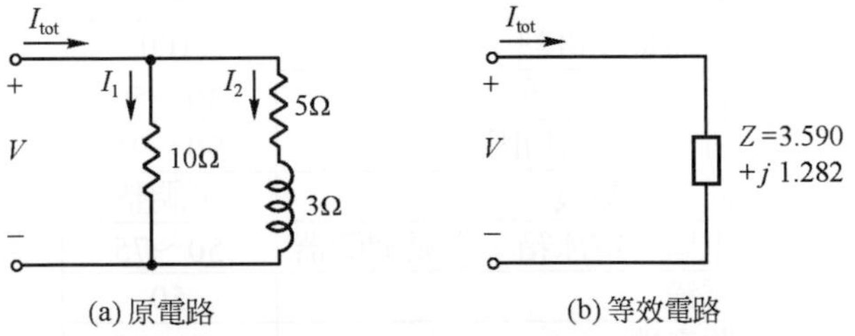

圖 7-7　例題 7-1 電路

圖 7-7(a)中的交流負載，由 600 V 電源供電，試計算二個分路負載所吸收的功率。

解 因為分路的電壓相等，以電壓為基準，$V = 600\angle 0°$

分路電流：

$$I_1 = \frac{600\angle 0°}{10} = 60.0\angle 0°\ \text{A}$$

$$I_2 = \frac{600\angle 0°}{5+j3} = 102.9\angle -31.0°\ \text{A}$$

負載分路 1 吸收功率：

$$P_1 = 600\times 60\times \cos 0° = 36.0\ \text{kW}$$

$$Q_1 = 600\times 60\times \sin 0° = 0\ \text{kVAR}$$

負載分路 2 吸收功率：

$$P_2 = 600\times 102.9\times \cos 31.0° = 52.9\ \text{kW}$$

$$Q_2 = 600\times 102.9\times \sin 31.0° = 31.8\ \text{kVAR}$$

另類解法，可將並聯電路轉換為等效阻抗 Z，如圖 7-4(b)。

$$\mathbf{Z} = \frac{10(5+j3)}{10+(5+j3)} = 3.590 + j\,1.282\ \Omega$$

總電流：

$$\mathbf{I}_{tot} = \frac{600\angle 0°}{3.590+j1.282} = 157.4\angle -19.7°\ \text{A}$$

總功率：

$$\mathbf{P}_{tot} = 600\times 157.4\times \cos 19.7° = 88.9\ \text{kW}$$

$$\mathbf{Q}_{tot} = 600\times 157.4\times \sin 19.7° = 31.8\ \text{kVAR}$$

核對：

$$\mathbf{P}_{tot} = P_1 + P_2 = 36.0 + 52.9 = 88.9\ \text{kW}$$

$$\mathbf{Q}_{tot} = Q_1 + Q_2 = 0 + 31.8 = 31.8\ \text{kVAR}$$

註：有效功率與無效功率的總和，等於個別分路所得功率的代數和。

二個分路的視在功率，分別是：

$$\text{kVA}_1 = 600\times 60 = 36\ \text{kVA}$$

$$\text{kVA}_2 = 600\times 102.9 = 61.7\ \text{kVA}$$

總視在功率為：

$kVA_{tot} = 600 \times 157.4 = 94.4$ kVA

注意：$kVA_{tot} < kVA_1 + kVA_2 = 36.0 + 61.7 = 97.7$ kVA

註：總視在功率，小於個別視在功率的代數和。

7-4 同步電動機做為電容器

同步電動機，接於電力系統時，其等效電路如圖 7-8 所示。$\mathbf{V}_t$ 是系統的端電壓，$\mathbf{E}_m$ 是同步電動機的感應電勢，X_m 是同步電抗，則：

$$\mathbf{V}_t = \mathbf{E}_m + j\,\mathbf{I}\,X_m \qquad (7\text{-}2)$$

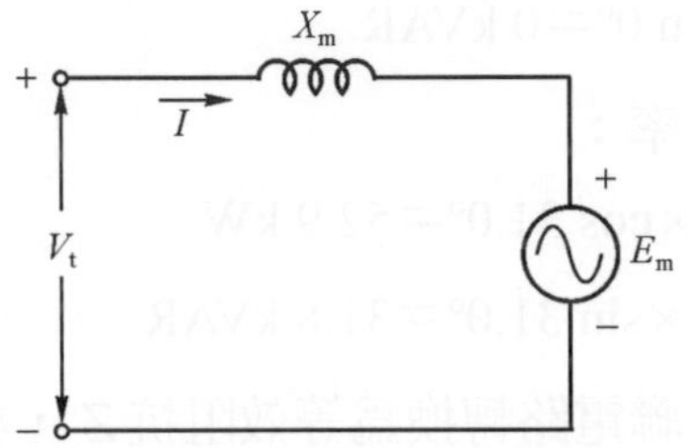

圖 7-8　同步電動機等效電路

通常，系統端電壓 $\mathbf{V}_t$ 維持一定，如果電動機的功率因數爲 1，則各相量之關係，如圖 7-9 所示。

$\mathbf{V}_t$ 領先 $\mathbf{E}_m$ 的角度 δ，稱爲電力角(power angle)；

$\mathbf{V}_t$ 與 $\mathbf{I}$ 的夾角 θ，稱爲功率因數角(power factor angle)。

因爲功率因數爲 1，$\mathbf{V}_t$ 與 $\mathbf{I}$ 同相，此時 $\theta = 0°$。

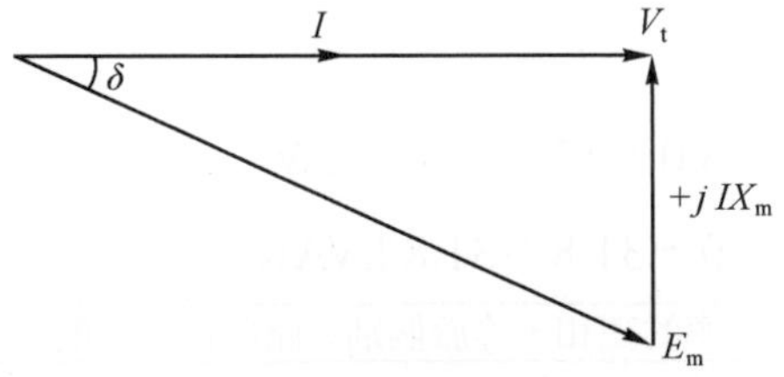

圖 7-9　同步電動機(功因為 1 時)

電動機，自系統吸收的有效功率 P 爲：

$$P=\frac{V_t E_m}{X_m}\sin\delta = KE_m \sin\delta \tag{7-3}$$

其中 $K = V_t / X_m =$ 常數

如果同步電動機，其機械負載 P 維持不變，僅增加同步電動機的激磁電流(過激磁)，則感應電勢 $E_m = 4.44\, f\, N\varphi$ 將隨之增加，因爲 P 及 V_t 爲定值，故其相量關係變爲圖 7-10 所示。

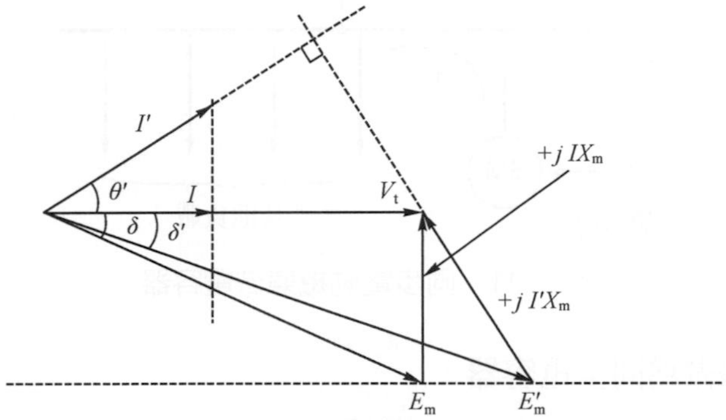

圖 7-10　同步電動機(過激磁時)

E_m 增大，δ 減小，$E_m \sin\delta = E'_m \sin\delta'$，

此時，爲維持 $\mathbf{V}_t = E'_m + jI'X_m$，則 I' 變爲前引系統端電壓 $\mathbf{V}_t$ 功因角 θ'，此即爲電容器作用，可以供應無效功率給系統。

如果同步電動機沒有機械負載，完全做爲供應無效功率之用，稱爲同步電容器。

同步機，在過激磁時，對系統供應無效功率；欠激磁時，自系統吸收無效功率；是非常有用的無效功率調節工具。但是，以同步機專用做電容器，其單價較靜電電容器爲貴，且運轉複雜，並不常用。實用的範例如下：

1. **同步電動機兼做電容器**

工廠如果需要大容量的定速電動機時，可以選用同步電動機，因爲其轉速保持同步速率；此時，將激磁電流調爲過激磁，就可供應無效功率給系統，如同電容器，可用來改善功率因數，如圖 7-11 所示。

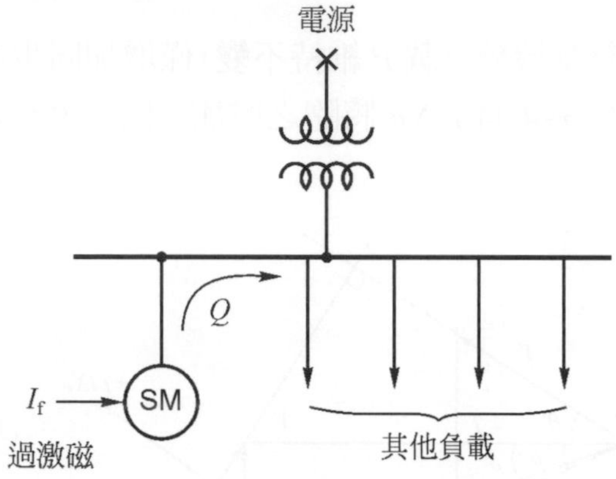

圖 7-11　同步電動機兼做電容器

2. **緊急發電機做爲同步電容器**

一般重要場所，多設有緊急發電機做爲照明、動力或其他重要用途。緊急發電機是同步機，平時停用，當電力公司電源故障時，自動啓動發電供應緊急負載用電。

但因爲緊急發電機平時停用，以致疏於維護，當電力公司停電時，緊急發電機不能啓動發電的情形也時有所聞。且緊急發電設備投資甚大，平時未能貢獻，也相當浪費。如果能將緊急發電機平時做爲同步電容器，供應無效功率，電源故障時，發電供應緊急負載，則不需增加投資，又能增加發電機的應用，値得推廣使用。

如圖 7-12 所示，工廠由電力公司供電，配電系統分爲一般負載及緊急負載，並設有緊急發電機備用。台北市中正文化中心即使用此種模式。

電源正常時，由電力公司供應全部用電，緊急發電機做爲同步電容器使用，此時調整激磁 I_f 爲過激磁，則變爲同步電容器，可以供應無效功率給負載。

電源故障時，將斷路器 CB #1 及 CB #2 打開，柴油引擎自動啓動，當速率到達同步時，離合器耦合，由柴油引擎供應動能，同步機變爲發電機供應緊急負載。

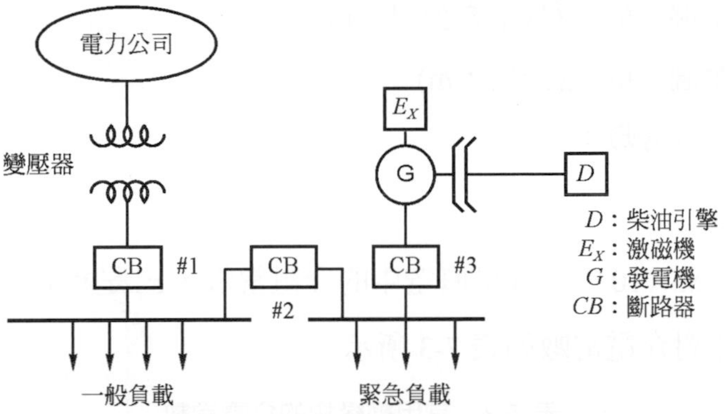

圖 7-12　緊急發電機做為同步電容器的應用

7-5　靜電電容器

在兩平行金屬片中，夾以絕緣介質，如果將直流電源加於兩金屬片時，此元件可以儲存電荷，稱爲靜電電容器，如圖 7-13 所示。電容器的容量 C，其定義爲：

$$C = \frac{Q}{V} \tag{7-4}$$

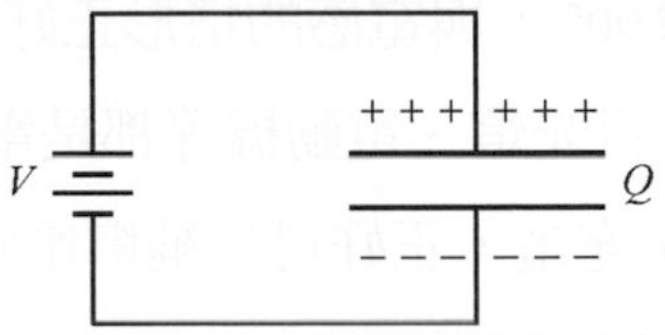

圖 7-13　靜電電容器

式中 C ：電容器容量(法拉，F)

Q ：金屬片中儲存的電荷(庫侖，C)

V ：電容器兩端電壓(伏特，V)

電容器的容量，與金屬片的面積成正比，與其間隔的距離成反比，並與絕緣材料介質常數(dielectric constant)成正比，其關係如下：

$$C = \varepsilon \frac{A}{d} \tag{7-5}$$

其中 ε ：絕緣物的介電常數(法拉／公尺，F/m)

A ：金屬片的面積(平方公尺，m^2)

d ：金屬片間距(公尺，m)

絕緣物的介電常數：

$$\varepsilon = \varepsilon_0 \times \varepsilon_r \tag{7-6}$$

其中 $\varepsilon_o = 8.85 \times 10^{-12}$ F/m 是眞空中的介電常數，ε_r 是相對介電常數。常用絕緣材料，其相對介電常數如表 7-3 所示。

表 7-3　常用絕緣物的介電常數

絕緣材料	相對介電常數
空氣	1.0006
Teflon	2.0
紙(浸臘)	2.5
橡皮	3.0
變壓器油	4.0
雲母	5.0
不燃油	5.0
瓷	6.0
玻璃	7.5
鈦酸鍶鋇	30～7500

靜電電容器，施加交流電壓時，上半週充電，下半週放電，周而復始，平均功率爲零。其電流前引電壓 90°，與電感的情形正好相反。

交流電力系統負載，如日光燈、電動機等都是電感性，電感自系統吸收/釋放電磁能量，電容器的放電/充電，正好可以補償電感所需，故可以做爲改善功率因數之用，稱爲電力電容器。

電力電容器，其輸出無效功率 Q，以 VAR 爲單位：

$$Q = \frac{V^2}{X_c} = V^2 \cdot 2\pi fC \tag{7-7}$$

其中 V ：外加電壓(V)

$X_c = 1/(2\pi fC)$：容抗(Ω)

f：頻率(Hz)

C：電容量(F)

實用上，電容量 C，常用單位微法拉(μF)，無效功率 Q 常用單位 kVAR，則公式(7-7)改爲：

$$Q\,(\text{kVAR}) = V^2 \cdot 2\pi fC \cdot 10^{-9} \tag{7-8}$$

例題 7-2

有一 600μF 電容器，接在 60 Hz 電源，(a)電源電壓 220 V 時，其輸出爲多少？(b)若電容器耐壓足夠，電源改接爲 380 V，其輸出爲多少？

解 (a) $Q = 220^2 \times 2\pi \times 60 \times 600 \times 10^{-9} = 10.9\text{ kVAR}$

(b) $Q = 10.9 \times \left(\dfrac{380}{220}\right)^2 = 32.6\text{ kVAR}$

例題 7-2 提示，電容器的輸出 Q 與電壓平方成正比，故電容器不應在低於其容許額定電壓下運轉，以免浪費。

例題 7-3

有兩個 100μF 電容器，接在 60 IIz 電源，(a)將兩電容器並聯接在 1000 V 電源，(b)將兩電容器串聯接在 2000 V 電源，求其輸出 Q 各爲多少？

解 (a)兩電容器並聯，等效電容爲 100＋100＝200μF

$Q_T = 1000^2 \times 2\pi \times 60 \times 200 \times 10^{-9} = 75.4\text{ kVAR}$

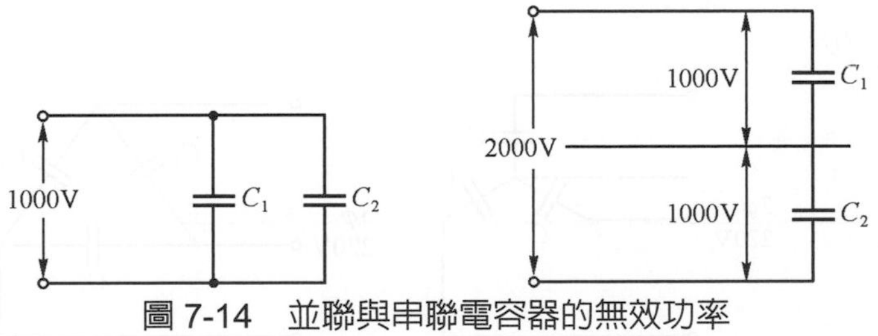

圖 7-14 並聯與串聯電容器的無效功率

(b)兩電容器串聯，等效電容為 100/2＝50μF

$Q_T = 2000^2 \times 2\pi \times 60 \times 50 \times 10^{-9} = 75.4$ kVAR

另解 如果以個別電容器兩端電壓來考慮

(a)並聯時，C_1 及 C_2 個別端電壓都是 1000 V，所以

$Q_1 = Q_2$

$Q_T = Q_1 + Q_2 = 2 \cdot Q_1$

$= 2 \times 1000^2 \times 2\pi \times 60 \times 100 \times 10^{-9}$

$= 75.4$ kVAR

(b)串聯時，C_1 及 C_2 個別端電壓仍是 1000 V，所以

$Q_1 = Q_2$

$Q_T = Q_1 + Q_2 = 2 \cdot Q_1$

$= 2 \times 1000^2 \times 2\pi \times 60 \times 100 \times 10^{-9}$

$= 75.4$ kVAR

例題 7-3 的另解提示，計算電容器輸出功率 Q 時，可以個別考慮電容器的電壓及容量，相加即可得總容量。通常，學生在計算三相電容器的容量時，常因 Y 接或 Δ 接而被迷惑；只要記得 Q 可以個別計算，再加總即可，如例題 7-4 和例題 7-5 所示。

例題 7-4

有三個額定 220 V，1000μF 電容器，接在 60 Hz 電源，(a)Y 接，由 3φ220 V 電源供電，(b)Δ 接，由 3φ220 V 電源供電，求其總無效功率 Q 分別為多少。

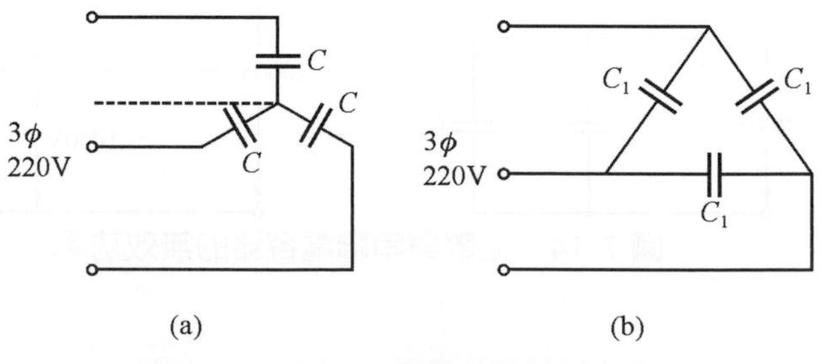

圖 7-15　Y 與 Δ 接電容器的無效功率

解 (a)單一電容器的Q：

$$Q=\left(\frac{220}{\sqrt{3}}\right)^2\times2\pi\times60\times1000\times10^{-9}=6\ \text{kVAR}$$

$$Q_Y=3Q=18\ \text{kVAR}$$

(b)單一電容器的Q：

$$Q=220^2\times2\pi\times60\times1000\times10^{-9}=18\ \text{kVAR}$$

$$Q_\Delta=3Q=54\ \text{kVAR}$$

例題 7-5

有 9 個額定 6900 V，11.14μF 高壓電容器，三個一組，Y 接於三相 11950 V，60 Hz 高壓系統，如圖 7-16 所示，試計算總無效功率 Q_T 爲多少？

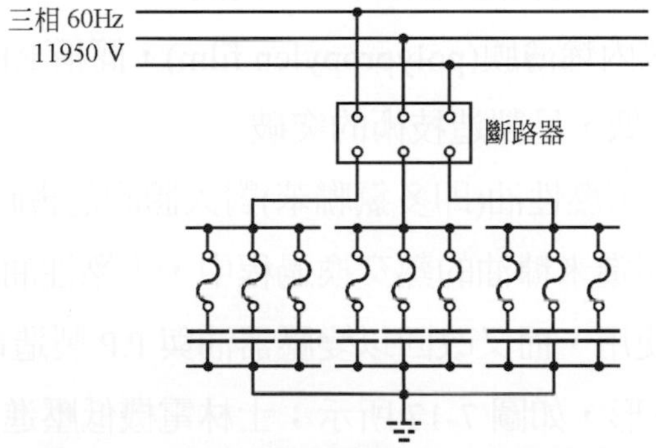

圖 7-16　Y 接多電容器並聯的無效功率

解 如圖所示接線法，每一個電容器所受電壓均相同

$$11950/\sqrt{3}=6900\ \text{V}$$

每一電容器所能供應的無效功率

$$Q_1=6900^2\times2\pi\times60\times11.14\times10^{-9}=200\ \text{kVAR}$$

9 個電容器供應的總無效功率，可以相加

$$Q_T=9\times200=1800\ \text{kVAR}$$

7-6 電力電容器的構造及特點

在 1910 年代以前，電力用戶只注意如何使機器運轉，尚未注意到功率因數改善的效益。1914 年起，開始產製電力電容器做爲改善功因之用，其間材料及製造技術的演進如表 7-4 所示。

表 7-4　電力電容器製造技術的演進

年代	絶緣介値	絶緣油	標準容量 (kVAR)	標準重量 (磅/kVAR)	損　失 (W/kVAR)
1914	紙	變壓器油	2	37	3.0
1932	紙	不燃性油	10	–	–
1967	P.P	不燃性油	200	–	–
1990	P.P	變壓器油	250	0.5	0.2

1914 年，用絕緣紙爲介質，夾於鋁泊極板之間，並灌充變壓器油以提高絕緣紙的介電係數，是初期的電力電容器。

1932 年，用苯的氯化合物，學名 Askarel(俗稱不燃性油)，取代變壓器油，其介電係數提高為 5.0，是製造技術的一大突破。

1967 年，發現聚丙烯薄膜(polypropylen film)，簡稱 P.P，取代絕緣紙，其絕緣性能好，介電損失低，是製造技術的突破。

1970 年代末期，不燃性油(即多氯聯苯)對人體的危害時有所聞。在台灣地區造成米糠油事件(在製造米糠油的熱交換過程中，不燃性油滲入米糠油，使食用人中毒。)而被禁止使用，而又改回以變壓器油與 P.P 製造電容器。

電力電容器的外形，如圖 7-17 所示；士林電機低壓進相電容器的額定值如表 7-5 所示。

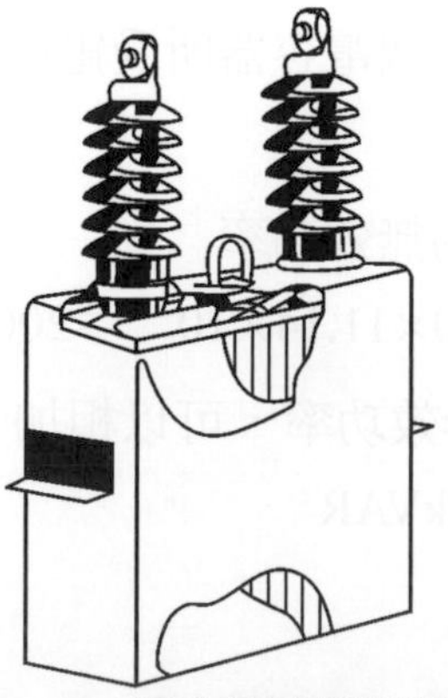

圖 7-17　電力電容器外形圖

電容器，可以單相使用，也可接成 Y 接或Δ接，成為三相電容器。通常，三相高壓大容量電容器，是以多個單相電容器串聯，以適用高電壓 V，以多個單相電容器並聯，增大總容量 Q。

電容器，都是以全電壓連續滿載狀況運轉。其容許最大運轉電壓，為額定電壓的 110%；其容許製造容量誤差為 0%～15%；所以，電容器的最大運轉容量，為額定容量 Q_R 的 139%。

$$Q_{max} = 1.1^2 \times (1 + 15\%) \times Q_R = 1.39\,Q_R \tag{7-9}$$

這就是為何「電容器分路容量」，必須加大的理由。用戶用電設備裝置規則規定：「電容器分路的分段開關、過電流保護裝置及導線的容量，應不小於額定容量的 135%。」[註：一般分路導線容量，應不小於額定容量的 125%。]

運轉中的電容器，自電源切斷後，仍在充電狀態，對維護工作人員有危險；所以，其內部應該裝設放電電阻，使電容器自電源切斷後可自行放電。

按 NEMA 規定：高壓電容器，自電源切開後，在五分鐘內應自行放電，使端電壓降至 50 V(人體直接接觸的安全電壓)以下；600 V 以下的低壓電容器，在一分鐘內應自行放電，使端電壓降至 50 V 以下。

表 7-5　士林電機低壓進相電容器

型　式	電　壓 (V)	容　量 (μF)	電　流 (A)	重　量 (kg)
HS-R2100T	220	100	4.8	0.5
HS-R2150T	220	150	7.2	0.5
HS-R2200T	220	200	9.6	0.7
HS-R2250T	220	250	12.0	1.1
HS-R2300T	220	300	14.4	1.4
HS-R2400T	220	400	19.2	1.6
HS-R2500T	220	500	23.9	1.8
HS-R3100T	380	100	8.3	1.4
HS-R3150T	380	150	12.4	1.8
HS-R3200T	380	200	16.5	2.1
HS-R3250T	380	250	20.7	3.0
HS-R3300T	380	300	24.8	3.7
HS-R4100T	440	100	9.6	1.6
HS-R4150T	440	150	14.4	2.1
HS-R4200T	440	200	19.2	3.3
HS-R4250T	440	250	23.9	3.8
HS-R4300T	440	300	28.7	4.3

7-7 多具負載的綜合功率因數

工廠中裝設為數甚多各式各樣的電器負載，其個別功率因數不盡相同，為了計算全廠綜合功率因數，必須先求全廠的總 kW 及總 KVA。

總有效功率 kW，如公式(7-10)，可以將個別 kW 直接加總而得；總無效功率 kVAR 亦同，如公式(7-11)。但是，總視在功率 kVA，如公式(7-12)，不等於個別 kVA 直接相加的總和。

總有效功率：

$$\Sigma \mathrm{kW} = \mathrm{kW}_1 + \mathrm{kW}_2 + \mathrm{kW}_3 + \cdots \tag{7-10}$$

總無效功率：

$$\Sigma \mathrm{kVAR} = \mathrm{kVAR}_1 + \mathrm{kVAR}_2 + \mathrm{kVAR}_3 + \cdots \tag{7-11}$$

總視在功率：

$$\Sigma \mathrm{kVA} = \sqrt{(\Sigma \mathrm{kW})^2 + (\Sigma \mathrm{kVAR})^2} \tag{7-12}$$

綜合功率因數

$$\Sigma\, pf = \frac{\Sigma \mathrm{kW}}{\Sigma \mathrm{kVA}} \tag{7-13}$$

例題 7-6

某工廠的負載有(1)白熾燈 50 kVA，其功率因數為 1；(2)感應電動機 225 kVA，功率因數為 0.8 落後；(3)同步電動機 75 kVA，功率因數為 0.8 前引。試計算：(a)各負載的 kW 及 kVAR。(b)全廠的 kW 及 kVAR。(c)全廠的 kVA 及綜合功率因數。

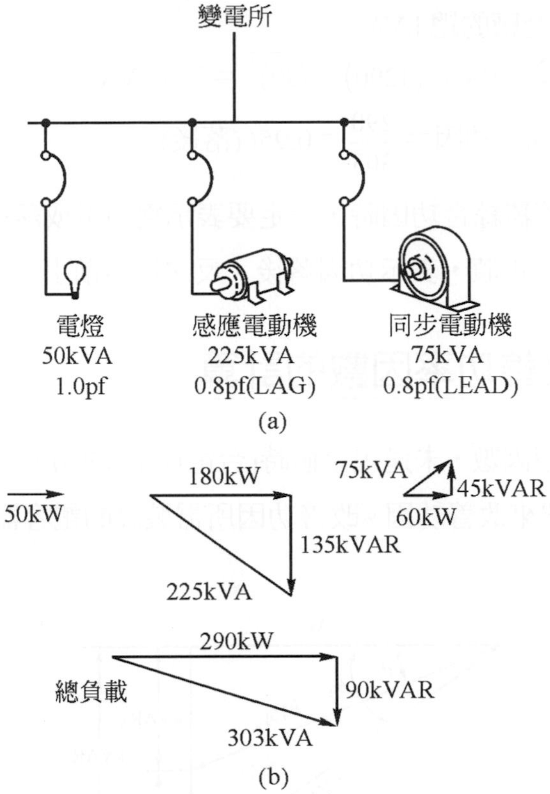

圖 7-18　例題 7-6 的各負載向量圖

解 (a)先計算各負載的 kW 及 kVAR。

(1)白熾燈的負載

$kW_1 = kVA = 50\ kW$

$kVAR_1 = 0\ kVAR$

(2)感應電動機的負載

$kW_2 = 225 \times 0.8 = 180\ kW$

$kVAR_2 = \sqrt{(225)^2 - (180)^2} = 135\ kVAR$(落後)

(3)同步電動機的負載

$kW_3 = 75 \times 0.8 = 60\ kW$

$kVAR_3 = \sqrt{(75)^2 - (60)^2} = -45\ kVAR$(前引)

(b)全廠的總 kW 及 kVAR

$\Sigma\, kW = 50 + 180 + 60 = 290\ kW$

$\Sigma\, kVAR = 0 + 135 - 45 = 90\ kVAR$

(c)全廠的總 kVA

$$\Sigma\,\text{kVA} = \sqrt{(290)^2 + (90)^2} = 303\ \text{kVA}$$

$$\text{綜合功因} = \frac{290}{303} = 0.956\text{(落後)}$$

特別注意，在答覆綜合功因時，一定要表示爲前引或落後；可以由ΣkVAR 的值來判斷，若其爲正值，表示功因落後，反之則爲前引。

7-8 改善功率因數的計算

工廠的綜合功率因數，未達規定值時(台電規定 95%)，或單一負載功因太低時，可以裝設電容器來改善功因。改善功因所需裝設的電容器容量，可由圖 7-19 的功率三角形求得。

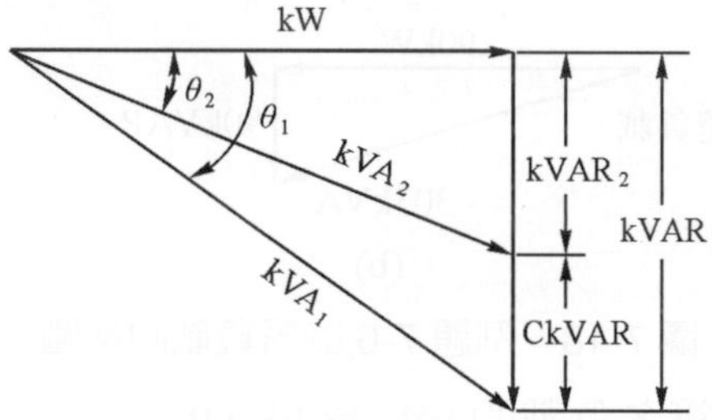

圖 7-19　kW、kVA、kVAR 的功率三角形

在圖 7-19 中，原有的功率三角形，爲 kW、$kVAR_1$ 及 kVA_1，其功因角爲 θ_1；裝設電容器改善功因後，使功因角變爲 θ_2，其功率三角形爲 kW、$kVAR_2$、kVA_2。請注意，改善功因前後，有效功率 kW 仍不變，因爲加裝的電容器損失甚小，約爲 0.2 W/kVAR，可以省略。

參考圖 7-19，改善功因前後，由 $\cos\theta_1$ 改爲 $\cos\theta_2$，所需裝設的電容器 CkVAR 值爲：

$$\begin{aligned}\text{CkVAR} &= \text{kVAR}_1 - \text{kVAR}_2 \\ &= \text{kW}(\tan\theta_1 - \tan\theta_2) \qquad (7\text{-}14)\end{aligned}$$

如果已知 $\cos\theta_1$ 及 $\cos\theta_2$，要求($\tan\theta_1 - \tan\theta_2$)的值，現場工程師都用查表法，表 7-6 爲改善功因的($\tan\theta_1 - \tan\theta_2$)。

例題 7-7

某工廠總負載 800 kW，功率因數為 0.8(落後)，欲改善功因至 0.95(落後)，應裝設電容器多少 kVAR？

解 查表 7-6，首先看改善前功因為 80%，再看改善後功因為 95%，兩者相交的數字 0.421，即是($\tan\theta_1 - \tan\theta_2$)

$\therefore$CkVAR＝800×0.421＝336.8 kVAR

表 7-6　改善功率因數所需 kVAR 係數表

改善前功因(%)	改善後功因(%)				
	100	95	90	85	80
50	1.732	1.403	1.248	1.112	0.982
52	1.644	1.315	1.160	1.024	0.894
54	1.559	1.230	1.075	0.939	0.809
56	1.480	0.151	0.996	0.860	0.730
58	1.405	0.076	0.921	0.785	0.655
60	1.334	0.005	0.849	0.714	0.584
62	1.266	0.937	0.782	0.646	0.516
64	1.200	0.872	0.717	0.581	0.451
66	1.138	0.809	0.654	0.518	0.388
68	1.079	0.749	0.594	0.458	0.328
70	1.020	0.691	0.536	0.400	0.270
72	0.963	0.635	0.480	0.344	0.214
74	0.909	0.580	0.425	0.289	0.159
76	0.855	0.526	0.371	0.235	0.105
77	0.829	0.500	0.345	0.209	0.079
78	0.802	0.473	0.318	0.182	0.052
79	0.776	0.447	0.292	0.156	0.026
80	0.750	0.421	0.266	0.130	
81	0.724	0.395	0.240	0.104	
82	0.698	0.369	0.214	0.078	
83	0.672	0.343	0.188	0.052	
84	0.646	0.317	0.162	0.026	
85	0.620	0.291	0.136		
86	0.593	0.264	0.109		
87	0.567	0.238	0.083		
88	0.540	0.211	0.056		
89	0.512	0.183	0.028		
90	0.484	0.155			

7-9 改善功率因數的效益

裝設電容器，改善功率因數，可以產生下列效益：

7-9-1 釋放系統容量

用戶裝設電容器後，部份無效功率由在地電容器直接供應；不需長途自發電機、變壓器及輸配電線路供應此無效功率，原被佔用的發電及輸配電容量獲得釋放，因此原有電力系統可再供應其他負載。

例題 7-8 是釋放容量，例題 7-9 是釋放容量增加負載的範例。

例題 7-8

某工廠總負載爲 800 kW，功率因數爲 0.8(落後)，裝設電容器改善功因爲 0.95(落後)，試求改善功因後，系統可釋放多少 kVA？

解 改善前功因＝0.8(落後)

$$kVA_1=\frac{800}{0.8}=1000\ kVA$$

改善後功因＝0.95(落後)

$$kVA_2=\frac{800}{0.95}=842\ kVA$$

釋放容量＝1000－842＝158 kVA

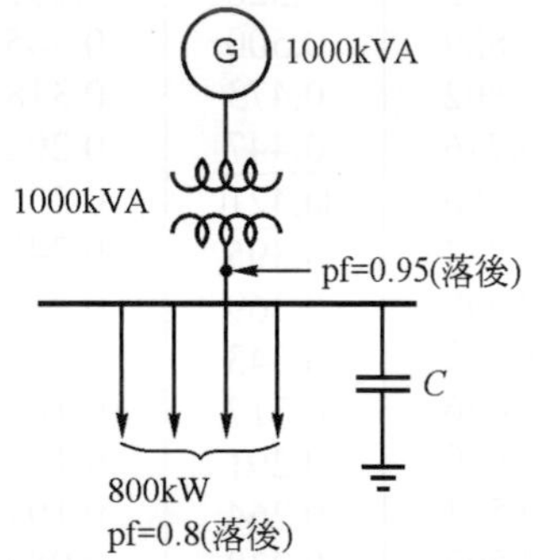

圖 7-20 例題 7-8 之系統圖

發電機及變壓器，原額定容量為 1000 kVA，恰好足以供應，1000 kVA[800 kW，pf＝0.8(落後)]的負載。而裝設電容器後，發電機及變壓器只需供應 842 kVA，可以釋放出 1000－842＝158 kVA 的容量，供接裝其他負載。

例題 7-9

某工廠裝設一部 1000 kVA 備用引擎發電機組，原已滿載 1000 kVA[800 kW，功因為 0.8(落後)]運轉；今欲增加 150 kW，功因為 0.75(落後)的負載，如果要引擎及發電機皆不會超載，應該加裝電容器多少？

解 (a)原有負載

$$kW_1 = 800\ kW$$

$$kVA_1 = \frac{800}{0.8} = 1000\ kVA$$

$$kVAR_1 = \sqrt{1000^2 - 800^2} = 600\ kVAR$$

(b)增加負載

$$kW_2 = 150\ kW$$

$$kVA_2 = \frac{150}{0.75} = 200\ kVA$$

$$kVAR_2 = \sqrt{200^2 - 150^2} = 132\ kVAR$$

(c)總負載

$$\Sigma kW = 800 + 150 = 950\ kW$$

$$\Sigma kVAR = 600 + 132 = 732\ kVAR$$

$$\Sigma kVA = \sqrt{950^2 + 732^2} = 1199\ kVA$$

(d)如果要不超載，則要限制 $\Sigma kVA = 1000\ kVA$

$$\Sigma kW = 950\ kW\text{(無法減少)}$$

$$\Sigma kVAR = \sqrt{1000^2 - 950^2} = 312\ kVAR$$

(e)應加裝的電容器容量

$$CkVAR = 732 - 312 = 420\ kVAR$$

7-9-2　減少線路電流

如圖 7-21 所示，裝設電容器後線路電流將減少。請注意，只有裝電容器處至發電機處的線路電流會減少，而裝電容器處至負載的線路電流仍然維持不變。裝設電容器後線路電流 I_2 爲：

$$I_2 = \sqrt{(I_1 \cos\theta_1)^2 + (I_1 \sin\theta_1 - I_c)^2} \tag{7-15}$$

減少的線電流爲：

$$\Delta I = I_1 - I_2$$

其中 I_1 爲原來線電流(A)

I_2 爲裝電容器後線電流(A)

I_c 爲電容器線電流(A)

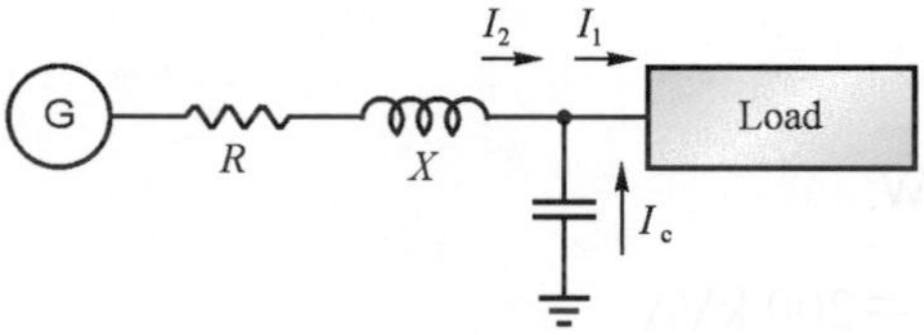

(a) 單線圖

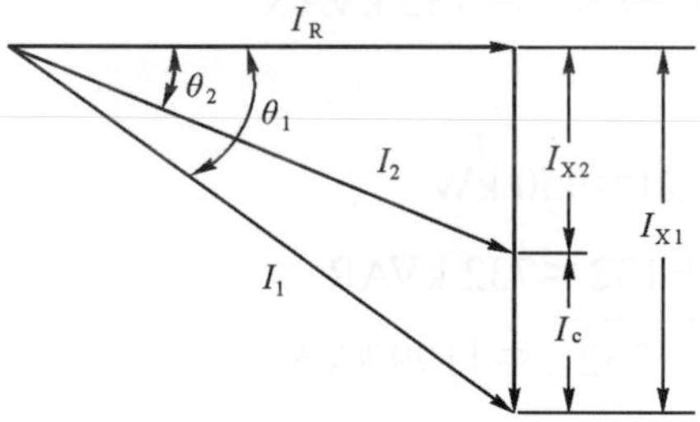

(b) 相量圖

圖 7-21　減少線路電流

例題 7-10

某工廠受電電壓爲 11400 V，總負載爲 15000 kVA，功因 80%(落後)，如要改善功因至 95%(落後)，(a)應裝設電容器多少 kVAR？(b)電力公司線路電流減爲多少 A？

解 (a)應裝設電容器容量爲

$$CkVAR = kW(\tan\theta_1 - \tan\theta_2)$$
$$= (15000 \times 0.8) \times 0.421$$
$$= 5052\ kVAR$$

(b)原有線路電流爲

$$I_1 = \frac{15000}{\sqrt{3} \times 11.4} = 760\ A$$

電容器充電電流爲

$$I_c = \frac{5052}{\sqrt{3} \times 11.4} = 256\ A$$

裝設電容器以後，線路電流變爲

$$I_2 = \sqrt{(760 \times 0.8)^2 + (760 \times 0.6 - 256)^2} = 640\ A$$

7-9-3 改善電壓降

改善功因後，線路電流減少，線路壓降($IR\cos\theta + IX\sin\theta$)亦隨之減少。第三章電壓降計算的公式(3.4)及(3.5)，可以用來計算電壓降改變的情形。電壓降公式中，$X\sin\theta$ 一項，在裝設電容器時，應該是負值，所以公式中用負號。

$$e = \mathbf{K}I(R\cos\theta - X\sin\theta) \tag{7-16}$$

$$\text{三相}\ e\% = \frac{kVAR(R\cos\theta - X\sin\theta)}{10(kV)^2} \tag{7-17}$$

加裝電容器，在無載時若不予切離，則將引起電壓上升，因爲純電容的功因爲零($\theta = 90^\circ$)且爲前引，所以 $\cos\theta = 0$，$\sin\theta = 1$ 所以公式(7-16)及(7-17)變爲：

$$e = -\mathbf{K}IX \tag{7-18}$$

$$e\% = \frac{-kVAR \cdot X}{10(kV)^2} \tag{7-19}$$

公式中，電壓降 e 及 $e\%$ 爲「負值」，表示受電端的電壓，實際上並未下降而是上升。

例題 7-11

同例題7-10的工廠用戶，若該工廠由477 MCM全鋁線專線供電($R=0.133\,\Omega/\text{km}$， $X=0.364\,\Omega/\text{km}$)，線路長 2 公里，假設電力公司的電壓維持在 11400 V，試求：

(a)未裝設電容器前，該用戶責任分界點的電壓降為多少%？

(b)裝設電容器後，該用戶責任分界點的電壓降為多少%？

(c)裝設電容器後，在無載時，電壓上升多少%？

解 (a)未裝設電容器前，電壓降為

$$e\%=\frac{15000(0.133\times0.8+0.364\times0.6)\times2}{10(11.4)^2}=7.5\%$$

(b)改善後 kVA_2 減少為：

$$\text{kVA}_2=\sqrt{(15000\times0.8)^2+(15000\times0.6-5052)^2}$$

$$=12633\text{ kVA}$$

裝設電容器後，電壓降為

$$e(\%)=\frac{12633(0.133\times0.95+0.364\times0.312)\times2}{10(11.4)^2}=4.66\%$$

(c)裝設電容器後，無載時電壓降為

$$e(\%)=\frac{-5052\times0.364\times2}{10(11.4)^2}=-2.83\%$$

電壓降為－2.83%，實際上為電壓上升 2.83%。

7-9-4 減少線路損失

線路損失，與線路電流的平方及線路電阻成正比，提高功因後，減少的損失，可參考圖 7-21(b)的電流三角形。

$$\because I_2\cos\theta_2=I_1\cos\theta_1$$

$$\therefore I_2=I_1\frac{\cos\theta_1}{\cos\theta_2} \tag{7-20}$$

原損失 $=I_1^2R$

改善後損失 $=I_2^2R=\left(I_1\dfrac{\cos\theta_1}{\cos\theta_2}\right)^2\times R$

減少的損失＝原損失－改善後損失

$$= I_1^2 R \left[1 - \left(\frac{\cos\theta_1}{\cos\theta_2} \right)^2 \right]$$

$$= 原損失 \left[1 - \left(\frac{原功因}{改善後功因} \right)^2 \right] \qquad (7\text{-}21)$$

雖然改善功因可以減少線路損失，但其效果與電容器裝置地點有關。如圖7-22，如果電容器裝在用戶的負載末端 C_2 處，則用戶的變壓器及台電線路損失均可減少；但若裝在 C_1 處，則只有台電線路損失可獲減少。

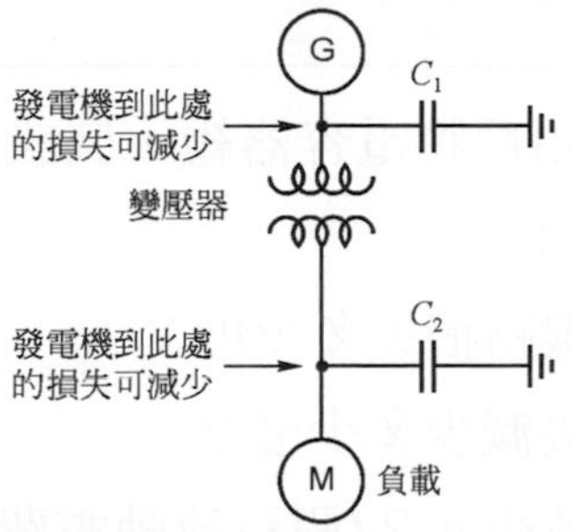

圖 7-22　電容器裝設位置與減少損失的效果

例題 7-12

已知，某工廠每月用電約 150,000 度，廠內配電線路損失爲 5%，原有負載功率因數 0.75(落後)；如果在所有負載端子裝設電容器，改善功因爲 0.95(落後)，試計算每月可以減少損失多少度？

解 減少廠內線路損失＝原損失 $\times \left[1 - \left(\frac{原功因}{改善後功因} \right)^2 \right]$

$$= (150{,}000 \times 5\%) \left[1 - \left(\frac{0.75}{0.95} \right)^2 \right]$$

$$= 2828 \text{ 度}$$

7-9-5 節省電費

台電爲鼓勵用戶提高功率因數，在電價表中訂有功率因數折扣。電力用戶每月用電之平均功率因數不及 80%時，每低於 1%，該月份電費應增加 0.1%；超過 80%時，每超過 1%，該月份電費應減少 0.1%；唯平均功率因數超過 95%部分不予扣減，而超約罰款部分則不給予功因折扣。

平均功率因數，以有效電度(kWh)及無效電度(kVARh)計算。所以，工廠週末停工時，電容器多仍上線，以提升平均功因。

$$平均功因＝\sqrt{(kWh)^2+(kVARh)^2}\times 100\% \tag{7-22}$$

例題 7-13

同例題 7-12，若該用戶將電容器組，裝設於責任分界點，假設台電公司輸電損失爲 7%，求：

(a)該用戶每月減少配電線路損失多少度？

(b)台電公司輸電線路損失減少多少度？

(c)該用戶每月節省電費多少元？(假設流動電費每度 4 元)

解 (a)因爲電容器組裝設於責任分界點，對於用戶廠內配電線路損失沒有任何減少。

(b)台電公司的輸電線路損失減少

$$=(150{,}000\times 7\%)\left[1-\left(\frac{0.75}{0.95}\right)^2\right]$$

$=3956$ 度

(c)原功因 75%，每月應加收電費

$0.1\%\times(80-75)=0.5\%$

改善功因爲 95%，每月可減收電費

$0.1\%\times(95-80)=1.5\%$

合計可以節省 2%

每月可節省電費

$150{,}000\times 2\%\times 4=12{,}000$ 元

7-10 電容器裝置地點的選定

由例題 7-12 及 7.13 得知，電容器裝置地點相當重要。裝在負載端子，可以減少廠內配電線路損失，也可節省電費，但裝設容量大、投資高；如果裝在責任分界點，則只可以節省電費，對用戶工廠內的損失無益。

圖 7-23 是電容器裝置於工廠高低壓處所的情形，其特點彙整如表 7-7 所示，並分別說明如下。

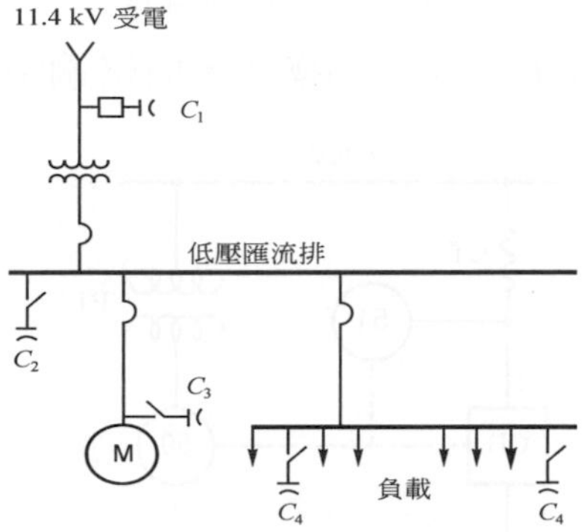

圖 7-23　電容器裝置地點

表 7-7　電容器裝置地點特性比較表

地　　點	高壓集中 C1		低　　壓		高壓電動機
	69kV	11.4kV	集中 C2	分散 C4	個別 C3
補償效果	台電 v 用戶×	台電 v 用戶×	主變壓器 v	最　　佳	最　　佳
Switchgear	Relay+CB	PF+LS	PF+LS	NFB+MS	NFB+MS
裝設容量	部份容量(可考慮需量因數)			全容量	全 容 量
價　　格	SW 貴	合　　理	合　　理	電容器貴	合　　理
應　　用	台　　電	常　　用	常　　用	少　　用	常　　用

7-10-1　補償效果

無論用戶的受電電壓是 69 kV 或 11.4 kV，電容器集中裝於高壓側 C_1 時，只對台電公司有益，對用戶內的任何線路或設備均無補償效果。

如果集中裝於二次匯流排 C_2 處，則對主變壓器及台電均有助益，以下則無。若分散裝設於負載端子 C_4 及大型電動機 C_3 的位置，則其補償效果最佳，對工廠內配電線路、變壓器及台電均有助益。

簡而言之，電容器裝設位置愈靠近負載效果愈大。

7-10-2 開關設備

電容器分路的保護，因為電壓高低不同，有圖 7-24 所示的三種方式：

1. 69 kV 高壓集中電容器：要使用油斷路器、比流器、比壓器及電驛來保護，此種配置價格甚高。如圖 7-24(a)。
2. 大型電動機的電容器：可以利用分路原來裝設的無熔絲斷路器及電磁開關加以保護，不必增加開關設備的投資，最為經濟。如圖 7-24(b)。
3. 11.4kV 高壓集中電容器或低壓集中電容器：可以用電力熔絲做過電流保護，配合負載開關做 ON/OFF 的操作，價格適中。如圖 7-24(c)。

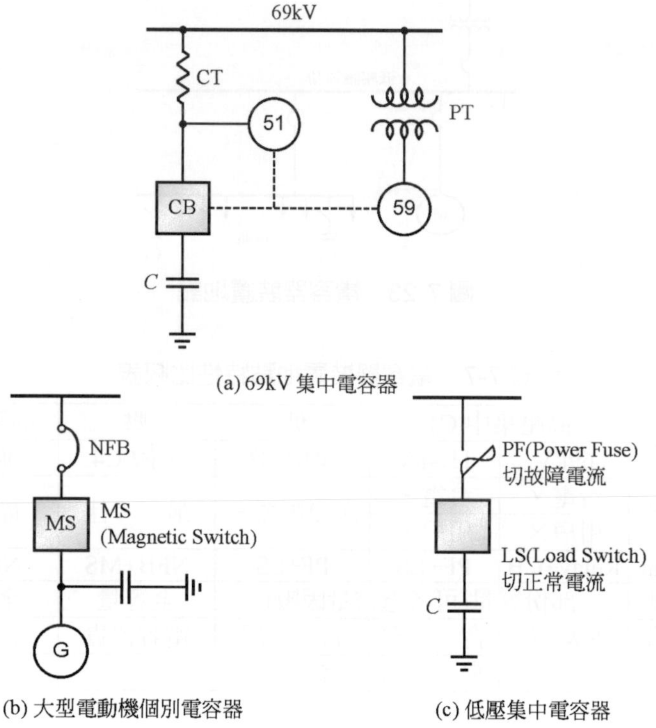

圖 7-24 電容器分路保護

7-10-3 電容器的裝設容量

在大型電動機或負載端子裝設電容器時，電容器的容量，應該使分路功因能提高至 95%以上，稱為全容量。但如此分路停用時，通常電容器亦切離，此時電容器未發揮其功能，稍嫌浪費。

如圖 7-23 的 C_1 及 C_2，電容器集中裝設於高壓或低壓，因為負載不會全部同時使用，可以依據負載的需量因數，電容器裝設容量可以打折，相當經濟。

7-10-4　價格及應用

69 kV 高壓集中電容器 C_1，因為開關設備投資太大，雖可裝設部份容量，整體價格仍高。一般用戶均不採用，只有在台電 69kV 匯流排裝用。

11.4 kV 高壓集中電容器 C_1 或低壓集中電容器 C_2，因為開關設備價格適中，電容器又可裝設部份容量，價格合理，值得採用。

大型電動機因為耗電大，單獨加裝電容器 C_3，不需額外開關設備，價格合理，值得採用。

在所有負載端子裝設電容器 C_4，雖不需額外開關設備，但因低壓電容器單價較高，而且要裝設全容量，在經濟上並不划算，因此並不常用。

7-11　並聯電容器組的開關特性(※研究參考)

電容器組，施加全電壓，且連續 24 小時運轉，算是連續滿載運轉的電器。在電力系統輕載時，電壓較高，可能達到額定電壓的 110%；此外，還要考慮因高頻諧波將造成容抗降低、電流增大的影響，因此電容器的製造公差定為 0%～15%。

參看公式(7-9)，電容器分路的電流最高可達 139%，按用戶用電設備裝置規則的規定，電容器組的分路斷路器、開關及導線都要達到額定電流的 135%。

分路斷路器的耐壓，當電容器為 Y 接中性點接地時，要承受 2 倍系統電壓峰值；當電容器為Δ接非接地時，則要提高至 3 倍系統電壓峰值。

在電容器組為 Y 接中性點接地時，其對地電位錨定。分路斷路器欲切斷電容電流時，在第一週波電流變為零值的瞬間，啓斷電弧。因電容電壓落後電流 90°，此時電容器充電達到正電壓的峰值($+E_C'$)，斷路器的電容器端電壓 E_C 也保有相同的電位；但是斷路器的電源端電壓 E，仍然隨著系統電壓由正轉負，當系統電壓變為負電壓的峰值($-E_C'$)，此時，斷器路兩端電壓，為電源電壓峰值的兩倍。所以，斷路器必須能承受此兩倍峰值電壓，才不會發生復擊(restriking)，如圖 7-25 所示。

如果電容器爲Δ接或 Y 接中性點不接地，因爲對地電位未錨定。此時斷路器兩端 E 與 E_C'' 間的電位差，可能達電源電壓峰値的 2.5～3.0 倍，此種特點在選用斷路器時，應該特別愼重考慮。

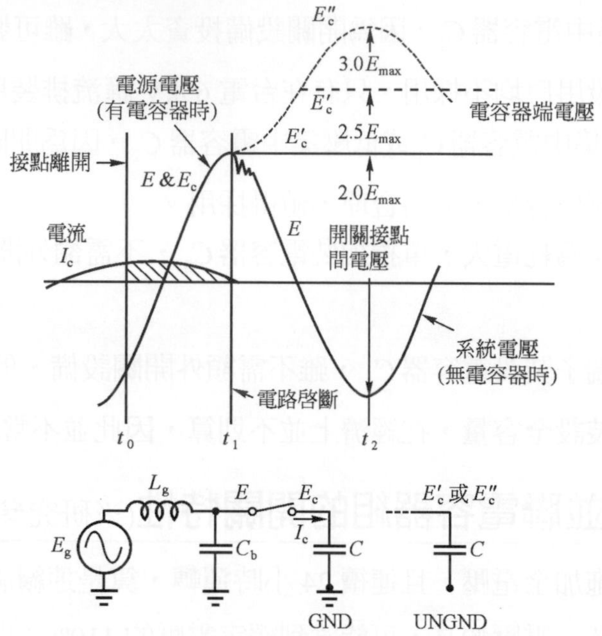

圖 7-25　電容器分路斷路器接點兩端的電位差

通常，電容器組由多個單相電容器串並聯組合而成，每一單體電容器需要個別的保護熔絲，熔絲容量選用的原則，與一般負載相同，如圖 7-26 所示。

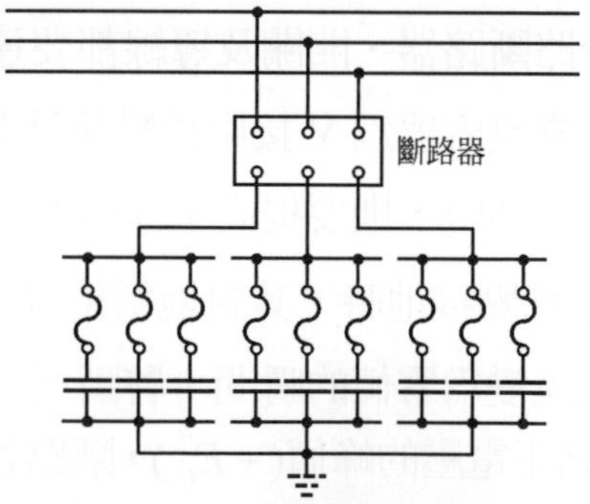

圖 7-26　11.4kV 電容器組

7-12 變壓器消耗的無效功率

變壓器的等效電路，如圖 7-27 所示，其串聯漏抗 X 及並聯激磁電納 b_m，都會消耗無效功率。

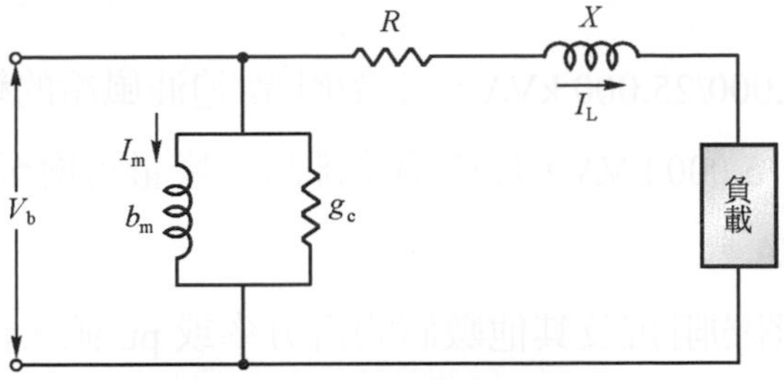

圖 7-27　變壓器等效電路

激磁分路的功率因數很低，通常可以將無載電流全部視爲激磁電納電流，激磁無效功率與電源電壓平方成正比，而與負載電流無關，因爲電壓變化很小，所以只要變壓器在加壓狀態，就會消耗近乎定值的無效功率。

其所消耗的激磁無效功率 Q_m 爲：

$$Q_m = \sqrt{3}\,(\text{額定電壓})(\text{激磁電流})$$
$$= \sqrt{3}\, V_b\, I_m$$
$$= (\sqrt{3}\, V_b\, I_{f1})\left(\frac{I_m}{I_{f1}}\right)$$
$$= (\text{額定容量})(\text{激磁電流 pu}) \tag{7-23}$$

漏抗 X 所消耗的無效功率，與負載電流平方成正比，因爲負載電流變化甚大，所以漏抗的無效功率變化亦大。

其所消耗的無效功率 Q_X 爲：

$$Q_X = 3 \cdot I_L^2 \cdot X = (3\, I_{f1}^2\, Z_b)\left(\frac{\sqrt{3}V_b I_L}{\sqrt{3}V_b I_{f1}}\right)^2\left(\frac{X}{Z_b}\right)$$
$$= (\text{額定容量})(\text{實際容量 pu})^2\,(\text{漏抗 pu}) \tag{7-24}$$

(7.23)式及(7.24)式爲實用的公式，因爲變壓器的激磁電流及漏抗的 pu 值，大致與變壓器的容量相關，典型的變壓器激磁電流百分率如表 7-8 所示，單相 5kVA 變壓器激磁電流爲 3.5%，三相 12MVA 者約爲 0.585%。典型變壓器漏抗百分率如表 7-9 所示，單相 25kVA 變壓器漏抗 1.65%，三相 2000kVA 者爲 6.0%。

中大型變壓器的容量與冷卻方式有關。按照 NEMA 規定，以自冷額定 1,000 kVA 以上的變壓器，加風扇冷卻時，可增加容量 25%；而自冷額定 15,000 kVA 以上的變壓器，加風扇冷卻時，可增加容量 33%，如再加泵浦迫油風冷時，可再增加容量 33%。

常用 15,000/20,000/25,000 kVA，自冷/風冷/迫油風冷的變壓器，在變壓器自然冷卻時，容量爲 15,000 kVA，加風扇冷卻時，容量可增至 20,000 kVA，迫油風冷時爲 25,000 kVA。

請注意，變壓器的阻抗及其他數値的百分率或 pu 値，都是以自冷時的額定容量爲基準。

表 7-8　變壓器的典型激磁電流

電壓 kV	相數	容量 kVA	激磁電流%
3～15	單相	5～10	3.5～3.2
3～15	單相	25	2.5～2.3
3～15	單相	50～100	2.0～1.0
3～15	三相	150～500	2.0～1.0
3～15	三相	750～1000	1.8～0.9
69	三相	10,000	0.65
69	三相	15/20/25MVA	0.585

表 7-9　士林製配電變壓器的標么阻抗參考値(75℃)

變壓器容量 (kVA)	單相變壓器			三相變壓器		
	R(%)	X(%)	Z(%)	R(%)	X(%)	Z(%)
25	1.55	1.65	2.26	—	—	—
30	1.50	2.20	2.66	—	—	—
50	1.35	1.70	2.17	1.76	2.0	3.20
75	1.40	2.40	2.78	1.70	2.0	3.26
100	1.40	2.30	2.70	1.70	2.0	2.70
150	1.35	1.90	2.33	1.65	2.0	2.95
200	1.35	2.50	2.80	1.45	2.0	3.15
250	1.35	2.50	2.94	1.35	2.0	2.84
300	1.30	3.50	3.73	1.35	3.0	3.47
400	1.10	3.50	3.67	1.25	3.0	3.44
500	1.20	3.50	3.70	1.15	2.0	3.03
600	—	—	—	1.20	3.5	3.70
750	—	—	—	1.20	4.0	4.17
1000	—	—	—	1.10	4.5	4.63
1500	—	—	—	1.05	5.0	5.10
2000	—	—	—	1.05	6.0	6.10

例題 7-14

某工廠以 69 kV 受電，主變壓器容量 15,000/20,000/25,000 kVA，自冷/風冷/迫油風冷，阻抗爲 7.0%，激磁電流 0.6%，實際負載約爲 20,000 kVA；配電變壓器多台，計有：

變壓器用途	額定容量 (kVA)	數量	漏抗%	激磁%
高壓電動機用	2000	5	6.0	0.8
低壓電動機用	1000	8	5.0	0.9
電燈用	500	4	5.0	1.0

試求變壓器消耗的總無效功率？

解 (a)激磁無效功率 Q_m

$$Q_m = 15000\times1\times0.6\% + 2000\times5\times0.8\% + 1000\times8\times0.9\% + 500\times4\times1.0\% = 262\text{ kVAR}$$

(b)漏抗消耗的無效功率 Q_X

主變壓器

$$15000\times7\%\times\left(\frac{20000}{15000}\right)^2 = 1867\text{ kVAR}$$

其它變壓器

$$2000\times5\times6\% + 1000\times8\times5\% + 500\times4\times5\% = 1100\text{ kVAR}$$

總計消耗無效功率 Q 爲：

$$Q = 262 + 1867 + 1100 = 3229\text{ kVAR}$$

例題 7-15

某工廠由 11.4 kV 受電，其單線圖如圖 7-28 所示，計有變壓器如下：

變壓器用途	額定容量 (kVA)	漏抗 (%)	激磁電流 (%)	實際容量 (kVA)	負載功因 (%落後)
高壓電動機用	600×1	3.7	1.5	550	85
低壓電動機用	150×1	3.0	2.0	100	78
電燈	100×1	2.7	2.0	80	80

若欲將功因改善至 95%(落後)，應該裝設電容器多少？

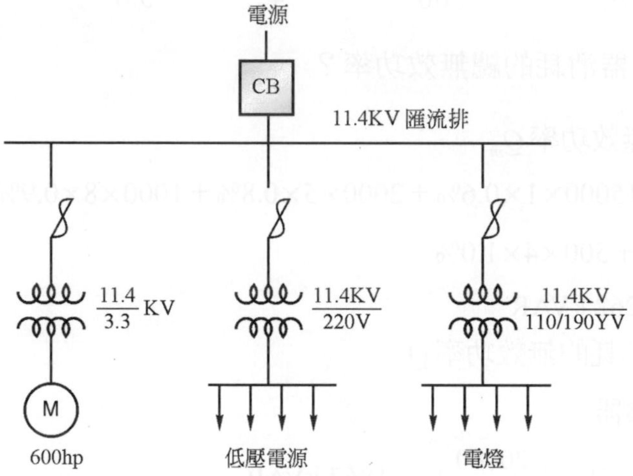

圖 7-28

解 (a)變壓器的激磁無效功率

$$Q_m = 600\times 1.5\% + 150\times 2.0\% + 100\times 2.0\% = 14 \text{ kVAR}$$

變壓器的漏磁無效功率為：

$$Q_x = 600\times 3.7\%\times\left(\frac{550}{600}\right)^2 + 150\times 3.0\%\times\left(\frac{100}{150}\right)^2 + 100\times 2.7\%\times\left(\frac{80}{100}\right)^2 = 22.4 \text{ kVAR}$$

(b)高壓電動機(功因 85%落後)消耗的功率

$$P_1 = 550\times 0.85 = 467.5 \text{ kW}$$

$$Q_1 = 550\times 0.53 = 291.5 \text{ kVAR}$$

(c)低壓電動機(功因 78%落後)消耗功率

$P_2 = 100 \times 0.78 = 78$ kW

$Q_2 = 550 \times 0.63 = 63$ kVAR

(d)電燈(功因 80%落後)消耗的功率

$P_3 = 80 \times 0.8 = 64$ kW

$Q_3 = 80 \times 0.6 = 48$ kVAR

(e)綜合負載

$\Sigma \text{kW} = 467.5 + 78 + 64 = 609.5$ kW

$\Sigma \text{kVAR} = 14 + 22.4 + 291.5 + 63 + 48 = 438.9$ kVAR

綜合功因

$$\Sigma \text{pf} = \frac{609.5}{\sqrt{609.5^2 + 438.9^2}} = 0.81(\text{落後})$$

欲改善功因至 95%(落後)，所需加裝電容器的容量

$\text{CkVAR} = 609.5(0.724 - 0.329) = 240.7$ kVAR

7-13 三相電容器的接線及應用

三相電容器的連接法因系統接地方式不同，可分為三種，其接線如圖 7-29 所示，其適用原則如下：

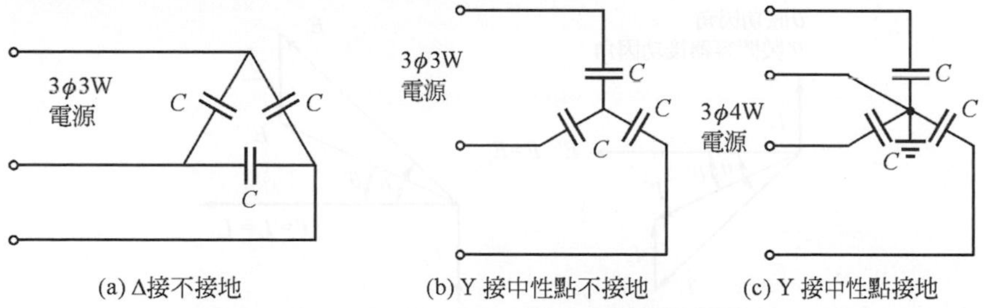

圖 7-29　三相電容器接線方式

1. 三相三線非接地系統：通常採用Δ接電容器如圖 7-29(a)。但系統短路容量過大時，採用電容器 Y 接不接地如圖 7-29(b)。

2. 三相四線中性點接地系統：通常採用 Y 接中性接地電容器如圖 7-29(c)。但系統短路容量過大時，採用電容器 Y 接不接地如圖 7-29(b)。

7-14 串聯電容器(※研究參考)

理論上，在電壓遽變時，串聯電容器是最佳的改善工具。但實用上，只在電阻電銲機上有所發揮，而甚少在他處應用。

串聯電容器，只能用在特定用途，如電流改變時，串聯電容器就要修改，相當不便。並聯電容器電流固定，用途不受限。

串聯電容器的主要應用有：

1. 補償系統的電抗，以改善電壓調整率。
2. 對特定負載做功率因數改善。

7-14-1 並聯電容器 vs 串聯電容器(※研究參考)

如圖 7-30(a)，顯示電容器與負載並聯，圖 7-30(b)是電容器與負載串聯。電容器的並聯與串聯，雖然只是接線法不同，但其功能卻大不相同。

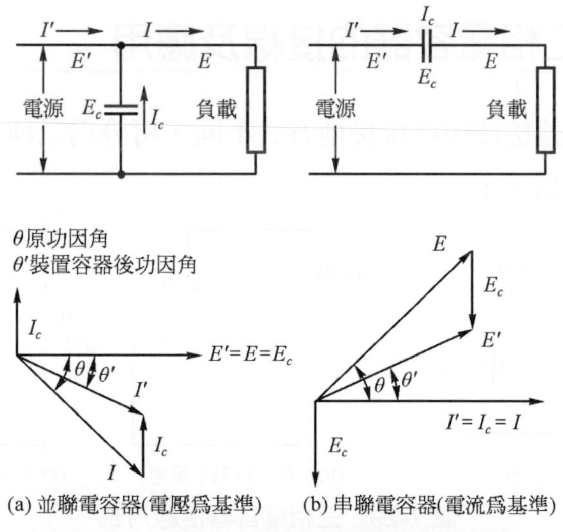

圖 7-30 並聯及串聯電容器的接線及效應

並聯電容器，只是負載的並聯容抗，其端電壓及通過電流大致固定不變，主要目的是功率因數改善；其他效益，如釋放系統容量、改善電壓水平、減少線路損失及節省電費，只是改善功因的附屬功能，如圖 7-30(a)所示。

串聯電容器，可看成是線路的負阻抗，其端電壓因通過電流的變動而隨時改變，電流通過時，立即產生電壓上升，所以串聯電容器是電壓補償器。在額定容量相同時，串聯電容器如果通過額定電流，可產生與並聯電容器相同的功率因數改善效果，並聯電容器是用前引電流超前而改善功因，而串聯電容器是使電壓落後而改善功因，其效果如圖 7-30(b)所示。

7-14-2　串聯電容器與電壓調整(※研究參考)

串聯電容器，其兩端的電壓是電流和容抗的乘積：

$$E_c = IX_c \tag{7-25}$$

但對系統而言，串聯電容器對線電壓的改善，卻受到負載電流的功因而定。

$$e_c = IX\sin\theta \tag{7-26}$$

線路電壓降，依公式(3-3)式可改寫成：

$$e = \mathrm{K}I[R\cos\theta + (X_L - X_C)\sin\theta] \tag{7-27}$$

如圖 7-31，在未加裝串聯電容器時，系統的電壓調整率甚差。如果所加的 $X_C = X_L$，則電壓調整改善甚多，送電端電壓變成 V_{S1}，如果令 $X_C > X_L$ 可以使電壓調整率變為零，送電端電壓變成 V_{S2}。

實用上，通常 $X_C = X_L$，使系統電壓獲得改善。串聯電容器，對於小型電力系統中，啓動大型電動機或電壓閃爍等狀況，極有助益。

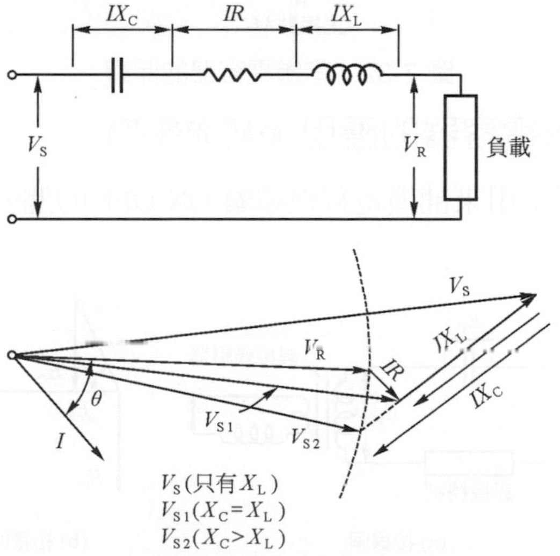

圖 7-31　串聯電容器降低電壓調整率的效果

7-14-3 串聯電容器的保護(※研究參考)

串聯電容器，其端電壓與電流成正比。所以，當系統短路時，有極大故障電流直接通過串聯電容器，其端電壓將上升至非常高的值。實用上，因為電容器的製造成本與電流平方成正比，不可能將電容器的耐壓水平製造到如此高的電壓，所以必需外加設備來保護串聯電容器，以避免電容器受到過電壓的破壞。

在短路發生時，沒有任何機械動作的元件，可以用夠快的速度來保護串聯電容器，最常用的是消弧間隙與電容器並聯，這種方式既快速又簡單，如圖 7-32 所示為一例。

當電流達到額定值的兩倍時，電容器的端電壓也升高為額定電壓的兩倍，間隙立即產生放電以保護電容器；當電流降低時，電容器的端電壓也隨之下降，消弧間隙可切斷電流，使串聯電容器再度作用。

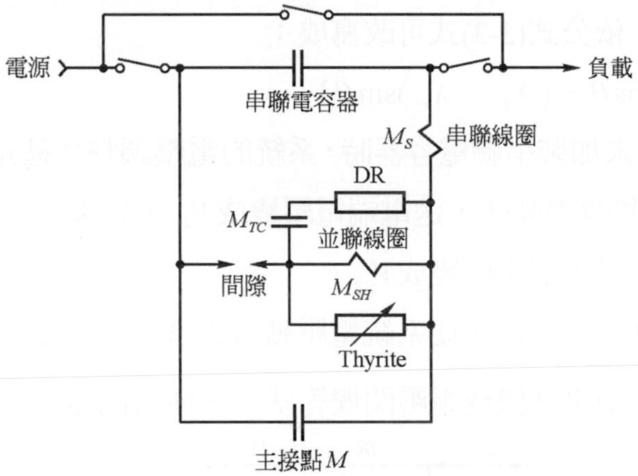

圖 7-32 串聯電容器的保護

7-14-4 串聯電容器的應用(※研究參考)

串聯電容器，最常用來補償電銲機頻繁 ON/OFF 的遽變負載變化，其接線如圖 7-33(a)所示。

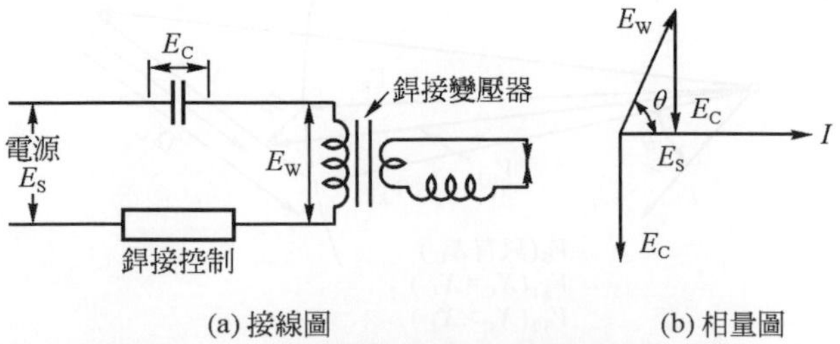

圖 7-33 串聯電容器改善電銲機的功因

串聯電容器的容量，要與電焊機互相匹配。當電焊機最大功率時，串聯電容器電壓 E_C，完全抵銷電焊機無效電壓 $E_W\sin\theta$，如圖 7-33(b)所示，使總功率因數爲 1，能降低電壓閃爍的幅度，所以鄰近用戶的電燈閃爍也可獲得相當的改善。

電銲機的 ON/OFF 非常頻繁，ON 時電流滿載，OFF 時電流爲零，而且 ON/OFF 時間短暫只有幾週波；因爲串聯電容器是和電焊機串聯，其電流大小完全同步。當電焊機電流滿載時，串聯電容器產生最大補償電壓；當電焊機電流爲零時，串聯電容器電流也是零，不會產生補償電壓。所以，串聯電容器是電焊機的最佳拍檔。

並聯電容器和電焊機並聯，要偵測電焊機 ON/OFF 動作，再做補償，電路設計複雜，因而無法做及時補償，甚至會產生反效果，完全不適用。

Chapter 8 照明設計

照明的起源

人類最早的照明來源是火。火的來源，各民族都有不同的說法：中國的燧人氏，以鑽木方式取火，十分合理，比較可信。希臘神話中，火是由普羅米修斯(Prometheus)，從諸神居住的奧林匹斯山(Olympus)偷下來給人使用的，也因此觸怒主神宙斯(Zeus)，他被綁在高加索山，每天遭受老鷹咬內臟的處罰。

因為有火，人類生活大幅改善，火除了做為照明之外，也是煉鐵等冶金技術的催生者，所以，火是「照明」和「科技」的來源。愛迪生發明鎢絲燈泡，開啓了電力照明的新紀元，如今，我們只要按個開關就有光明。然而，在二十一世紀的今天，如果沒有照明(火)，生活將會是如何困難，我們能不珍惜嗎？

人類利用五官攝取資訊，最重要的就是視覺(眼睛)，高達 87 %，其餘聽覺(耳朵)、嗅覺(鼻子)、觸覺(皮膚)和味覺(舌頭)加總才佔 13 %，所以，照明非常重要。然而，要節約照明用電，也不可虧待眼睛。

照明「量」的基準，是照度，也就是足夠的亮度。至於，照明「質」的標準很多：輝度、眩光、色溫度、演色性…等。如何進行「質、量」兼顧的照明設計，一般人不十分了解，本章將詳細介紹。

8-1 照明用語解說

1. **光(light)**

   在電磁波頻譜中，波長在 380～760 nm(1 nm=10^{-9} m)之間的電磁波，可以刺激人類視神經，使人有「看得見」的感覺，稱爲可見光。

   如圖 8-1，電磁波有宇宙線、γ 射線、X 光、紫外線、可見光、紅外線、微波、電視廣播頻道、電力線等。

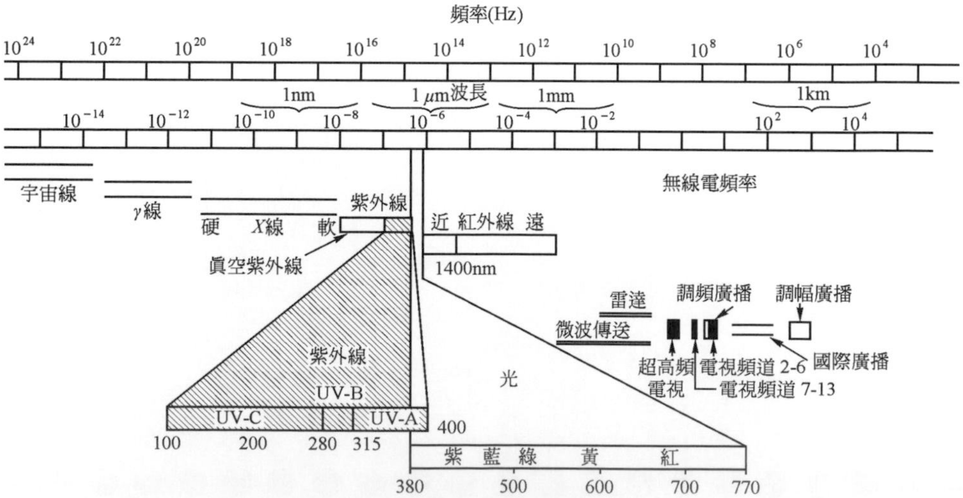

圖 8-1 電磁波與光

2. **比視感度(relative luminous efficiency)**

人眼對可見光中個別波長的敏感度，稱爲比視感度，如圖 8-2 所示。在明亮環境下，黃綠色波長 555 nm，感度最高，訂爲 100%；藍色波長 450 nm 感度約 5%，紅色波長 650 nm 感度約 10%。

因爲，黃綠色的比視感度最高，所以，霧燈及高速公路上交流道用的鈉光燈，就是發出 555 nm 的黃綠光，予人最明亮的感覺，有利於駕駛安全。

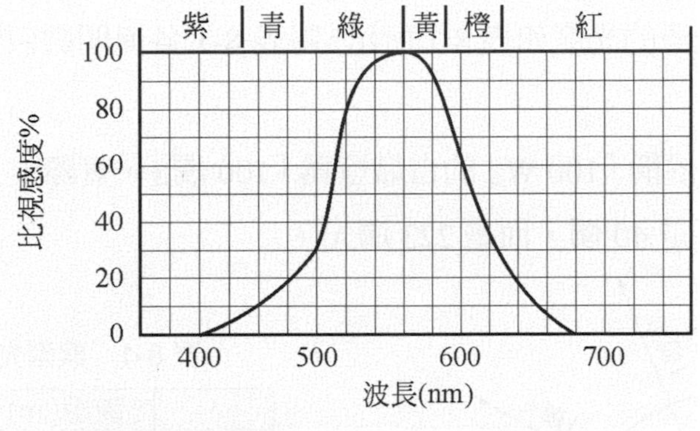

圖 8-2　比視感度曲線(來源：維基百科)

3. **光度(luminous intensity)**

光度，就是光源向某方向發出光線的強度。其單位爲燭光(candela，簡寫 cd)，符號爲 I 。光度，是光學的基本單位，其他的單位都由光度所導出。

4. **輝度(brightness)**

輝度，就是刺眼的程度。光源在某方向的光度除以此方向光源的投影面積，所得的商就是輝度；其單位爲 Stilb 簡寫 sb，$1\ \text{sb}=1\ \text{cd/cm}^2$ ，符號爲 B。

光源的輝度，與光度成正比，與發光面積成反比。輝度大，表示光度集中在小面積發射，其結果是刺眼。100 W 白熾燈(139 cd)，其光度比 40 W 日光燈(223 cd)爲小，但因白熾燈發光面積小，所以感覺較刺眼，其輝度也較大。

5. **光通量(luminous flux)**

光通量或稱光束，是從一光源所發出來的光線的數量。其單位爲流明(lumen，簡寫 lm)，符號爲 F 。

依定義，一燭光的光源，在單位立體角內所發生的光束，就是一流明。

單位立體角，參考圖 8-3，在半徑 1 公尺的球面上，如果球面上 ABCD 所圍面積爲 1 平方公尺，則 ABCD 與圓心的立體夾角，稱爲單位立體角。因爲球面積爲 $4\pi r^2$，所以一圓球有 4π 立體角。因此，一燭光的光源可放射出 4π 流明。

1 燭光＝4π 流明

各種典型光源的光度如表 8-1 所示。將表 8-1 各流明數值除以 4π 即可得其燭光。

有趣的是，俗稱「100 W」的白熾燈爲「100 燭」，實際上是 139 燭光；40W 日光燈，不是 40 燭，而是 223 燭光。

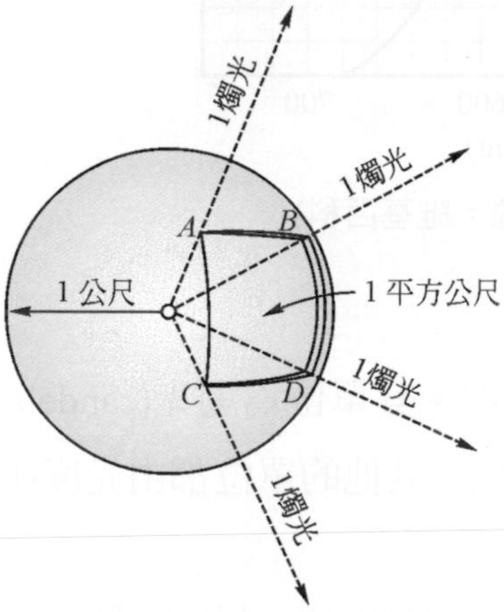

圖 8-3　單位立體角圖

表 8-1　典型光源的光度

	流明(lm)	燭光(cd)
太陽	4×10^{28}	3.2×10^{27}
月亮	8×10^{16}	64×10^{15}
火柴	4	0.32
白熾燈 100W	1750	139
日光燈 40W	2800	223

6.　**照度(illumination)**

照度，是物體表面所接受光通量的密度。單位是勒克斯(lux，簡寫 lx)，符號爲 E。

1 勒克斯，是每平方公尺受到 1 流明的光通量。

計算平均照度的公式爲

$$E=\frac{F}{A} \tag{8-1}$$

式中 E ：照度(lux 或 lx)

F ：光通量(lumen 或 lm)

A ：面積(m^2)

如果光源體積極小時，物體表面的照度與光源距離的平方成反比。

$$E = \frac{I}{d^2} \tag{8-2}$$

式中 E ：照度(lux 或 lx)

I ：光度(candela 或 cd)

d ：距離(meter 或 m)

要計算點光源在半徑爲 d 的圓球面，其平均照度爲：

$$E = \frac{F}{A} = \frac{4\pi \times I}{4\pi \times d^2} = \frac{I}{d^2}$$

所以公式 8-1 與 8-2 其實是互通的。

光度、照度與輝度三者的分別，如圖 8-4 所示。

圖 8-4　光度、照度與輝度的區別

例題 8-1

100 W 白熾燈，其光度爲 139 燭光，試求在距離光源 3 公尺處，其照度爲多少？

解 (a)距光源 3 公尺處的球面積爲

$A = 4\pi \times 3^2 = 113.1\ m^2$

$F = 4\pi \times 139 = 1746.7\ lm$

$$E=\frac{F}{A}=\frac{1746.7}{113.1}=15.44\ \text{lx}$$

(b)用(8-2)式點光源方式計算

$$E=\frac{I}{d^2}=\frac{139}{3^2}=15.44\ \text{lx}$$

例題 8-2

某教室面積爲 8×10 m²，裝置 40 W 日光燈 24 支，每支日光燈爲 2800 流明，若所有光通量全部照射到教室桌面上，其平均照度爲多少？

解 $E=\frac{F}{A}=\frac{2800\times 24}{8\times 10}=840\ \text{lx}$

實際上該教室的照度，約爲 250～420 lx。因爲燈具、天花板及牆面會吸收部份光線，照明效率只有 30～50%。

7. **演色性(color rendering)**

演色性，是光源對物體顯現顏色逼眞的程度。演色性 100，是以日出後兩小時或日落前兩小時，太陽光在物體上呈現的顏色爲基準。

人造光源中，白熾燈(或鹵素燈)的能量頻譜完整，可以完全呈現各種顏色，其演色性也是 100。

各主要光源的演色性，如表 8-2 所示。

低壓鈉光燈，發光效率高達 200 lm/W，但演色性只有 27，任何物體在鈉光燈下只顯示黃綠色。日光燈，發光效率爲 70 lm/W，演色性爲 70~85；白熾燈發光效率爲 17.5 lm/W，其演色性是 100。

實務上，一般照明，其演色性最少要達 70，商業照明至少 80，住家照明最好爲 85。所以，住家最好買三波長日光燈，其演色性爲 86。

表 8-2 各主要光源的演色性(Ra)

日光燈	
三波長	86
白 色	64
晝光色	77
色評價用	99
水銀燈泡	53
高演色性複金屬燈	90
複金屬燈	65
高演色性鈉光燈	53
鈉光燈	27
白熾燈泡、鹵素燈	100

8.　**色溫度**

色溫度，是以絕對溫度 K(Kelvin)來表示。在實驗室中，將一標準黑體加熱，溫度升高到某一程度時，黑體開始發光，其顏色由深紅→淺紅→橙黃→白→藍白→藍，逐漸改變；將光源的光色，與黑體在不同溫度的光色比較，稱爲該光源的色溫度。

圖 8-5 爲各種光源的色溫度。白熾燈約在 2500 K，白色日光燈約 4500 K，高壓水銀燈 5800 K，晝光色日光燈爲 6500 K；至於太陽光，在日出、日落時約爲 2000 K，正午爲 5250 K，晴朗北方天空爲 18000 K。

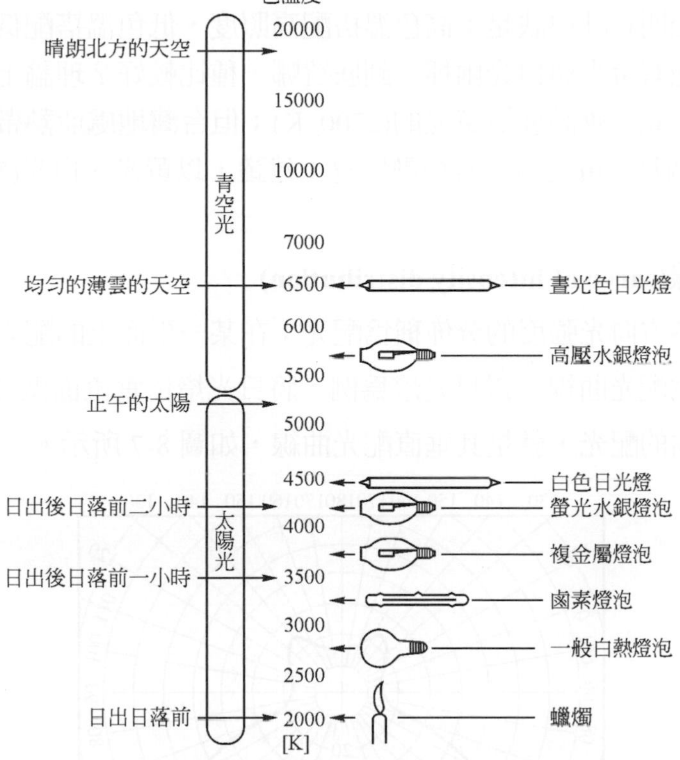

圖 8-5　光源的光色表示尺度

請注意，色溫度的高低，與人體感覺正好相反。例如 3300 K 的黃光，讓人有溫暖的感覺；但色溫度更高的 6500 K 白光，卻讓人有清涼的感覺。

色溫度及照度對氣氛的影響，如圖 8-6 所示。色溫度低(如白熾燈)但照度高時，會令人有暑熱的不舒適感覺；色溫度高(如水銀燈)但照度低時，令人有寒冷的不舒適感覺。

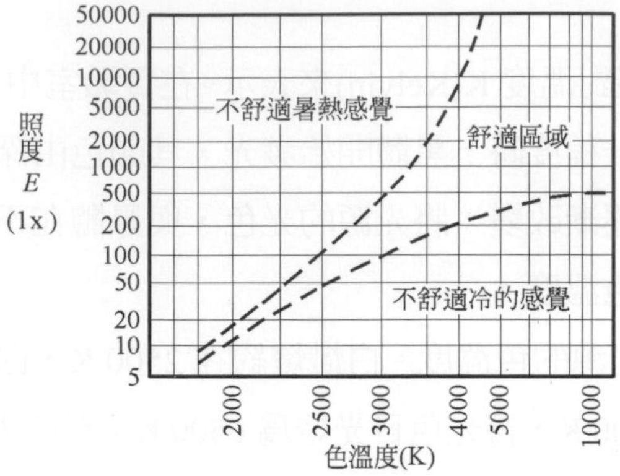

圖 8-6　色溫度、照度與氣氛的關係

舒適的照明設計口訣是：高色溫搭配高照度，低色溫搭配低照度。

省電燈泡有黃光與白光兩種。到底買哪一種比較好？理論上，爲營造住家溫馨的氣氛，應該要買黃光的(2700 K)；但台灣地處亞熱帶，夏天悶熱長達 5~6 個月，黃光令人有燠熱感覺；建議，以黃光、白光(5500 K)混搭爲原則。

9. **配光曲線(curve of intensity distribution)**

光源在各方向光強度的分佈稱爲配光；在某一平面上的配光，以曲線表示時，稱爲配光曲線。以日光燈爲例，將日光燈依垂直面做 360%旋轉，測得各方向的配光，就是其垂直配光曲線，如圖 8-7 所示。

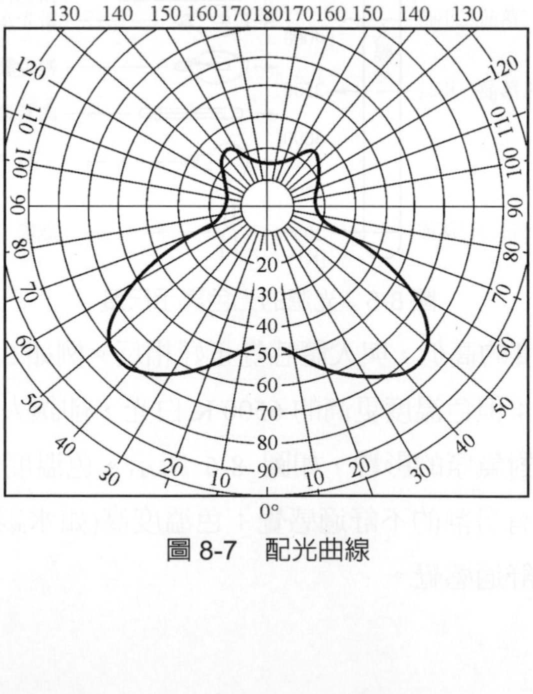

圖 8-7　配光曲線

10. **燈具照明方式分類**

照明燈具，依照配光曲線，其上方及下方光通量百分比不同，可分成直接、半直接、全般擴散、半間接及間接照明。其特點如表 8-3 所示。

直接照明，向下光束多，效率最高，但陰影強烈，氣氛較差，適合辦公室、賣場照明；反之，間接照明，向上光束多，效率最低，但氣氛良好，適合做為美術館照明；全般擴散照明，向上與向下光束相當，適合做為會議室照明。

表 8-3　燈具照明方式分類

配光方式	向上光束(%)	向下光束(%)	適用場所
直接照明	0~10	100~90	辦公室、賣場
半直接照明	10~40	90~60	百貨公司
全般擴散	40~60	60~40	會議室
半間接照明	60~90	40~10	董事長室
間接照明	90~100	10~0	美術館

8-2 光源的種類

電氣光源大致可分為三類，如圖 8-8 所示。

1. 熱輻射發光：白熾鎢絲燈、鹵素燈等
2. 氣體放電發光：螢光燈、水銀燈、鈉氣燈、霓虹燈等。
3. 固態場效發光：LED、雷射等

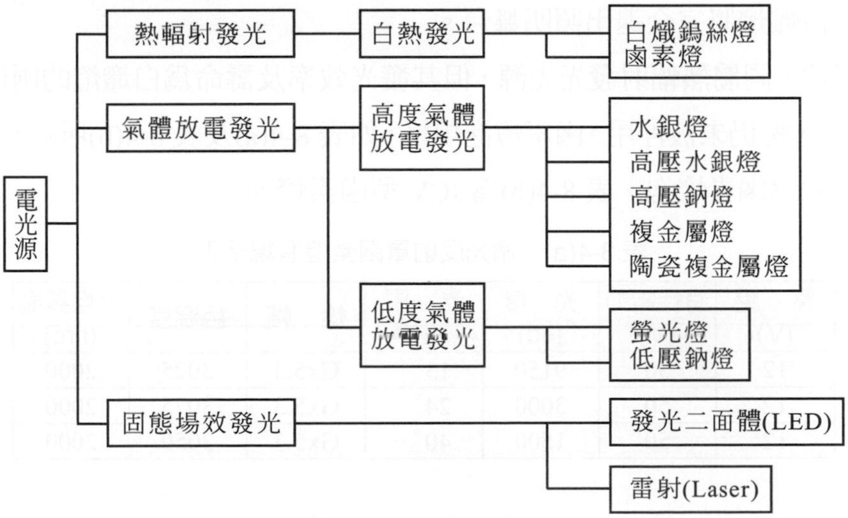

圖 8-8　電光源的分類

8-2-1 熱輻射發光

1879 年，愛迪生首先發明實用碳絲燈泡，其發光效率只有 1.4 lm/W。今天，白熾燈是將鎢絲放入玻璃球再予密封，充入隋性氣體如氮或氬，以減緩鎢絲於高溫氧化，增進發光效率爲 25 lm/W，並延長燈泡壽命。白熾燈構造如圖 8-9 所示。

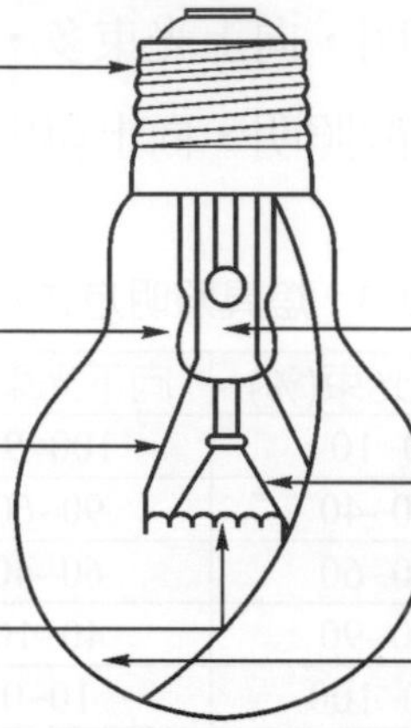

圖 8-9 白熾燈構造

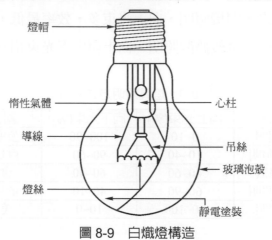

白熾燈是利用電流通過金屬燈絲，產生高溫而發光，其發光能量約 10%，其餘爲紅外線發熱，故發光效率低，但因屬暖色系，演色性高，價格低廉，在注重氣氛的家庭等仍受歡迎。

2000 年起，爲減緩溫室效應，世界各國都大力提升能源效率。白熾燈因爲效率低落，2012 年起，歐盟、台灣、日本等國，停止生產白熾燈，美國於 2017 年跟進。白熾燈將完全退出照明舞台。

鹵素燈，同屬熱輻射發光光源，但其發光效率及壽命爲白熾燈的兩倍，演色性爲 100%，暫仍未被停用。鹵素燈泡規格，如表 8-4(a)及表 8-4(b)所示，表 8-4(a)爲冷光反射罩鹵素燈泡，表 8-4(b)爲 JCV 型鹵素燈泡。

表 8-4(a) 冷光反射罩鹵素燈泡規格表

電 壓 (V)	消耗電力 (V)	光 度 (cd)	光 束 照射角	燈 帽	色溫度	平均壽命 (hrs)
12	50	9150	13°	Gx5.3	3025	2000
12	50	3000	24°	Gx5.3	3075	2000
12	50	1500	40°	Gx5.3	3050	2000

表 8-4(b)　JCV 型鹵素燈泡規格表

規定型號(V)	消耗電力(W)	全光束(lm)	平均壽命(Hrs)	色溫度(K)	全　長(L1mm)	管徑φ(Dmm)	燈照長度(L2mm)	光中心距(L3mm)	燈　帽(Base)
110/120	75	1100	1500	2900	65max	11.2max	12max	32	E-11
110/120	100	1600	1500	2900	69max	14max	12max	32	E-11
110/120	150	2400	1500	2900	69max	14max	15max	32	E-11
110/120	200	3400	2000	2950	69max	14max	17max	32	E-11
110/120	250	4500	2000	2950	78max	15max	17max	42	E-11

8-2-2　氣體放電發光

氣體放電發光的原理，源自於大自然的閃電現象。弧光燈最早問世，然後是十九世紀初的水銀燈，1938 年，日光燈的發明是一大突破，今天室內照明多以日光燈爲主。1980 年代後，小型化高效率的 BB 燈、PL 燈及電球型等日光燈，更帶給室內照明彈性及多元化的設計。高壓水銀燈及鈉光燈等，則是室外照明無可匹敵的照明來源。

電光源的重要發展過程，如圖 8-10 所示。1880 年代，愛迪生發明白熾燈，開創電氣照明的時代；1940 年代的日光燈，發光效率高，輝度低，是學校、辦公室、商店等室內最重要的光源；1960 年代，水銀燈、鈉氣燈、複金屬燈等高功率的光源，是室外及體育館等的主要光源；2000 年起，LED 登場，發光效率極高，壽命極長，是未來照明的明星。

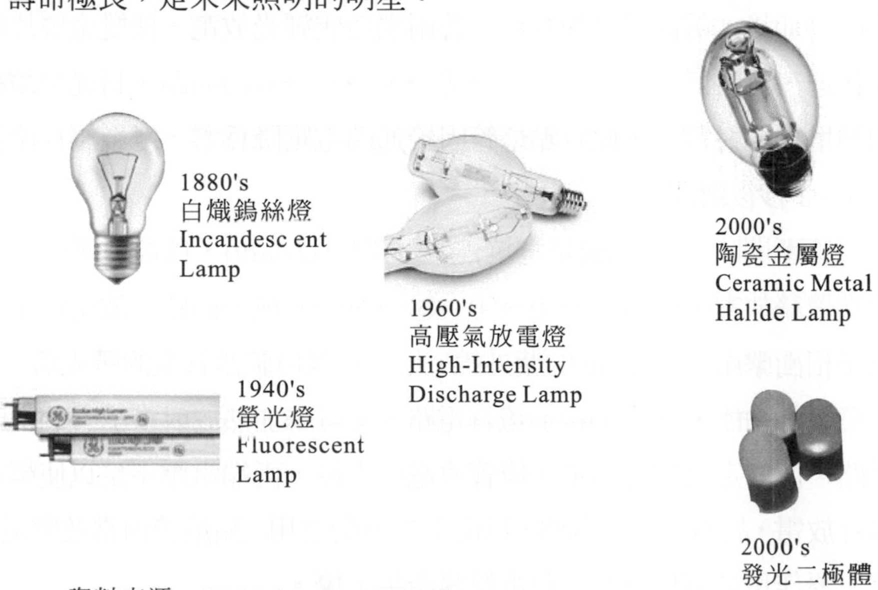

資料來源：GE Lighting + wikipedia

圖 8-10　電光源的重要發展過程

1. 日光燈(fluorescent lamp)

日光燈正式名稱爲螢光燈，其構造、發光原理及點燈回路如圖 8-11 所示。

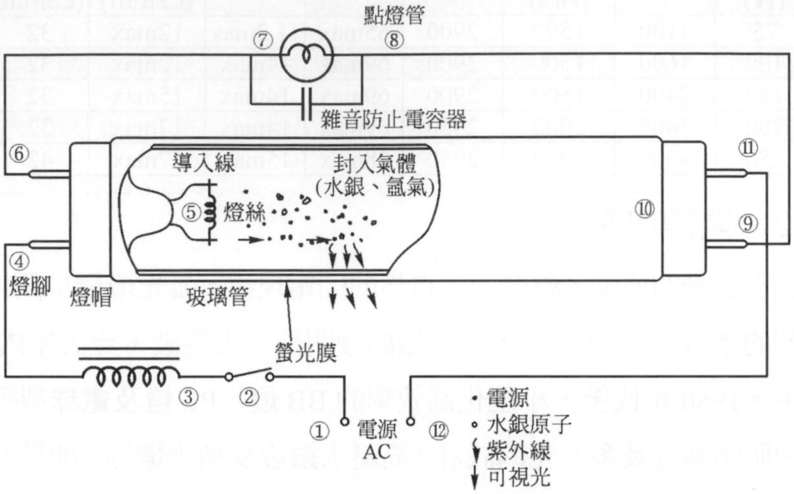

圖 8-11 日光燈點燈原理

日光燈管是一長管玻璃，兩端各裝一組燈絲，燈絲上塗有發射電子的物質，玻璃管壁塗上螢光物質，再將燈管抽眞空後灌入少量水銀、氬氣。日光燈管直接加電壓，無法發光；一個完整日光燈點燈回路包含日光燈管、安定器、點燈管(啓動器)及開關所組成。

開關接通後，電源電壓加在點燈管兩端造成輝光放電，使雙金屬片因熱膨脹接通，經由①→②→③→⑤→⑦→⑧→⑩→⑫的回路，日光燈燈絲通電加熱增加放射電子，此時點燈管因接通端電壓降爲零，雙金屬片冷卻，並於 1～2 秒後斷開。

點燈管斷開時，安定器(是電抗)感應高電壓($L\mathrm{d}i/\mathrm{d}t$)，此高電壓使日光燈管兩端燈絲放電，經由①→②→④→⑤→⑩→⑫成一回路，放電電子與水銀原子相衝擊產生 254 nm 的紫外線，此紫外線再刺激管壁的螢光體而發光。

點燈管的功能，在於(1)接通燈絲電路，使燈絲加熱放射電子，(2)瞬時開斷電路，使安定器感應高壓。燈管放電發光後，兩端電壓不足以使輝光雙金屬片放電，故電路仍爲開路，以備下次啓動之用。點燈管內常並聯電容器，其主要作用是減低啓動時對電視等產生干擾。

傳統安定器是電抗器，其功能為(1)點燈管瞬時斷路時，感應高電壓於燈管兩端，使其放電發光；(2)燈管發光後，燈管電流甚大，此時安定器為一串聯電抗，可以降低燈絲電流。如果燈管放電電壓超過電源電壓時，要採用有升壓作用的自耦變壓器為安定器。

電子安定器，是以電力電子來模擬傳統電抗器功能。其原理是，先將交流60 Hz 市電整流/濾波後，變為直流電，然後利用震盪電路，產生 30~50 kHz 的高頻交流電源，再經穩壓電路，供給日光燈管，功因可達 95~99%。近年來，電子安定器技術逐漸成熟，價格下降，有取代傳統安定器的趨勢。

日光燈傳統安定器與電子安定器特點，如表 8-5 所示。傳統安定器功因低、價格便宜，技術成熟、故障較少。電子安定器，功因高、價格貴、故障率高。

表 8-5　日光燈傳統安定器與電子安定器特點

種　類	特點及適用範圍
日光燈 傳統安定器	●功率因數約 30~60%。 ●價格便宜。 ●適合電源電壓變動少的場所。 ●技術成熟、故障較少。
日光燈 電子安定器	●功率因數 95~99%。 ●價格昂貴。 ●省電 20%。 ●光輸出穩定不閃爍。 ●可設計多重防災安全保護。

常用日光燈管規格，如表 8-6 所示。

表 8-6　日光燈管規格

種　類	光 色	消耗電力 (W)	燈管長度 (mm)	燈管直徑 (mm)	電壓 (V)	燈管電流 A	初光束 (lm)	效率 (lm/W)
FL10D	晝光色	10	330	25	100	0.23	450	45
FL10W	白　色	10	330	25	100	0.23	470	47
FL15D	晝光色	15	436	25	100	0.30	730	48.6
FL15W	白　色	15	436	25	100	0.30	810	54
FL20D 18	晝光色	省電型 18	580	29.5	100	0.35	1,150	64
FL20W 18	白　色	省電型 18	580	29.5	100	0.35	1,250	69
FL30D 29	晝光色	省電型 29	895	29.5	200	0.375	1,900	65.5
FL40D 39	晝光色	省電型 38	1,198	29.5	200	0.415	2,850	75
FL40W 38	白　色	省電型 38	1,198	29.5	200	0.415	3,100	81.5

日光燈的優點，是發光效率高(55～80 1m/W)，壽命長(6000 h)，而且發熱少，對室內冷氣負擔不大。同時因爲發光體較大，輝度較低而不刺眼。但日光燈電路含有電抗安定器，所以功因甚低(約 60%)，必需加裝電容器，才可提高功因到 90%，稱爲高功因日光燈。新式電子安定器，以電子元件模擬電抗器功能，電路中加入電容器，可改善功因達 99%。

2. **水銀燈(mercury lamp)**

水銀燈的點燈原理，與日光燈相似，其構造如圖 8-12 所示。水銀燈，由外管及內管所組成。外管，用矽酸玻璃，可過濾燈管所產生的紫外線，並保持內管溫度，不受外界溫度影響；內管，採用石英玻璃，可耐高溫。主電極及啓動電極等，均置於內管中，內管灌充氬氣及水銀。

當電源電壓加於水銀燈時，兩端主電極間尚無法放電，先在啓動電極與一主電極間局部放電，發弧加溫，使水銀逐漸氣化，引發兩主電極之間的主放電，待水銀全部蒸發成氣體後，到達穩定。從啓動到完全點亮，大約需 5～10 分。水銀燈是放電燈，同樣需要安定器，其點燈電路也與日光燈相似，但因水銀燈內藏啓動電極，不需要點燈管。

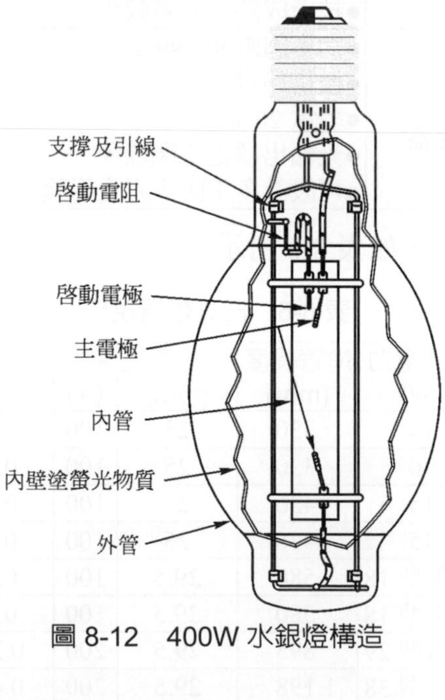

圖 8-12　400W 水銀燈構造

水銀燈點燈，約需 5～10 分鐘，已點亮的水銀燈如果因故熄燈，復電後因水銀蒸汽壓力太大，外加電源電壓不足以使主電極間放電，必須等待內管冷卻，水銀蒸汽壓力降低後，才能恢復放電，此種現象稱爲再啓動，再啓動約需 5～8 分。水銀燈管規格，請參考表 8-7。

表 8-7 水銀燈管規格表

燈泡型號	耗電(W)	光色別	直徑(mm)	長度(mm)	燈帽	燈管電壓(V)	燈泡電流(A)	最初光束(Lm)	燈泡效率(Lm/W)	壽命(hr)
HF-80X	80	高演色性銀白色	70	175	E27/26	115	0.8	3,700	46.2	12,000
HF-100X	100	高演色性銀白色	70	175	E27/26	115	1.0	5,100	51.0	12,000
HF-200X	200	高演色性銀白色	100	245	E40/39	120	1.9	12,000	60.0	12,000
HF-300X	300	高演色性銀白色	116	290	E40/39	130	2.5	18,000	60.0	12,000
HF-400X	400	高演色性銀白色	116	290	E40/39	130	3.3	27,000	67.5	12,000
HRF-400PD	400	高演色性銀白色	180	330	E40/39	130	3.3	20,000	50.0	12,000
H-100	100	清光	70	175	E27/26	115	1.0	33,800	38.0	12,000
H-200	200	清光	100	245	E40/39	120	1.9	8,500	42.5	12,000
H-400	400	清光	116	290	E40/39	130	3.3	20,500	51.3	12,000

8-2-3 LED 照明

發光二極體(Light Emitting Diode, LED)，被稱爲第四代照明光源，是一種固態半導體發光元件。1990 年代，藍光 LED 出現，將紅、綠和藍三色的 LED 混合，可以產生白光，使 LED 照明迅速發展，其應用層面也越來越廣；由於技術成熟、成本下降，使得 LED 照明展現出取代其他傳統照明的霸氣。

LED 照明，較傳統白熾燈與日光燈管，有很多優點：體積小、發熱總量低、耗電低、壽命長、反應快、可平面封裝等，此外，LED 照明更爲環保，沒有白熾燈耗電多、易碎，及日光燈管廢棄物含汞等缺點。還有 LED 體積小，易於設計輕薄短小的燈具。

LED 照明的主要缺點，是其初期購置成本比螢光燈管等傳統照明光源高。

次要缺點是 LED 局部溫度高，需裝設散熱片以免燒毀。還有小缺點是，其演色性還是難以企及白熾燈的 100。

LED 照明產業可分爲元件、模組與照明應用 3 大部分。元件又可分爲標準型、高功率、高電流、多晶粒封裝等；模組端包括散熱管理、光學模組及驅動模組 3 項；照明應用則由燈具、控制系統、外部結構等構成。

8-2-4 電氣光源特性比較

各種電氣光源的特性，如表 8-8 所示。

白熾燈泡，其效率和壽命都最低，但價格便宜，演色性佳，常用在家庭等需要氣氛的場所；改良的鹵素燈，壽命較長，效率更高，演色性佳，使用在百貨公司和博物館。

日光燈，價格便宜，演色性中等，色溫度清冷，適合在學校、辦公場所等室內場所。

低壓鈉氣燈，效率最高、演色性最差，適合用在高速公路交流道、隧道等場所。

高壓水銀燈，效率高，光度強，適合在戶外及大廳、運動場館等室內挑高照明。

表 8-8　電氣光源特性表

特性	白熱燈泡(鹵素燈泡)	日光燈	低壓鈉氣燈	高壓放電燈 HID		
				水銀燈	複金屬燈	高壓鈉氣燈
耗電(W)	5～1500	10～220	18～180	40～400	35～500	35～1000
壽命(HR)	1000～2,000	5,000～15,000	10,000～20,000	16,000～24,000	10,000～15,000	10,000～20,000
效率(Lm/W)	6～25	55～80	100～200	30～65	75～125	60～140
演色性	極佳	佳	差	可	佳	可
配光	極佳(集光性)	可(擴散性)	可	佳(集光性)	佳(集光性)	佳(集光性)
再啓動	極快	快	快	3～5 分	10～20 分	1 分以內
裝置費用	低	平	高	微高	高	高
長期經濟性	高 效率低 壽命短	次高 替換時 燈管數多	極低 效率高 燈數少	次高 燈數少 價格高	低 燈數少	極低 效率高 壽命長
發熱量	較多(60cal/min)	最少(15cal/min)	較少	較日光燈多	很少	較水銀燈少
光色效果	暖和效果	白天氣氛	單色光	柔和白色光	同白日光燈	有暖和氣氛

8-3 優良照明的要點

良好的照明要「質、量」兼顧，更要注意節約能源。照明的「質」，是防止眩光，光的分佈均勻，演色性良好，不產生陰影。照明的「量」，是要有充足的照度；照度因場所別有不同需求，學校、辦公室需要高照度，美術館等需中等照度。

人類的活動，和照明息息相關，不同的活動其照明需求也不同。如表 8-9 所示，休閒照明(以住家爲代表)，以舒適爲主，照度不要很高，照明品質要高；反之，行動照明(以開車爲例)，安全最重要，照度要夠高，照明品質不計較；至於工作照明(辦公場所)，以明視爲主，照明的量與質並重。

表 8-9　人類活動與照明需求

活動狀態	照明需求	生理(量/照度)	心理(質)	代表場所
休閒	舒適	低	高	住宅
工作	明視	中	中	辦公室
行動	安全	高	低	道路

以下說明良好的照明要具備下列要點：

1. **適當的照度**

   依使用場所不同，照度需求也不同，依據國家標準 CNS，各場所照度推薦值，如表 8-10 所示。

   請注意，通常，電機的標準都是「規定值」。例如，2.0 mmφ 導線安全電流爲 20 A，電機工程師設計分路時，不得偷工減料，改用 1.6 mmφ 的導線。否則，出事要負刑責。

   但是，照度需求是「推薦值」。因爲眼睛對亮度的對數感覺，照度稍低眼睛會調適，不具危險性。例如，書房推薦照度爲 300-500 lx，會議室爲 300-750 lx。推薦照度最低 300 lx，如實際 250 lx，雖不妥當但無安全顧慮，故無刑責問題。

如表 8-11 所示，照明投資和照度成「線性關係」，也就是裝燈數量和照度成正比。所以，兩倍燈具可獲兩倍照度。但是，人眼的亮度感覺和照度卻是「對數關係」，所以，2 倍照度只增加 0.3 倍亮度感覺，因為

$$\log_{10} 2 = 0.3$$

同理，10 倍照度只增 2 倍亮度感覺，投資報酬不成比例。所以，照明基本需求以全般照明為原則，特殊高照明需求，以局部照明加強。例如，書房照度 500 lx，想增為 1000 lx，加裝 2 倍燈具太貴，只需用檯燈局部加強書桌照度就可。

表 8-10　推薦照度值

種　類	照　明　場　所	推薦照度(lx)
住　宅	・裁縫、嬰兒室	300～700
	・讀書	300～500
	・客廳、起居室、廚房	150～300
旅　館	・會議室、房屋	50～300
	・廳堂	100～200
	・客廳、走廊、樓梯、廁所	70～150
餐　廳	・廚房、調理間	150～300
百貨店	・商品陳列處	500～1500
	・櫥窗照明	1500～3000
	・通路及倉庫	100～200
理髮店	・燙髮	300～700
美容店	・理髮、修剪	200～300
劇場及電影院	・客席、休息中	30～70
	上演中	1.5～3
	・走廊、樓梯、廁所、出入口	50～100
辦公室	・設計室、製圖室、營業廳	750～2000
	・會議室、會客室、電氣控制室	300～750
	・休閒中心、浴室、倉庫	75～300

表 8-11　照明投資 vs.亮度感覺

照度(lx)	設備投資(線性 linear)	亮度感覺(對數 log)
100	1	1
200	2	1.3
1000	10	2

2. **眩光(glare)的避免**

眩光，就是令人不舒服刺眼的照明。

眩光的種類有三種：直接眩光、反射眩光和背景眩光。

直接眩光，是直視光源所產生，輝度大讓人刺眼而不舒服。

反射眩光，是因反射光源而產生。如圖 8-13 所示，在檢查物體表面時需要少許反射，如(a)所示，此反射不入眼，不是炫光；有些反射會入眼，造成眩光如(b)，就應避免。

背景眩光，則是因為主題較暗而背景太亮而產生。

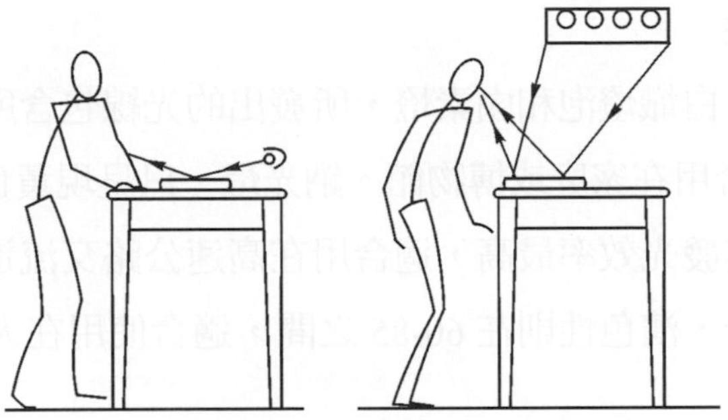

(a) 好的反射　　(b) 不良反射

圖 8-13 反射眩光

在照明設計上，應該設法避免眩光。

影響眩光的因素有下列四點：

(1) 周圍愈暗，產生的眩光愈顯著。

(2) 輝度愈高，產生的眩光愈顯著。

(3) 光源離眼睛愈近，產生的眩光愈顯著。

(4) 光源的大小與數量也會影響眩光。

3. **均勻的照度**

均勻的照度，表示明暗的差別小，通常亮度比宜在表 8-12 所示範圍內，表中明視照明是指辦公、讀書所用的照明。

表 8-12　推薦亮度比

環境	明視照明	生產照明
工作物與週邊	3:1	5:1
工作物與近鄰	10:1	20:1
光源與週邊	20:1	40:1
視界內最大對比	40:1	80:1

4. **恰當的陰影**

   強烈陰影令人不適，沒有陰影又顯呆板。通常，最亮部份與影子最暗部份，其比值應該在(2～6)：1，可視爲恰當。

5. **適當的演色性**

   人造光源中，白熾燈泡和鹵素燈，所發出的光線包含所有光色，其演色性爲 100 ，適合用在家庭或博物館。鈉光燈，只呈現黃色，演色性最差，只有 20 ，但其發光效率最高，適合用在高速公路交流道或隧道。辦公室最常用的日光燈，演色性則在 60-85 之間，適合使用在大多數場合。

8-4 照明設計

照明設計，依照下列步驟進行之：

1. 決定照度需要值：參照中國國家標準 CNS Z1044，選定照度需要值，摘要如表 8-10。
2. 選定照明方式：視工作場所的不同，採用全般(均勻)、局部、直接、間接、擴散……等照明方式。
3. 選定光源種類：白熾燈、日光燈、水銀燈或其他光源。
4. 選定照明燈具型式。
5. 需要燈數計算。
6. 照明燈具配置的決定。
7. 照度檢討。
8. 經濟效益評估。

8-5 照明計算步驟

照明計算，有北美照明學會推薦使用的「流明法」，以及日本、台灣常用的「光束法」，兩者在基本原理及步驟大致相似。

為使讀者能學以致用，本書採用台灣地區使用的「光束法」。其要點如下：

8-5-1　室指數

房間的形狀(長、寬、高)，會影響照明效率。

照明設計時，室指數(room index，RI)定義為：

$$\text{室指數 RI} = \frac{\text{長} \times \text{寬}}{(\text{長} + \text{寬}) \times H_m} \tag{8-3}$$

式中 H_m：光源到作業面的高度(m)；而作業面高度，一般以桌面或機器作業台的高度為準。

例題 8-3

某教室長 10 公尺，寬 8 公尺，高 3 公尺，使用日光燈照明，燈具距天花板 1 公尺，桌面高 0.8 公尺，求室指數。

解　$H_m = 3 - 1 - 0.8 = 1.2$ m

$$\text{室指數 RI} = \frac{10 \times 8}{(10+8) \times 1.2} = 3.7$$

8-5-2　室內反射率

光源所發出的光通量，除部份直接照射到作業面之外，其餘的光通量，則經天花板、牆面及地板等多次反射，才到達作業面，所以室內所用天花板、牆面及地板的材料及顏色，其反射率對照明設計也有相當大的影響。如表 8-13 所示。

表 8-13 各種材料反射率表

材料	反射率			
	70%以上	50%以上	30%以上	30%以下
金屬	銀(磨) 鋁(電解研磨)	金、不鏽鋼板、鋼板、銅	鍍鋅鐵板	
石材 壁材	石膏、白色磚、白壁	淡色壁、大理石、淡色磁磚	花崗岩、石棉浪板、砂壁	紅磚、水泥
木材		表面透明漆處理的檜木	杉木板、三合板	
紙	白色紙類	淡色壁紙	新聞紙	描圖紙
布		白色木綿	淡色窗簾	濃色窗簾
玻璃	鏡面玻璃	濃乳白珐瑯	壓花玻璃	透明玻璃、消光玻璃
油漆	白色油漆、透明漆	白色珐瑯、淡色油漆	淡色油漆(稍濃)	濃色油漆
地面材料		淡色磁磚	塌塌米	深色磁磚
地表面			混凝土	混凝土、舖石、小圓石、泥土

8-5-3 照明率

光源發出的總光通量中，部份被燈具、牆壁、地板等吸收，實際到達作業面的有效光通量，僅佔總光通量的一部份，有效光通量與總光通量的比率，稱為照明率(coefficient of utilization)。

$$照明率\ U=\frac{到達工作面的有效光通量}{光源發出的總光通量} \tag{8-4}$$

各種燈具，在不同室指數及反射率時，其照明率都不相同。無法用計算求出，所以燈具製造廠商會提供照明率，如表 8-14 提供設計者查閱。

例題 8-4

例題 8-3 的教室，天花板及牆面均使用白水泥漆，並採用表 8-14 的燈具，試求其照明率。

解 查表 8-12 白水泥漆的反射率為 70%，牆面反射率(扣除窗戶)以 50% 計，地面反射率 20%。

由表 8-13 查出室指數為 3.0 及 4.0 時，照明率分別為：

RI　U

3.0　56%

4.0　59%

由例題 8-3，此教室的室指數爲 3.7，並非整數，其照明率可以用此例法求得。

$$\frac{4.0-3.0}{4.0-3.7}=\frac{0.59-0.56}{0.57-U}$$

$$U=0.58$$

表 8-14　東亞 FVS-4234 型使用 FL40D/38 2 燈的照明率

最大裝置間格:A-A 1.68H. B-B 1.32H

FVS-4234

◎光源 : FL 40D / 38 2 燈
◎尺寸 : 長 1218 寬 299 高 130
◎本體 : 鐵皮白色烤漆
◎重量 : 6.75kg
◎反射板 : 鐵板白色烤漆
◎T-BAR 中心距 1220×305(4'×1')

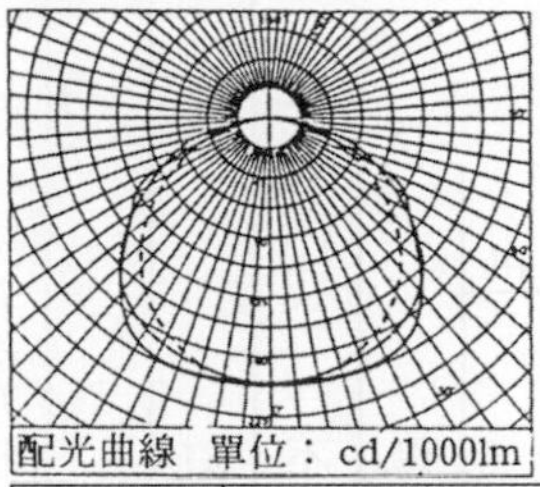

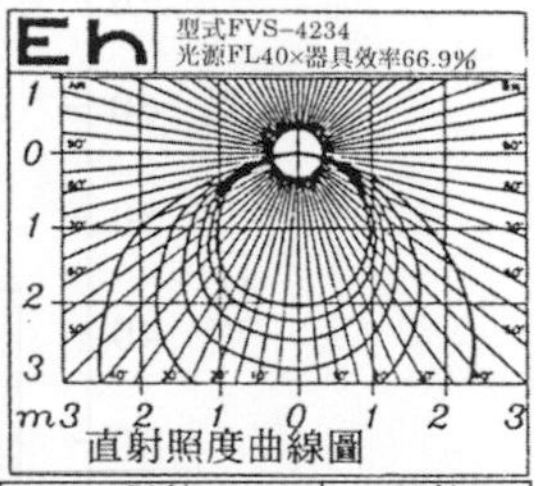

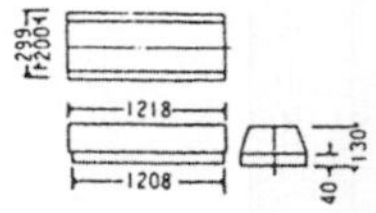

天花板	75%			50%			30%	
壁	50%	30%	10%	50%	30%	10%	30%	10%
地面	20%							
室指數	照明率 (×0.01)							
0.6	29	24	20	29	24	20	23	20
0.8	37	32	29	36	31	28	31	28
1.0	40	36	33	39	36	33	35	33
1.25	43	39	36	43	39	36	38	36
1.5	46	42	39	45	41	39	41	39
2.0	50	47	44	50	46	44	46	44
2.5	54	52	48	53	51	48	50	48
3.0	56	54	51	55	52	51	52	50
4.0	59	57	55	58	56	54	55	54
5.0	61	58	56	60	57	56	56	55

最大裝置間隔 : A-A 147H. B-B 129H

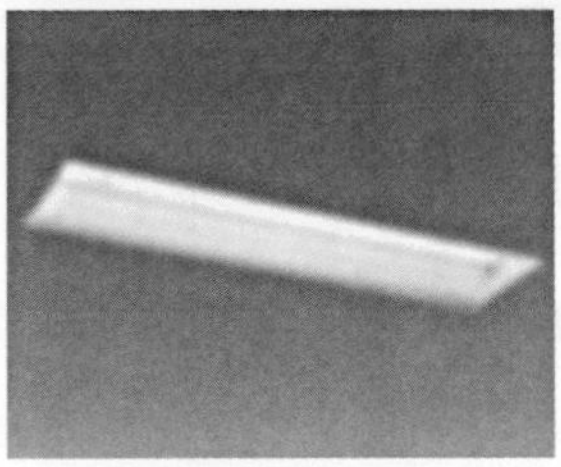

圖 8-14　東亞 FVS-4234 型

8-5-4　維護率

光源於使用一段時間後，光通量會降低，同時照明器具受環境污損等影響，其平均照度會減少。爲了維持一定的平均照度，在設計初期應該考慮維護係數。

維護係數依照照明器具的構造，室內污染程度而異。維護係數，在乾淨處所以 0.8，中等爲 0.7，污染較多處以 0.6 計算。

圖 8-15，可說明照明維護的重要性。新裝燈具如完全未維護，三年後，因燈管光衰減、燈具受污染、燈管故障等因素，只剩 44%出力。欲提升光出力，必需清潔燈具、更換燈管、修正電壓、油漆房間，甚至全面換新燈具，才能維持 100%光出力。

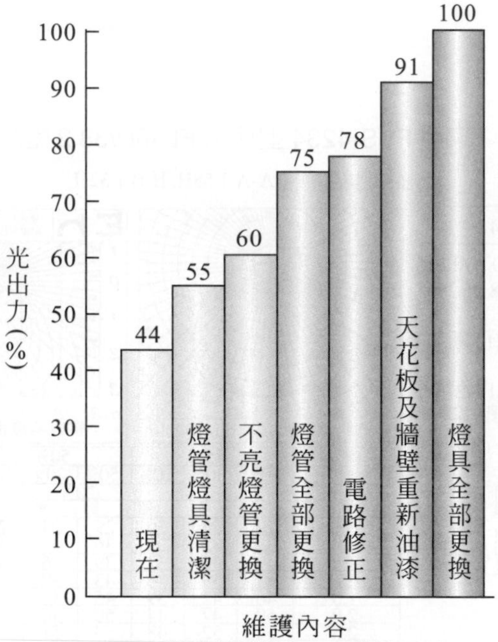

圖 8-15　適當維護燈具提升光出力

8-5-5　需要燈數計算

工作場所需要的燈數，可以用下式計算：

$$E=\frac{F}{A}=\frac{f\times N\times U\times M}{A}$$

$$N=\frac{A\times E}{f\times U\times M} \tag{8-5}$$

式中 A ：室內面積(m^2)

E ：要求的平均照度(lx)

M ：維護係數

U ：照明率

F ：總光通量(lm)

f ：單一燈具的全光通量(lm)

N ：燈具套數

8-5-6 燈具配置

燈具套數決定後，燈具的配置，還要參閱燈具容許最大裝置間隔。燈具最大裝置間隔，是做全般照明時，燈具所能安裝的最大間隔(S)，以天花板高度(H)的倍數來表示。例如最大裝置間隔S ＝1.25 H，如果燈具高H爲 2.2 m，燈具最大間隔爲 1.25×2.2＝2.75 m，仍可得到均勻照度，如圖 8-16 所示。

最大間隔，又有縱向$A-A$(S_1)及橫向$B-B$(S_2)之分。如表 8-13 中$A-A$爲 1.68 H，$B-B$爲 1.32 H，在做室內全般照明時，燈具的安裝，以縱向S_1(1.68 H)及橫向S_2(1.32 H)做等距安裝。燈具與牆壁邊緣，以S'間隔安裝，如果$S' > S/2$，則壁面邊緣照度偏低，不得作爲作業場所；如果$S' < S/3$，則壁面邊緣照度尙佳，可作爲作業場所，如圖 8-17 所示。

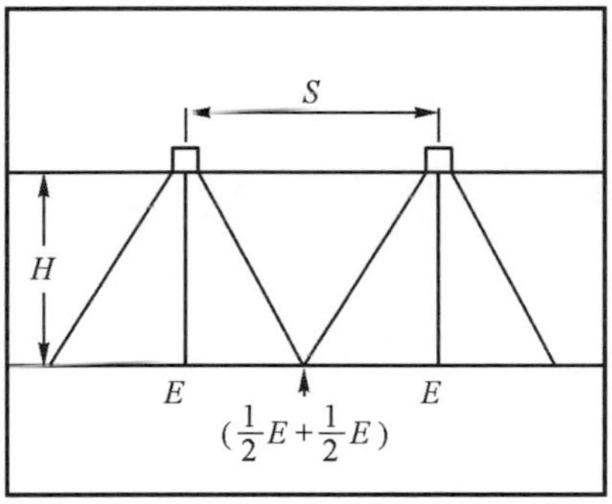

圖 8-16　最大安裝間隔

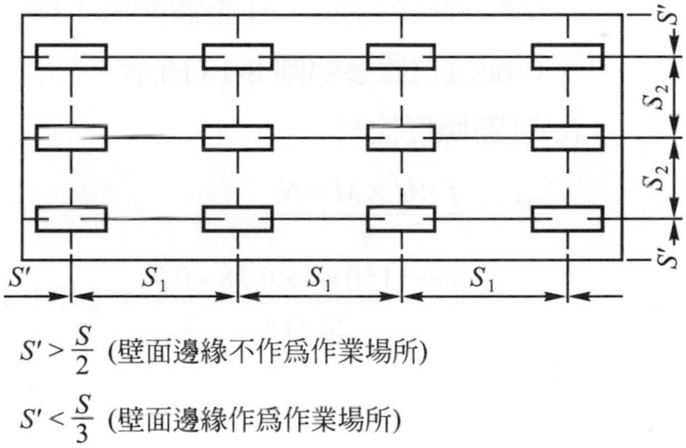

圖 8-17　等距安裝

8-6 照明設計實例

例題 8-5

某辦公室長 22 公尺，寬 15 公尺，高 3 公尺，照度需求 500 lx，使用 T-BAR 燈具 FVS-H2441 做全般照明，試做照明設計。(假設桌面 0.75 公尺，天花板反射率 50%，牆面反射率 30%，維護係數 0.7，光源 1150 lm×4)

解 (a)求室指數，假設桌面高度為 0.75 公尺

$$RI=\frac{22\times15}{(22+15)\times(3-0.75)}=4$$

(b)查 FVS-H2441，當 $RI=4$，天花板反射率 50%，牆面反射率 30%時，其照明率 $U=0.58$。

(c)燈具數量

$$N=\frac{E\times A}{f\times U\times M}=\frac{500\times22\times15}{1150\times4\times0.58\times0.7}=89\text{ 套}$$

(d)燈具配置

①依計算知需要 89 套燈具，即可達 500 lx 需求。

②配合室內空間，作整體配置，採用 96 套。

③配置位置參照圖 8-18 所示。

(e)實際照度檢討

$$E=\frac{f\times U\times M\times N}{A}$$

$$=\frac{96\times1150\times4\times0.58\times0.7}{22\times15}=543\text{ lx}$$

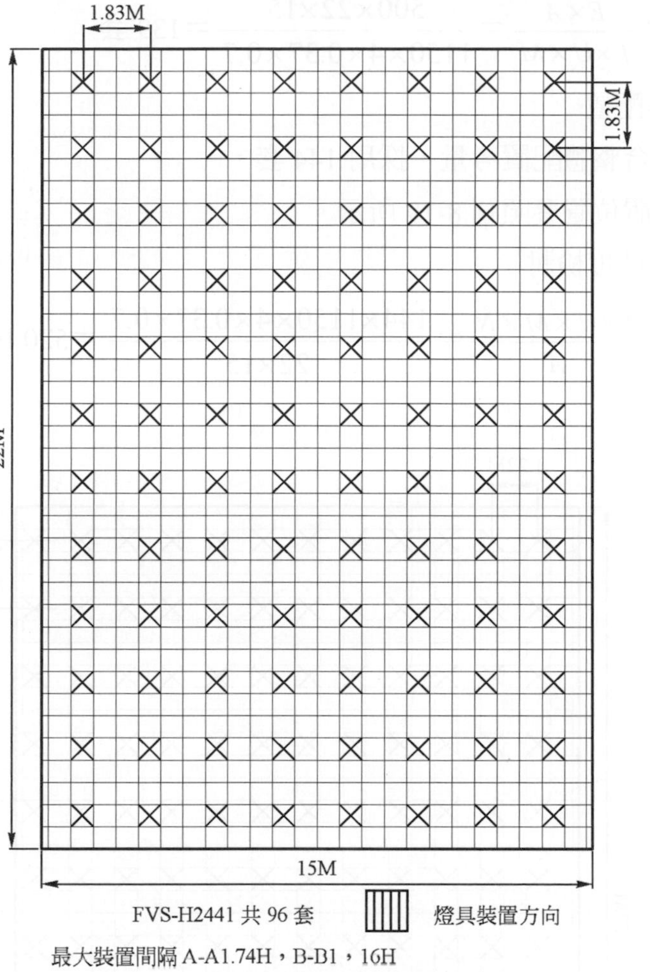

圖 8-18　FVS-H2441 位置配置圖

例題 8-6

同例題 8-5，改用 FVS-2436 燈具再做照明設計。

解 (a)求室指數，假設桌面高度爲 0.75 公尺

$$RI=\frac{22\times15}{(22+15)\times(3-0.75)}=4$$

(b)查 FVS-2436，當 $RI=4$，天花板反射率 50%，牆面反射率 30%時，其照明率 $U=0.37$。

(c)燈具數量

$$N=\frac{E\times A}{f\times U\times M}=\frac{500\times 22\times 15}{1150\times 4\times 0.37\times 0.7}=139\text{ 套}$$

(d)燈具配置

①配合整體配置考量，採用 144 套。

②配置位置參照圖 8-19 所示。

(e)實際照度檢討

$$E=\frac{f\times U\times M\times N}{A}=\frac{144\times 1150\times 4\times 0.37\times 0.7}{22\times 15}=520\text{ lx}$$

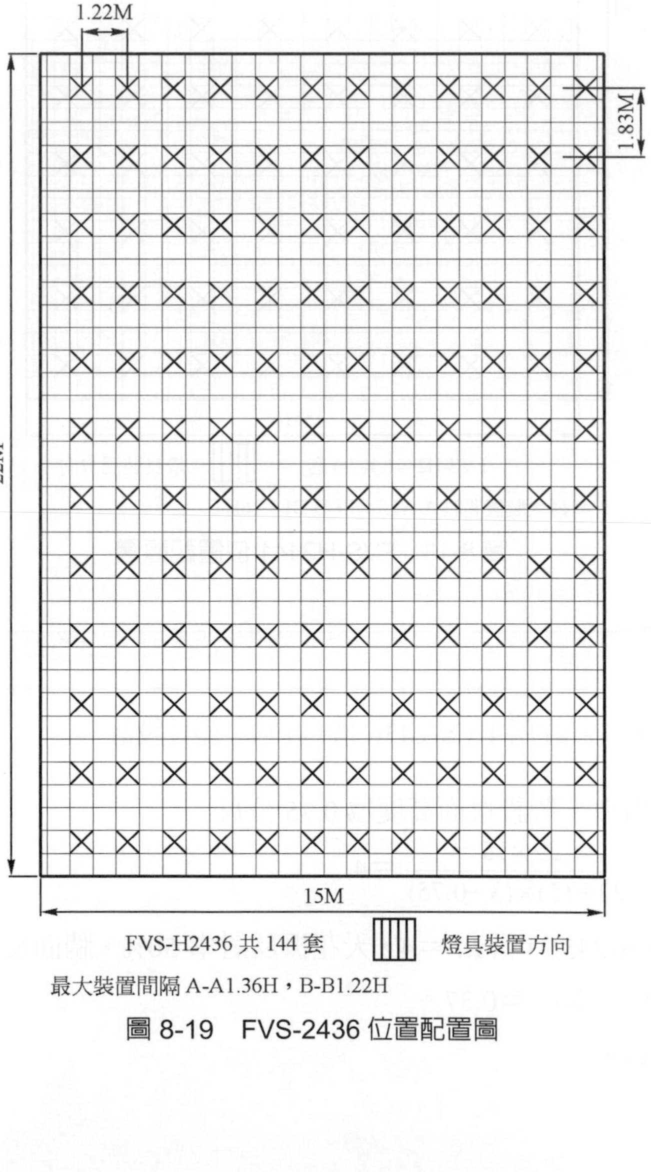

圖 8-19　FVS-2436 位置配置圖

8-7　照明經濟效益評估(※研究參考)

爲評估照明經濟效益，可 Excel 速算表，計算下列各項費用：

1. 設備費：
   (1) 燈具費用(含燈管、安定器等)。
   (2) 燈具安裝費。
2. 維護費：
   (1) 燈管更換費用(含材料及人工費)。
   (2) 燈具清掃人工費。
3. 電費。

爲了說明照明經濟效益，對例題 8-5 使用 FVS-H2441 燈具，以及例題 8-6 使用 FVS-2436 燈具，做全盤的比較。從比較表可以得知，使用 FVS-H2441 燈具，雖然初期設備較貴，但全年度照明費用約爲 FVS-H2436 燈具的 79%(參考表 8-15 的第 37 項)。

說明：

1. 年間設備償還費(28)＝初期設備費(27)× K

   K ＝0.2，包含：
   (1) 設備折舊。
   (2) 利息。
   (3) 稅金。
   (4) 使用期間以 10 年計(15)。
2. 年間燈管更換數(29)＝

$$\frac{\text{燈具燈管數(6)}\times\text{燈具台數(11)}\times\text{年間點燈時間(16)}}{\text{燈管壽命(17)}}$$

3. 年間使用電力(34)＝

$$\frac{\text{年間點燈時間(16)}\times\text{燈具台數(11)}\times\text{燈具輸入功率(20)}}{1000}$$

表 8-15　燈具照明經濟效益表

區分	項次	項目	單位	燈具型式 FVS-2441	燈具型式 FVS-2436
照明計算條件	1	燈管型式		FL 20D/18	FL 20D/18
	2	設計平均照度	1x	500	500
	3	照明區域(長)	m	22	22
	4	照明區域(寬)	m	15	15
	5	照明區域(坪數)	坪	100	100
	6	一台燈具燈管數	支/台	4	4
	7	燈管最初光束	1m/支	1,150	1,150
	8	照明率		0.6	0.37
	9	維護率		0.7	0.7
	10	被照面積	m^2	330	330
	11	使用燈具台數	台	96	144
經濟計算條件	12	燈具單價	元/台	1,400	660
	13	燈具安裝費用	元/台	100	100
	14	燈管單價	元/支	30	30
	15	使用年限	年	10	10
	16	年間點燈時間	Hr	3,000	3,000
	17	燈管壽命	Hr	7,000	7,000
	18	燈管更換費用	元/支	20	20
	19	燈具清潔費用	元/台	25	25
	20	燈具輸入功率	W/台	96	96
	21	電費	元/度	1.65	1.65
	22	初期照度	1x	802	742
	23	設計照度	1x	562	519
設備費	24	燈具費用	元	134,400	95,040
	25	燈具安裝費用	元	9,600	14,400
	26	燈管費	元	15,360	23,040
	27	初期設備費用	元	159,360	132,480
	28	年間設備償還費	元	31,872	26,496
保養費	29	年間更換數	支	165	246
	30	年間燈管更換費用	元	4,950	7,380
	31	年間燈管更換人工費用	元	3,300	4,920
	32	年間燈具清潔費用	元	2,400	3,600
	33	年間燈具保養費用	元	10,650	15,900
電費	34	年間使用電力	度	27,648	41,472
	35	年間電費	元	45,619.2	68,428.8
統計	36	年間照明費用	元	88,141.2	110,824.8
	37	年間照明費用比	%	79	100
	38	年間照明費用/面積		267	325.8
	39	年間照明費用/面積照度	元/$m^2$1x	0.81	1.02

註：1.由表內 37 項可知，用 FVS-H2441 燈具每年的照明費用，約爲 FVS-2436 的 79%。
2.使用 FVS-H2441，雖初期設備較 FVS-2436 昂貴，但全年度的照明費用仍較便宜。

4. 年間照明費(36)＝年間設備償還費(28)＋年間保養費(33)＋年間電費(22)

8-8 照明負載計算

工業配電在規劃階段時，需先估計照明所需負載，因爲尚未做詳細的照明設計，故無法算出實際用電所需負載。此時，可以依照台電屋內線路規則第 102 條的規定，如表 8-16 所示，估算照明負載。

使用表 8-16 時，其面積包含各樓板面積，但不包含陽台、車庫等的面積。

表 8-16　一般照明負載密度

建　築　物　種　類	負載密度(W/m^2)
走廊、樓梯、廁所、倉庫、貯藏室	5
工場、中山堂、寺院、教會、劇場、電場院、舞廳、農家、禮堂、觀眾席	10
住宅(含商店、理髮店等的居住部份)、公寓、宿舍、旅館/飯店(客房)、俱樂部、醫院、學校、銀行、餐廳	20
商店、理髮店、美容院、辦公廳等營業處所	30

例題 8-7

試以表 8-16 估算例題 8-5 的辦公室所需的照明負載及燈具數。

解 由表 8-16，查得辦公室負載密度爲 30 W/m^2

照明負載 $= 30 \times 22 \times 15 = 9900$ W

燈具數 $= \dfrac{9900}{20 \times 4} = 124$ 套

註：FVS-H2441 及 FVS-H2436 燈具均使用 20 W×4 管。

Chapter 9 分路設計

最後一哩(The Last Mile)

電力系統，從發電機開始發電，經變壓器及輸配電線路，傳送到工廠/大樓的變電站，再經分路配電到終點---電器。電器的種類繁多，最多的是電動機，其次是照明器具，還有電子裝置、電熱、電容器、電磁線圈等。分路設計，是從最後一個斷路器，配接電線到各種電器，也是電力系統的最後一哩。

分路設計，沒有高深的學問，工程師只要熟悉規章和產品型錄，選用「適當」的設備就好。因為分路設計的細節規定極為繁瑣，讀者如實際執行分路設計工作，翻開書本找到相關規定就 OK，不需強記。本書將只討論分路設計的重要原則，省略繁瑣細節，以免讀者(學生)不耐煩，甚至造成見樹不見林，本末倒置之情形。

電動機分路，是工業配電系統中最重要的分路。電動機分路規定的必要設備很多：有斷路裝置、分段裝置、幹線、分路導線、操作器、控制線...等，然而經過簡化後，電動機分路設計，只要選定「分路導線」和「無熔絲斷路器」，就一切搞定。

電燈分路，範圍涵蓋最廣，例如，住宅、商店、旅館、學校、工廠、辦公室...等，和每個人的生活息息相關。電燈分路依用途又分為照明、電器插座、重載專用分路等，本書也以化繁為簡的方式，分別加以介紹。

最後介紹電熱、電容器及其他電力分路，如何選用分路導線與無熔絲斷路器。

9-1 緒言

分路設計的要點，在於如何「適當」的選用分路的各種設備，例如：導線線徑、斷路器及開關額定、操作方式等。分路設計，可以有不同的選擇，沒有標準答案；所有設計，只要滿足負載電流的需求、發生故障獲得到保護、電器的操作方便、符合經濟需求等目標，就是好的設計。

因爲分路設計的細節規定極爲繁瑣，除非讀者是實際執行分路設計工作者，才要熟記細節規定，一般學生只要瞭解正確的設計觀念就好。本書將只討論分路設計的重要原則，希望避免讀者「不耐煩」或「見樹不見林」。

分路設計的兩個主角就是：「PVC 絕緣導線」和「無熔絲斷路器」。

9-1-1　PVC 絕緣導線

低壓(600 V)分路，以使用 PVC 絕緣導線居多。導線安全電流，受導線管散熱之影響有所不同，金屬管比 PVC 管的散熱效果較佳，其安全電流容量也略高；此外，管內導線數超過三條，因散熱效果較差，其安培容量也會降低。

導線安全電流容量，如表 9-1 所示。常用的 PVC 導線 2.0 mmϕ，其安全電流，在金屬管是 20 A，在 PVC 管是 19 A。1.6 mmϕ 者，是 15 A，5.5 mm^2 者，是 30 A。

PVC 導線大小，有實心直徑 mmϕ 及截面積 mm^2 等兩種表示方式。例如 2.0 mmϕ，就是直徑 2.0 mm 的實心銅線；3.5 mm^2，就是截面積 3.5 mm^2 的絞線。實心直徑 2.0 mm 導線截面積為：

$$(1/4)\times\pi\times D^2 = (1/4)\times 3.14\times 2^2 = 3.14\,\text{mm}^2$$

表 9-1　低壓 PVC 絕緣導線安全電流(管內三條以下導線)

導線線徑(直徑/截面積)	金屬管配線 安全電流(A)	PVC 管配線 安全電流(A)
1.6 mmϕ	15	15
2.0 mmϕ 或 3.5 mm^2	20	19
2.6 mmϕ 或 5.5 mm^2	30	25
8 mm^2	40	33
14 mm^2	55	50
22 mm^2	70	60
30 mm^2	90	75
38 mm^2	100	85
50 mm^2	120	100
60 mm^2	140	115
80 mm^2	165	140
100 mm^2	190	160

註：實心導線以直徑為單位，例如，1.6 mmϕ；
　　絞線以截面積為單位，例如 5.5 mm^2。

9-1-2　無熔絲斷路器

無熔絲斷路器，是分路保護最重要的設備，可用於開關負載電流、啓斷故障電流。其構造、動作特性、保護協調及如何選用等，在第五章已有詳細介紹。

茲為分路設計參考方便起見，節錄常用低壓無熔絲斷路器資料，如表 9-2 所示。

單相電路，常用 220 V 單極 50 AF(15 AT, 20 AT, 30AT)，其啓斷電流為 5 kA。

三相電路，常用 220 V 三極 100 AF(50 AT, 100 AT)，其啓斷電流爲 18 kA。

表 9-2 常用低壓無熔絲斷路器

框架 AF	跳脫電流 AT(A)	極數	啓斷容量(kA)		
			220 V	480 V	600 V
50	15,20,30,40,50	1,2	5		
100	15,20,30,40,50,70,100	1,2	5		
100	15,20,30,40,50,70,100	1,2	10		
100	15,20,30,40,50,70,100	2,3	18	14	14
225	70,100,125,150,175,200,225	2,3	22	18	14
225	70,100,125,150,175,200,225	2,3	25	22	22
225	70,100,125,150,175,200,225	2,3	65	35	25
400	200,250,300,400	2,3	35	25	22
400	200,250,300,400	2,3	65	35	25
600	300,400,500,600	2,3	42	30	22
800	300,400,500,600,800	2,3	42	30	22
800	300,400,500,600,800	2,3	65	35	25
1000	600,700,800,1000	2,3	42	30	22
1200	700,800,1000,1200	2,3	42	30	22

9-2 電動機分路

9-2-1 電動機分路各項設備

依據經濟部頒佈「用戶用電設備裝置規則」之規定，電動機分路應具備的各項設備，如圖 9-1 所示，其特性及規格說明如下：

1. 幹線分歧線(W1)：由幹線分歧而出的分路，也就是自幹線分歧點到電動機分段設備之間的導線，屬於幹線過電流保護的範圍。幹線分歧線，導線線徑之規定有三種情形：
   (1) 長度在 3 公尺以下時，其線徑不受幹線載流容量的限制(可與分路導線線徑相同)。
   (2) 長度不超過 8 公尺時，其導線載流容量不得小於幹線的三分之一。
   (3) 長度超過 8 公尺時，其導線應與幹線的載流容量相同；否則，應在分歧點裝設過電流保護設備。
2. 分路導線(W2)：自分路過電流保護器至電動機的線路。通常，單一電動機分路，其分路導線安培容量，爲電動機滿載電流的 1.25 倍。

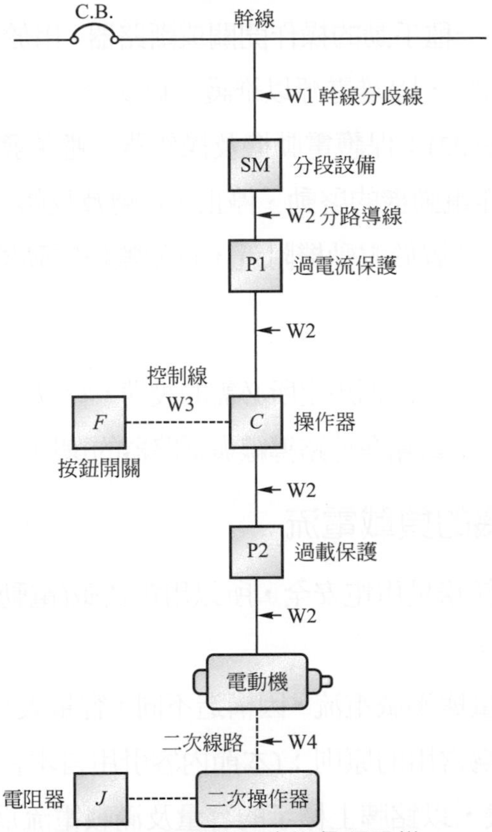

圖 9-1 電動機分路的各項設備

3. 電動機控制線路(W3)：原則上，控制線路應裝置過電流保護器。但是下列狀況，可免裝設過電流保護設備。
   (1) 額定 20 A 以下的分路，其控制線線徑在 0.75 mm^2 以上，視為由分路過電流保護設備之保護。
   (2) 額定超過 20 A 的分路，其控制線置於操作器內，且其載流容量為分路導線的四分之一以上者。
   (3) 額定超過 20 A 的分路，其控制線置於操作器外，且其載流容量為分路導線的三分之一以上者。
4. 二次線路(W4)：適用於繞線型電動機，轉子至二次操作器之間的線路，其載流容量應大於二次線路全載電流的 1.25 倍。
5. 分路過電流保護設備(P1)：通常使用斷路器或熔絲，用來保護分路導線、電動機及操作器於短路時之巨大故障電流。

6. 分段設備(SM)：一種手動的操作開關或斷路器，用於檢修電動機、操作器、控制設備或分路時，隔離電源以維護人員安全。
7. 電動機過載保護(P2)：保護電動機及操作器，避免發生過載之狀況。
8. 操作器(C)：操作電動機的啓動、停止、正轉及反轉、速度控制等。通常使用電磁開關，並裝置於電動機附近，以便監控電動機是否符合預訂的操作狀態。

以上用戶用電設備裝置規則規定所必需的設備，看似十分繁瑣複雜。然而經過簡化後，實際的分路設備重點在分路導線與斷路器的選用，將在以下各節說明之。

9-2-2 電動機的負載電流

分路設計的基本任務是用電安全，所以用電負載(電動機)的滿載電流，是最重要的設計指標之一。

感應電動機的容量與滿載電流，因構造不同，容量大小不一，其效率與功因等也不盡相同。以下爲常用的原則：(本節內容引用自本書第二章 2.6 節)

1. 現成感應電動機，以銘牌上標示的容量及滿載電流爲準。
2. 在設計階段，或感應電動機尚未購置，欲求其容量及滿載電流時，以查閱國家標準的規定值爲準。

   表 9-3(a)爲典型交流三相感應電動機的滿載電流；

   表 9-3(b)爲典型交流單相感應電動機的滿載電流。
3. 在無任何資料可供查閱時，以概略估算爲準。

   以 1HP 以上電動機爲例，其效率約爲 75～88%，功因約爲 75～87%，其容量約爲：

$$S\,(\text{kVA}) = \frac{P}{pf \times \eta} = \frac{\text{HP} \times 0.746}{pf \times \eta} \tag{9-1}$$

   假設($pf \times \eta$)功因與效率的乘積爲 0.746，則 1 HP＝1 kVA；三相電動機負載電流爲；

$$I_{\text{f1}} = \frac{S}{\sqrt{3} \times V} = \frac{\text{kVA}}{\sqrt{3} \times \text{kV}} \tag{9-2}$$

例如 220 V, 5 HP 電動機，查表 9-3(a)，其額定電流爲 16 A。公式計算電流爲：

$$I_{FL} = \frac{5}{\sqrt{3} \times 0.22} = 13.1\text{A}$$

請注意，1HP 以下的電動機，因效率及功因都低，其額定電流比公式計算的結果要大很多。例如 220 V, 1/2 HP 電動機，查表 9-3(b)，其額定電流爲 5.1 A。公式計算電流爲：

$$I_{FL} = \frac{1/2 \times 746}{220} = 1.7\text{A}$$

表 9-3(a)　典型交流三相感應電動機的滿載電流(A)

電動機出力	電動機額定電壓		
馬力(HP)	220 V	380 V	460 V
1/2	2.1	1.2	1.0
3/4	2.9	1.7	1.4
1	3.8	2.2	1.8
1.5	5.4	3.1	2.6
2	7.1	4.1	3.4
3	10	5.8	4.8
5	16	9.2	7.6
7.5	23	13	11
10	29	17	14
15	44	25	21
20	56	33	27
25	71	41	34
30	83	48	40
40	108	63	52
50	136	79	65
75	200	116	96
100	259	150	124
125	326	189	156
150	376	218	180
200	501	290	240

表 9-3(b) 典型交流單相感應電動機的滿載電流(A)

電動機出力	電動機額定電壓	
馬力(HP)	110 V	220 V
1/6	4.6	2.3
1/4	5.0	2.5
1/3	7.5	3.8
1/2	10.2	5.1
3/4	14.4	7.2
1	17	8.5
1.5	21	10.5
2	25	12.5
3	36	18
5	58	29
7.5	84	42
10	104	52

同步電動機或直流電動機的使用情形較少，其滿載電流，以查閱電動機上銘牌上標示值，或以國家標準之資料爲準。

除了滿載電流之外，電動機的啓動電流也是設計的重要參數。感應電動機的啓動電流值，可以用堵轉(blocked rotor)實驗模擬獲得。

感應電動機因構造不同，轉子堵轉時(相當於啓動狀態)，堵轉電流增加的倍數，以電動機銘牌上 A、B、C、D…等字母爲代碼。表 9-4 爲每一 HP 的啓動 kVA。利用公式 9-2 可以計算其啓動電流，請參考例題 9-1。

表 9-4 感應電動機轉子堵轉時啓動容量代碼

代碼	啓動 kVA / HP	代碼	啓動 kVA / HP
A	0 ~ 3.14	L	9.00 ~ 9.99
B	3.15 ~ 3.54	M	10.00 ~ 11.19
C	3.55 ~3.99	N	11.20 ~ 12.49
D	4.00 ~ 4.49	P	12.50 ~ 13.99
E	4.50 ~ 4.99	R	14.00 ~ 15.99
F	5.00 ~5.59	S	16.00 ~ 17.99
G	5.60 ~ 6.26	T	18.00 ~ 19.99
H	6.30 ~ 7.09	U	20.00 ~ 22.39
J	7.10 ~7.99	V	22.40 以上
K	8.00 ~8.99		

例題 9-1

有一三相 220 V，10 HP 感應電動機，代碼 F，試以公式計算其滿載電流及啓動電流？

解 (a)計算滿載電流，因爲 1 HP ＝ 1 kVA(假設功因和效率的乘積爲 0.75)。

$$I_{f1}=\frac{S}{\sqrt{3}\times V}=\frac{10}{\sqrt{3}\times 0.22}=26.2\text{ A}$$

> 註：查表 9-1(a)，三相 220 V，10 HP 電動機滿載電流爲 29 A，與計算值 26.2 A，雖略有出入，是因感應機的形式差異所致。最正確的做法，是查閱電動機銘牌上所標示的滿載電流。

(b)計算啓動電流，查表 9-2，代碼 F(5.0 ~ 5.59 kVA / HP)，10 HP 電動機的啓動容量爲 50 ~ 55.9 kVA。

$$I_{st}=\frac{S_{st}}{\sqrt{3}\times V}=\frac{50\sim 55.9}{\sqrt{3}\times 0.22}=131.2\sim 146.7\text{ A}$$

> 註：實務經驗，感應電動機的啓動電流約爲滿載電流的 5-8 倍。

9-2-3　電動機的分路設備

原則：每一具電動機以設置一專用分路爲原則。

電動機分路分爲兩大類：大多數是以專用分路配線，少數採用電動機和其他負載共用同一分路之設計。本節之討論以專用分路爲原則。

1. 分路導線

原則：

(1) 導線載流容量，應不低於電動機滿載電流之 1.25 倍。

(2) 兩具以上電動機共用同一分路時，分路導線載流容量不得小於其中最大電動機滿載電流之 1.25 倍，再加上其餘電動機滿載電流之總和。

電動機分路導線的線徑，以載流容量爲選擇依據。電動機的負載電流，會隨外加機械負載的增加而增高；此外，電壓下降時電動機電流也會升高。所以，爲安全考量，導線載流容量，應不低於電動機滿載電流之 1.25 倍。如果電動機爲短時間或間歇運轉時，則電動機停轉時，導線有時間冷卻；因爲導線之安全是以溫昇來決定，可以調整導線的載流容量如表 9-5。表中顯示間歇運轉的電動機(5 分鐘額定)，導線載流容量可以調降爲 85%。

表 9-5 短時間運轉電動機分路導線載流容量

運轉分類	電動機額定			
	5 分鐘	15 分鐘	30/60 分鐘	連續
	導線載流容量＝額定電流之 %			
短時間運轉：電動閥等	110	120	150	---
間歇運轉：電梯、抽水	85	85	90	140
定時運轉	85	90	95	140
變化性運轉	110	120	150	200

兩具以上共用同一分路時，分路導線載流容量，不得小於其中最大電動機滿載電流之 1.25 倍，再加上其餘電動機滿載電流之總和。請參考例題 9-2。設計手冊將常用的數據，整理成圖表，方便設計者使用。典型三相 220 V 電動機分路，其線徑和過電流保護，如表 9-6。

表 9-6 三相 220 V 電動機分路的線徑和過電流保護選用表

電動機 (HP)	滿載電流 (A)	分路最小線徑 (mm ϕ 或 mm^2)	過電流保護額定(A)
1	3.5	1.6 mm ϕ	15
2	6.5	1.6 mm ϕ	15
3	9.0	1.6 mm ϕ	20
5	15.0	2.0 mm ϕ	30
7.5	22.0	5.5 mm^2	30
10	27.0	8 mm^2	50
15	40.0	14 mm^2	75
20	52.0	22 mm^2	100
25	64.0	30 mm^2	100
30	78.0	38 mm^2	150
35	91.0	50 mm^2	150
40	104.0	60 mm^2	200
50	125.0	80 mm^2	200

註：上表爲金屬管配線，導線絕緣物(PVC)溫度 60℃者。

例題 9-2

某工廠設有三相 220 V 電動機：30 HP(I_{fl}＝78 A) 及 20 HP(I_{fl}＝52 A) 者各一具，採用 PVC 線及金屬管配線。試求最小分路導線及幹線分歧線的線徑。

解 (a)最小分路導線的選定

30 HP：1.25×78＝97.5 A⇨選用 38 mm^2 導線(安全電流 100 A)

20HP：1.25×52＝65A⇨選用 22 mm^2 導線(安全電流 70 A)

(b)幹線分歧線的選定

1.25×78＋52＝149.5A⇨選用80mm^{2}導線(安全電流165A)

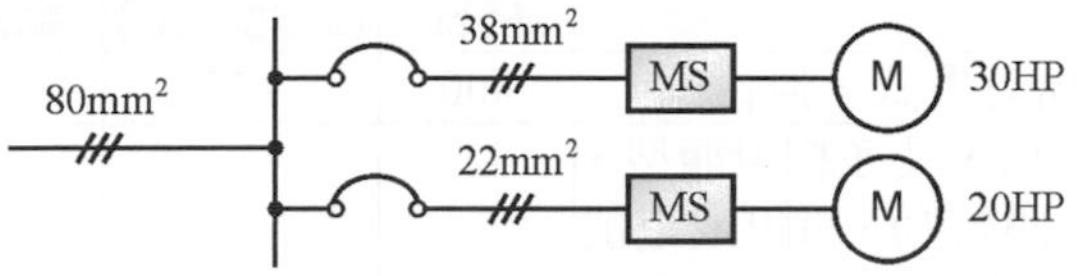

例題 9-2 圖

2. **分路過電流保護**

原則：

(1) 過電流保護的額定容量，必須足以啓斷短路故障容量。

(2) 過電流保護標置之選定，在電動機啓動時，電路不得跳脫啓斷。

(3) 分路過電流保護器之額定，不得超過電動機滿載電流之 2.5 倍。

電動機分路因爲「電流過大」，必需將電路切斷的情形有兩種，經常讓人混淆，特別加以澄清如下：

(1) 因爲機械負載增加，使電動機的負載電流超過額定達數十%，短時間沒有問題，長時間則必需將電路切斷，以免燒毀，稱爲過載(overload)保護。

例如，三相 220 V，10 HP 電動機額定電流 26.4 A，如負載電流達 33 A(過載 25%)，長時間使用，會造成電動機燒毀，必須切斷電路。

(2) 因分路或電動機發生短路故障，產生巨大短路電流，必需將分路切斷，稱爲過電流(overcurrent)保護。

例如，三相 220 V，10 HP 電動機額定電流 26 A，短路故障發生時電流高達 5000 A，必須立即切斷分路，以免全系統都受影響。

電動機分路的過電流保護設備，採用無熔絲斷路器及熔絲等兩種；利用短路大電流熔斷熔絲，或是啓動斷路器的跳脫元件。

過電流保護，其額定或標置之選定原則爲，在電動機啓動(雖然電流瞬時增大爲 5～7 倍額定電流，仍應視爲正常)時，電路不得跳脫啓斷；其標置最高不得超過 2.5 倍電動機滿載電流。

表 9-7 是電動機分路過電流保護器之額定及標置的規定，可以做爲設計之參考。

表 9-7　電動機分路過電流保護器之額定與標置

電動機類別	滿載電流的 %			
	非延時熔絲	延時熔絲(二元件型)	瞬時跳脫斷路器	反時性斷路器
單相，所有型式，無代碼	300	175	700	250
全部交流單相，及多相鼠籠型，及同步型全壓啓動、電阻或電抗啓動				
無代碼……….	300	175	700	250
代碼 F 至 V…..	300	175	700	250
代碼 B 至 E…..	250	175	700	150
代碼 A……….	150	150	700	150
全部交流鼠籠型，及同步型以自耦變壓器啓動				
不超過 30 A，無代碼……….	250	175	700	200
超過 30 A，無代碼……….	200	175	700	200
代碼 F 至 V…..	250	175	700	200
代碼 B 至 E…..	200	175	700	200
代碼 A……….	150	150	700	150
高電抗鼠籠型				
不超過 30 A，無代碼……….	250	175	700	250
超過 30 A，無代碼……….	200	175	700	250
繞線型，無代碼	150	150	700	150
直流(定電壓)				
不超過 50 HP，無代碼……….	150	150	250	150
超過 50 HP，無代碼……….	150	150	175	150

註：代碼係指電動機的 Code Letter。

例題 9-3

有三相 220 V，20 HP 鼠籠式感應電動機，如選用無熔絲斷路器做爲過電流保護，請個別選用其最大額定或標置。

解 查表 9-3(a)，三相 220 V，20 HP 的滿載電流爲 56 A。

最大容許選用額定值爲　$56 \times 2.5 = 140$ A，

查表 9-2，可選用 125AF 無熔絲斷路器，可選用額定有 70 AT，100 AT，125AT。如電動機啓動時不會跳脫，原則上以選用較低額定值，保護效果較佳。本例題，如電動機負載屬於穩定者，以選用 70 AT 爲原則；如電動機負載屬於遽變者，爲避免啓動時不必要的跳脫，可以選用 100 AT 或 125 AT 爲額定。

3. **分路過載保護**

原則：電動機分路的過載保護，是保護電動機免受長時間(連續 2 小時以上)過載而燒毀。

過載保護，最常用的是熱動電驛(thermal relay)，通常裝在電動機操作器內部。其原理是利用負載電流通過電阻產生熱量，使雙金屬片彎曲，啓開控制電路，以保護電動機。

電動機過載保護，因其運轉條件或啓動方式不同，分述如下：

(1) 容量大於 1 HP 連續運轉電動機：分離裝置之過載保護熱動電驛，按電動機負載電流而動作，其標置應不超過下列電動機額定滿載電流的百分數。

運轉因數(註)不低於 1.15 之電動機..............125%
溫昇不超過 40℃的電動機..........................125%
其他各種電動機.......................................115%

如選用非標準額定之熱動電驛，或無法配合電動機保護標置時，可採用較高一級的標置，但不得超過下列額定：

運轉因數(註)不低於 1.15 之電動機..............140%
溫昇不超過 40℃的電動機..........................140%
其他各種電動機.......................................130%

註：電動機的運轉因數：電動機在額定電壓及頻率運轉時，在不損毀電動機之條件下，可以輸出較額定容量爲高之馬力數，該輸出馬力與額定值之比，就是運轉因數。一般製造標準：

1/20 HP 至 1/8 HP，運轉因數爲 1.4；

1/6 HP 至 1/3 HP，運轉因數爲 1.35；

1/2 HP 至 1 HP，運轉因數爲 1.25；

1/6 HP 至 1/3 HP，運轉因數爲 1.35，

1 HP 至 200 HP，運轉因數爲 1.15；

250 HP 以上，運轉因數爲 1.0。

(2) 容量小於 1 HP 連續運轉電動機：
- 手動操作移動電動機，如分路有過電流保護，可省略過載保護。
- 自動啓動的電動機，其過載保護，按照大於 1 HP 電動機處理。

例題 9-4

有三相 220 V，15 HP 感應電動機，其滿載電流為 40 A，溫昇不超過 40℃，試求其熱動電驛的設定值。

解 在電動機啓動不會跳脫的原則下，熱動電驛之設定值以較低爲原則，所以

一般狀況： $1.25 \times 40 = 50\text{ A}$

最高標置： $1.4 \times 40 = 56\text{ A}$

4. **分段設備**

原則：

(1) 每一電動機以個別裝置分段設備爲原則。

(2) 分段開關的電流額定，不得少於電動機額定電流的 115%。

分段設備，是電動機分路在維護檢查時，與電源隔離用的開關；可以防止工作人員在檢修電動機或其傳動機械時，意外發生感電事故。

分段設備，是一種手動的開關或斷路器，應可同時啓開非接地各導線，其電流額定至少爲電動機額定電流的 115%。如操作器爲 Δ－Y 啓動、自耦變壓器降壓啓動或全壓啓動的電磁開關，仍需裝設分段開關。

分段設備，必需裝設在容易操作的位置，分段設備與電動機操作器，必需在可視範圍(約 15 公尺)內，同時很明顯地可以看出其在「啓斷/OFF」或「閉合/ON」的位置。

5. **操作器**

原則：每一電動機以個別操作爲原則。

操作器，是一種操作電動機「啓動」及「停止」的設備。電動機的操作器，可採用電磁開關、斷路器或安全開關等爲之。

操作器，應有「ON/OFF」電動機滿載電流的容量，同時必需有啓斷轉子堵轉電流(約 5 ~8 倍滿載電流)的容量。通常，操作器的額定容量是以「馬力(HP)」表示之。

9-2-4　幹線導線

原則：

1. 供應二具以上電動機之幹線或分路導線，其安培容量不低於最大電動機滿載電流之 1.25 倍，加上其餘電動機之滿載電流總和。以公式表示

   $\geq 1.25 \times I_{flmax} + \Sigma$其他$I_{fl}$

2. 供應二具以上繞線型三相電動機之幹線或分路導線，其過電流保護器之額定以不大於最大電動機滿載電流之 1.5 倍，加上其餘電動機之滿載電流總和。以公式表示

   $\leq 1.5 \times I_{flmax} + \Sigma$其他$I_{fl}$

   二具以上電動機，同時啓動的機率甚低，故幹線或分路導線的安培容量，只要考慮最大電動機可能過載 25%滿載電流即可。過電流保護器之相關規定，其原理亦相同；但如無法匹配時，可選用次高一級額定。

例題 9-5

有一三相 460 V 電動機負載中心，供應電動機如下(使用 PVC 絕緣導線，以金屬管配線)：50 HP(滿載 65 A)一台，30 HP(滿載 40 A)二台，10 HP(滿載 14 A)三台；試求(1)幹線最小線徑，(2)幹線 NFB 之最高標置。

解

(1) 幹線最小線徑：

$I = 1.25 \times 65 + 40 \times 2 + 14 \times 3 = 203.25$ A

查表 9-1，選用 125 mm^2 導線(電流容量 220 A)。

(2) 幹線 NFB 最高標置

$I = 1.5 \times 65 + 40 \times 2 + 14 \times 3 = 219.5$ A

依規定 NFB 額定應不小於導線安培容量(220 A)，但最高標置爲 219.5 A，查表 9-2，可選用之次高一級爲 225 AT(225 AF)。

9-2-5 電動機啓動電流限制

原則：

1. 單相電動機的啓動電流，不予限制。
2. 三相電動機啓動時，不影響其他用戶者，不予限制。
3. 超過規定者，應採用降壓啓動，使其啓動電流不超過電動機額定電流的 3.5 倍。

電動機的啓動電流，約爲滿載電流的 5 ~ 8 倍，會造成短時間的電壓降，可能影響其他用戶的用電；所以，電動機的啓動電流，應有適當的限制。

容量相同的電動機，使用較高電壓時，其負載及啓動電流均較小；所以，Y－Δ 啓動方式相當受歡迎。以三相 220 V 電動機爲例，啓動時採用 Y 接，相電壓降爲 $220/\sqrt{3}=127$ V，啓動電流也降低爲 $1/\sqrt{3}$；運轉時，成爲 Δ 接，相電壓升爲 220 V。

關於三相電動機啓動電流的規定如下：

1. 220 V 供電低壓用戶，單機容量不超過 15 HP 者，不加限制。
2. 380 V 供電低壓用戶，單機容量不超過 50 HP 者，不加限制。

低壓用戶之單機容量超過上述規定者，應採用降壓啓動，使其啓動電流不超過電動機額定電流的 3.5 倍。

1. 高壓供電用戶之「低壓」電動機，單機不超過 200 HP 者，不加限制。
2. 高壓供電用戶之「高壓」電動機，不加限制之規定如下：3 kV，200 HP 以下；11 kV，400 HP 以下；22 kV，600 HP 以下。

高壓用戶單機容量超過上述規定者，應採用降壓啓動，使其啓動電流不超過電動機額定電流的 3.5 倍。

9-2-6 電動機分路設計的簡化

依規定，電動機分路設備如圖 9-2 所示，包含①幹線分歧線(W1)、②分段設備(SM)、③分路導線(W2)、④過電流保護器(P1)、⑤操作器(C)、⑥過載保護器(P2)、⑦控制線(W3)及⑧二次線路(W4)等，已於前節敘述。各項設備之選用要點整理如表 9-8。

表 9-8　電動機分路設備選用要點

設 備 名 稱	選　用　要　點
①幹線分歧線(W1)	3 m↓=分路容量，3~8 m = 1/3 幹線容量，8 m↑=幹線容量
②分路導線(W2)	＞1.25 × I_{fl} (電動機滿載電流)
③控制線(W3)	0.75 mm^2 以上，受分路保護
④二次線路(W4)	＞1.25 倍二次線路滿載電流
⑤過電流保護(P1)	斷路器或熔絲，＜2.5 × I_{fl}
⑥分段保護(SM)	保養時隔離用，＞1.15 × I_{fl}
⑦過載保護(P2)	熱動電驛，(1.25~1.4) × I_{fl}
⑧操作器(C)	電磁開關，(5~7) × I_{fl}
⑨幹線導線	＞1.25 × I_{flmax} ＋ Σ其他 I_{fl}
⑩幹線過電流保護	＜1.5 × I_{flmax} ＋ Σ其他 I_{fl}

然而實務上，操作電動機的 ON/OFF 時，經常使用電磁接觸器(magnetic contactor)，並且加裝熱動電驛，合稱為電磁開關(magnetic switch，MS)。因為，無熔絲斷路器(NFB)，可以同時兼顧分段設備(SM)及過電流保護器(P1)的功能；而電磁開關(MS)，可以兼做為操作器(C)及過載保護器(P2)；此外，多數感應電動機使用鼠籠式設計，沒有二次線路(W4)；控制線(W3)也裝入電磁開關箱內。如此，電動機分路大為簡化，如圖 9-2 所示。

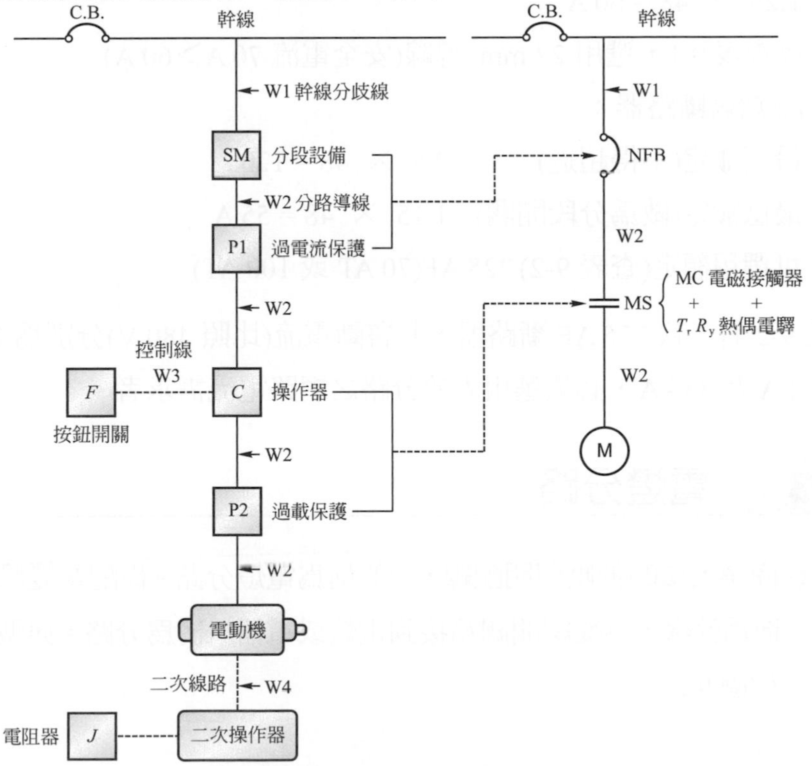

圖 9-2　電動機分路的簡化

經過簡化後，電動機分路設計，只剩下選定(a)分路導線、(b)無熔絲斷路器及(c)電磁開關，就大功告成了。實際上，因為電磁開關的額定多以馬力標示，只要按照電動機馬力選擇即可。最後，設計工作只剩選擇(a)分路導線和(b)無熔絲斷路器，兩項工作而已。

例題 9-6

有一台三相 380 V，30 HP 感應電動機，專用一分路，試做分路設計。

解 擬採用簡化設計，並選用 PVC 導線，金屬管配線。

先查表 9-3(a)，三相 380 V，30 HP 電動機，滿載電流為 48 A。

(1)電磁開關：選用三相 380 V，30 HP 者。

(2)熱動電驛：

一般選用 1.25 × 48 = 60 A

最高選用 1.4 × 48 = 67 A

(3)分路導線：導線安培容量應大於 1.25 倍滿載電流

1.25 × 48 = 60 A

⇨查表 9-1，選用 22 mm^2 導線(安全電流 70 A＞60 A)

(4)無熔絲斷路器：

最高額定(不得超過) 2.5 × 48 = 120 A

最低額定(做為分段開關) 1.15 × 48 = 55 A

可選用額定(查表 9-2) 225 AF(70 AT 或 100 AT)

表 9-2 有三款 225 AF 斷路器，其啓斷電流(比照 480 V)分別為 18 kA，22 kA 及 35 kA，必須選用大於分路之短路電流需求者。

9-3 電燈分路

工廠或商業大樓的低壓照明配線，一般稱為電燈分路。從配電變壓器到分路總開關箱，稱為幹線，再從總開關箱接到電燈或電器，稱為分路。典型的幹線與分路配置，如圖 9-3。

分路設計的基本原則如下：

1. 計算負載電流，選擇適當導線線徑。
2. 配合分路負載及導線線徑，選擇過電流保護的額定容量。
3. 單相負載之分配儘可能平均，以減輕三相系統之不平衡。
4. 計算分路電壓降，不得超過規定，否則更換較粗導線，或增設分路。

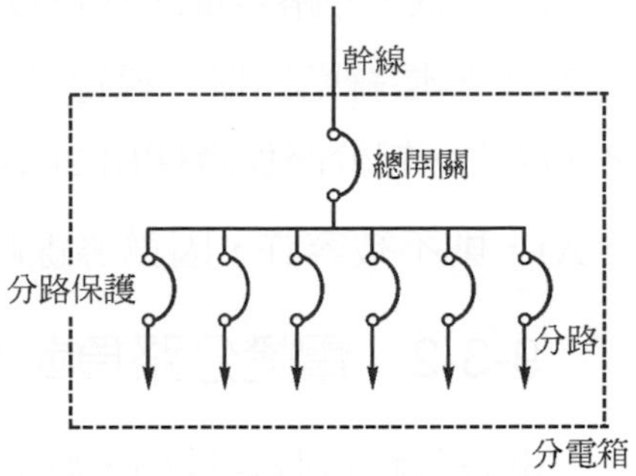

圖 9-3 幹線與分路之配置

9-3-1　電燈分路之分類

電燈分路依用途分類，可分為：

1. 一般分路：一般家庭或辦公場所，供給電燈或插座負載；其額定為 15 A 或 20 A。
2. 電器分路：除電燈外，供應家庭其他電器，例如：電鍋、果汁機等，或辦公場所事務機器等；其額定為 15 A 或 20 A。
3. 專用分路：供給用電容量較大電器的分路，例如：住宅或辦公場所的電灶、熱水器、冷氣等負載；其容量為 30 A、40 A、50 A。

綜合上述，電燈分路的容量，可分為 15 A、20 A、30 A、40 A 及 50 A 的分路。分路有關設備的額定，如表 9-9。

表 9-9 電燈分路有關設備之額定

分路額定(A)		15	20	30	40	50
最小線徑	分路導線	1.6 mm	2.0 mm	5.5 mm^2	8 mm^2	14 mm^2
	引出導線	1.6 mm	1.6 mm	1.6 mm	2.0 mm	2.0 mm
	燈具線及花線	0.75 mm^2	0.75 mm^2	2.0 mm^2	3.5 mm^2	3.5 mm^2
過電流保護(A)		15	20	30	40	50
最大接裝負載(A)		15	20	30	40	50
出線口器具	燈座型式	一般型式	一般型式	重責務型	重責務型	重責務型
	插座額定(A)	15	15 , 20	30	40 , 50	50
※同一戶內，設有不同電壓之插座者，應採用不同型式，以免誤插。						

請注意，分路容量之計算以保護設備之額定安培數爲準。例如，分路保護採用 20 A 無熔絲斷路器，導線爲 5.5 mm^2(安全電流容量 30 A)，仍然視爲 20 A 分路。反之，如分路保護採用 20 A 無熔絲斷路器，導線爲 1.6 mmϕ (安全電流容量 15 A)，則不被容許，因爲導線超過 15 A 時，斷路器仍不跳脫，將會造成危險。

9-3-2 電燈分路負載計算

電燈分路負載容量小、數量多，且運轉時間參差不定，不容易正確計算，一般之估算方法如下：

1. 一般照明負載，以每平方公尺最低負載計算，如表 9-10，計算用電樓板面積時，只計算室內面積，不含陽台及車庫等。

表 9-10 一般照明負載計算

建 築 物 用 途	最低負載 (VA/m^2)
走廊、樓梯、廁所、倉庫、儲藏室	5
工場、中山堂、寺廟、教會、劇場、電影院、舞廳、農家、禮堂	10
住宅、公寓、旅館、飯店、俱樂部、學校、銀行、飯店	20
商店、辦公室	30

2. 住宅及旅館客房之出線口，20 A 以下之插座出線口，因用電機會少，可以視爲一般照明出線口，無需計算額外負載。然而，辦公室的插座出線口，用電機會大增，必需按非一般照明出線口計算。
3. 非一般照明出線口：電動機出線口按電動機額定機算；其他負載，按其負載電流計算；重責務型出線口以 600 VA 計算，其他一般出線口按 180 VA 計算。

9-3-3 插座的裝設

一般住宅的客廳、臥室、書房、起居間、廚房，或旅館之客房等，每一房間至少應裝設一個插座出線口。然而，眞正使用時，插座數目永遠不夠，所以，最好在房間內任何一點距離插座不超過 2 公尺。廚房的調理台，每 30 公分裝置插座一處。

插座分路，可以裝設出線口的數目，依分路容量大小而異。非住宅處所 110 V，15 A，一般插座容量以 180 VA 計算，最多可以設置 9 個。計算如下：

110 × 15 ÷ 180 ＝ 9.16 個　⇨ 9 個

同理，20 A 分路可裝設一般插座 12 個。

9-3-4　電燈分路數目

住宅或辦公室應設置分路數目，依用途不同，分述如下：

1. 一般分路：住宅或公寓的一般分路用電量，是依建築面積計算，最低爲 20 VA/m^2。分路的數目，依總負載需量除以每一分路的容量而得。例如，60 坪(181 m^2)公寓，應設置 110 V、15 A 三分路，計算如下：

   用電需求： 20 VA/m^2 × 181 m^2 ＝ 3620 VA

   分路容量： 110 V × 15 A ＝ 1650 VA

   分路數目： 3620 ÷ 1650 ＝ 2.2　⇨ 3 分路
2. 電器分路：供廚房或小型電器用電，視住宅大小，以 15 A 或 20 A，兩分路以上爲原則。
3. 專用分路：用電量較大的電器，例如，熱水器、電爐、冷氣、乾衣機等，視用電量大小，選擇 30 A、40 A 或 50 A 分路，以設置專用分路爲原則。但性質相同者，可共用一分路。

9-3-5　幹線負載計算

各分路負載匯合至總開關箱，經由幹線連接至低壓配電變壓器，如圖 9-3 所示。幹線之負載電流，比各分路負載電流之總和爲小，因爲各分路的負載不會同時使用。所以，設計幹線容量時，必需估算需量因數予以打折。尤其是集合住宅，除每戶之幹線需考慮需量因數外，總幹線也要計算需量因數。以免設計幹線容量過大，浪費金錢。各類分路或電器之用電需量，分述如下：

1. 照明負載及電器分路：因使用場所不同，其需量因數也不同，如表 9-11 所示。

表 9-11 不同處所幹線負載需量因數

用電處所	照明及電器負載總和(W)	幹線需量因數(%)
住宅	首 3000 以下者 次 3001 至 120,000 者 超過 120,001 者	100 35 25
醫院	首 50,000 以下者 超過 50,001 者	40 20
旅館	首 20,000 以下者 次 20,001 至 120,000 者 超過 120,001 者	50 40 30
倉庫	首 12,500 以下者 超過 120,001 者	100 50
其他	VA 值合計	100

2. 小型電器分路(20 A 以下)負載：可以併入表 9-11 計算。
3. 冷氣及電暖器：台灣地處亞熱帶，冷氣用電遠較電暖器爲多，因電暖器和冷氣不可能同時使用，故電暖器的負載容量，可以不計入幹線容量中。
4. 電動機：按實際需量因數計算。
5. 住宅「固定」裝置電器：如通風扇、抽水機 、廚房雜碎機、熱水器等，如裝置數量超過四具時，需量爲 75%。
6. 家庭乾衣機：在設計單一住戶幹線時，乾衣機需量以 100%計算；但如集合住宅每戶均裝有乾衣機，則設計總幹線時可以集總計算需量因數如表 9-12。

表 9-12 家庭乾衣機的幹線需量因數

乾衣機數	需量因數(%)
1~4	100
5	80
6	70
7	65
8	60
9	55
10	50
11~13	45
14~19	40
20~24	35
25~29	32.5
30~34	30
35~39	27.5
40 以上	25

7. 家庭電灶：電灶的用電量極大，單一電灶以 100%需量計算；集合住宅多具使用時，需量因數極低。電灶使用在美國極為普遍，但在台灣使用情形不多，本書不擬討論。

9-3-6 中性線負載電流

單相三線式或三相四線式配線，在負載平衡時，中性線電流為零。所以在分路設計時，分配使各分路負載應儘可能求其相等。然而，在實際用電時，仍可能發生不平衡的情形，以致中性線產生電流。

中性線電流，其計算極不容易，雖然也可以查表。但是，通用的原則是：「中性線可以採用較相線小一級的線徑」。

例題 9-7

獨院洋房住宅，建築面積 200 m^2，裝有專用熱水器 220 V、4 kW 一台，使用 PVC 絕緣導線，PVC 管配線；試做分路設計，及幹線容量。

解 (1)一般照明負載(以 30 VA/m^2 計算)

$30\ VA/m^2 \times 200\ m^2 = 6000\ VA$

應設置照明分路數：

$6000 \div 110 \div 15 = 3.6$ ⇨設置 110 V，15 A 四分路

(2)小型電器分路：設置 110 V，20 A 二分路，負載各以 2200 VA 計算

(3)專用分路：電熱水器 220 V、4 kW

滿載電流 $4000 \div 220 = 18\ A$

因為電熱水器屬於連續使用者，依規定其分路連續負載，不得超過分路容量之 80%，

所以，分路容量應大於 $18 \div 0.8 = 22.5\ A$，

查表 9-1，選用 5.5 mm^2(電流容量 30 A＞22.5 A)。

(4)幹線容量：

$6000 + 2200 \times 2 + 4000 = 14400\ VA$

以單相三線 110/220 V 配線，

$14400 \div 220 = 65.5\ A$

查表 9-1，幹線導線，選用 30 mm^2(電流容量 75 A＞65.5 A)；中性線，可選用小一級的導線 22 mm^2(電流容量 60 A)。

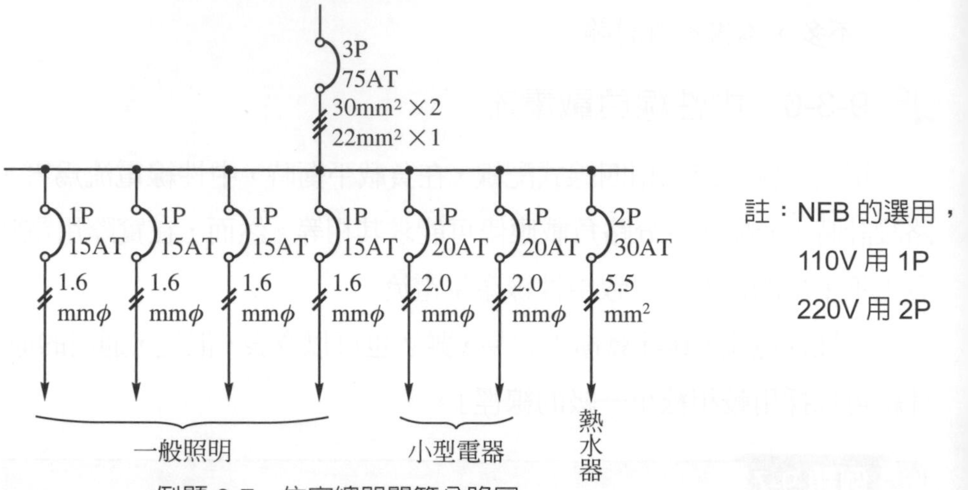

例題 9-7　住宅總開關箱分路圖

9-4 電熱及其他電力分路

工廠或商業大樓經常需要裝設電熱裝置，加熱做特定用途。電熱裝置包含：電熱器、感應電爐、紅外線燈及高週波加熱器等。電熱裝置的規定，與電動機或電燈分路不同，分述如下：

9-4-1 電熱裝置之分路與幹線

電動機的負載電流，會因外加機械負載的增加或電壓下降，都會升高。所以，爲安全考量，導線載流容量應不低於電動機滿載電流之 1.25 倍。

至於電熱器，其滿載電流與負載變化無關，爲確保電熱器於連續滿載運轉時，過電流保護器不會跳脫，過電流保護器之標置應，等於電熱器額定電流就好，沒有增加 25%之必要。

電熱分路依據其電流容量，可以分成下列兩類：

1. 供應額定電流 50 A 以下電熱裝置，其過電流保護器之額定電流應低於 50 A，其導線應依據表 9-1 之規定選用。其間之關係如下：

2. 供應額定電流 50 A 以上電熱裝置，其過電流保護器之額定電流應不超過該裝置之額定電流；原則上維持

   導線安培容量≧過電流保護器最大標置(分路額定容量)

   ＝電熱器額定電流

   但如無法配合時，過電流保護器得放寬使用次高一級額定值，也就是：

   導線安培容量≧過電流保護器最大標置＞電熱器額定電流

   請注意，放寬過電流保護器至次高一級額定時，仍以不超過導線安培容量爲原則。

例題 9-8

有一三相 220 V、60 kW 電熱器專用分路，功因 100%，試求(1) 分路導線，(2)NFB 設定。

解 (1)滿載電流：

$$I = \frac{60000}{\sqrt{3}\times 220} = 157.5\ \text{A}$$

查表 9-1，分路導線選 80 mm^2(電流容量 165 A＞157.5 A)

(2)NFB 設定：

查表 9-2，選用 225 AF、175 AT(因爲 150 AT＜157.5 A，無法配合，所以選用次高一級額定)。

9-4-2　電熱裝置之幹線

電熱裝置的幹線(供應二具以上電熱器)，其導線及過電流保護規定如下：

1. 導線安培容量應大於所接電熱裝置額定電流之總和。

   導線安培容量＞Σ電熱器額定電流

2. 幹線過電流保護器，其額定電流應小於該幹線之安培容量。

   過電流保護器最大標置　≦幹線安培容量

單相及三相低壓系統常用電熱分路裝置之選用，請參考表 9-13(a)及 9.13(b)。

表 9-13(a) 單相三線 220/110 V 電熱分路裝置之選用

容量 (kW)	滿載電流 (A)	分路最小線徑 (mm ϕ 或 mm^2)		開關容量 (A)	過電流保護器額定電流(A)	
		金屬管配線	PVC 管配線		熔絲	斷路器
3 以下	13.6	1.6 mm ϕ	1.6 mm ϕ	20	15	15
4	18.2	2.0 mm ϕ	2.0 mm ϕ	20	20	20
6	27.3	5.5 mm^2	8 mm^2	30	30	30
8	36.4	8 mm^2	14 mm^2	50	40	40
10	45.4	14 mm^2	14 mm^2	50	50	50
15	68.2	22 mm^2	30 mm^2	75	75	75
20	90.9	38 mm^2	50 mm^2	100	100	100
25	113.6	50 mm^2	60 mm^2	150	125	125
30	136.4	60 mm^2	80 mm^2	150	150	150
35	159.1	80 mm^2	100 mm^2	200	200	175
40	181.8	100 mm^2	125 mm^2	200	200	200
50	227.7	150 mm^2	200 mm^2	300	250	250

表 9-13(b) 三相三線式 220 V 電熱分路裝置之選用

容量 (kW)	滿載電流 (A)	分路最小線徑 (mm ϕ 或 mm^2)		開關容量 (A)	過電流保護器額定電流(A)	
		金屬管配線	PVC 管配線		熔絲	斷路器
5	12.2	1.6 mm ϕ	1.6 mm ϕ	20	15	15
7	18.4	2.0 mm ϕ	2.0 mm ϕ	20	20	20
10	26.3	5.5 mm^2	8 mm^2	30	30	30
14	36.8	8 mm^2	14 mm^2	50	40	40
17	44.7	14 mm^2	14 mm^2	50	50	50
25	65.7	22 mm^2	30 mm^2	75	75	75
30	78.9	30 mm^2	38 mm^2	100	100	100
35	92.1	38 mm^2	50 mm^2	100	100	100
40	105.3	50 mm^2	60 mm^2	150	125	125
50	131.5	60 mm^2	80 mm^2	150	150	150
60	157.8	80 mm^2	100 mm^2	200	200	175
70	184.2	100 mm^2	125 mm^2	200	200	200
85	223.6	150 mm^2	200 mm^2	300	250	225
105	276.3	200 mm^2	250 mm^2	300	300	300

9-4-3 電熱專用分路

原則：每一 12 A 以上電熱裝置，以專用分路為原則。

電熱器每具電流超過 12 A 者，除特殊情形外(屬於細節規定，不另贅述)，應施設專用分路。

以單相二線式 110 V 而言，12 A 的容量為：

$$P = \frac{110\times 12}{1000} = 1.32\ \text{kW}$$

以三相三線式 220 V 而言，12 A 的容量為：

$$P = \frac{\sqrt{3}\times 220\times 12}{1000} = 4.57\quad \text{kW}$$

所以，原則上電熱器，單相二線式 110 V，容量超過 1.32 kW；或三相三線式 220 V，容量超過 4.57 kW；應該設置專用分路。

9-4-4　其他電熱裝置

高週波電熱裝置，其分路設計，應符合 9-4-1 規則辦理。

工業用紅外線燈加熱裝置，其分路設計，應符合 9-4-1 規則辦理。

9-4-5　低壓電容器分路

電容器，是在連續滿載情況下運轉，其容許最大運轉電壓，為額定電壓的 110%，且其製造容量的容許誤差為 0%～＋15%，所以，在極端惡劣情形下，電容器的最大運轉容量，為額定容量 Q_R 的 139%，如公式 9-3 所示。

$$Q_{max} = 1.1^2\times(1+15\%)\times\ Q_R = 1.39\,Q_R \tag{9-3}$$

所以，用戶用電設備裝置規則特別規定：電容器分路的分段開關、過電流保護裝置及導線的容量，應不小於額定容量的 135%。

低壓電容器分路，其設置應符合下列規定，並以例題 9-9 做為示範：

1. 電容器之容量，以改善功率因數至 95%為原則。但單獨裝設於電動機操作器者，其容量以提高該電動機功因達到 100%為最大值。
2. 600 V 以下電容器，於電源切離後一分鐘內，其放電電阻應能將殘餘電荷降低至 50 V 以下。
3. 分段設備之連續負載容量，不得低於電容器額定電流之 135%。
4. 過電流保護器之額定值(或標置)，應以電容器額定電流之 135%為原則。
5. 電容器之配線，其安培容量應不低於電容器額定電流之 1.35 倍。

例題 9-9

有一三相 220 V、10 kVAR 電容器專用分路，試求(1) 分路導線，(2)NFB 設定。

解 (1)滿載電流：

$$I = \frac{10000}{\sqrt{3} \times 220} = 26.2\ \text{A}$$

因電容器分路導線容量，不得少於滿載電流之 1.35 倍，即 35 A。

查表 9-1，分路導線選 8 mm^2(電流容量 40 A＞35 A)

(2)NFB 設定：

因電容器過電流保護，以滿載電流之 1.35 倍爲原則，即 35 A。查表 9-2，選用 50 AF、40 AT(因爲 40 AT＜35 A)。

Chapter 10

電機機械的等效電路

電機機械懶人包

電機機械，是工業配電的先修課程，因為修習電機機械的難度頗高，常造成學習工業配電的障礙，所以，電機機械也算是學習工業配電的「任督二脈」。其實只需瞭解「五種電機」的基本原理和等效電路，應用於工業配電就已經綽綽有餘了。

工業配電是一門「應用」的課程，常用的五種電機有：同步發電機、同步電動機、變壓器、感應電動機和輸電線路。在工業配電的各種應用狀況，互相關連的電機要如何解析呢？答案是：「等效電路、等效電路、等效電路」；只要將相關電機的等效電路，連接成完整電路，加以分析，就可以獲得解答。

當你看到「同步發電機」這個名詞時，腦海中會出現什麼畫面呢？是「發電廠內圓柱狀巨大機器」，還是「定部三相線圈和轉部旋轉磁場」，亦或是「電壓源串聯電感和電阻的等效電路」呢？在工業配電的應用上，還有變壓器、感應電動機、輸電線路、同步電動機等電機，要如何處理呢？答案是：先確認各個電機所對應的「應用」狀況，再選擇其「適當」的等效電路。

在本書第二章 2-2 精確 vs.效率，曾經以變壓器為範例，介紹了應用於五種狀況不同精確度的等效電路，而工程師會依據實際「應用」狀況，選用「適當」的等效電路來解題。所以，等效電路，就是解決問題的主要幫手。

本章目的在搭建電機機械和工業配電的橋樑，協助讀者打通「任督二脈」，可說是「電機機械懶人包」。只討論與工業配電相關的五種電機，先簡介電機的構造，然後說明其基本原理，再演繹成等效電路。整個過程以示意圖、易懂的方式解說，盡量不使用數學公式，幫助讀者建立清楚的概念。當讀者瞭解電機的等效電路之後，在面臨工業配電的各種應用狀況時，只要選用適當的等效電路，問題就迎刃而解了。

讀者如果想進一步瞭解各種電機的特性，必需另行參考「電機機械」和「電力系統」的教科書。

10-1 三相交流電力系統

簡化的典型電力系統，是平衡的三相交流電力系統，如圖 10-1 所示。從發電機發出平衡三相電壓開始，經由變壓器將電壓升高後，使用高壓線路輸送電力，以提高輸電效率，然後再用變壓器將電壓降低，以滿足各式負載(電動機或電器等)的用電需求。

現代的發電機，幾乎都採用三相同步發電機；大型的升壓或降壓變壓器，其接線為三相Δ接或 Y 接；而輸電線路，大多採用三相四線制；末端的負載，最多的就是工廠的三相感應電動機。

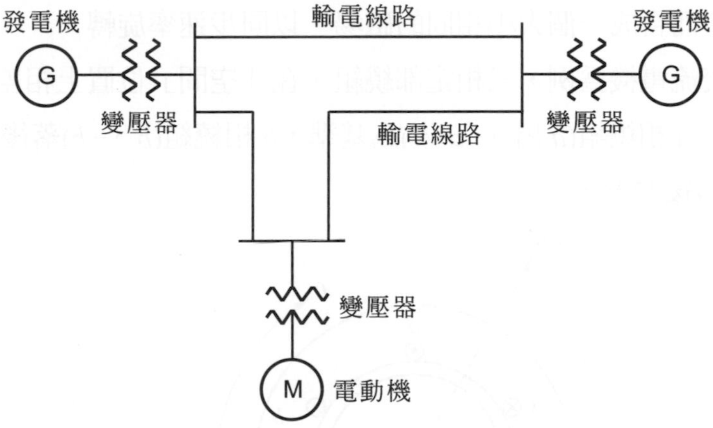

圖 10-1　典型的三相電力系統

10-1-1　同步速率

交流三相電力系統，是由為數眾多且分處各地的發電機，個別發電經過同步程序後並聯，再以變壓器及輸配電線路連結，供電給各式各樣的負載，形成一個龐大的系統，稱為電力網路，或稱電力池。

為了讓每部發電機都能依比例分擔電力系統的負載需求，發電機必須並聯運轉，整個電力系統必須採用相同的頻率，所以發電機和電動機都必須以同步速率運轉。

同步速率和頻率、極數有關，如公式 10-1：

$$n = \frac{120f}{p} \tag{10-1}$$

其中：n 是每分鐘轉速(rpm)，f 是頻率(Hz)， p 是極數

例如：$p = 2$ 極，頻率 $f = 60$ Hz，則同步速率 $n = 3600$ rpm。

10-1-2 三相交流旋轉磁場

三相交流旋轉磁場，是所有交流電機(含同步發電機、同步電動機和感應電動機)的理論基礎，相當重要。

三相旋轉磁場，就是在「空間」相差120°的三相繞組，通以「時間」相差120°的三相電流，而合成一個大小相同的磁場，以同步速率旋轉。

以三相交流電機爲例，三相定部繞組，在「空間」位置上相差120°，如圖10-2 所示。以 a 相繞組(a 出、$-a$ 入)爲基準，b 相繞組(b、$-b$)落後120°，c 相繞組(c、$-c$)再落後120°。

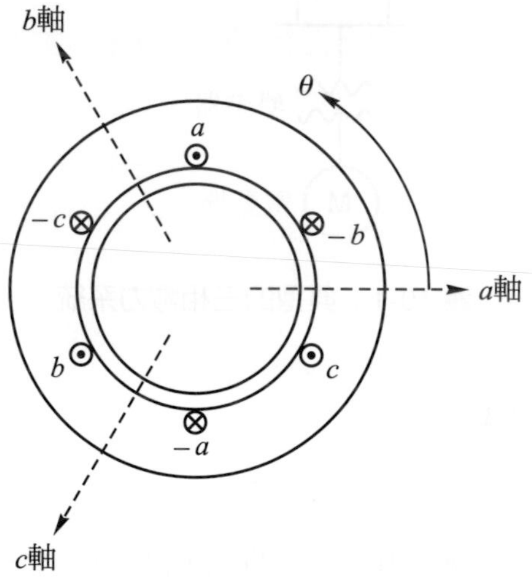

圖 10-2 空間相差120°的三相繞組

當繞組施加「時間」也相差120°的三相電流時，如圖 10-3 所示。在時間 1(基準 0º)，I_A 爲最大正值 I_m，而 I_B、I_C 都是$-1/2\ I_m$；在時間 2(落後 60º)，I_C 爲最大負值$-I_m$，而 I_A、I_B 都是$-1/2\ I_m$；在時間 3(落後120°)，I_B 爲最大正值 I_m，而 I_A、I_C 都是$-1/2\ I_m$。

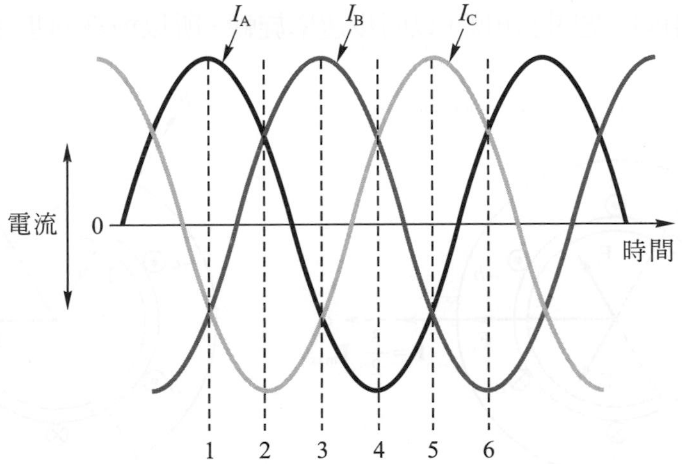

圖 10-3　時間相差120°的三相交流電流

當定部在空間上相差120°的三相 a、b、c 繞組，通以時間相差120°的電流，其合成的旋轉磁場，如圖 10-4 所示。

時間基準 0º (時間 1)，I_A 爲最大值 I_m，I_B、I_C 都是$-1/2\ I_m$，其合成磁場如圖 10-4(a)所示，a 相繞組產生最大磁場 $\mathbf{F}_{max}$，b 相和 c 相爲$-1/2\ \mathbf{F}_{max}$，三者合成磁場大小爲$(3/2)\mathbf{F}_{max}$，指向 a 軸(空間基準 0º)。

時間經過 60º(時間 2)，I_C 爲最大負值$-I_m$，I_A、I_B 都是$-1/2\ I_m$，其合成磁場如圖 10-4(b)所示，c 相繞組產生最大負磁場$-\mathbf{F}_{max}$，a 相和 b 相爲$-1/2\ \mathbf{F}_{max}$，三者合成磁場維持$(3/2)\mathbf{F}_{max}$，指向空間落後 a 軸 60º。

時間經過 120º(時間 3)，I_B 爲最大值 I_m，I_A、I_C 都是$-1/2\ I_m$，其合成磁場如圖 10-4(c)所示，b 相繞組產生最大磁場 $\mathbf{F}_{max}$，a 相和 c 相爲$-1/2\ \mathbf{F}_{max}$，三者合成磁場維持$(3/2)\mathbf{F}_{max}$，指向空間落後 a 軸 120º。

所以，有一個大小相同[$(3/2)\mathbf{F}_{max}$]的定部合成磁場，會依照三相電流「時間」角度，轉換成相同「空間」角度，以同步速率旋轉，所以稱爲同步速率旋轉磁場。

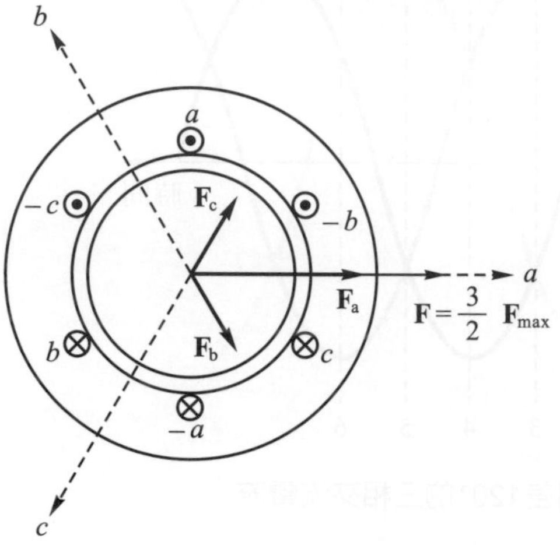

(a)

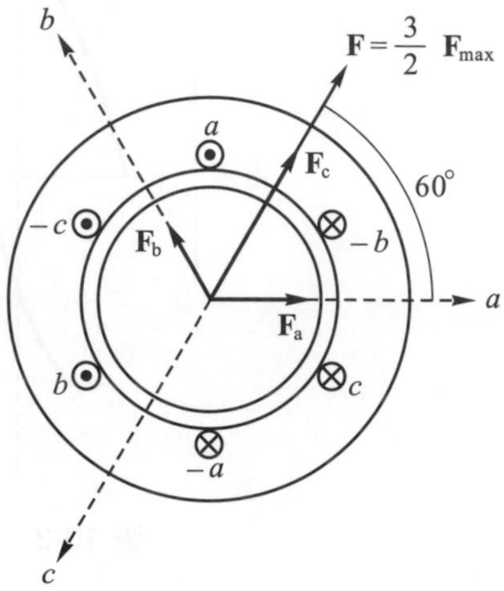

(b)

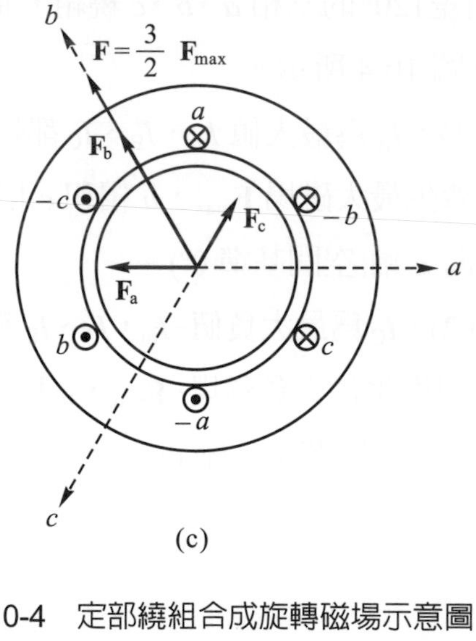

(c)

圖 10-4　定部繞組合成旋轉磁場示意圖

10-2 同步發電機

同步發電機，其定部是空間相距120°的三相繞組，轉部是直流激磁的磁極。發電時，用汽輪機、柴油引擎或水輪機為原動力，帶動轉部磁極到達同步速率，轉部磁極依序切割定部「空間」相距120°的 a、b、c 三相繞組，產生「時間」相差120°的三相交流電壓。三相同步發電機的原理及示意圖，如圖 10-5 所示。

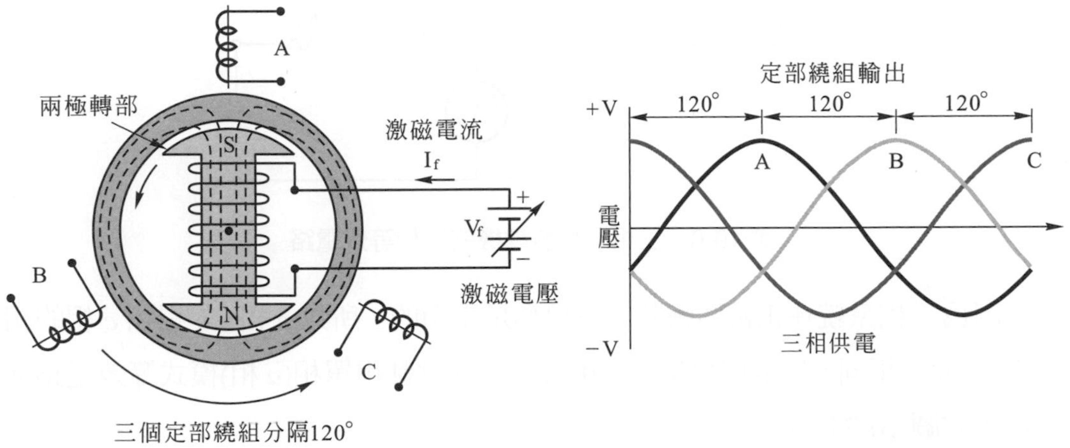

圖 10-5　同步發電機原理示意圖

10-2-1　正常運轉時等效電路

同步發電機正常運轉時，轉部直流激磁的等效電路，可用直流電壓 E_{dc} 串接可變電阻 R_{adj} 和磁場線圈的 R_f、L_f 代表，如圖 10-6 左側所示。當直流電壓 E_{dc} 固定時，調整轉部電阻 R_{adj}，就可以調整激磁電流 I_f，進而調整定部感應的交流電壓 E_a。

定部的交流等效電路，可以用交流電壓源 E_a 串接同步電抗 jX_s 和繞組電阻 R_a 來代表，如圖 10-6 右側所示。定部的交流電壓源 E_a，是由轉部直流激磁旋轉，切割定部繞組感應而成；同步機的繞組電阻是 R_a；同步機的電抗，有繞組電抗 X_L 和電樞反應電抗 X_{ar}，兩者合成為同步電抗 X_s。在工業配電應用上，只需考慮合併的同步電抗 X_s。

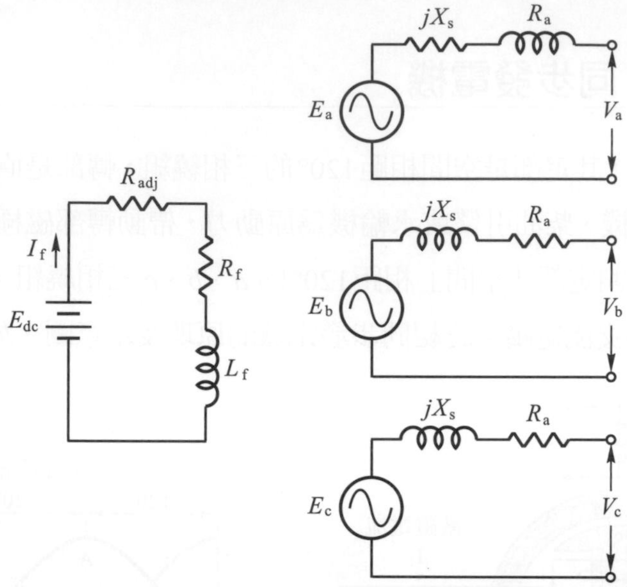

圖 10-6　三相同步發電機的三相等效電路

因爲三相系統在正常運轉時，三相都是平衡的，所以 a 相、b 相和 c 相的相電壓 E_a 大小相同，只是相角相差120° 而已，通常都用單相(a 相)模式等效電路來表示，如圖 10-7 所示。

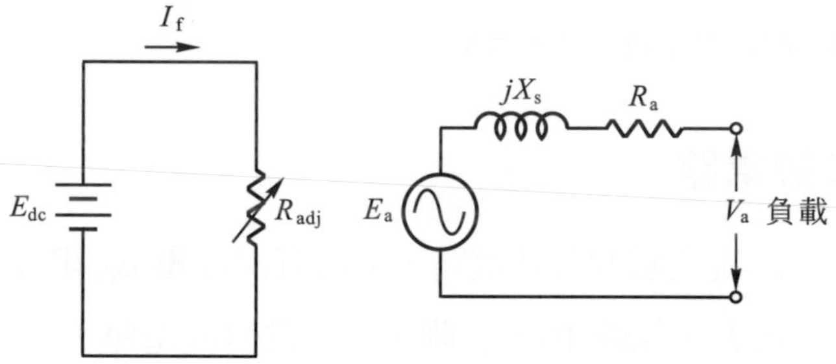

圖 10-7　三相同步發電機的單相模式等效電路

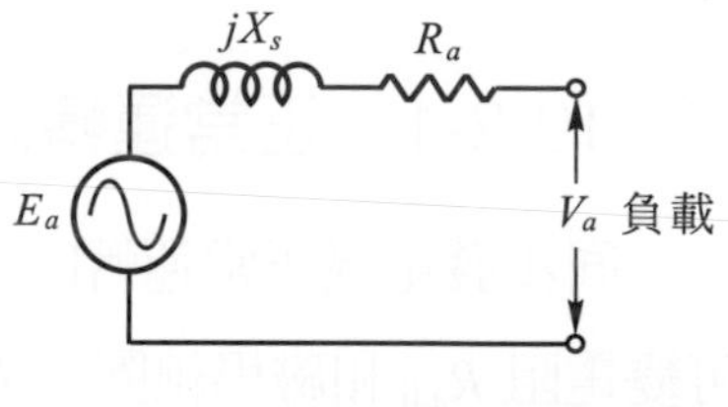

圖 10-8　三相同步發電機的單相交流等效電路(省略直流激磁部份)

此外，同步機在正常運轉時，其直流激磁都維持一定，所以直流激磁等效電路，可以省略之；在工業配電分析時，只使用定部交流等效電路，也就是電壓源 E_a 串接同步電抗 jX_s 和繞組電阻 R_a 來代表，如圖 10-8 所示。

10-2-2　短路時等效電路

工業配電的短路電流分析，必須考慮三種「應用」狀況：

1. 短路發生的「瞬時」電流：在短路 1/2 週波時，短路電流爲最大，所有電機都必須能承受此最大瞬時短路電流。
2. 「高壓」斷路器「啓斷」電流：短路發生後，在高壓端的保護電驛偵測到短路電流，然後啓動斷路器，斷路器切斷電路而產生電弧，待電弧冷卻後，才是眞正「斷路」，全程時間約需 5~8 週波，這才是高壓斷路器必須啓斷的電流。
3. 「低壓」斷路裝置「啓斷」電流：低壓電路大都使用熔絲或無熔絲斷路器做保護，短路時兩者的斷路時間都在 1~2 週波內，選用低壓斷路裝置時，必須能啓斷此電流。

同步發電機在交流端發生短路時，因直流激磁維持定值，轉部又有原動機繼續轉動(請參考第四章 4-3 短路電流的來源)，可以源源不絕的供應短路電流。

同步發電機在短路時，其三種應用等效電路及電流波形，如圖 10-9 所示：

1. 短路瞬時(1/2 週波)：短路電流爲最大；所以，用電壓源 E_g 串聯「次暫態電抗 X''_d」爲等效電路。
2. 高壓斷路器啓斷時(5～8 週波)：此時因發電機有原動機繼續轉動，仍能供應相當大的短路電流；所以，還是用電壓源 E_g 串聯「次暫態電抗 X''_d」爲等效電路。
3. 低壓斷路裝置啓斷時(1～2 週波)：此時短路電流非常大；所以，也用電壓源 E_g 串聯「次暫態電抗 X''_d」爲等效電路。

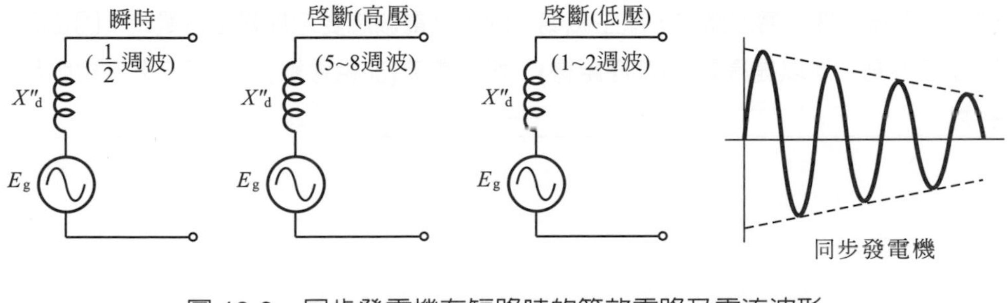

圖 10-9　同步發電機在短路時的等效電路及電流波形

直流發電機 vs.交流發電機

直流發電機的構造，是直流磁場在外圈的定部，感應線圈在內圈的轉部，轉部以原動機帶動而旋轉，使線圈切割定部磁場，而感應出交流電壓，必須經過換向(整流)，才能變成直流電。如圖 10-10 所示。

直流發電機無法發出大電力(電壓×電流)，因為線圈在轉部，想要增高電壓(加厚絕緣)會使轉部變為臃腫，而想要增大感應線圈的電流，又必須克服換向火花太大的困難。在工業配電應用上，不使用直流電機。

但是，直流電機有轉矩大、容易控制等優點，因此在電腦及通信等 3C 產品，都將交流電轉換為低壓直流，使用很多小型的直流電機。

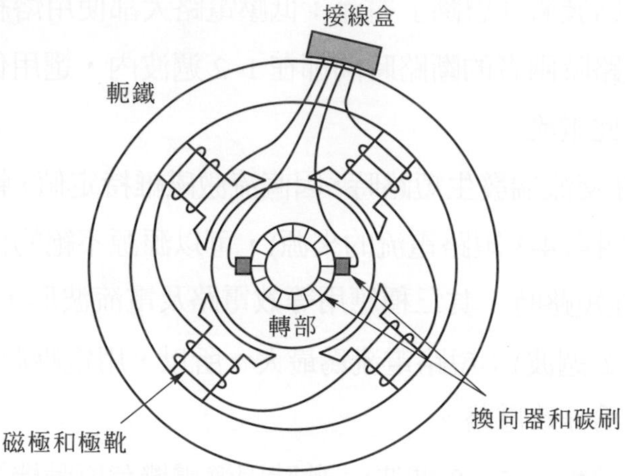

圖 10-10　直流發電機構造示意圖

相對而言，交流同步發電機的構造(請參考圖 10-5 的左圖)，和直流發電機相反，是線圈在外圈的定部，磁場在內圈的轉部，轉部磁場以原動機帶動而旋轉，切割定部線圈，而感應出交流電壓。

因為交流電機的磁場所需能量較小，小型機可以使用永久磁鐵；大型機則使用電刷滑環，將直流電導入轉部激磁，產生磁場。同步發電機想要增加輸出容量時，因為其定部是固定不動，所以提高電壓(加厚絕緣)，增大電流(加粗導線)，與直流電機相比都更為容易。

10-3 同步電動機

同步電動機的構造，與同步發電機「完全相同」。同步電動機的定部，也是空間相差120°的三相繞組，其轉部磁場也是由直流激磁，其構造示意如圖 10-5 的左圖。

但是，同步發電機和同步電動機，兩者的能量輸出入方向相反。同步發電機，由原動機輸入機械能，帶動轉部到達同步速率，切割定部繞組，感應三相電壓而輸出電能。至於同步電動機，是由三相電源接受電能，產生旋轉磁場，帶動轉部及負載，而輸出機械能。

值得注意的是，同步電動機無法自行啓動。因爲當定部三相繞組施加三相電流時，產生同步速率的旋轉磁場，同步速率很快(以 60 Hz 爲例，2 極爲 3600 rpm，4 極 1800 rpm)，靜止的轉部直流激磁，因爲機械慣性而無法跟上同步速率，必需以其他機械(如柴油引擎等)，將轉部帶動到接近同步速率後，再將外部機械脫離，轉部就會跟隨定部旋轉磁場，以同步速率轉動，故稱爲同步電動機。

10-3-1 正常運轉時等效電路

正常時，同步電動機的等效電路，如圖 10-11(同圖 7-8)。直流激磁(通常省略而未顯示)和同步發電機相同；交流等效電路，是電壓 E_m 串接電阻 R_m(通常省略之)和同步電抗 jX_m；圖中 V_t 是外加電壓，電流 I 由外加電壓流入同步電動機。

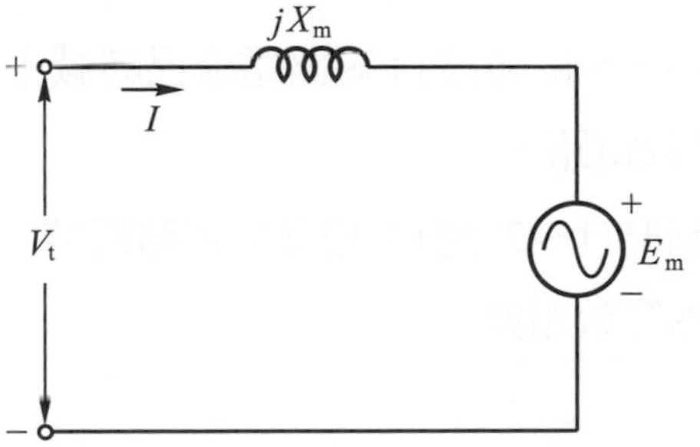

圖 10-11　同步電動機正常運轉時的等效電路

10-3-2 當同步電容器時等效電路

參考第七章 7-4 同步電動機做爲電容器，同步電動機在無機械負載且轉部過激磁時，可以單純輸出無效功率(VAr)，其功能類似靜電電容器，稱爲同步電容器，所以其等效電路可用電容器來代表之，如圖 10-12 所示。

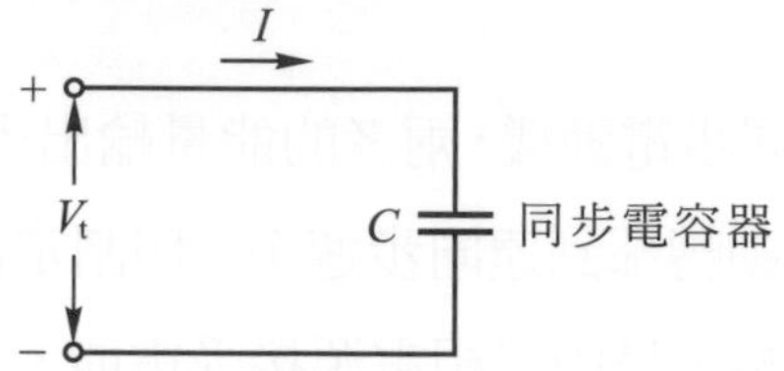

圖 10-12 同步電動機當電容器時的等效電路

10-3-3 短路時等效電路

同步電動機在短路發生瞬時，外加電源電壓急速下降，無法供應電能至同步電動機，但轉部及其機械負載因轉動慣量，仍然繼續轉動，外加的直流激磁短時間仍能維持定值，此時，同步電動機成爲定部三相繞組，轉部直流激磁靠慣性轉動，而轉變爲發電機作用，感應出電壓並供應短路電流。但是，短路電流隨著轉動慣量逐漸耗去而減低，最後在轉動慣量耗完不動時，其所能供應的短路電流變爲零。

同步電動機在短路時，其三種應用等效電路及電流波形，如圖 10-13 所示。

1. 短路瞬時(1/2 週波)：等於同步發電機，以電壓源 E_g 串聯「次暫態電抗 X_d''」爲等效電路。
2. 高壓斷路器啓斷時(5～8 週波)：短路電流已經減小，以電壓源 E_g 串聯「暫態電抗 X_d'」爲等效電路。
3. 低壓斷路裝置啟斷時(1～2 週)：相當於短路瞬時，以電壓源 E_g 串聯「次暫態電抗 X_d''」爲等效電路。

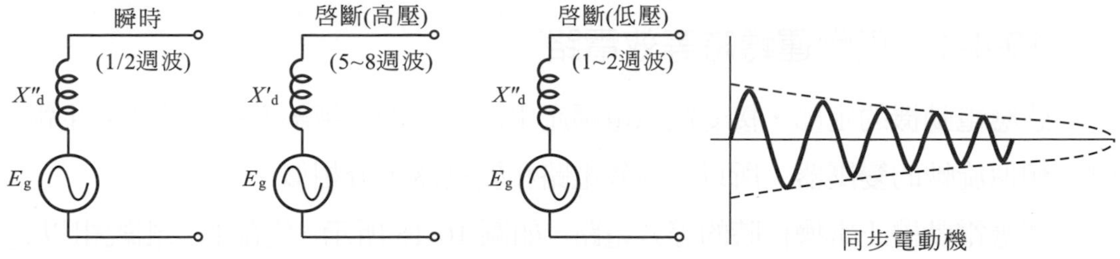

圖 10-13　同步電動機在短路時的等效電路及電流波形

10-4 感應電動機

感應電動機，其定部構造與同步機相同，但其轉部為鋁條並於兩端短路，如圖 10-14 所示。三相電源加於感應電動機定部三相繞組，產生與同步電動機相同的旋轉磁場，此磁場切割轉部導體，轉部感應出電動勢，因其兩端短路而產生電流及轉矩，而能帶動機械負載旋轉。

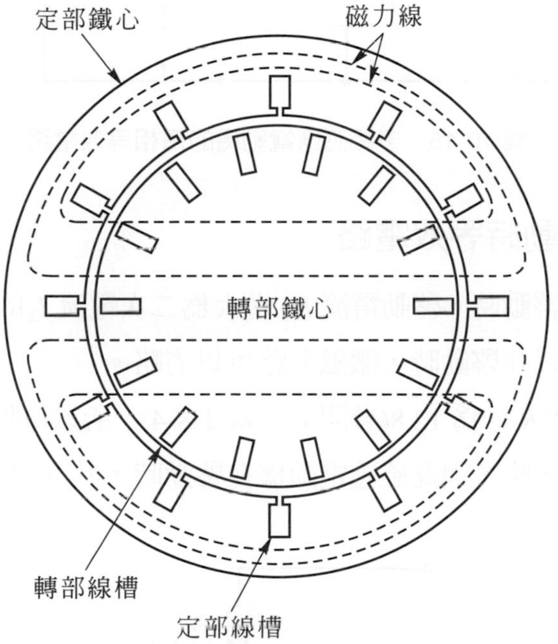

圖 10-14　三相兩極感應電動機構造

10-4-1 正常運轉時等效電路

感應電動機的定部，接受電源電壓產生旋轉磁場，轉部導線受感應產生電壓，類似旋轉的變壓器，所以其等效電路和變壓器十分相似。

感應電動機正常操作時的等效電路，如圖 10-15 所示。定部的三相繞組以 r_1 串接 x_1 代表，轉部則由 x_2 串接 r_2/s，s 是轉差率，激磁分路由並聯的 b_m、g_c 來代表。

因為電動機的轉部與定部之間有空氣隙，需要較大(與變壓器相比)的激磁電流，感應電動機激磁分路的激磁電流 I_ϕ，約達二次額定電流 I_2 的 10%，正常運轉時，不可省略。

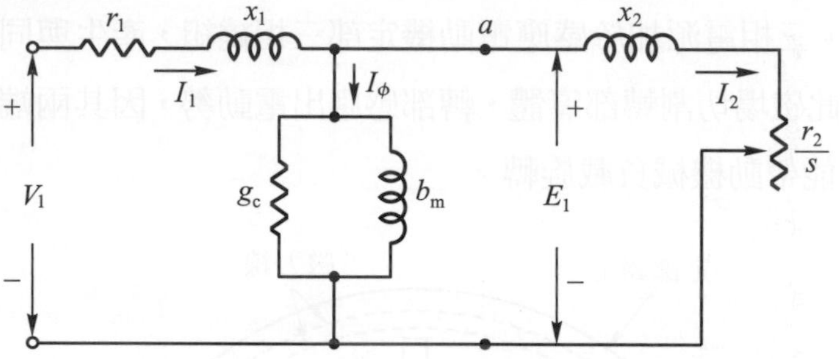

圖 10-15 多相感應電動機的每相等效電路

10-4-2 啓動時等效電路

感應電動機在啓動時，啓動電流 I_{ST} 增大為二次電流 I_2 的 500～700%，激磁電流相較甚小，所以在啓動時，激磁分路可以省略。

因為啓動時，X/R 約為 12.8(參閱第三章 3-8-4)，所以電阻可以忽略不計，再加上激磁分路也可省略，因此感應電動機在啓動時，其等效電路可簡化為一電抗，如圖 10-16 所示

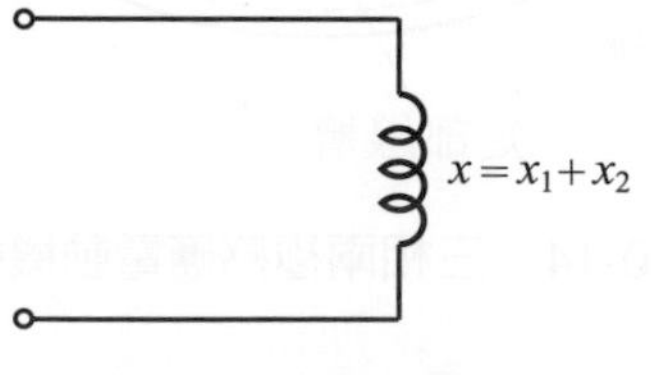

圖 10-16 感應電動機啓動時的單相等效電路

10-4-3　短路時等效電路

系統發生短路時，感應電動機的外加電壓急速下降，無法供應電能給感應電動機，但感應機的轉部及機械負載仍具有轉動慣量，使轉部繼續轉動。轉部磁通原由感應而生，尚不致瞬時消失，所以定部仍能感應電壓供應短路電流，但因感應電動機感應磁通消失迅速，所以定部感應電勢及供應的短路電流，也在 3 週波後幾乎變零。

感應電動機在短路時，其三種應用之等效電路及電流波形，如圖 10-17 所示。

1. 短路瞬時(1/2 週波)：等於同步發電機，以電壓源 E_g 串聯「次暫態電抗 X''_d」為等效電路。
2. 高壓啓斷時(5～8 週波)：短路電流幾乎降為零，以電壓源 E_g 串接「開路」為等效電路。
3. 低壓系統啓斷時(1～2 週)；相當於短路瞬時，以電壓源 E_g 串聯「次暫態電抗 X''_d」為等效電路。

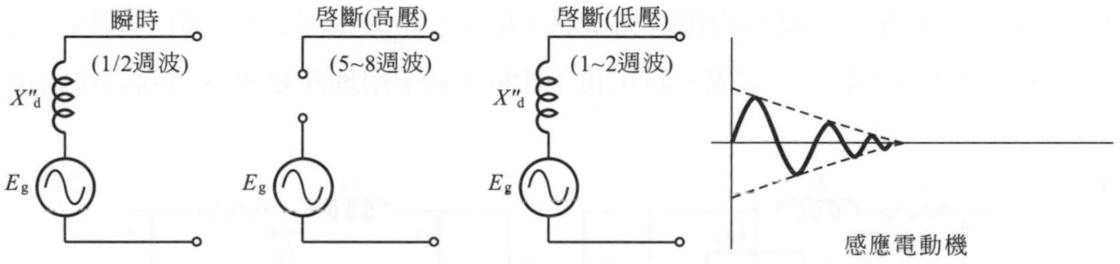

圖 10-17　感應電動機在短路時的等效電路及電流波形

10-5　變壓器

變壓器的原理，是將能量以電磁感應方式，從一次電路感應到二次電路。如圖 10-18 所示，一次側施加電壓 V_P 於繞組，一次電流 I_P 產生互磁通 ϕ_M，經由鐵心感應到二次側繞組感應電壓 V_S，二次側接上負載後，二次電流 I_S 會產生反對 ϕ_M 的磁通，完成電磁感應能量變換。ϕ_{LP} 是一次漏磁通，ϕ_{LS} 是二次漏磁通。

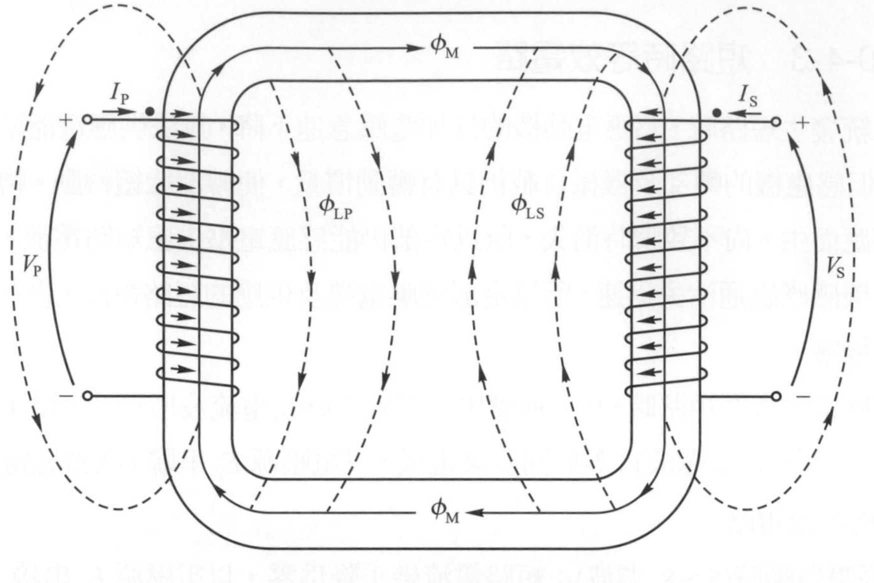

圖 10-18 變壓器原理示意圖

10-5-1 正常運轉時等效電路

變壓器正常運轉時，其等效電路如圖 10-19 所示。r_1、x_1 是一次繞組的電阻和電感，r_2、x_2 是二次繞組的電阻和電感，b_m、g_c 是激磁漏抗和漏阻。因爲一次及二次電壓不同，兩端的電流及阻抗也不相同，必須用理想變壓器將兩端電路加以連結。

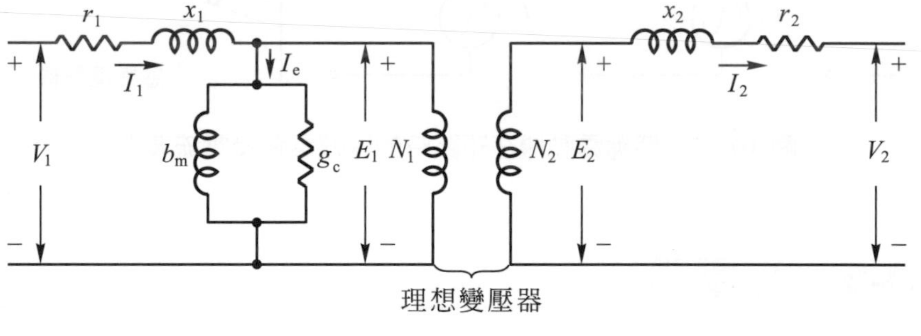

圖 10-19 變壓器的等效電路

如果將二次繞組的所有電壓、電流及阻抗(以公式 2-3，2-4，2-5)轉換到一次側，則變壓器的等效電路如圖 10-20 所示，兩端電路合而爲一，成爲串並聯電路，計算將大爲簡化。

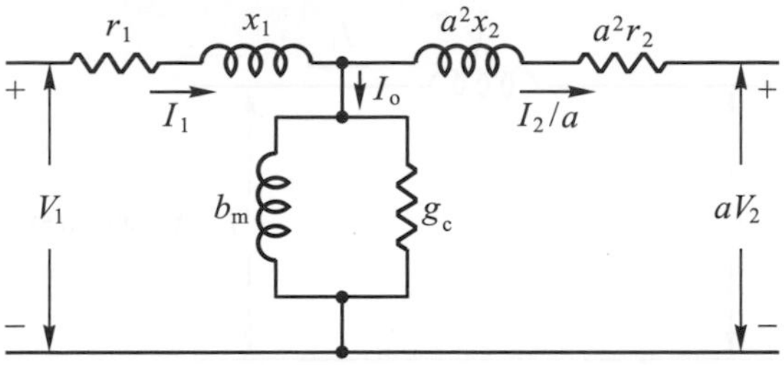

圖 10-20 附激磁電流分路的變壓器等效電路($a=N_1/N_2$)

10-5-2 電壓調整時等效電路

在計算電壓降及電壓調整率時，交流電路必須使用複數計算，並聯的激磁分路使計算十分困難。因爲變壓器的激磁分路之電流，只佔二次負載電流的 0.5～3%，故常將其省略，而變成如圖 10-21 的簡單串聯電路，其中 $R_1=r_1+a^2r_2$，$X_1=x_1+a^2x_2$。

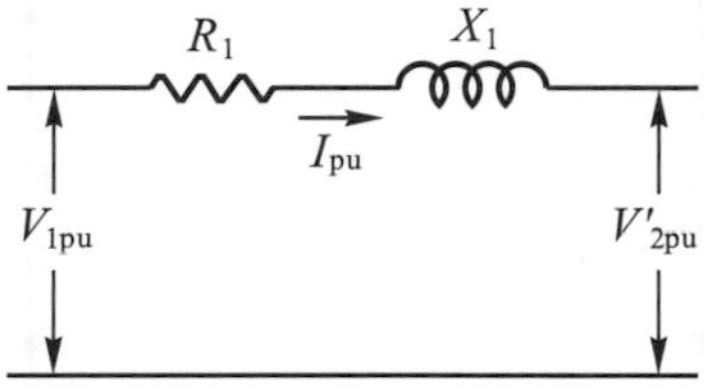

圖 10-21 省略激磁電流的變壓器等效電路

10-5-3 短路時等效電路

變壓器，其電抗 X 與電阻 R 的比值，通常都大於 4。

如果 $X/R=4$，則

$$|Z|=\sqrt{R^2+X^2}=\sqrt{1^2+4^2}=4.123$$

總阻抗 Z 與 X 的誤差只有約 3%，實用上 R 可以忽略，則變壓器的等效電路變成如圖 10-22，只是一個電抗 X 而已。這個等效電路常在計算短路電流時使用。

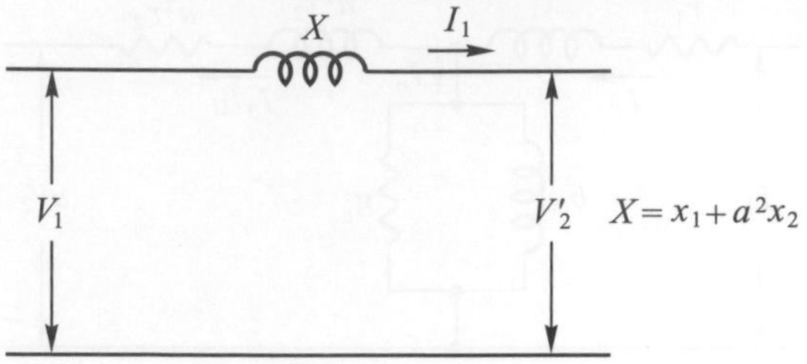

圖 10-22　忽略電阻 R 的變壓器等效電路

10-5-4　電力潮流時等效電路

在電力潮流計算時，因爲變壓器的效率約爲 98~99.5%，接近 100%，其損失可予省略，所以一次側的 VA 數等於二次側的 VA 數，因此變壓器的等效電路可以畫成圖 10-23，變成一條無阻抗的電線。

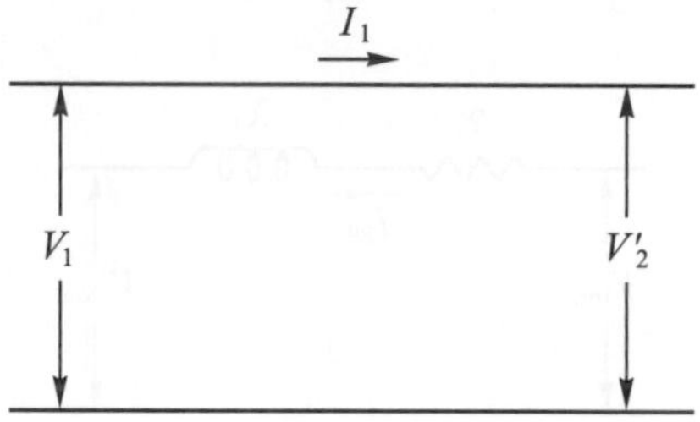

圖 10-23　省略損失的變壓器等效電路

10-6 輸電線路

輸電線路，是用來將發電機的電能，傳送到變電所或高壓負載，如圖 10-24 所示。高壓輸電鐵塔高達數十米，鐵塔頂端是架空地線，做爲犧牲打，用以保護下端的火線電路，避免雷擊波直接擊中傳輸電力的火線線路。

請注意三相火線線路的配置方式。鐵塔右側從上到下，依序是 A 相、B 相和 C 相的三相線路；鐵塔左側從上到下，依序是 c 相、b 相和 a 相的三相線路；在鐵塔終端 A 和 a 相並接成 A 相，同理 B 和 b 並接成 B 相，C 和 c 並接成 C 相。三相線路如此互相交錯的配置，主要是希望三相線路的串聯電阻 R、電感 L 和並聯電容 C、電導 G 等參數能盡量保持平衡。

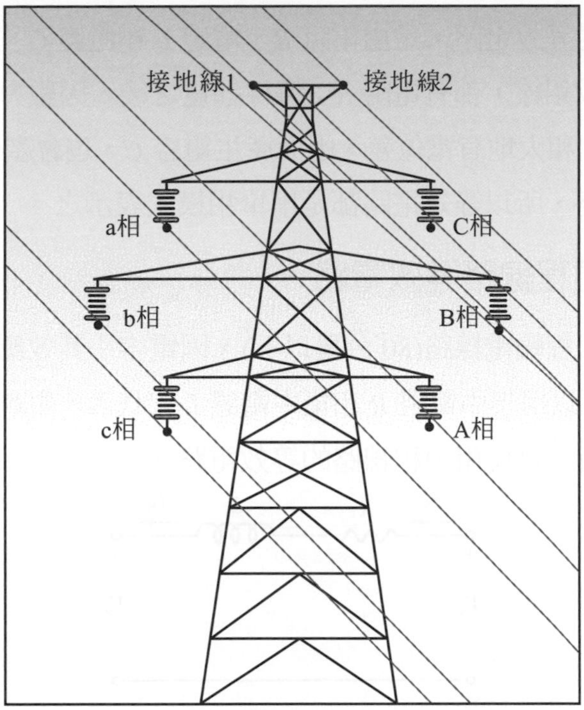

圖 10-24　高壓輸電鐵塔與線路

配電線路，是將高壓電經過變壓器降壓，再分配到中壓或低壓用戶，如圖 10-25 所示。木桿頂端也是架空地線，用以保護下端的火線，木桿上是三相配電線路。

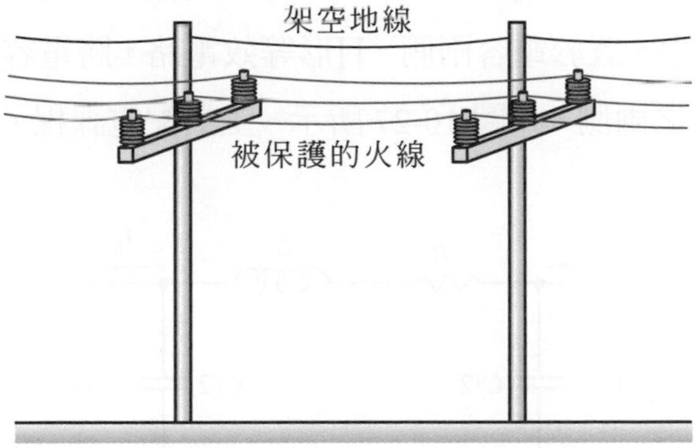

圖 10-25　低壓三相配電線路

高壓輸電線路，為降低導線重量、減少電暈損失等，主要由全鋁線、鋼芯鋁線所構成。低壓配電線路，為減少發熱、降低電阻和電壓降，則以銅線居多。

輸配電線路的等效電路，是由電阻 R、電感 L 和電容 C、電導 G 所組成。因為，無論是銅或鋁線，都有電阻 R；導線通電之後，因磁力線而產生電感 L；導線加電壓之後，和大地有電位差，因而產生電容 C，也會產生漏電電導 G。因為是三相平衡線路，所以等效電路都是用單相模式表示之。

10-6-1 短程線路等效電路

配電線路和短程輸電線路(80 公里以下)，因電容小其效應不明顯，可以忽略。其等效電路可以用集中電阻 R 和集中電感 L 來代表，如圖 10-26 所示。工業配電計算電壓降時，是使用短程線路的等效電路。

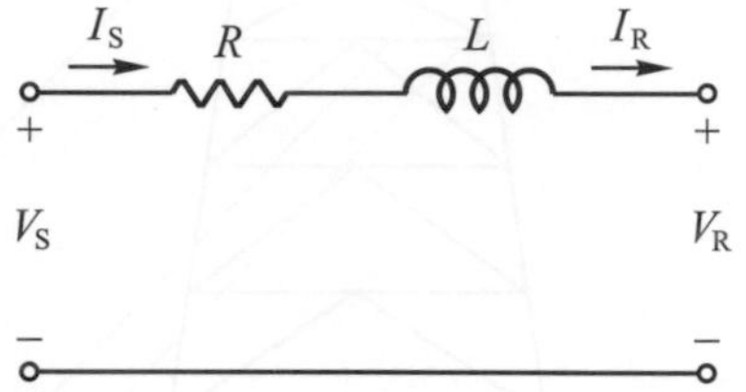

圖 10-26 配電和短程輸電線路的等效電路

10-6-2 中程線路等效電路

中程輸電線路(80~240 公里)，電容效應不容忽視，可以用集中電容的方式代表之，其等效電路有 T 形和Π形兩種。T 形等效電路，將電容集中於線路中央，電阻和電感分成一半，置於電容兩側。Π形等效電路，將電容分為一半(C/2)，置於電阻 R 和電感 L 之兩側，如圖 10-27 所示。工業配電課程，幾乎沒有使用中程線路等效電路。

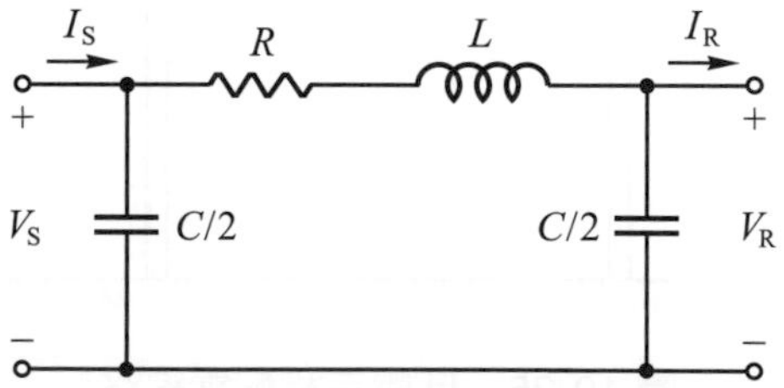

圖 10-27 中程輸電線路的Π形等效電路

10-6-3　長程線路等效電路

長程輸電線路(240 公里以上)，其電容效應更強，要用分佈電容和電導的方式來處理，其等效電路如圖 10-28 所示。工業配電在考慮雷擊波和絕緣協調時，必須應用長程線路的等效電路。

圖 10-28 的等效電路，是顯示線路的一小段 Δz，由串聯的電阻 $R\Delta z$ 和電感 $L\Delta z$，以及並聯的電容 $C\Delta z$ 和電導 $G\Delta z$ 所組成。發電機端的電壓爲 $v(z,t)$，電流爲 $i(z,t)$，負載端的電壓爲 $v(z+\Delta z,t)$，電流爲 $i(z+\Delta z,t)$。

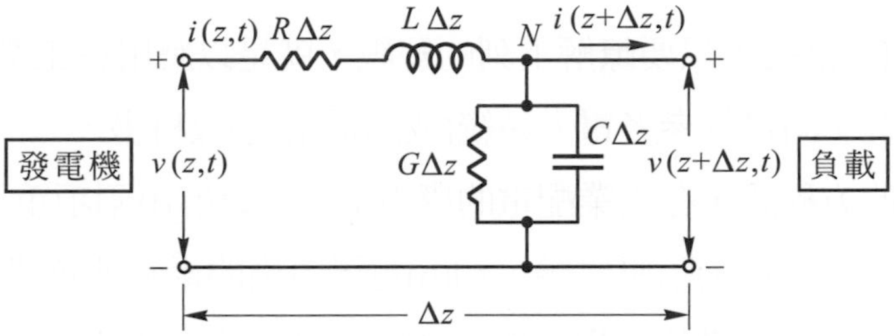

圖 10-28　長程輸電線路的等效電路

長程線路的電壓 V 和電流 I，兩者都是長度 z 和時間 t 的函數，其方程式如下：

$$\frac{d^2V(z)}{dz^2}=\gamma^2V(z) \tag{10-2}$$

$$\frac{d^2I(z)}{dz^2}=\gamma^2I(z) \tag{10-3}$$

$$\gamma=\sqrt{(R+j\omega L)(G+j\omega C)} \tag{10-4}$$

其中 V：電壓相量，I：電流相量，ω：角速度，γ：傳播常數

線路方程式的解：

$$V(z)=V^{+}(z)+V^{-}(z)=V_0^{+}e^{-\gamma z}+V_0^{-}e^{\gamma z} \tag{10-5}$$

$$I(z)=I^{+}(z)+I^{-}(z)=I_0^{+}e^{-\gamma z}+I_0^{-}e^{\gamma z} \tag{10-6}$$

其中：

$V^{+}(z)$ 是入射電壓，$V^{-}(z)$ 是反射電壓

$I^{+}(z)$ 是入射電流，$I^{-}(z)$ 是反射電流

上述長程線路的方程式十分艱深，其導出和解答都超出本書的範圍，但是讀者「不懂也沒有關係」，只要瞭解下列的解說，就足以應用在工業配電了。讀者如想進一步研究，請自行參考電力系統(或通信系統)教科書。

長程線路的方程式，在工業配電的應用上，可以導出兩項重要結論：(a)電機設備的商用頻率(60 Hz)耐壓試驗，和(b)電機設備的雷擊波絕緣耐壓協調。

首先說明(a)電機設備的商用頻率(60 Hz)耐壓試驗。依據長程線路的進行波方程式，參考圖 10-29 的進行波示意圖，入射電壓 $V^{+}(z)$ 為 V_i，反射電壓 $V^{-}(z)$ 為 V_r，入射電流 $I^{+}(z)$ 為 i_i，反射電流 $I^{-}(z)$ 為 i_r。

如圖 10-29 所示，白空格是電壓波形，斜線格是電流波形。

1. 當商用頻率(60 Hz)電源電壓施加在輸電線路，開始時，入射電壓 V_i 和入射電流 i_i 都為正值，如圖(a)所示。
2. 當入射電壓與電流抵達線路終端時，如果線路終端為開路($Z=\infty$)，反射波 V_r 與入射電壓 V_i 同相，大小也相同，則入射波和反射波互相重疊，產生兩倍於入射電壓的總電壓 V_T，也就是 $V_T=2V_i$，如圖(c)所示；因為線路終端為開路，所以入射電流 i_i 和反射電流 i_r 互相抵銷，合成為零。
3. 經過終端反射後，反射電壓 V_i 仍維持正值，但反射電流 i_r 則變為負值，如圖(e)所示。

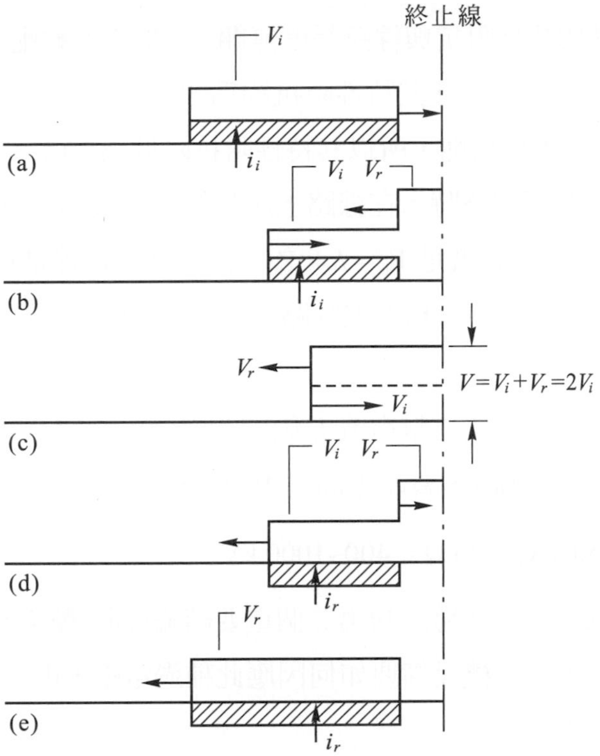

圖 10-29　進行波電壓和電流的入射與反射狀況

這個結論十分重要，當商用頻率(60 Hz)電源電壓施加在輸電線路時，終端經常處於「開路」狀態，而終端最高總電壓是入射電壓的兩倍。所以，<u>所有電機的商用頻率耐壓試驗，必須能夠承受兩倍的額定電壓</u>。詳情請參閱第六章 6-7 耐壓試驗的解說。

其次說明(b)電機設備的雷擊波絕緣耐壓協調。長程線路的特性阻抗 Z_C，是線路單位阻抗 Z 與單位導納 Y 比值的平方根值。

$$Z_C=\frac{V^+(z)}{I^+(z)}=-\frac{V^-(z)}{I^-(z)}=\sqrt{\frac{Z}{Y}}=\sqrt{\frac{(R+j\omega L)}{(G+j\omega C)}} \tag{10-7}$$

線路的特性阻抗，如果省略電阻 R 和電導 G：

$$Z_C=\sqrt{\frac{(R+j\omega L)}{(G+j\omega C)}}\approx\sqrt{\frac{L}{C}} \tag{10-8}$$

請注意，線路的特性阻抗與線路長度無關。一般架空輸配電線路，以架空火線的電感 L 和電容 C 來計算，其特性阻抗約爲 400 Ω。至於架空地線，因爲在每一根電桿(鐵塔)處都予以接地，所以其特性阻抗降低爲 20 Ω。

當雷擊波襲擊長程線路時，在線路上產生的過電壓 V_L，是雷擊電流 I_L 和線路特性阻抗 Z_C 的乘積，也就是 $V_L = I_L \times Z_C$。因爲架空地線是在鐵塔頂端，做爲犧牲打，用以保護其下端的三相火線線路，所以，雷擊幾乎都是打在鐵塔頂端的架空地線。

根據統計，最常發生的雷擊電流 I_L 範圍約爲 20~50 kA。所以，雷擊波直接擊中架空地線(Z_C = 20 Ω)時，會產生高達 1000 kV 的過電壓 V_L：

$$V_L = (20\text{~}50\ \text{kA}) \times 20\ \Omega = 400\text{~}1000\ \text{kV}$$

這是以長程線路方程式導出的第二個重要結論。而雷擊架空地線仍會產生高達 1000 kV 的過電壓，電機設備要如何因應此種過電壓，則請參閱本書第六章 6-4 絕緣協調的解說。

附錄

附錄 A MVA 法---簡易短路電流計算法

A-1 前 言

MVA 法是美國貝泰公司(BECHTEL INC.)公司 Mr. Moon H. Yuen 君所著「Short Circuit ABC」摘錄而成，用簡易的 MVA 法計算短路電流，此方法將每一電機元件直接求其短路容量 MVA，然後以串並聯運算即可求得解答，因為不需做電壓轉換，對初學者而言迅速有效，特予介紹如下：

A-2 什麼是短路 MVA

在無限母線上，接上任一電機元件(發電機、變壓器、線路、電動機……等)，然後將之短路，所得的短路容量即為此元件的 MVA_{sc}。如圖 A-1 所示。

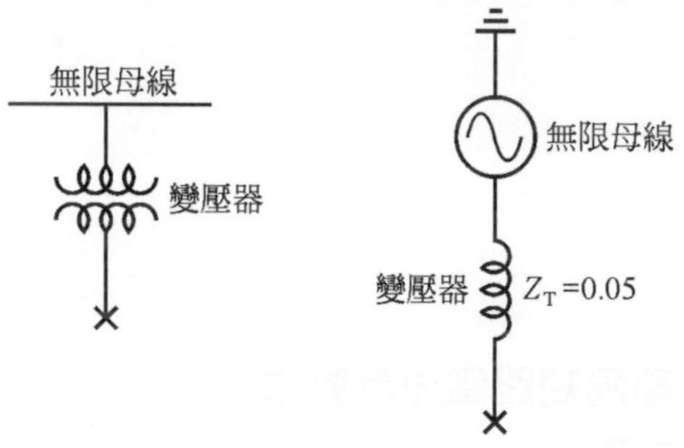

圖 A-1 變壓器的短路容量

1. 已知元件的額定電壓及阻抗(Ω)時(通常為線路)

$$MVA_{sc}=\frac{(kV)^2}{Z}=(kV)^2\cdot Y \tag{A-1}$$

2. 已知元件的額定容量及阻抗(pu)時(適用於發電機、變壓器、電動機)

$$MVA_{sc}=\frac{MVA_r}{Z_{pu}} \tag{A-2}$$

其中 Y　　：元件的導納(S)

Z　　：元件的阻抗(Ω)

Z_{pu}　　：元件的阻抗(pu)

MVA_r　：元件的額定容量(MVA)

kV　　：電路的線間電壓(kV)

MVA_{sc}　：元件的短路容量(MVA)

例題 A-1

如圖 A-1，一變壓器額定爲 69/11.4 kV，10,000 kVA，阻抗 5.0%，求此變壓器的短路容量。

解 用(A-2)式

$$MVA_{sc} = \frac{10}{0.05} = 200\ MVA$$

例題 A-2

如圖 A-1 中，如將變壓器更換爲 13.8 kV，0.01 Ω 的線路，求此線路短路容量。

解 用(A-1)式

$$MVA_{sc} = \frac{13.8^2}{0.01} = 19000\ MVA$$

A-3 MVA 的串並聯

由公式(A-1)，$MVA_{sc} = (kV)^2 \cdot Y$，通常電壓大都爲定值。因爲 MVA_{sc} 與 Y 成正比，所以 MVA 的串並聯與導納 Y 的串並聯原則相同：

$$\text{串聯 } MVA_{1,2} = \frac{MVA_1 \times MVA_2}{MVA_1 + MVA_2} \qquad (A-3)$$

$$\text{並聯 } MVA_{1+2} = MVA_1 + MVA_2 \qquad (A-4)$$

A-4 Δ-Y 轉換

MVA 法的Δ-Y 轉換，與導納 Y 的方式相同如圖 A-2 所示。

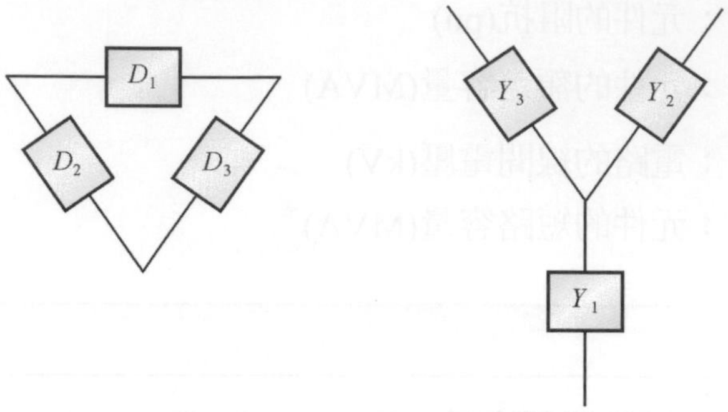

圖 A-2 MVA 法Δ-Y 轉換

$$Y_1 = S/D_1$$
$$Y_2 = S/D_2$$
$$Y_3 = S/D_3$$
$$S = D_1 \times D_2 + D_2 \times D_3 + D_3 \times D_1 \quad \text{(A-5)}$$

$$D_1 = Y_2\,Y_3/(Y_1 + Y_2 + Y_3)$$
$$D_2 = Y_3\,Y_1/(Y_1 + Y_2 + Y_3)$$
$$D_3 = Y_1\,Y_2/(Y_1 + Y_2 + Y_3) \quad \text{(A-6)}$$

其中 Y_1 －Y 接中第一相的 MVA_{sc}

D_1-Δ接中第一相的 MVA_{sc}

A-5 MVA 法計算短路電流的步驟

用 MVA 法求短路電流步驟如下：

1. 繪製系統單線圖，並標示故障點。
2. 求所有元件的 MVA_{sc}，並繪製 MVA 圖。
3. 對故障點做 MVA 串並聯運算，求出此點的 MVA_{sc}。
3. 求短路電流 I_{sc}。

$$I_{sc} = \frac{MVA_{sc}}{\sqrt{3} \times kV_r}$$

例題 A-3

某電力系統圖 A-3 所示，求 F 點發生三相短路時，故障電流。

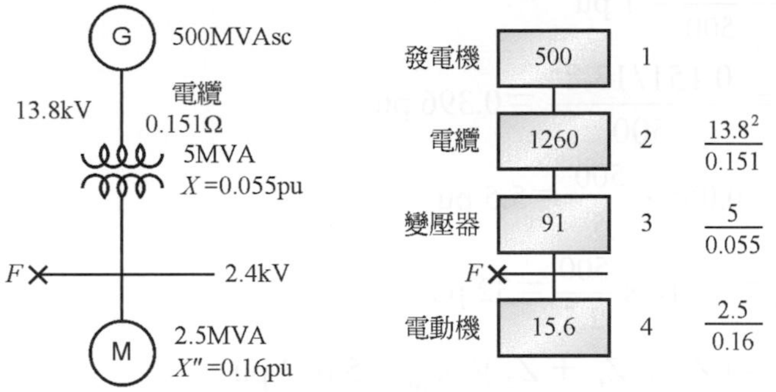

圖 A-3

解 1. MVA 法

各元件的 MVA_{sc} 為：

系　統＝500 MVA

$$電\quad纜 = \frac{13.8^2}{0.151} = 1260\ \text{MVA}$$

$$變壓器 = \frac{5}{0.055} = 91\ \text{MVA}$$

$$電動機 = \frac{2.5}{0.16} = 15.6\ \text{MVA}$$

$$MVA_{1,2} = \frac{500\times1260}{500+1260} = 358$$

$$MVA_{1,3} = \frac{358\times91}{358+91} = 72.6$$

$$MVA_{1+4} = 72.6+15.6 = 88.2$$

$$I_{sy} = \frac{88.2}{\sqrt{3}\times2.4} = 21.2\ \text{kA}$$

說明：為應電腦計算的方便，本文採用下列標示法。

$MVA_{1,2}$ 為 MVA_1 與 MVA_2 串聯，其結果存入 MVA_1。

$MVA_{1,3}$ 為上述 $MVA_{1,2}$ 的結果與 MVA_3 串聯其結果仍存入 MVA_1

MVA_{1+4} 為 $MVA_{1,3}$ 與 MVA_4 並聯，其結果存入 MVA_1

2. pu 法

各元件的 pu 值，以 500 MVA 為基準容量：

$$Z_S = \frac{500}{500} = 1\ \text{pu}$$

$$Z_C = \frac{0.151/13.8^2}{500} = 0.396\ \text{pu}$$

$$Z_T = 0.055 \times \frac{500}{5} = 5.5\ \text{pu}$$

$$Z''_M = 0.16 \times \frac{500}{2.5} = 32\ \text{pu}$$

$$Z_{th} = (Z_S + Z_C + Z_T) // Z''_M = 5.673\ \text{pu}$$

$$I_{sy} = \frac{1.0}{5.673} \times \frac{500}{\sqrt{3} \times 2.4} = 21.2\ \text{kA}$$

例題 A-3 以 MVA 法及 pu 法所得的短路電流均相同，足以證明其實用性。

例題 A-4

有一放射狀配電系統如圖 A-4 所示，省略馬達倒灌電流，試求在 F_1，F_2 及 F_3 發生三相短路時，斷路器的對稱啓斷電流值？

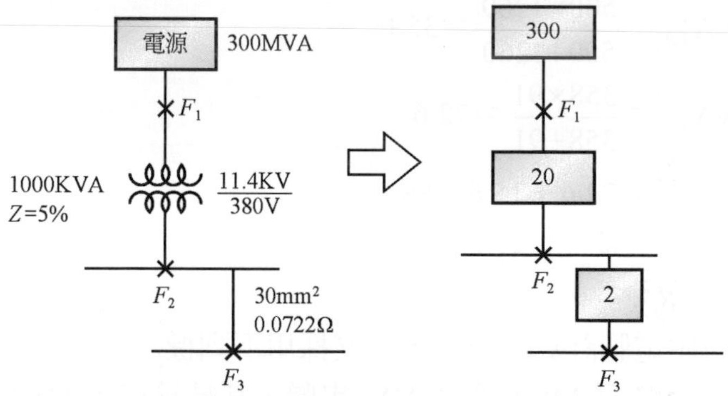

圖 A-4

解 a. 首先計算各元件的短路容量

電　源：300 MVA

變壓器：$MVA_{sc} = \frac{MVA_r}{Z_{pu}} = \frac{1}{0.05} = 20\ \text{MVA}$

線　路：$MVA_{sc}=\dfrac{(kV)^2}{Z}=\dfrac{0.38^2}{0.0722}=2$ MVA

b.　計算各故障點短路電流

(1)　在 F_1(11.4 kV 斷路器)

$$I_{sc}=\frac{300}{\sqrt{3}\times 11.4}=15.2\text{ kA}$$

(2)　在 F_2 (380 V，主配電盤各 NFB 啓斷電流)

$$MVA_{sc}=\frac{300\times 20}{300+20}=18.75\text{ MVA}$$

$$I_{sc}=\frac{18.75}{\sqrt{3}\times 0.38}=28.5\text{ kA(對稱)}$$

(3)　在 F_3(380 V，分配電盤各 NFB 啓斷電流)

$$MVA_{sc}=\frac{18.75\times 2}{18.75+2}=1.81\text{ MVA}$$

$$I_{sc}=\frac{1.81}{\sqrt{3}\times 0.38}=2.7\text{ kA(對稱)}$$

A-6　MVA 圖計算實例

如圖 A-5 所示一大型電力系統，求 F_1、F_2 及 F_3 故障時的短路電流。

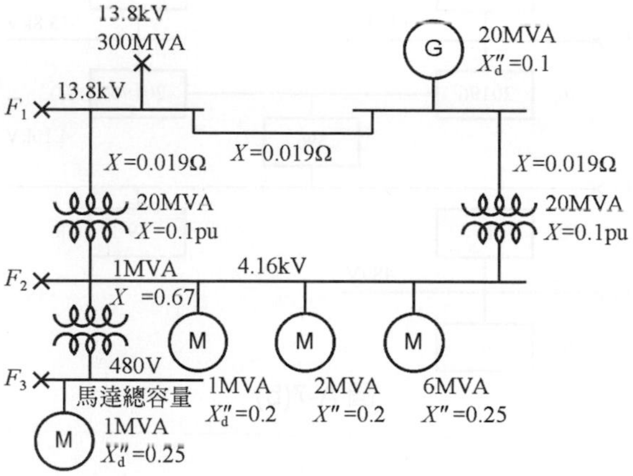

圖 A-5

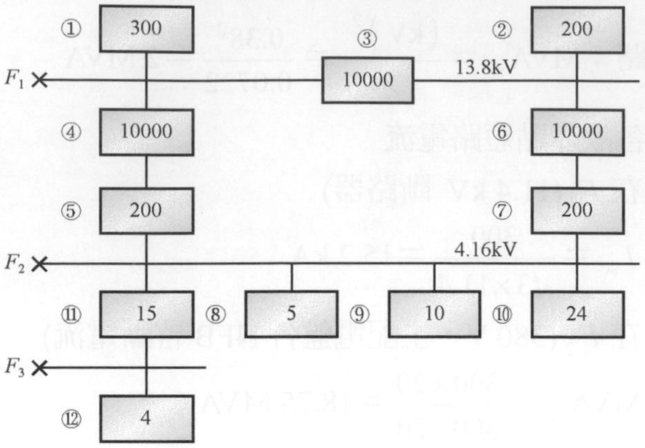

圖 A-6

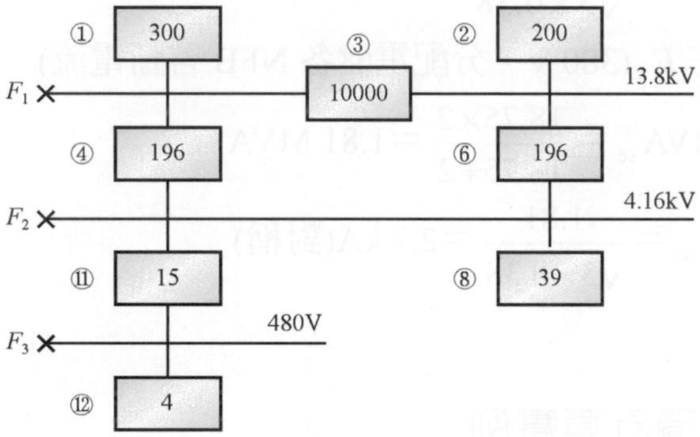

圖 A-7(a)

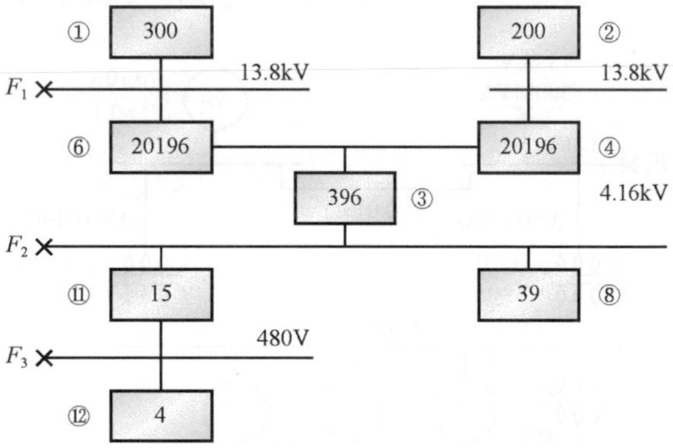

圖 A-7(b)

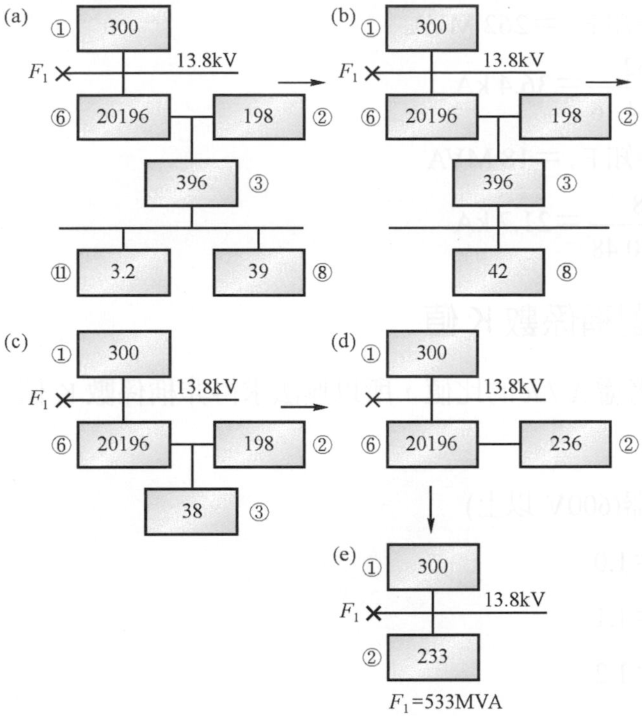

圖 A-8

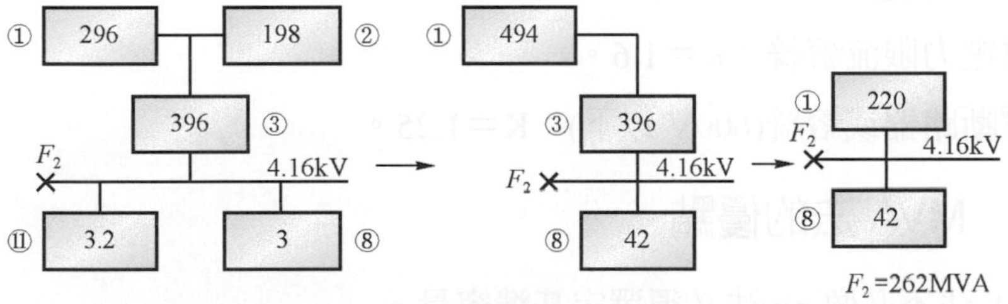

圖 A-9

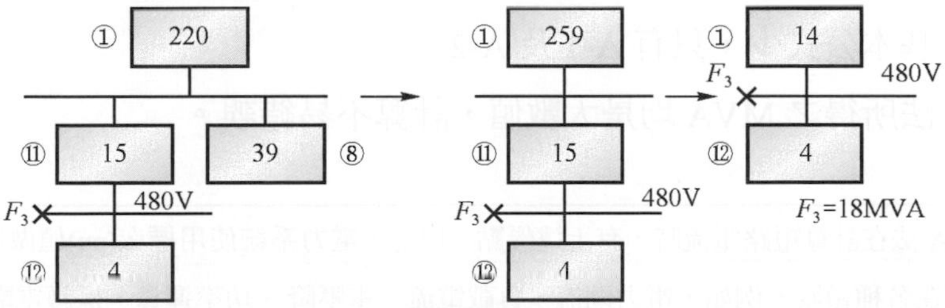

圖 A-10

如圖 A-8 得知 F_1＝533 MVA

$$I_{sy1}=\frac{533}{\sqrt{3}\times 13.8}=22.3\ \text{kA}$$

如圖 A-9 得知 F_2 ＝262 MVA

$$I_{sy2}=\frac{262}{\sqrt{3}\times 4.16}=36.4\text{ kA}$$

如圖 A-9 得知 F_3 ＝18 MVA

$$I_{sy3}=\frac{18}{\sqrt{3}\times 0.48}=21.7\text{ kA}$$

A-7　非對稱係數 K 值

MVA 法未考慮 X/R 的比值，所以無法求得非稱係數 K 值。通常以下列情形選用 K 值：

1. 電力斷路器(600V 以上)

   8 週波 K＝1.0

   5 週波 K＝1.1

   3 週波 K＝1.2

   2 週波 K＝1.4

   匯流排容量大於 500 MVA 者，上列 K 值再加 0.1。
2. 高壓電力限流熔絲：K＝1.6。
3. 低壓斷路器或熔絲(600V 以下)：K＝1.25。

A-8　MVA 法的優點

1. MVA 法不必像 pu 法必須選定基準容量。
2. MVA 法也不必像歐姆法，對不同電壓階層間阻抗要加以轉換。
3. MVA 基本公式少，只有 A-1 及 A-2。
4. MVA 法所得之 MVA 均是大數值，計算不易錯誤。

註：雖然 MVA 法在計算短路電流時，有上述優點。但是，電力系統使用標么(pu)值做為分析工具，可以應用在各種領域，例如，電力潮流、負載電流、電壓降、功率運算、保護電驛等，已經有一套縝密的邏輯。作者強烈建議讀者應以熟悉標么值系統為主，MVA 法僅做參考用。

附錄 B　高壓電力電價

以民國 102 年修訂為例

1. 適用範圍：

    (1) 非生產性質用電場所之電燈、小型器具及動力，契約容量在 100 瓩以上者。

    (2) 生產性質用電場所之動力及附帶電燈，契約容量在 100 瓩以上者。

2. 供電方式：

    (1) 以交流 60 赫，三相三線式 3,300 伏特、11,400 伏特、22,800 伏等高壓供電，或以三相三線式 69,000 伏特、161,000 伏特特高壓供電。

    (2) 契約容量與供電方式之適用範圍，參照本公司營業規則第三章第一節第十七條之規定。

    (3) 非生產性質用電場所概以單一方式供電，不得同時再有電燈或電力用電。

3. 契約容量之決定：

    參照第十九章之規定。

4. 電價：

    (1) 二段時間電價：

單位：元

<table>
<tr><th colspan="4" rowspan="2">分　　類</th><th colspan="2">高壓供電</th><th colspan="2">特高壓供電</th></tr>
<tr><th>夏　月
(6 月 1 日至
9 月 30 日)</th><th>非夏月
(夏月以
外時間)</th><th>夏　月
(6 月 1 日至
9 月 30 日)</th><th>非夏月
(夏月以
外時間)</th></tr>
<tr><td rowspan="4">基本電費
(每瓩每月)</td><td colspan="3">經常契約</td><td>223.60</td><td>166.90</td><td>217.30</td><td>160.60</td></tr>
<tr><td colspan="3">非夏月契約</td><td>－</td><td>166.90</td><td>－</td><td>160.60</td></tr>
<tr><td colspan="3">週六半尖峰契約</td><td>44.70</td><td>33.30</td><td>43.40</td><td>32.10</td></tr>
<tr><td colspan="3">離峰契約</td><td>44.70</td><td>33.30</td><td>43.40</td><td>32.10</td></tr>
<tr><td rowspan="5">流動電費
(每　　度)</td><td rowspan="2">週一
至
週五</td><td>尖峰時間</td><td>07:30～22:30</td><td>3.53</td><td>3.42</td><td>3.47</td><td>3.36</td></tr>
<tr><td>離峰時間</td><td>00:00～07:30
22:30～24:00</td><td>1.73</td><td>1.63</td><td>1.68</td><td>1.58</td></tr>
<tr><td rowspan="2">週六</td><td>半尖峰時間</td><td>07:30～22:30</td><td>2.48</td><td>2.39</td><td>2.34</td><td>2.23</td></tr>
<tr><td>離峰時間</td><td>00:00～07:30
22:30～24:00</td><td>1.73</td><td>1.63</td><td>1.68</td><td>1.58</td></tr>
<tr><td>週日及
離峰日</td><td>離峰時間</td><td>全日</td><td>1.73</td><td>1.63</td><td>1.68</td><td>1.58</td></tr>
</table>

(2) 三段式時間電價：

(尖峰時間固定之時間電價與尖峰時間可變動時間電價)

單位：元

分類					高壓供電 夏月 (6月1日至9月30日)	高壓供電 非夏月 (夏月以外時間)	特高壓供電 夏月 (6月1日至9月30日)	特高壓供電 非夏月 (夏月以外時間)
基本電費 (每瓩每月)	經常契約				223.60	166.90	217.30	160.60
基本電費 (每瓩每月)	非夏月契約				166.90	166.90	160.60	160.60
基本電費 (每瓩每月)	週六半尖峰契約				44.70	33.30	43.40	32.10
基本電費 (每瓩每月)	離峰契約				44.70	33.30	43.40	32.10
流動電費 (尖峰時間固定) (每度)	週一至週五	尖峰時間	夏月	10:00～12:00 13:00～17:00	4.64	—	4.59	—
流動電費 (尖峰時間固定) (每度)	週一至週五	半尖峰時間	夏月	07:30～10:00 12:00～13:00 17:00～22:30	3.05	—	3.01	—
流動電費 (尖峰時間固定) (每度)	週一至週五	半尖峰時間	非夏月	07:30～22:30	—	2.97	—	2.93
流動電費 (尖峰時間固定) (每度)	週一至週五	離峰時間		07:30～10:00 07:30～10:00	1.61	1.53	1.56	1.48
流動電費 (尖峰時間固定) (每度)	週六	半尖峰時間		07:30～10:00	2.14	2.05	2.01	1.92
流動電費 (尖峰時間固定) (每度)	週六	離峰時間		00:00～07:30 22:30～24:00	1.61	1.53	1.56	1.48
流動電費 (尖峰時間固定) (每度)	週日及離峰日	離峰時間		全日	1.61	1.53	1.56	1.48
流動電費 (尖峰時間可變動) (每度)	週一至週五	尖峰時間	夏月 (指定30天)	10:00～12:00 13:00～17:00	7.66	—	7.59	—
流動電費 (尖峰時間可變動) (每度)	週一至週五	半尖峰時間	夏月 (指定30天)	07:30～10:00 12:00～13:00 17:00～22:30	3.05	—	3.01	—
流動電費 (尖峰時間可變動) (每度)	週一至週五	半尖峰時間	夏月 (指定以外日期)	07:30～22:30	3.05	—	3.01	—
流動電費 (尖峰時間可變動) (每度)	週一至週五	半尖峰時間	非夏月	07:30～22:30	—	2.97	—	2.93
流動電費 (尖峰時間可變動) (每度)	週一至週五	離峰時間		00:00～07:30 22:30～24:00	1.61	1.53	1.56	1.48
流動電費 (尖峰時間可變動) (每度)	週六	半尖峰時間		07:30～22:30	2.14	2.05	2.01	1.92
流動電費 (尖峰時間可變動) (每度)	週六	離峰時間		00:00～07:30 22:30～24:00	1.61	1.53	1.56	1.48
流動電費 (尖峰時間可變動) (每度)	週日及離峰日	離峰時間		全日	1.61	1.53	1.56	1.48

註：①週六半尖峰時間如需另訂契約時，其基本電費按離峰契約基本電費計收。
②離峰日：如下表所列日期。

中華民國開國紀念日	1月1日
春節	農曆除夕～1月5日
和平紀念日	2月28日
民族掃墓節	4月4日或4月5日
勞動節	5月1日
端午節	農曆5月5日
中秋節	農曆8月15日
國慶日	10月10日

③尖峰時間可變動時間電價之指定時間：為夏月(6月1日～9月30日)經本公司指定日期之上午10時至12時止，下午1時至5時止，視系統實際需要，於前一日下午四時前通知用戶，全年尖峰時間計33日，198小時。

(3) 供電容量之限制：

視本公司電力系負載情形而定，如非夏月、半尖峰或離峰時間可供容量用罄時，本公司得隨時停止受理非夏月、半尖峰或離峰電力之申請。

5. 電費之計算：

(1) 每月電費為基本電費與流動電費之總和。

① 二段式時間電價：

基本電費按契約容量(經常契約容量、非夏月契約容量及離峰契約容量超出前兩者之和0.5倍部分)計算；流動電費依尖峰時間、週六半尖峰時間與離峰時間實用電度分別計算。但用戶僅在週六半尖峰時間或離峰時間用電者，基本電費按離峰契約容量計算，流動電費按週六半尖峰時間與離峰時間實用電度計算。

按契容量計算之基本電費照下式計算：

夏　月：

基本電費＝夏月經常契約電價×經常契容量＋夏月離峰契電價×〔離峰契約容量－(經常契約

容量＋非夏月契約容量)×0.5〕；惟後項計得之值爲負時，則按零計算。

非夏月：

基本電費＝非夏月經常契約電價×經常契約容量＋非夏月契約電價×非夏月契約容量＋非夏月離峰契約電價×〔離峰契約容量－(經常契約容量＋非夏月契約容量)×0.5〕；惟最後一項計得之值爲負時，則按零計算。

② 三段式時間電價：

基本電費按契約容量(經常契約容量、半尖峰契約容量及離峰契約容量超出前兩者之和 0.5 倍部分)計算；流動電費依尖峰時間、半尖峰時間、週六半尖峰時間與離峰時間實用電度分別計算。但用戶僅在週六半尖峰時間或離峰時間用電者，基本電費按離峰契約容量計算，流動電費按週六半尖峰時間與離峰時間實用電度計算。

按契約容量計算之基本電費照下式計算：

當月經常契約電價×經常契約容量＋當月半尖峰契約電價×半尖峰契約容量＋當月離峰契約電價×〔離峰契約容量－(經常契約容量＋半尖峰契約容量)×0.5〕；惟最後一項計得之值爲負時，則按零計算。

(2) 用戶當月份未用電者(抄見度數與最高需量均爲零)，基本電費按核定電價五折計算。

(3) 公用自來水用電按適用電價七折，電化鐵路變電站用電按適用電價九．五折計收。

(4) 農業動力用電基本電費按「農業動力用電範圍及標準」之規定計收。

(5) 儲冷式空調系統其冷凍機及所需附帶用電器具容量，離峰時間用電流動電費按適用電價之離峰時間單價七．五折計收。

(6) 中央及箱型空調系統週期性暫停用電依「中央空氣調節系統及箱型空氣調節機週期性暫停用電辦法」之規定計收。

(7) 自備 161,000 伏等變電所受電者,其基本電費按特高壓供電雷價給予 2%折扣。

(8) 以常閉路或回路以上經常供電具備用性質者，其用電電費除按本條上述各款計算外，另按契約容量依第十五章第三條第(一)款第 1 目基本電費計收方式加計基本電費。

(9) 用戶遲延繳付電費，依本公司營業規則第五十七條規定加計遲延繳付費用，併於下次電費中收取。

(10)如因本公司營業規則第三十八條第一項各款停止供電或限制用電時，按同規則第三十九條相關規定扣減電費。

6. 功率因數：

用戶每月用電之平均功率因數不及百分之八十時，每低百分之一，該月份電費應增加千分之三；超過百分之八十時，每超過百分之一，該月份電費應減少千分之一・五。

7. 超約用電：

(1) 當月用電最高需量超出契約容量時，其超出部分按下式計算：

① 二段式時間電價：

❶ 夏月尖峰時間超約瓩數＝當月尖峰時間用電最高需量－經常契約容量。

❷ 非夏月尖峰時間超約瓩數＝當月尖峰時間用電最高需量－(經常契約容量＋非夏月契約容量)。

❸ 週六半尖峰、離峰時間超約瓩數＝當月週六半尖峰時間或離峰時間用電最高需量－(經常契約容量＋非夏月契約容量＋離峰契約容量)。

❹ 各時間之超約用電，其超出部分不重複計算，即週六半尖峰、離峰時間超出瓩數應扣除尖時間出瓩數。

② 三段式時間電價：

❶ 尖峰時間超約瓩數＝當月尖峰時間用電最高需量－經常契約容量。

❷ 半尖峰時間超約瓩數＝當月半尖峰時間用電最高需量－(經常契容量＋半尖峰契約容量)。

❸ 週六半尖峰、離峰時間超約瓩數＝當月週六半尖峰時間或離峰時間用電最高需量－(經常契約容量＋半尖峰契約容量＋離峰契約容量)。

❹ 各時間之超約用電，其超出部分不重複計算，即半尖峰時間超出瓩數應扣除尖

峰時間出瓩數；週六半尖峰、離峰時間超出瓩數應扣除尖峰與半尖峰時間超出瓩數之較大者計算。

(2) 當月用電最高需量超出其契約容量時，超出部分依各該不同供電季節、不同供電時間之適用電價，按下列標準計收基本電，並概不給予功率因數及基本電費等電費折扣。

① 在契約容量10%以下部分，按二倍計收基本電費。

② 超過契約容量10%部分，按三倍計收基本電費。

8. 附帶電燈：

生產性質用電場所範圍內各用電場所(如門市部、宿舍、食堂、福利社及廣告燈等)之電燈及小型器具得併入電力用電內供應。

9. 其他：

(1) 用戶當月應繳總金額爲電費總金額與營業稅之總和。營業稅依營業稅法規定按電費總金額之百分之五計算。

附錄 C 計算題參考答案

第 1 章

3. (a)工廠所需負載 214 kVA

   (b)每月用電度數 81,994 度

4. 分變壓器 A 容量應大於 90.75 kVA

   分變壓器 B 容量應大於 76.6 kVA

   主變壓器容量應大於 139.5 kVA

5. 變壓器容量應大於 6916～9688 kVA

   每用用電度數約爲 2987712～4185216 度

6. 該工廠需量因數爲 27.8%

7. 全廠最大負載爲 137.6 kW

   平均負載爲 88.37 kW

   綜合負載因數爲 64.2%

   每日用電量爲 2121 度

8. (1)電燈變壓器 105 kW

   馬達變壓器 194 kW

   主饋線 260 kW

   (2)全月用電度數 186,192 度

第 2 章

2. (a) $R_{1pu} = 0.01588$ pu

   $X_{1pu} = 0.02174$ pu

   (b) $R_{2pu} = 0.01588$ pu

   $X_{2pu} = 0.02174$ pu

4. $Z(\Omega)=1.0648\,\Omega$
5. (a)從高壓側看 $38.4+j\,192\,\Omega$

   (b)從低壓側看 $0.03456+j\,0.1728\,\Omega$
6. 相電流 I_ϕ＝線電流 $I_L=83.1\angle-53.1°$ A

   有效功率 P＝20,717 W

   無效功率 Q＝27,622 VAR

   視在功率 S＝34,528 VA

   功率因數 PF＝0.8 落後
7. $X''_G=0.15$ pu，$X_{T1}=0.0667$ pu

   $X_L=0.0193$ pu，$X_{T2}=0.1$ pu

   $X''_M=0.1716$ pu

第 3 章

7. 電壓降是 4.64%
8. (a)在 3.45 kV 側是 30.6%

   (b)在 69 kV 側是 0.29%
9. 總電壓降是 1.86%
11. 啓動壓降是 9.1%

第 4 章

6. (a)220 V 側 56,691 A

   (b)11.4 kV 側 15,194 A
7. 故障電流 7848 A
8. F_1：15,692 A；F_2：31,840 A；F_3：1165 A
9. (a)17,930 A　(b)28,471 A
10. Y 接 760 A

    Δ接 1312 A

第 5 章

5. 9000 A
7. #1 選用 F50K-50AT

   #2 選用 F100G-100AT

   #3 選用 F50E-50AT

   #4 選用 F100F-100AT
8. (a)ANSI 點

   I_{ANSI} ＝23,858 A

   t_{ANSI} ＝3.3 秒

   (b)突入電流

   I_{MAG} ＝6296 A

   t_{MAG} ＝0.1 秒
10. 動作時間爲 0.6 秒

第 6 章

無

第 7 章

8. 應增加電容器 493 kVAR
   實際供應 600 kVAR，三個 200 kVAR Δ 接
9. 應裝電容器 252 kVAR
10. 應裝設電容器 36.5 kVAR
11. 應裝設電容器 390 kVAR

第 8 章

9. 平均照度 184 lx

附錄 D　參考文獻

參考文獻(中文部份)

1. 阮齊宏、白玉良、馮輝正，最新工業配電學，中國電機技術出版社。
2. 薛小生、黃郁東，工業配電，大中國圖書公司。
3. 施振纓，工業配電，全華圖書公司。
4. 譚旦旭、曾國雄，工業配電，高立圖書公司。
5. 劉祥輝，最新配電設計手冊，立三出版社。
6. 洪貞信，最新屋內線路裝置規則條文解說，大中國圖書公司。
7. 台灣電力公司，電驛說明書。
8. 中國電器公司，東亞照明技術型錄。
9. 林文仁，照明設計，第四版，旭光。
10. 工研院，光度量標準與量測技術研習會講義。
11. 黃郁東，電器保護與安全，全華科技圖書公司。
12. 林義讓、林清樺，電機設備保護，全華科技圖書公司。
13. 經濟部，用戶用電設備裝置規則。

參考文獻(英文部份)

1. *IEEE Recommended Practice for Electric Power Distribution for Industrial Plants*, IEEE Std. 141-1986.
2. *IEEE Recommended Practice for Protection and Coordination of Industrial and Commercial Power Systems*, IEEE Std. 242-1986.
3. *IEEE Recommended Practice for Electric Power Systems in Commercial Buildings*, IEEE Std. 241-1983.
4. General Electic, *Industrial Power Systems Data Book*, 1955.
5. IES, *IES Lighting Handbook*, 1981.
6. *Distribution-System Protection Manual*, McGraw Edison Company.
7. IEEE Standard Techniques for High Voltage Testing, IEEE Std 4-1978.

8. Gallagher, T.J., Peaain A.J., *High Voltage Measurement, Testing and Design,* Wiley, 1983.

9. Gross C.A., *Power System Analysis*, John Wiley & Sons, New York, 1979.

10. Sterenon, Jr. W. D., *Elements of Power System Analysis*, 4th Ed., McGraw-Hill, New York, 1982.

11. Elgerd, O.I., *Electric Energy System Theory :An Introduction*, 2nd Ed., McGraw-Hill, New York, 1982.

12. EPRI, *Electricity : Today's Technologies, Tomorrow's Alternatives*, 1987.

附錄 E 索引 INDEX

十　劃

十一劃

十二劃

十三劃

十四劃

十五劃

十六劃

十七劃

二十三劃

國家圖書館出版品預行編目資料

工業配電 / 羅欽煌編著. -- 七版. -- 新北市：
全華圖書股份有限公司 2023.08
面 ； 公分
ISBN 978-626-328-638-2(平裝)
1.CST: 電力配送
448.3 112013067

工業配電

作者 / 羅欽煌
發行人 / 陳本源
執行編輯 / 劉暐承
出版者 / 全華圖書股份有限公司
郵政帳號 / 0100836-1 號
印刷者 / 宏懋打字印刷股份有限公司
圖書編號 / 0314206
七版一刷 / 2023 年 09 月
定價 / 新台幣 520 元
ISBN / 978-626-328-638-2 (平裝)
全華圖書 / www.chwa.com.tw
全華網路書店 Open Tech / www.opentech.com.tw
若您對書籍內容、排版印刷有任何問題，歡迎來信指導 book@chwa.com.tw

臺北總公司(北區營業處)
地址：23671 新北市土城區忠義路 21 號
電話：(02) 2262-5666
傳真：(02) 6637-3695、6637-3696

南區營業處
地址：80769 高雄市三民區應安街 12 號
電話：(07) 381-1377
傳真：(07) 862-5562

中區營業處
地址：40256 臺中市南區樹義一巷 26 號
電話：(04) 2261-8485
傳真：(04) 3600-9806(高中職)
(04) 3601-8600(大專)

讀者回函卡

掃 QRcode 線上填寫 ▶▶▶

姓名：________ 生日：西元____年____月____日 性別：□男 □女

電話：( )________ 手機：________

e-mail：(必填)________

註：數字零，請用 Φ 表示，數字 1 與英文 L 請另註明並書寫端正，謝謝。

通訊處：□□□□□________

學歷：□高中・職 □專科 □大學 □碩士 □博士

職業：□工程師 □教師 □學生 □軍・公 □其他

學校／公司：________ 科系／部門：________

・需求書類：

□ A. 電子 □ B. 電機 □ C. 資訊 □ D. 機械 □ E. 汽車 □ F. 工管 □ G. 土木 □ H. 化工 □ I. 設計

□ J. 商管 □ K. 日文 □ L. 美容 □ M. 休閒 □ N. 餐飲 □ O. 其他

・本次購買圖書為：________ 書號：________

・您對本書的評價：

封面設計：□非常滿意 □滿意 □尚可 □需改善，請說明________

內容表達：□非常滿意 □滿意 □尚可 □需改善，請說明________

版面編排：□非常滿意 □滿意 □尚可 □需改善，請說明________

印刷品質：□非常滿意 □滿意 □尚可 □需改善，請說明________

書籍定價：□非常滿意 □滿意 □尚可 □需改善，請說明________

整體評價：請說明________

・您在何處購買本書？

□書局 □網路書店 □書展 □團購 □其他________

・您購買本書的原因？（可複選）

□個人需要 □公司採購 □親友推薦 □老師指定用書 □其他________

・您希望全華以何種方式提供出版訊息及特惠活動？

□電子報 □ DM □廣告（媒體名稱________）

・您是否上過全華網路書店？（www.opentech.com.tw）

□是 □否 您的建議________

・您希望全華出版哪方面書籍？________

・您希望全華加強哪些服務？________

感謝您提供寶貴意見，全華將秉持服務的熱忱，出版更多好書，以饗讀者。

填寫日期： / /

2020.09 修訂

親愛的讀者：

感謝您對全華圖書的支持與愛護，雖然我們很慎重的處理每一本書，但恐仍有疏漏之處，若您發現本書有任何錯誤，請填寫於勘誤表內寄回，我們將於再版時修正，您的批評與指教是我們進步的原動力，謝謝！

全華圖書 敬上

勘誤表

書號		書名		作者	
頁數	行數	錯誤或不當之詞句		建議修改之詞句	

我有話要說：（其它之批評與建議，如封面、編排、內容、印刷品質等・・・）

習題演練

得分欄

班級：__________

學號：__________

姓名：__________

Chapter 1 配電系統設計

1. 試述工業配電設計的主要步驟。

2. 解釋下列名詞：
   (a)負載曲線
   (b)連接負載
   (c)最高需量
   (d)需量因數
   (e)負載因數
   (f)參差因數

3. 某工廠有電動機 50 HP 三台，20 HP 二台，10 HP 五台，5 HP 八台，1 HP 十台，需量因數為 60%，所需照明的建築面積 2000 m^2 (照明負載密度以 20 VA/m^2)，估算該工廠所需負載；若該工廠負載因數約 65%，估算該廠每月用電度數。(註：假設所有電動機功率因數為 0.8，照明為 0.9。)

4. 某工廠配電系統的單線圖及負載表如下，試求主變壓器、分變壓器 A 及分變壓器 B 的容量最少分別應爲多少 kW？(設分變壓器 A 與 B 之間參差因數爲 1.2)。

注意：單線圖上變壓器 kVA 容量僅供參考。

分路	設備	功率因數	需量因數	距離 (m)	導線 mm^2	阻抗 (Ω/km)
分電盤 MPA：						
1	捲取機 7.5 HP	0.80	0.9	40	8	2.51+j0.130
2	乾燥機 30 kW	1.00	0.8	13	50	0.41+j0.126
3	冷凍機 25 HP	0.85	0.6	20	50	0.41+j0.126
4	攪拌機 50 HP	0.85	0.9	60	125	0.16+j0.117
分電盤 MPB：						
1	揚水幫浦 20 HP	0.84	0.6	50	22	0.90+j0.121
2	鼓風機 10 HP	0.80	0.9	25	8	2.51+j0.130
3	壓延機 40 HP	0.85	0.9	34	60	0.33+j0.114
4	溫水槽 12 kW	1.00	0.8	34	14	1.14+j0.122
5	照明變壓器 10kVA	0.9	1.0	3	14	1.14+j0.122

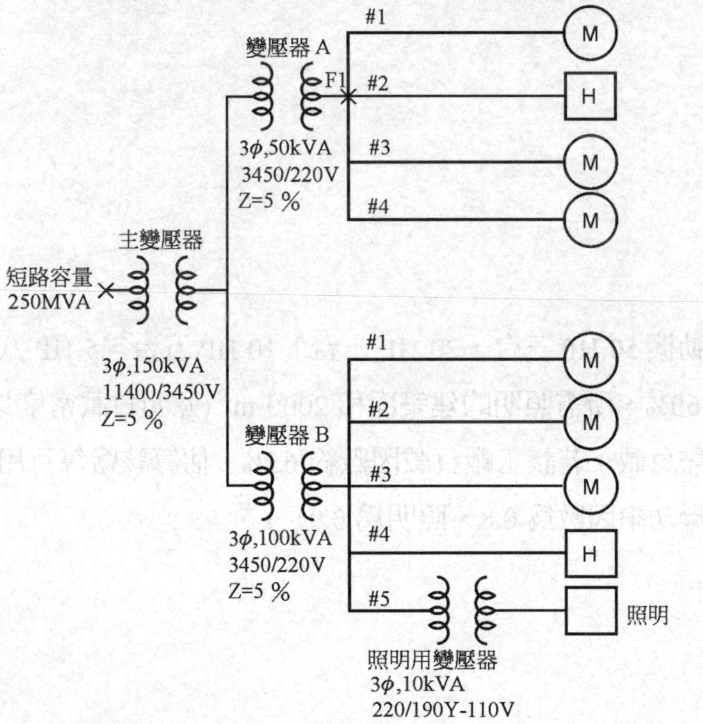

5. 設某工廠有電弧爐 7500 kVA×1，電銲機 20 kW×100，起重機 20 kW×6，電阻電銲機 10 kW×200，所需照明的建築面積 4000 m^2，試利用本章資料估算該工廠變壓器所需容量，設該廠負載因數約 60%，估算該廠每月用電度數爲幾度？(註：照明負載密度以 20 VA/m^2 計)

6. 某工廠用電負載裝置容量爲 500 kW，全日用電 1000 kWh，其負載因數爲 30%，試求該工廠需量因數爲多少？

7. 某工廠用電負載狀況如下表所示，A、B、C 三場區間的用電參差因數爲 1.35，試求全廠最大負載、平均負載，綜合負載因數及每日用電量各爲若干？

場區	設備容量 (kVA)	功率因數 (落後%)	需量因數 (%)	負載因數 (%)
A	120	80	60	50
B	100	85	65	55
C	160	95	48	40

8. 某工廠配電方塊如下圖所示，各設備用電特性如表所示，試求
   (1)變壓器及主饋線最小容量(kW)；(2)全月用電度數。

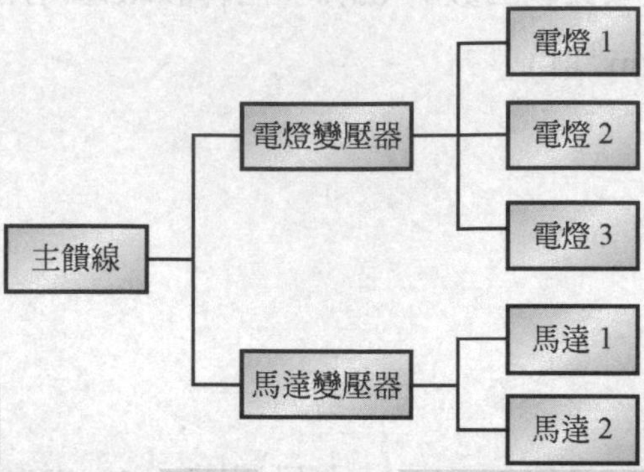

變壓器	設備	設備容量 (kVA)	功率因數 (%)	需量因數 (%)	負載因數 (%)	設備之間參差因數	變壓器間參差因數
電　燈	電燈 1	50	100	60	60	1.2	1.15
	電燈 2	75	80	80	70		
	電燈 3	100	60	80	50		
馬　達	馬達 1	200	85	80	75	1.4	
	馬達 2	300	90	50	60		

9. 試說明如何估算工廠主變壓器的容量。

10 試說明如何估算工廠的用電度數。

習題演練

Chapter 2 基本觀念

得分欄

班級：＿＿＿＿＿＿

學號：＿＿＿＿＿＿

姓名：＿＿＿＿＿＿

1. 試述變壓器在(a)電機機械求阻抗參數時，(b)工業配電計算電壓降時，(c)計算短路電流時，及(d)電力潮流分析時，分別採用何種等效電路。

2. 一個 10 kVA，2300/230 V 配電變壓器，其電阻和電抗為：

   $r_1 = 4.4\,\Omega$　　$r_2 = 0.04\,\Omega$

   $x_1 = 5.5\,\Omega$　　$x_2 = 0.06\,\Omega$

   省略激磁分路，其等效電路如下圖所示；試求：(a)以變壓器高壓側為基準的標么值。(b)以變壓器低壓側為基準的標么值。

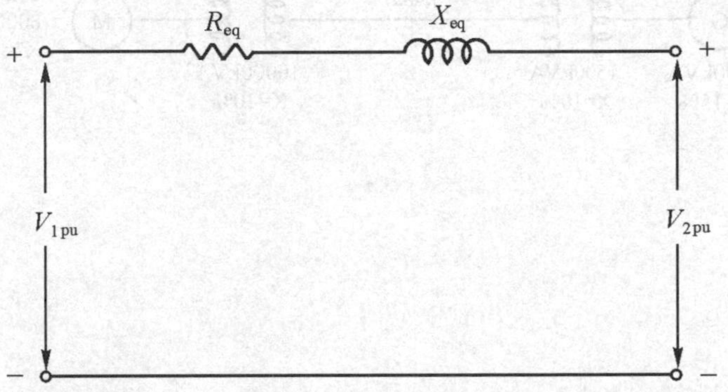

3. 試述電力系統分析時，利用標么值(pu-unit value)的優點。

4. 一發電機額定為 500 MVA，22 kV。其 Y 接繞線電抗為 1.1 pu，求繞線電抗的歐姆值。

5. 一變壓器其額定值爲 20 kVA，8000/240 V，其阻抗爲 0.012＋j0.06 pu，試求(a)由高壓側看的阻抗 Ω 值(b)由低壓側看的阻抗 Ω 值。

6. 三個 3＋j4Ω 的相抗接成Δ，接到三相 240 V 電源，試求此負載的相電流 I_{ϕ}，線電流 I_{L}，有效功率 P，無效功率 Q，視在功率 S 及功率因數 pf。

7. 如下圖所示電力系統，試以發電機側額定值爲基準，繪出單相模式等效電路，並求出各元件的阻抗 pu 值。

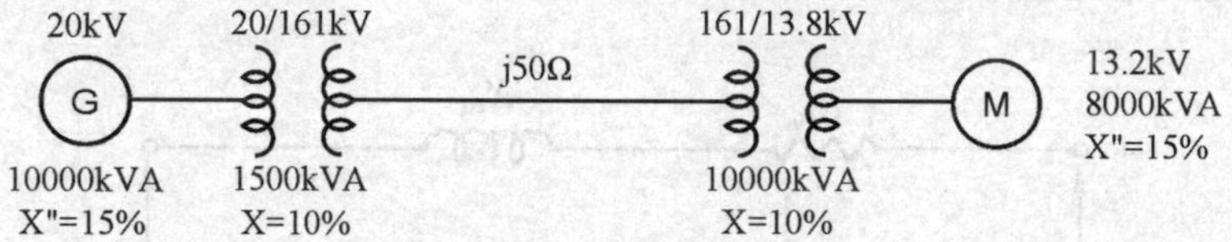

習題演練

Chapter 3
電壓與電壓降計算

得分欄

班級：＿＿＿＿＿＿

學號：＿＿＿＿＿＿

姓名：＿＿＿＿＿＿

1. 試繪圖說明電動機的額定電壓、電壓降、用電電壓與系統標稱電壓的關係。

2. 配電系統中，若變壓器二次額定電壓爲 230 V，則電動機與日光燈的額定電壓應選用多少伏特？爲什麼？

3. 試說明電壓變動，對電動機類及照明類設備的影響。

4. 試說明電壓變動，對視聽電子類設備的影響。

5. 試簡述電壓閃爍的原因及改善方法。

6. 試簡述產生電壓降的原因及改善方法。

7. 某一三相三線式低壓 220 V 配電線路，使用 100 mm^2 銅絞線(R＝0.195 Ω/km，X＝0.114 Ω/km)，線路長 200 公尺，接一 50 馬力電動機，功因 0.8 落後，試求電壓降爲多少%？並說明如何使電壓降減至 3%以下。

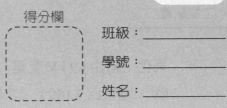

8. 某化工廠由 69 kV 受電，電源短路容量為 1500 MVA，主變壓器 1000 kVA，69/3.45 kV，電抗為 7.0%；二次側接一 1000 HP 電動機，其電抗 16%，該電動機啓動時，在 3.45 kV 側及 69 kV 側的電壓突降為幾%？

9. 有一電力系統如下圖所示：
試求自變壓器二次端至馬達接線盒的總壓降為多少%？

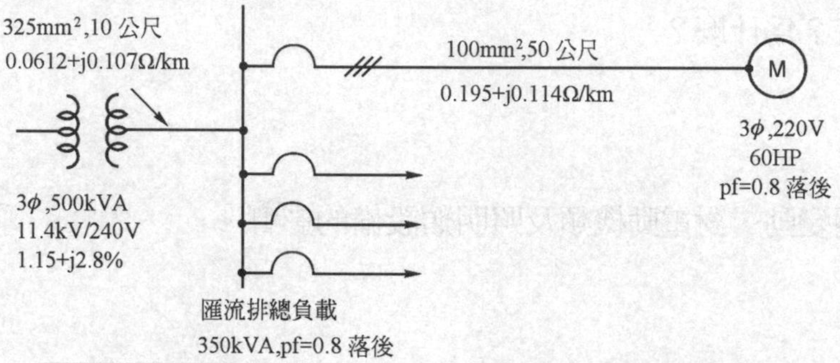

10. 試繪圖說明分路與幹線電壓降的規定。

11. 某一工廠設有一三相 380 V，300 kVA 緊急發電機，次暫態電抗為 15%；當電源停電改由此緊急發電機供電時，有一 50 HP 電抗為 25%的感應電動機啓動，求啓動壓降為多少？

12. 有一三相 220 V、75 HP 電動機分路，其功因為 0.8 落後，分路導線 100 mm²(0.195 ＋j0.114 Ω/km)，長 100 公尺，金屬管配線；此分路前之幹線電壓降為 2%，試計算 (a) 此分路之電壓降為幾%？(b) 如欲合乎「用戶用電設備裝置規則」之規定，該分路之線徑至少應為多少？

習題演練

得分欄

班級：

學號：

姓名：

Chapter 4 短路電流計算

1. 試說明爲何三相對稱短路時，會產生非對稱短路電流？

2. 試述計算故障電流的目的。

3. 試述電力設備的瞬時容量。

4. 試述電力斷路器的瞬時容量與啓斷容量有何不同？

5. 爲何求高壓電力斷路器的啓斷容量時，發電機用次暫態電抗，而同步電動機用暫態電抗？

6. 某工廠裝設三相 750 kVA，11400/220 V 變壓器、阻抗壓降爲 5%，電源短路容量 300 MVA，且 220 V 側接 750 HP 的電動機時，求(a)220 V 側最大故障電流爲若干 kA？(b)11.4 kV 側斷路器的啓斷電流？

7. 如下圖，試求 F_1 發生三相短路時的故障電流。

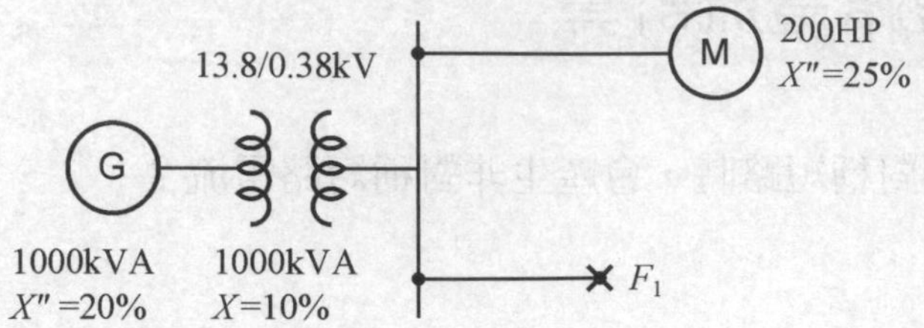

8. 某工廠供電系統如下圖所示，求 F_1、F_2 及 F_3 故障時的啓斷電流。

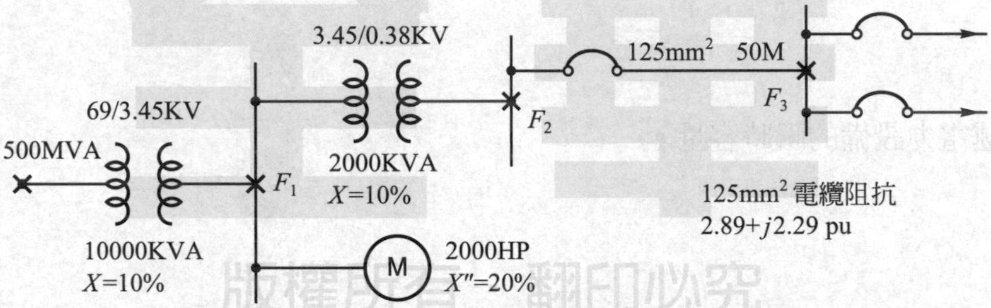

9 某工廠照明用變壓器為單相 100 kVA，阻抗 1.2＋ j2.0%，二次側電壓為單相三線 115/230 V，一次側電源的三相短路容量為 100 MVA，試計算二次側發生(a)230 V 短路時，(b)115 V 短路時，其啓斷電流為多少安培？

10. 三相 380Y/220ΔV，100 HP 低壓感應電動機在短路故障時，能供應的倒灌電流為多少？

得分欄

班級：

學號：

姓名：

習題演練

Chapter 5

過電流保護協調

1. 試分別說明電力熔絲的最小熔斷及最大清除曲線的意義。

2. 試說明熔絲-熔絲協調時，應注意的原則？

3. 保護變壓器應考慮那四種電流值，如何計算？

4. 電力限流熔絲有何特點？

5. 某分路對稱短路電流爲 30,000 A，若選用 600 A 限流熔絲，試用圖 5-10 求通過電流值？

6. 試舉例說明無熔絲斷路器何時使用單極、雙極或三極者。

7. 某電力系統如下圖所示，試求四個電動機分路 MCCB 的 AF 及 AT 各為多少？(參考表 5-2)

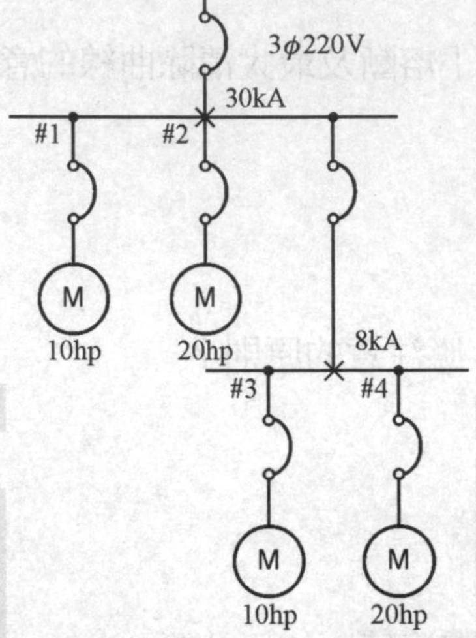

8. 一個配電變壓器容量 300 kVA，阻抗 3.3%，電壓額定 11.4 kV/220 V，試求其 ANSI 點及突入電流點。

9. 試舉例說明過電流電驛可應用在那些場所，為什麼？

10. 某饋線故障電流 18,000 A，CT 為 1000/5，電流 TAP＝6 A，TD＝3，若採用 CO-7 過電流電驛，求動作時間？

11. 某工廠變壓器額定為 11.4 kV/220 V，500 kVA，阻抗 4.5%，試繪電力熔絲-電力熔絲保護協調曲線。

習題演練

Chapter 6

過電壓保護與系統接地

得分欄

班級：＿＿＿＿＿＿

學號：＿＿＿＿＿＿

姓名：＿＿＿＿＿＿

1. 試述電力系統過電壓的原因與對策。

2. 試述 69 kV 避雷器、變壓器、及雷擊波之間如何做絕緣協調。

3. 什麼是電力設備的基準絕緣水平(basic insulation level)？

4. 試述限流間隙碳化矽閥避雷器的原理與特性。

5. 試述使用消弧角(arc horn)避雷的原理、優缺點及其應用處所。

6. 試述變壓器商用頻率耐壓試驗的接線及目的。

7. 試述變壓器衝擊波耐壓試驗的接線及目的。

8. 試述變壓器的全級絕緣與降級絕緣。

9. 試述變壓器的均等絕緣與層級絕緣。

10. 試述系統接地與設備接地的方法與目的。

11. 爲何工廠自備發電機常採用電阻接地？

12. 試繪圖說明曲折接線變壓器(zig-zag transformer)的效用。

13. 試述各種中性點接地方法的優劣點。

14. 試述電力系統接地的原則。

15. 試述變壓器爲何有一側必需爲Δ接線。

16. 試述電力系統的有效接地與非有效接地及其優劣點。

17. 試述爲何 161/69/11.4 kV 的三繞組變壓器，使用 Y-Y-Δ的理由。

18. 如下圖，請填註各變壓器的接線法及配電系統接地方式，並說明原因。

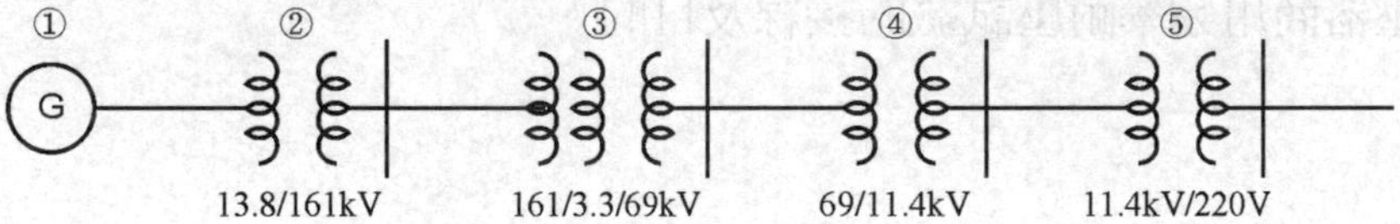

19. 某用戶主變壓器額定爲 5000 kVA，69Δ/34.5 Y kV，欲選用 69 kV 側避雷器，其額定電壓應爲多少 kV，爲什麼？

習題演練

得分欄

班級：＿＿＿＿＿＿

學號：＿＿＿＿＿＿

姓名：＿＿＿＿＿＿

Chapter 7 功率因數改善

1. 試述改善功率因數的利益。

2. 試述裝設電容器改善功率因數的目的。

3. 試述高壓與低壓電容器的保護方式有何不同。

4. 試比較個別裝設與集中裝設電容器的優劣點。

5. 試述變壓器的激磁無效功率與漏抗無效功率。

6. 試述爲何不用串聯電容器改善功率因數。

7. 試比較並聯電容器裝置於不同地點的優劣。

8. 某工廠各變壓器總容量爲 1800 kVA，負載用電 900 kVA，功因爲 0.8 落後；今欲增接 1000 kW，功因爲 0.9 落後的負載；若要變壓器不超載，應增加多少 kVAR 的電容器？若電容器集中接於 11.4 kV 側，且每一電容器額定爲單相 11.4 kV，200 kVAR，應該如何接線？

9. 某工廠由 11.4 kV 受電，有 100 kVA 以下小型變壓器共 800 kVA，其激磁電流 2%，電抗 3%，經常運轉的電動機約裝有 50hp×2、25hp×8、10hp×10、5hp×10、1hp×20，其功率因數約爲 80%；日光燈約 100 kVA，功率因數爲 55%；如欲改善功率因數至 95%，要裝設電容器多少？

10. 三相 220 V 電纜線路，額定電流爲 220 A，但在功因 0.75 時，需輸送 250 A，試問要將電流減少至 200 A，需要裝設的電容器爲多少 kVAR？

11. 某工廠由 11.4 kV 受電，其變壓器及所接負載如下表所示：

變壓器				負載		
電壓 (kV)	容量 (kVA)	激磁 (%)	電抗 (%)	種類	實際用電 (kVA)	功因 (%)
11.4/3.3	1000	0.8	5.0	高壓電動機	800	88
11.4/0.38	500	1.5	3.5	低壓電動機	400	78
11.4/0.22	200	2.0	2.75	電燈	150	88

若欲將功率因數改善至 95%，應裝設電容器之容量爲若干？

習題演練

得分欄

班級：＿＿＿＿＿＿

學號：＿＿＿＿＿＿

姓名：＿＿＿＿＿＿

Chapter 8 照明設計

1. 可見光的波長範圍爲何？爲何霧燈使用黃綠色？

2. 試說明光度、輝度及照度的區別。

3. 試說明爲何白熾燈效率低，仍然受人歡迎。

4. 試說明鹵素燈的原理及其特點。

5. 試說明日光燈的點燈原理。

6. 日光燈用安定器的功能如何？

7. 試說明優良照明的要點。

8. 試說明照明設計的步驟及要點。

9. 住宅客廳面積5×5 m^2，天花板高3.5 m，天花板及牆面均爲象牙白漆，使用FVS-2436燈具一盞，試計算其平均照度。

10. 某辦公室長22 m，寬12 m，天花板高4 m，設天花板反射率70%，牆壁爲50%，擬採日光燈照明，照度至少500 lx，試做照明設計。

11. 學校教室長10 m，寬8 m，天花板高3.5 m，天花板、牆面均爲白色，擬用FS-4244日光燈照明，照度至少300 lx，試做照明設計。

12. 某纖維工廠長42 m，寬30 m，天花板高4.5 m漆成白色，牆壁塗深色漆，擬以日光燈照明，試設計其照明。(本廠爲編織部)

13. 解釋名詞：

(a)視覺感度曲線。

(b)燭光配光曲線。

(c)照明率(coefficient of utilization)。

(d)光度(luminous intensity)。

(e)光通量(luminous flux)。

(f)照度(intensity of illumination)。

習題演練

得分欄

班級：＿＿＿＿＿＿

學號：＿＿＿＿＿＿

姓名：＿＿＿＿＿＿

Chapter 9 分路設計

1. 試述電動機分路必需具備的設備，並繪圖說明之。

2. 三相 220 V、15 HP 感應電動機，其特性代碼為 G，試計算其滿載電流和啓動電流各約為多少安培？

3. 電動機分路線徑的選用原則如何？

4. 有三相 380 V、50 HP 感應電動機分路，試設計各項設備之規格。

5. 有一幹線供電三相 220 V、15 HP 和 10 HP 電動機各一具，試選用幹線線徑及幹線過電流保護之標置。

6. 電動機分路設計中，無熔絲斷路器可以取代哪兩樣設備，為什麼？

7. 電動機分路設計中，電磁開關可以取代哪兩樣設備，爲什麼？

8. 獨院洋房，建築面積 150 m^2，另裝設冷氣機 220 V、10 A 二台，試設計此住宅之分路及幹線。

9. 試述電動機分路過載保護的標置如何選定？

10. 有一三相 220 V、20 kW 電熱器分路，試選用分路導線及 NFB 標置。

習題演練

Chapter 10

電機機械的等效電路

得分欄

班級：__________

學號：__________

姓名：__________

1. 試繪圖說明三相同步發電機的三相等效電路。

2. 試繪圖說明三相同步發電機的單相模式等效電路。

3. 試繪圖說明在系統發生短路時，同步發電機的(a)瞬時(1/2 週波)，(b)高壓啓斷時(5~8 週波)，(c)低壓啓斷時(1~2 週波)等效電路。

4. 試繪圖說明同步電動機在正常運轉時的等效電路。

5. 試繪圖說明在系統發生短路時，同步電動機的(a)瞬時(1/2 週波)，(b)高壓啓斷時(5~8 週波)，(c)低壓啓斷時(1~2 週波)等效電路。

6. 試說明同步電動機如何可以當做同步電容器提供無效功率？

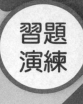

7. 試繪圖說明感應電動機在正常運轉時的等效電路。

8. 試繪圖說明在系統發生短路時，感應電動機的(a)瞬時(1/2 週波)，(b)高壓啓斷時(5~8 週波)，(c)低壓啓斷時(1~2 週波)等效電路。

9. 試繪圖說明電力變壓器在正常運轉時的等效電路。

10. 試繪圖說明在系統發生短路時，電力變壓器的等效電路。

11. 試繪圖說明輸電線路的(a)短程線路，(b)中程線路，(c)長程線路的等效電路。

12. 試繪圖說明爲何所有電力機械的商用頻率耐壓試驗，必須能夠承受兩倍的額定電壓(例如 69 kV 變壓器，必須承受 140 kV 商用頻率耐壓試驗)？